微積分(第四版)

楊壬孝、蔡天鉞、張毓麟、李善文、蔡 杰、蕭育玲　著

全華圖書股份有限公司

序言

目前微積分的教科書，內容豐富，習題亦包羅萬象，每節供學生練習的題目幾乎超過百題，對於非數學系的學生實無法應付。本書著眼於基礎觀念與定理，精選適當教材，配以淺顯例題，使學生了解微積分的基本概念及學習微分、積分的技巧。

近年來，普通高中及技術高中的教材皆趨向簡單化，微積分的預備知識明顯不足，例如反函數、反三角的觀念都付之闕如。因此本書於第一章及第二章完整的將微積分所需知識作複習及補強，以建立學習微積分之良好基礎。

本書力求版面清晰，文字敘述簡潔易懂，使學生容易閱讀。同時教材適度引入不同顏色、表格，以更清晰的呈現方式，簡化所要闡述的數學觀念。另外，我們亦介紹數值積分的方法來幫助解決積分不易解決的問題。

由於微積分的數學時數每科系均不等，一般為每週二～四節，本書將一些較艱深的教材或其證明，置放於附錄，或於習題另闢空間討論，教師可視需要，自行斟酌，調整教學。

本編輯小組群策群力，務求完美，惟疏失難免，希望學者先進以及各界教育夥伴們，不吝指正，謝謝。

編輯部序

　　「系統編輯」是我們的編輯方針，我們所提供給您的，絕不只是一本書，而是關於這門學問的所有知識，它們由淺入深，循序漸進。

　　本書架構參考原文書編寫，內容力求簡明扼要，移除許多不必要且繁雜之證明，前兩章針對微積分之學前知識做統整，後續章節針對微分、積分之重點觀念及理論著墨，並循序漸進推廣到應用層面，接著再介紹較深入之偏微分、重積分的概念；全書例題特別經過篩選，屏除較難之題目且無過多重複之題型，並將各節後習題精選在 10 題以內，大幅降低書本之厚度；在圖片之繪製上力求精準，即便搭配圖文自學也能夠輕鬆上手；另外，部分延伸教材移至節後習題作補充，供老師依授課進度斟酌使用。本書適用於大學、科大、技術學院之理工科系「微積分」課程使用。

　　若您有任何問題，歡迎來函連繫，我們將竭誠為您服務。

目 錄

附錄

中英對照表

01

Chapter

實數與函數
REAL NUMBERS AND FUNCTION

本章綱要

1-1 實數與集合 (Real Numbers And Set)

微積分的基礎爲實數系及其性質,底下就來介紹實數系.

一、實數

(一) 整數

正整數 (1, 2, 3, …) 、零 (0) 及負整數 (– 1, – 2, – 3, …) 合稱**整數**. 即

$$整數 \begin{cases} 正整數 \\ 零 \\ 負整數 \end{cases}$$

(二) 有理數

有理數定義如下:

> **定義**
>
> 凡是能表示成 $\dfrac{m}{n}$ (m, n 爲整數 , 且 $n \neq 0$) 形式的數 , 稱爲有理數 (或稱分數).

一般而言 , 有理數 $\dfrac{m}{n}$ 可化爲整數 、有限小數或循環小數 . 反過來說 , 每個整數 、有限小數或循環小數也都可以表示成 $\dfrac{m}{n}$ 的形式 . 所以有理數就是整數 、有限小數與循環小數 , 例如: $\dfrac{18}{3} = 6, \dfrac{3}{4} = 0.75, \dfrac{4}{3} = 1.333\cdots$.

(三) 無理數

前面提過每個整數 、有限小數與循環小數都可以化爲 $\dfrac{m}{n}$ 的形式 , 不過還有一種不循環的無限小數 , 它是無法用 $\dfrac{m}{n}$ 的形式來表示的 , 這種不循環的無限小數稱爲**無理數**.

例如：$\sqrt{2}$，$\sqrt{3}$，$\sqrt{5}$，$\sqrt{6}$，$\sqrt{7}$，$\cdots$都是無理數. 此外，圓周率 $\pi = 3.1415926\cdots$ 也是一個無理數.

有理數與無理數合稱爲**實數**，我們將實數整理如下：

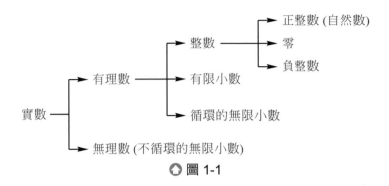

⬆ 圖 1-1

(四) 實數的性質

實數的加法與乘法具有如下的運算性質：

> 設 a, b, c 爲任意實數，則
> 1. 交換律：$a + b = b + a, ab = ba$.
> 2. 結合律：$(a + b) + c = a + (b + c)$ ；$(ab)c = a(bc) = abc$.
> 3. 分配律：$a(b + c) = ab + ac$.
> 4. 消去律：若 $a + c = b + c$, 則 $a = b$ ；若 $ac = bc$ 且 $c \neq 0$, 則 $a = b$.

另外，關於實數間的大小關係，則有下列的性質：

> 設 a, b, c 爲任意實數，則
> 1. 三一律：$a > b, a = b, a < b$ 三式中恰有一式成立.
> 2. 遞移律：若 $a > b, b > c$, 則 $a > c$.
> 3. 加法律：若 $a > b$, 則 $a + c > b + c$.
> 4. 乘法律：若 $a > b$ 且 $c > 0$, 則 $ac > bc$ ；若 $a > b$ 且 $c < 0$, 則 $ac < bc$.

試解下列各不等式, 並在數線上圖示其解.

(1) $4x - 3 > 2x + 5$.

(2) $3x + 5 \geq 6x - 7$.

解 (1) 因為　$4x - 3 > 2x + 5$,

　　所以　$4x - 2x > 5 + 3$,

　　即　　$2x > 8$, 故　$x > 4$.

　　其圖解如右圖所示.

(2) 因為　$3x + 5 \geq 6x - 7$,

　　所以　$3x - 6x \geq -7 - 5$,

　　即　　$-3x \geq -12$, 故　$x \leq 4$.

　　其圖解如右圖所示.

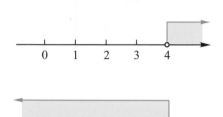

(五) 實數的絕對值

設 $P(x)$ 為數線上一點, 我們以 $|x|$ (讀做 x 的**絕對值**) 表示點 P 與原點 O 的距離, 由於距離都是大於或等於 0, 因此, 將 $|x|$ 定義如下:

定義

$$|x| = \begin{cases} x, & \text{當 } x \geq 0 \\ -x, & \text{當 } x < 0 \end{cases}$$

由於 $\sqrt{x}$ 恆為正數或 0, 因此, 根據上述的定義可得出 $\sqrt{x^2} = |x|$.

同理, 設 $P(x), A(a)$ 為數線上兩點, 則 $|x - a|$ 表點 P 與點 A 之間的距離

即　　　$\overline{PA} = |x - a| = \begin{cases} x - a, & \text{當 } x \geq a \\ -(x - a), & \text{當 } x < a \end{cases}$

根據絕對值的定義可求得絕對值方程式與不等式的解，整理如下：

> 設 $a > 0$，
> 1. 若 $|x| = a$，則 $x = a$ 或 $x = -a$.
> 2. 若 $|x| < a$，則 $-a < x < a$.
> 3. 若 $|x| > a$，則 $x > a$ 或 $x < -a$.

 例題 2

試解下列各式：

(1) $|x| = 2$.　(2) $|x| \leq 2$.　(3) $|x - 1| > 2$.

解 (1) 因為 $|x| = 2$，
　　　　所以 $x = 2$ 或 -2.
　　　　如右圖所示.

　　(2) 因為 $|x| \leq 2$，
　　　　所以 $-2 \leq x \leq 2$.
　　　　如右圖綠色部分.

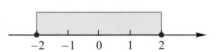

　　(3) 因為 $|x - 1| > 2$，
　　　　所以 $x - 1 > 2$ 或 $x - 1 < -2$，
　　　　解得 $x > 3$ 或 $x < -1$.
　　　　如右圖綠色部分.

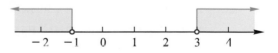

絕對值具有下列性質：

> 設 a, b 為實數，則
> 1. $|a||b| = |ab|$.
> 2. $\dfrac{|a|}{|b|} = \left| \dfrac{a}{b} \right|$. $(b \neq 0)$
> 3. $|a + b| \leq |a| + |b|$，且當 a, b 同號或 a, b 至少有一為 0 時，等號成立.

二、集合

(一) 元素與集合

日常生活中,我們說"阿源是全能高中的學生"或"ℕ 為所有自然數所成的整體"等,都是由明確可鑑定的對象所組成的整體,我們稱此整體為**集合**,而組成集合的每一個明確可鑑定的對象,則稱之為**元素**.

例如:阿源是全能高中所成集合中的元素.1 是自然數所成集合中的元素.

(二) 集合的表示法

常用的集合表示法有下列兩種:

1. 列舉式:將所含的元素逐一列舉出來,再用大括號把它們括在一起.

例如:小於 50 的質數所成的集合可表示為

$$\{2, 3, 5, 7, 11, 13, 17, 19, 23, 29, 31, 37, 41, 43, 47\}.$$

2. 結構式:在大括號內先寫出元素的一般形式,再畫一條豎線,並在豎線右側寫上元素的特徵性質.

例如:小於 50 的質數所成的集合可表示為 $\{p \mid p$ 是小於 50 的質數 $\}$.

習慣上,我們也常以大寫字母來表示集合.

例如:ℕ 表示自然數之全體所成的集合,即 $\mathbb{N} = \{n \mid n$ 是自然數 $\}$.

$\mathbb{Z}$ 表示整數之全體所成的集合,即 $\mathbb{Z} = \{m \mid m$ 是整數 $\}$.

$\mathbb{Q}$ 表示有理數之全體所成的集合,即 $\mathbb{Q} = \{q \mid q$ 是有理數 $\}$.

ℝ 表示實數之全體所成的集合,即 $\mathbb{R} = \{r \mid r$ 是實數 $\}$.

註:若 a 是集合 A 的元素,則我們記為 $a \in A$,讀作 a 屬於 A,

若 b 不是集合 A 的元素,則我們記為 $b \notin A$,讀作 b 不屬於 A.

例如:$1 \in \mathbb{N}, -2 \notin \mathbb{N}$.

(三) 部分集合 (子集)

　　當集合 A 的每一個元素都是集合 B 的元素時 , 我們稱 A 是 B 的**部分集合** (或**子集**), 並以符號 $A \subset B$ (讀作 A 包含於 B), 或 $B \supset A$ (讀作 B 包含 A) 來表示 .

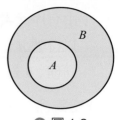

● 圖 1-2

　　　　例如 : (1) $\{1, 2, 3\} \subset \mathbb{N}$.

　　　　　　　(2) $\mathbb{N} \subset \mathbb{Z} \subset \mathbb{Q} \subset \mathbb{R}$.

　　直觀上 , 我們也常以不同的圓盤來呈現集合的關係 (如圖 1-2 表示 $A \subset B$), 這種圖形稱爲**文氏圖** (Venn diagram), 爲英國數學家 John Venn(1834 ～ 1923) 所創用 .

註 : 當集合 A 中的元素至少有一個不是集合 B 的元素時 , 我們稱 A 不包含於 B(以符號 $A \not\subset B$ 表示), 或 B 不包含 A (以符號 $B \not\supset A$ 表示).

　　例如 : $\{1, 2, 3\} \not\subset \{2, 3, 4, 5\}$.

(四) 集合的相等

　　兩集合 A, B, 若 $A \subset B$ 且 $B \subset A$ 時 , 則稱 $A = B$.

(五) 交集、聯集、差集與積集合

1. 交集 :

　　由集合 A 與集合 B 的共同元素所成的集合 , 稱爲 A 與 B 的**交集** , 並以符號 $A \cap B$ 表示 , 即

　　$A \cap B = \{ x \mid x \in A \text{ 且 } x \in B \}$.

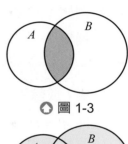

● 圖 1-3

2. 聯集 :

　　由集合 A 與集合 B 的所有元素所成的集合 , 稱爲 A 與 B 的**聯集** , 並以符號 $A \cup B$ 表示 , 即 $A \cup B = \{ x \mid x \in A \text{ 或 } x \in B \}$.

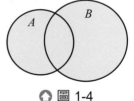

● 圖 1-4

3. 差集 :

　　在集合 A 中但不在集合 B 中的元素所成的集合 , 稱爲 A 對 B 的**差集** , 並以符號 $A - B$ 表示 , 即

　　$A - B = \{ x \mid x \in A \text{ 且 } x \notin B \}$.

　　同理 , B 對 A 的差集爲 $B - A = \{ x \mid x \in B \text{ 且 } x \notin A \}$.

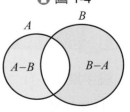

● 圖 1-5

4. 積集合：

由有序元素對 (a, b)，其中 $a \in A, b \in B$ 所成的集合，稱為 A 對 B 的 **積集合**，並以符號 $A \times B$ 表示，即 $A \times B = \{(a, b) | a \in A$ 且 $b \in B\}$.

同理，B 對 A 的積集合為 $B \times A = \{(b, a) | b \in B$ 且 $a \in A\}$.

(六) 空集合、宇集與補集

1. 空集合：

空集合為不含任何元素的集合，並以符號 $\varnothing$ 表示，即 $\varnothing = \{\ \}$，且我們規定**空集合為任何集合的部分集合**.

註：若兩集合 A, B 沒有共同元素，則其交集為空集合，可記為 $A \cap B = \varnothing$，也稱 A, B **互斥**.

2. 宇集：

討論集合問題時，若所涉及的集合皆為某個給定集合 U 的子集，則這個給定的集合 U 稱為**宇集**.

例如：討論有理數、無理數時，可將實數的集合當作宇集.

3. 補集：

若集合 A 為宇集 U 的部分集合，則 $U - A$ 稱為 A 的**補集**（或**餘集**），並以符號 A' 表示，

即 $A' = U - A = \{x | x \in U$ 且 $x \notin A\}$.

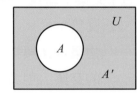

⬢ 圖 1-6
($A' = U - A$ 為紫色區域)

例題 3

設宇集 $U = \{1, 2, 3, 4, 5, 6\}$，集合 $A = \{1, 2\}$, $B = \{2, 3, 4\}$，試求：

(1) $A \cap B$.   (2) $A \cup B$.   (3) $A - B$.   (4) $B - A$.

(5) $A \times B$.   (6) $B \times A$.   (7) $(A \cup B)'$.   (8) $A' \cap B'$.

解 (1) $A \cap B = \{2\}$.

(2) $A \cup B = \{1, 2, 3, 4\}$.

(3) $A - B = \{1\}$.

(4) $B - A = \{3, 4\}$.

(5) $A \times B = \{(1, 2), (1, 3), (1, 4), (2, 2), (2, 3), (2, 4)\}$.

(6) $B \times A = \{(2, 1), (2, 2), (3, 1), (3, 2), (4, 1), (4, 2)\}$.

(7) $(A \cup B)' = \{5, 6\}$.

(8) $A' = \{3, 4, 5, 6\}$, $B' = \{1, 5, 6\}$, 故 $A' \cap B' = \{5, 6\}$.

(七) 區間

當變量的變化範圍是在實數範圍內時，這個範圍可用集合來表示，也可以用區間的記號表示．下表列出了區間、集合與幾何圖形的表示法．

表中的 $a, b \in \mathbb{R}$，且 $a < b$,

區間記號	集合記號	幾何圖形
$[a, b]$	$\{x \mid a \le x \le b\}$	
(a, b)	$\{x \mid a < x < b\}$	
$[a, b)$	$\{x \mid a \le x < b\}$	
$(a, b]$	$\{x \mid a < x \le b\}$	
$[a, \infty)$	$\{x \mid x \ge a\}$	
(a, ∞)	$\{x \mid x > a\}$	
$(-\infty, b]$	$\{x \mid x \le b\}$	
$(-\infty, b)$	$\{x \mid x < b\}$	
$(-\infty, \infty)$	$\{x \mid x \in \mathbb{R}\}$	

我們稱 $[a, b]$ 爲閉區間，(a, b) 爲開區間，$[a, b)$ 與 $(a, b]$ 爲半開區間或半閉區間．

習 題

一、基礎題：

1. 下列哪些選項是正確的？

   (A) 有理數與無理數之和必為無理數　　　(B) 無理數與無理數之和必為無理數

   (C) 有理數與無理數之乘積必為無理數　　(D) 無理數與無理數之乘積必為無理數．

2. 下列哪些數是有理數？

   (A) 0.12　　(B) $1.\overline{23}$　　(C) $\sqrt{484}$　　(D) $\dfrac{1}{\sqrt{2}-1}$　　(E) $\dfrac{\sqrt{5}}{\sqrt{45}}$．

3. (1) 試在 $\dfrac{1}{3}$ 與 $\dfrac{1}{4}$ 之間找出三個有理數．

   (2) 請問在 $\dfrac{1}{3}$ 與 $\dfrac{1}{4}$ 之間，我們可以找到多少個有理數？

4. 試解下列各不等式，並在數線上圖示其解．

   (1) $7x - 13 < 4x - 3$．

   (2) $2x + 3 \le 7x + 18$．

5. 試解下列各式：

   (1) $|x| = 12$．

   (2) $|x| \le 12$．

   (3) $|x| \ge 12$．

6. 試解下列各式，並將解圖示在數線上．

   (1) $|x - 2| = 4$．

   (2) $|x - 2| < 4$．

   (3) $|x - 2| > 4$．

7. 試寫出集合 $S = \{1, 2, 3\}$ 的所有部分集合．

8. 設集合 $C = \{5, 6, 7\}$，$D = \{7, 8, 9\}$，試求：

   (1) $C \cap D$．　　(2) $C \cup D$．　　(3) $C - D$．　　(4) $D - C$．　　(5) $C \times D$．　　(6) $D \times C$．

9. 考慮平面上的幾何圖形,

令　$A = \{ x \mid x$ 為正方形 $\}, B = \{ x \mid x$ 為矩形 $\}, C = \{ x \mid x$ 為菱形 $\},$

$D = \{ x \mid x$ 為平行四邊形 $\}, E = \{ x \mid x$ 為四邊形 $\}.$

(1) 試討論集合 A, B, D, E 的包含關係.

(2) 試討論集合 A, C, D, E 的包含關係.

(3) 求 $B \cap C.$

二、進階題:

1. 試解不等式 $|x + 1| > |2x - 3|.$

2. 設宇集 $U = \{ x \mid 0 < x < 10,$ 且 x 為正整數 $\},$

若 $A \cap B = \{1\}, A - B = \{3, 5, 7\}, A' \cap B' = \{9\}$,試求集合 A 、 $B.$

Ans

一、基礎題:

1. (A).

2. (A)(B)(C)(E).

3. (1) $\dfrac{13}{48}, \dfrac{7}{24}, \dfrac{15}{48}$.　(2) 無限多 .

4. (1) $x < \dfrac{10}{3}$

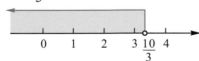

(2) $x \geq -3$

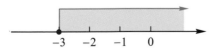

5. (1) $x = 12$ 或 -12 .　(2) $-12 \leq x \leq 12$.　(3) $x \geq 12$ 或 $x \leq -12$.

6. (1) $x = 6$ 或 $x = -2$.

(2) $-2 < x < 6$.

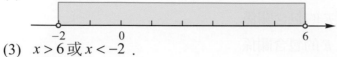

(3) $x > 6$ 或 $x < -2$.

7. $\varnothing$, $\{1\}$, $\{2\}$, $\{3\}$, $\{1, 2\}$, $\{1, 3\}$, $\{2, 3\}$, $\{1, 2, 3\}$.

8. (1) $\{7\}$.

(2) $\{5, 6, 7, 8, 9\}$.

(3) $\{5, 6\}$.

(4) $\{8, 9\}$.

(5) $\{(5, 7), (5, 8), (5, 9), (6, 7), (6, 8), (6, 9), (7, 7), (7, 8), (7, 9)\}$.

(6) $\{(7, 5), (7, 6), (7, 7), (8, 5), (8, 6), (8, 7), (9, 5), (9, 6), (9, 7)\}$.

9. (1) $A \subset B \subset D \subset E$.

(2) $A \subset C \subset D \subset E$.

(3) $B \cap C = A$.

二、進階題：

1. $\dfrac{2}{3} < x < 4$.

2. $A = \{1, 3, 5, 7\}$, $B = \{1, 2, 4, 6, 8\}$.

1-2 平面直角坐標系 (Cartesian Coordinate System)

一、平面坐標系

如圖 1-7, 在平面上畫兩條互相垂直的直線, 其交點 O 稱為原點, 並任意取定一單位長, 水平的線稱為 **x軸**或**橫軸**, 向右為正向, 向左為負向; 鉛直的線叫做 **y軸**或**縱軸**, 向上為正向, 向下為負向.

設 P 為平面上任意一點, 過 P 分別作直線垂直於兩軸, 交 x 軸於 A, 交 y 軸於 B, 若 A 在 x 軸所對應的數為 a, B 在 y 軸所對應的數為 b, 則我們用有序數對 (a, b) 表示點 P 的坐標, 記為 $P(a, b)$. 其中 a 叫做點 P 的 **x坐標**或**橫坐標**; b 叫做點 P 的 **y坐標**或**縱坐標**. 原點 O 的坐標為 $(0 , 0)$, 如此就建立了一個平面直角坐標系, 簡稱**平面坐標系**.

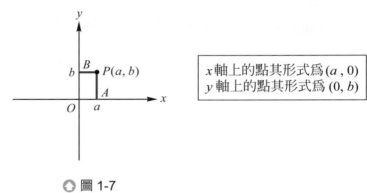

x軸上的點其形式為 $(a , 0)$
y軸上的點其形式為 $(0, b)$

◔ 圖 1-7

x 軸與 y 軸將平面分成四個區域, 如圖 1-8 所示, 由右上方開始, 依逆時鐘方向, 分別稱為第一象限、第二象限、第三象限和第四象限. x 軸與 y 軸是這四個象限的界限, 它們不屬於其中任何一個象限. 例如 $(2, 3)$ 在第一象限, $(- 3 , 1)$ 在第二象限, $(- 2 , - 1)$ 在第三象限, $(1, - 2)$ 在第四象限. $(0, 2)$ 在 y 軸上, 它不屬於任何一個象限, 如圖 1-9 所示.

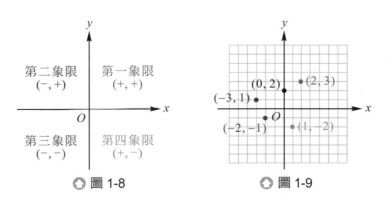

◔ 圖 1-8   ◔ 圖 1-9

指出下列各點在坐標平面上的哪一個象限或哪個坐標軸上？

(1) $(3, 1)$　(2) $(3, -1)$　(3) $(-3, -1)$　(4) $(-3, 0)$.

 (1) 第一象限．　(2) 第四象限．　(3) 第三象限．　(4) x 軸．

二、兩點距離公式與中點公式

兩點距離公式

設 $A(x_1, y_1), B(x_2, y_2)$ 為坐標平面上兩點，則 A、B 兩點之間的距離為

$$\overline{AB} = \sqrt{(x_2 - x_1)^2 + (y_2 - y_1)^2}$$

中點坐標公式

設 $A(x_1, y_1), B(x_2, y_2)$ 為坐標平面上兩點，則 $\overline{AB}$ 的中點 M 的坐標為

$$\left(\frac{x_1 + x_2}{2}, \frac{y_1 + y_2}{2} \right)$$

平行四邊形 $ABCD$, 已知 $A(-3, 1)$, $B(1, -2)$, $C(5, 5)$, 試求：

(1) $\overline{AB}$ 線段長．

(2) 兩條對角線的交點坐標．

(3) 第四個頂點 D 的坐標．

解 (1) $\overline{AB} = \sqrt{(-3-1)^2 + [1-(-2)]^2} = \sqrt{25} = 5$.

(2) 設兩條對角線的交點坐標為 $M(a, b)$，

因為平行四邊形兩對角線互相平分，所以 M 為 $\overline{AC}$ 的中點，

因此 $a = \dfrac{-3+5}{2} = 1$, $b = \dfrac{1+5}{2} = 3$,

故兩條對角線的交點坐標為 $M(1, 3)$.

(3) 設 D 點的坐標為 (m, n)，

因為 M 亦為 $\overline{BD}$ 的中點，

所以 $\dfrac{m+1}{2} = 1$, $\dfrac{n+(-2)}{2} = 3$,

整理得 $m = 1$, $n = 8$,

故 D 點坐標為 $(1, 8)$.

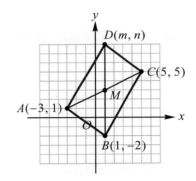

三、直線的斜率

若在直線 L 上任取相異兩點，則這兩點縱坐標 y 與橫坐標 x 的相對變化之比值為一定值，我們稱此定值為**直線 L 的斜率**，定義如下：

定義

設 $A(x_1, y_1)$, $B(x_2, y_2)$ 為直線 L 上相異兩點，

1. 若 $x_1 \neq x_2$，則 $m = \dfrac{y_2 - y_1}{x_2 - x_1}$ 稱為**直線 L 的斜率**．
2. 若 $x_1 = x_2$，則直線 L 為鉛直線，我們規定鉛直線 L 的斜率不存在．

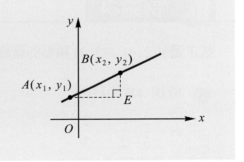

我們也可得到傾斜的程度和斜率的關係如下：

1. 當直線 L 由左下方往右上方上升時，其斜率為正，且傾斜程度愈大，其斜率愈大．
2. 當直線 L 由左上方往右下方下降時，其斜率為負，且傾斜程度愈大，其斜率愈小．

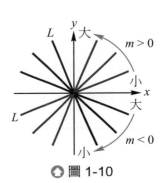

⬢ 圖 1-10

例題 3

設 L_1、L_2、L_3、L_4 為過原點 O 的直線，如右圖所示，
其斜率分別為 m_1、m_2、m_3、m_4,試比較其大小順序.

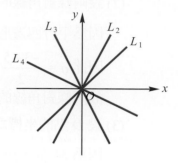

解 由上述討論結果可得 $m_2 > m_1 > 0 > m_4 > m_3$.

四、直線方程式

1. 直線的點斜式

定義 (點斜式)

當直線 L 過定點 $A(x_0, y_0)$ 且其斜率為 m 時 , 則直線 L 的方程式為

$$y - y_0 = m(x - x_0).$$

 例題 4

試求過 $A(2, 4), B(5, 2)$ 兩點的直線方程式 .

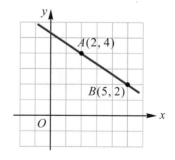

解 直線 AB 的斜率

$$m = \frac{2-4}{5-2} = -\frac{2}{3},$$

又此直線過 $A(2, 4)$,

由點斜式知：

直線方程式為 $\quad y - 4 = -\dfrac{2}{3}\ (x - 2),$

整理得 $\quad 2x + 3y - 16 = 0.$

2. 直線 $ax + by + c = 0$（其中 $a \neq 0, b \neq 0$）的斜率是 $-\dfrac{a}{b}$.

例如：直線 $3x - 2y - 6 = 0$ 的斜率為 $\dfrac{3}{2}$.

3. 直線的**斜截式**

若直線 L 與 x 軸交於 $(a, 0)$, 則稱直線 L 的 **x 截距為 a**.

若直線 L 與 y 軸交於 $(0, b)$, 則稱直線 L 的 **y 截距為 b**.

例如：直線 $L_1 : 2x - y - 4 = 0$ 與 x 軸交於 $(2, 0)$, 與 y 軸交於 $(0, -4)$, 所以直線 L_1 的 x 截距為 2, y 截距為 -4.

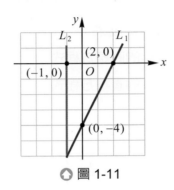

▲ 圖 1-11

定義 (斜截式)

設直線 L 的斜率為 m, y 截距為 b, 則直線 L 的方程式為 $y = mx + b$.

 例題 5

若直線 L 的斜率為 3 且 y 截距為 4, 求直線 L 的方程式.

解 因為直線 L 的斜率為 3, y 截距為 4,
所以直線 L 的方程式為 $y = 3x + 4$.

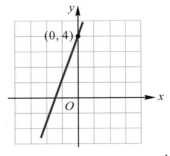

五、直線的平行與垂直

> 設不垂直於 x 軸的相異兩直線 L_1、L_2,其斜率依次為 m_1、m_2,
>
> 1. 若 $L_1 /\!/ L_2$,則 $m_1 = m_2$,反之亦然.
> 2. 若 $L_1 \perp L_2$,則 $m_1 \times m_2 = -1$,反之亦然.

 例題 6

坐標平面上有一直線 $L : 3x + 5y = 6$,試求:

(1) 與直線 L 平行且過點 $A(2, -1)$ 的直線方程式.

(2) 與直線 L 垂直且過點 $A(2, -1)$ 的直線方程式.

解 直線 $L : 3x + 5y = 6$ 的斜率為 $-\dfrac{3}{5}$.

(1) 與直線 L 平行的直線的斜率也是 $-\dfrac{3}{5}$,

又此直線過 $A(2, -1)$,

由點斜式知:此直線方程式為

$$y - (-1) = -\frac{3}{5}(x - 2),$$

整理得 $3x + 5y - 1 = 0$.

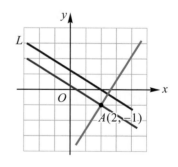

(2) 與直線 L 垂直的直線的斜率是 $\dfrac{5}{3}$,此直線過 $A(2, -1)$,

由點斜式知:此直線方程式為 $y - (-1) = \dfrac{5}{3}(x - 2)$

整理得 $5x - 3y - 13 = 0$.

習 題

一、基礎題：

1. 如右圖所示，$ABCD$ 為一矩形，
   則 $a =$ _____ $b =$ _____
   $c =$ _____ $d =$ _____.

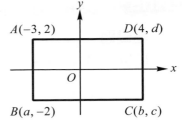

2. (1) 求 $A(5, 3), B(3, -1)$ 兩點之間的距離．

   (2) 在 x 軸上有一點 P 到 $A(-2, 3), B(3, 7)$ 兩點的距離
       相等，求 P 點坐標．

3. 設 $\triangle ABC$ 的三個頂點為 $A(2, 1)$、$B(3, 3)$、$C(6, -1)$，試求：

   (1) 求 $\overline{AC}$ 的中點．ㅤ(2) 求 $\overline{AC}$ 的中線長．

4. 設 $A(5, -2)$、$B(3, 4)$、$C(7, a)$、$D(2, 1)$

   (1) 若 $\overline{AB} \parallel \overline{CD}$，則 $a =$ _____.ㅤ(2)ㅤ若 $\overline{AB} \perp \overline{CD}$，則 $a =$ _____.

5. 設 $ABCDE$ 是坐標平面上一個正五邊形（如右圖），其
   中 $\overline{CD} \parallel x$ 軸，試將直線 AB 的斜率 m_1，直線 BC 的斜率
   m_2，直線 CD 的斜率 m_3，直線 DE 的斜率 m_4，直線 EA
   的斜率 m_5 由大到小排列．

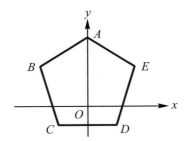

6. 以 $A(1, -3), B(7, -1), C(2, -6)$ 為頂點的三角形是否為
   直角三角形？

7. 試求下列的直線方程式：

   (1) 斜率為 $-\dfrac{3}{2}$ 且過點 $(-2, 1)$.ㅤㅤ(2) 斜率為 $\dfrac{4}{3}$ 且 y 截距為 -2.

   (3) 過點 $(2, -3)$ 與 $(-4, 1)$.ㅤㅤ(4) x 截距為 3, y 截距為 -4.

8. (1) 求過點 $(3, -4)$ 且與直線 $3x - 2y - 6 = 0$ 平行之直線方程式．

   (2) 求過點 $(3, -4)$ 且與直線 $3x - 2y - 6 = 0$ 垂直之直線方程式．

9. 求過直線 $3x - 2y - 4 = 0$ 及 $2x - y - 3 = 0$ 之交點且過 $(3, -2)$ 的直線方程式．

二、進階題：

1. 設三直線 $L_1 : 2x - y = 3, L_2 : 3x - 2y = 4, L_3 : x + ay = 5$.

   (1) 求 L_1 與 L_2 的交點坐標．

   (2) 若三直線不能圍成一個三角形，求 a 之值．

Ans

一、基礎題：

1. $a = -3$ 、 $b = 4$ 、 $c = -2$ 、 $d = 2$.

2. (1) $2\sqrt{5}$.

   (2) $(\dfrac{9}{2}, 0)$.

3. (1) $(4, 0)$.

   (2) $\sqrt{10}$.

4. (1) $a = -14$.

   (2) $a = \dfrac{8}{3}$.

5. $m_4 > m_1 > m_3 > m_5 > m_2$.

6. $\triangle ABC$ 爲直角三角形 .

7. (1) $3x + 2y + 4 = 0$.

   (2) $4x - 3y - 6 = 0$.

   (3) $2x + 3y + 5 = 0$.

   (4) $4x - 3y - 12 = 0$.

8. (1) $3x - 2y - 17 = 0$.

   (2) $2x + 3y + 6 = 0$.

9. $3x + y - 7 = 0$.

二、進階題：

1. (1) $(2, 1)$.

   (2) $3, -\dfrac{1}{2}, -\dfrac{2}{3}$.

1-3 函數及其圖形 **(Functions and Graphs)**

一、函數的定義

如果兩個變數 x 與 y 之間存在著某種對應關係，當變數 x 給定時，變數 y 會隨之唯一確定，像這樣的對應關係稱為 **y 是 x 的函數**，今定義如下：

定義 (函數)

設 A, B 為兩非空的集合，若 f 為 A 與 B 之間元素的一種對應關係，且滿足 A 中的每一元素 x，在 B 中恰有一元素 y 與之對應，則稱 f 為由 A 對應至 B 的一個函數，記作　　$f : A \to B$
或寫成　$y = f(x), x \in A,$
其中 x 稱為**自變數**，y 稱為**應變數**。

底下再介紹幾個名詞：

1. 集合 A 稱為函數 f 的**定義域**。
2. 集合 B 稱為函數 f 的**對應域**。
3. 若 $a \in A$，則函數 f 在 $x = a$ 的對應值，稱為函數 f 在 $x = a$ 的**函數值**，並以 $f(a)$ 表示。
   所有函數值所成的集合稱為函數 f 的**值域**，記為 $f(A)$。

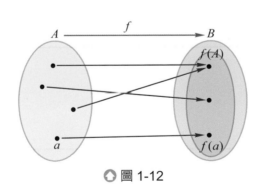

◆ 圖 1-12

例題 1

設 $A = \{a, b, c, d\}$，$B = \{1, 2, 3, 4\}$，下列各選項為集合 A 對應到集合 B 的對應關係，試問何者是函數關係？

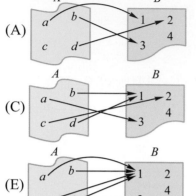

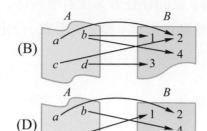

解 (A) 因為 c 在 B 中沒有元素與之對應，所以不是函數關係．

(B) 因為 b 在 B 中有 1 及 4 兩個元素與之對應，所以不是函數關係．

(C) 、 (D) 、 (E) 皆符合函數的定義，故皆為由 A 對應到 B 的函數．

> 由函數的定義可知：
> (1) 不允許定義域中的元素沒有對應的元素．
> (2) 不允許一對多．
> (3) 允許一對一、多對一．

 例題 2

(1) 設 $f(x) = x^2 - x + 2$，$x \in \mathbb{Z}$ ，試求 $f(-2), f(\frac{1}{3}), f(1), f(4)$ 的值．

(2) 設 $g(x) = \begin{cases} x^2 + 1, & x \le 1 \\ 2x - 3, & x > 1 \end{cases}$ ，$x \in \mathbb{R}$ ，試求 $g(-2), g(\frac{1}{3}), g(1), g(4)$ 的值．

解 (1) 因為 $-2 \in \mathbb{Z}$，所以 $f(-2) = (-2)^2 - (-2) + 2 = 8$；

因為 $\dfrac{1}{3} \notin \mathbb{Z}$，所以 $f(\dfrac{1}{3})$ 無意義；

因為 $1 \in \mathbb{Z}$，所以 $f(1) = 1^2 - 1 + 2 = 2$；

因為 $4 \in \mathbb{Z}$，所以 $f(4) = 4^2 - 4 + 2 = 14$.

(2) 因為 $-2 \le 1$，所以 $g(-2) = (-2)^2 + 1 = 5$；

因為 $\dfrac{1}{3} \le 1$，所以 $g(\dfrac{1}{3}) = (\dfrac{1}{3})^2 + 1 = \dfrac{10}{9}$；

因為 $1 \le 1$，所以 $g(1) = 1^2 + 1 = 2$；

因為 $4 > 1$，所以 $g(4) = 2 \times 4 - 3 = 5$.

　　若函數 $f : A \to \mathbb{R}$，其中 $A \subset \mathbb{R}$，則稱 f 為**實數值函數**，簡稱**實函數**. 當我們在討論實函數時，有時為了簡便，常沒有說明其定義域，此時**實函數 f 的定義域是使函數 f 為有意義的實數 x 所成的最大集合**.

例題 3

試求下列各實函數的定義域.

(1) $f_1(x) = x^2 - 2x$. 　(2) $f_2(x) = \dfrac{x+3}{x^2 - 2x}$. 　(3) $f_3(x) = \sqrt{x-1}$.

解 (1) 因對任一個實數 x 所對應的函數值 $f_1(x) = x^2 - 2x$ 均為實數，
故 f_1 的定義域為 $\mathbb{R}$.

(2) 欲使 $f_2(x) = \dfrac{x+3}{x^2 - 2x}$ 有意義且其值為實數，
必須分母 $x^2 - 2x \ne 0$，即 $x(x-2) \ne 0$，
所以 $x \ne 0$ 且 $x \ne 2$，
故 f_2 的定義域為 $\{x \mid x \in \mathbb{R}, x \ne 0 \text{ 且 } x \ne 2\}$.

> 求實函數的定義域時，應注意
> (1) 分式時，分母不能為 0.
> (2) 偶次根號時，根號內的數必須大於或等於 0.

(3) 欲使 $f_3(x) = \sqrt{x-1}$ 的值為實數，
必須 $x - 1 \ge 0$，即 $x \ge 1$，
故 f_3 的定義域為 $\{x \mid x \ge 1\}$.

二、函數的圖形

設 $f : A \to \mathbb{R}$ 為一實函數，則在坐標平面上所有點 $(x, f(x))$，$x \in A$ 所形成的圖形，稱為**函數 f 的圖形**．底下我們來討論一些常見的函數圖形．

(一) 多項式函數圖形

1. 一次函數的圖形

   $f(x) = ax + b (a, b \in \mathbb{R} \, \text{且} \, a \neq 0)$ 的圖形為一**直線**．

 例題 **4**

描繪函數 $f(x) = 2x + 6$ 的圖形．

解 令 $y = f(x) = 2x + 6$，將 x 與 y 的對應情形列表如下：

x	0	-3
y	6	0

在坐標平面上將兩個數對描點，並以直線連接兩點，
即得函數 $f(x) = 2x + 6$ 的圖形，如右圖所示．

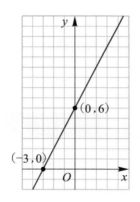

2. 二次函數的圖形

   二次函數 $f(x) = ax^2 + bx + c (a, b, c \in \mathbb{R} \, \text{且} \, a \neq 0)$ 的圖形為**拋物線**．

 例題 5

試描繪二次函數 $f(x) = x^2$ 的圖形.

解 令 $y = f(x) = x^2$,將 x 與 y 的對應情形列表如下:

x	-2	-1	0	1	2
y	4	1	0	1	4

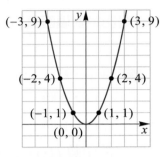

在坐標平面上將各數對描點,並以平滑曲線連接各點,即得函數 $f(x) = x^2$ 的圖形,如右圖所示.

3. 高次函數的圖形

底下以電腦繪出幾個多項式函數的圖形:

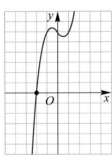

(a) $y = x^3 - x + 6$

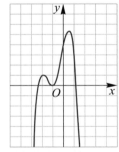

(b) $y = -x^4 - 3x^3 + 5x + 3$

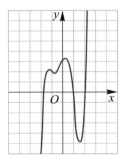

(c) $y = x^5 - 4x^3 - 2x^2 + 2x + 3$

⬆ 圖 1-13

(二) 絕對值函數與高斯函數的圖形

1. 絕對值函數

 例題 6

試畫出絕對值函數 $f(x) = |x|$ 的圖形.

解 令 $y = f(x) = |x|$, 我們針對絕對值內的正負值做討論：

(1) $x \geq 0$ 時, $y = f(x) = |x| = x$ (圖形如圖 (a))

(2) $x < 0$ 時, $y = f(x) = |x| = -x$ (圖形如圖 (b))

故函數 $f(x) = |x|$ 的圖形如圖 (c) 所示.

x	-1	-2	0	1
y	1	2	0	1

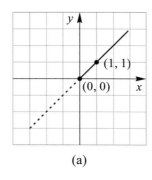 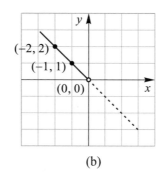 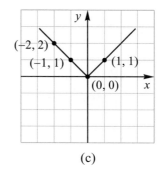

| (a) | (b) | (c) |

2. 高斯函數

對於任意實數 x, 我們以符號 $[x]$ 表示不大於 x 的最大整數, 符號 $[\ ]$ 稱為**高斯符號**.

例如：$[3] = 3$, $[2.999] = 2$, $[0.345] = 0$, $[0] = 0$, $[-0.12] = -1$, $[-3.95] = -4$.

 例題 7

設高斯函數 $f(x) = [x]$,

(1) 試求函數 f 的定義域.　　**(2) 試畫出函數 f 的圖形.**　　**(3) 試求函數 f 的值域.**

(1) 因為任意實數 x, 都會使高斯函數 $f(x) = [x]$ 為實數,
所以其定義域為 $\mathbb{R}$.

(2)
$\vdots$

當 $-3 \leq x < -2$ 時, $f(x) = [x] = -3$;

當 $-2 \leq x < -1$ 時, $f(x) = [x] = -2$;

當 $-1 \leq x < 0$ 時, $f(x) = [x] = -1$;

當 $\ 0 \leq x < 1$ 時, $f(x) = [x] = 0$;

當 $\ 1 \leq x < 2$ 時, $f(x) = [x] = 1$;

當 $\ 2 \leq x < 3$ 時, $f(x) = [x] = 2$;

$\vdots$

當 $n \leq x < n + 1$ 時, $f(x) = [x] = n$

得高斯函數 $f(x) = [x]$ 的圖形如圖所示.

(3) 由 (2) 的討論可得

高斯函數 f 的函數值 $f(x)$ 均為整數, 且每一個整數都被對應到,
故其值域為所有整數所成的集合 $\mathbb{Z}$.

(三) 根式圖形

例題 8

試畫出函數 $y = 2\sqrt{x}$ 與 $y = -\sqrt{25 - x^2}$ 的圖形.

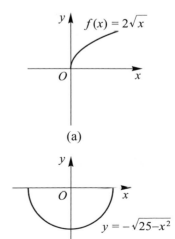

 (1) 由於 $y^2 = 4x$ 的圖形為拋物線,
故 $y = 2\sqrt{x}$ 的圖形為拋物線的上半部,
如圖 (a) 所示.

(2) 由於 $x^2 + y^2 = 25$, 其圖形為
以 $(0, 0)$ 為圓心, 5 為半徑的圓,
故 $y = -\sqrt{25 - x^2}$ 的圖形為圓的下半部,
如圖 (b) 所示.

(四) 其他函數圖形

 例題 9

試畫出函數 $f(x) = \begin{cases} x^2+1, & x \geq 1 \\ x+1, & x < 1 \end{cases}$ 的圖形 .

解 (1) $x \geq 1$ 時 , $f(x) = x^2 + 1$ 的圖形為拋物線的一部分 , 如圖 (a) 所示 .

(2) $x < 1$ 時 , $f(x) = x + 1$ 的圖形為直線的一部分 , 如圖 (b) 所示 .

故函數 $f(x) = \begin{cases} x^2+1, & x \geq 1 \\ x+1, & x < 1 \end{cases}$ 的圖形如圖 (c) 所示 .

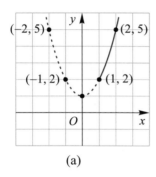 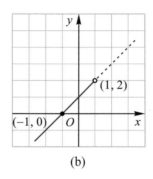 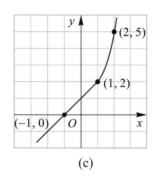

(a)   (b)   (c)

 例題 10

試畫出函數 $f(x) = \dfrac{1}{x}$ 的圖形 .

解 因為分母不能為 0, 所以 $f(x) = \dfrac{1}{x}$ 的定義域為 $\{x \mid x \in \mathbb{R} , x \neq 0\}$.

令 $y = f(x) = \dfrac{1}{x}$, 將 x 與 y 的對應情形列表如下 :

x	-4	-3	-2	-1	$-\dfrac{1}{2}$	$-\dfrac{1}{4}$	$\cdots$	$\dfrac{1}{4}$	$\dfrac{1}{2}$	1	2	3	4
$f(x)=\dfrac{1}{x}$	$-\dfrac{1}{4}$	$-\dfrac{1}{3}$	$-\dfrac{1}{2}$	-1	-2	-4	$\cdots$	4	2	1	$\dfrac{1}{2}$	$\dfrac{1}{3}$	$\dfrac{1}{4}$

在坐標平面上將各數對描點，並以平滑曲線連接各點，即得 $f(x)=\dfrac{1}{x}$ 的近似圖形，如下圖所示．

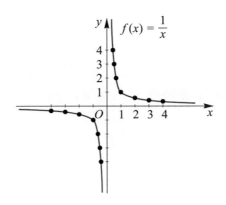

事實上，$y=f(x)=\dfrac{1}{x}$ 的圖形為雙曲線．

註：若 $k\neq0$ 則方程式 $xy=k$ 的圖形為雙曲線：

(1) 當 $k>0$ 時，其圖形為　　　　　　(2) 當 $k<0$ 時，其圖形為

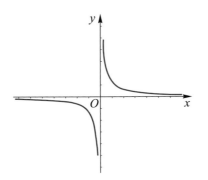
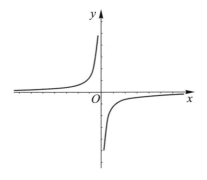

三、函數的四則運算

由於實數具有加減乘除四則運算，因此，對於兩個實函數間，可以在共同的定義域範圍內，以加減乘除四則運算，來形成新的函數，今定義如下：

> **定義**
>
> 設 f、g 為兩實函數，其定義域分別為 A 與 B，則 $f+g$、$f-g$、$f \cdot g$ 及 $\dfrac{f}{g}$ 分別稱為 f、g 兩函數之和、差、積及商，且
>
> $$(f+g)(x) = f(x) + g(x) \qquad\qquad (f-g)(x) = f(x) - g(x)$$
>
> $$(f \cdot g)(x) = f(x)g(x) \qquad\qquad (\frac{f}{g})(x) = \frac{f(x)}{g(x)} ,$$
>
> 其中 $f+g$、$f-g$、$f \cdot g$ 的定義域為 $\{x \mid x \in A \cap B\}$，
>
> $\dfrac{f}{g}$ 的定義域為 $\{x \mid x \in A \cap B, \text{且 } g(x) \neq 0\}$.

例題 11

已知 $f(x) = \sqrt{x+1}$，$g(x) = \sqrt{2-x}$，試寫出 $f+g, f-g, f \cdot g$ 及 $\dfrac{f}{g}$ 的定義域.

解 $f(x) = \sqrt{x+1}$ 的定義域為 $A = \{x \mid x \geq -1\}$，$g(x) = \sqrt{2-x}$ 的定義域為 $B = \{x \mid x \leq 2\}$，

(1) 因為 $f+g, f-g, f \cdot g$ 的定義域為 $\{x \mid x \in A \cap B\}$，

所以其定義域為 $\{x \mid -1 \leq x \leq 2\}$，

此時 $(f+g)(x) = f(x) + g(x) = \sqrt{x+1} + \sqrt{2-x}$ ，

$(f-g)(x) = f(x) - g(x) = \sqrt{x+1} - \sqrt{2-x}$ ，

$(f \cdot g)(x) = f(x) \cdot g(x) = \sqrt{x+1} \cdot \sqrt{2-x} = \sqrt{-x^2 + x + 2}$.

(2) 因為 $\dfrac{f}{g}$ 的定義域為 $\{x \mid x \in A \cap B \text{ 且 } g(x) \neq 0\}$，

又 $g(x) = \sqrt{2-x} \neq 0$ 時，得 $x \neq 2$，所以 $\dfrac{f}{g}$ 的定義域為 $\{x \mid -1 \leq x < 2\}$，

此時 $(\dfrac{f}{g})(x) = \dfrac{f(x)}{g(x)} = \dfrac{\sqrt{x+1}}{\sqrt{2-x}} = \dfrac{\sqrt{-x^2 + x + 2}}{2-x}$.

一、基礎題：

1. 試問下列何者是由 A 對應到 B 的函數關係？

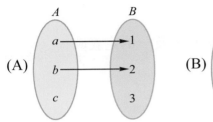 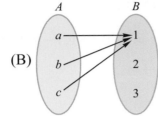 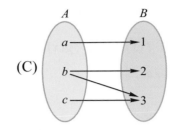

2. 下列各圖形中，何者為函數圖形？

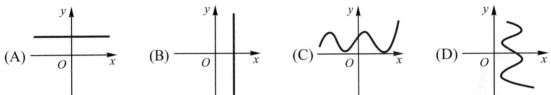

3. 設 $f(x) = \begin{cases} 2, & x \geq 3 \\ x^2+1, & -2 \leq x < 3 \\ x+1, & x < -2 \end{cases}$，$x \in \mathbb{R}$，試求 $f(-3)$, $f(0)$, $f(4)$ 的值．

4. 試求下列各實函數的定義域．

(1) $f(x) = \dfrac{1}{x-4}$．

(2) $f(x) = \dfrac{x+3}{x^2+4x-5}$．

(3) $f(x) = \sqrt{x^2-2x-15}$．

(4) $f(x) = \dfrac{x+1}{\sqrt{x+3}}$．

5. 試畫出函數 $f(x) = \dfrac{|x|}{x}$ 的圖形．

6. 試畫出函數 $f(x) = \begin{cases} 1, & x > 0 \\ 0, & x = 0 \\ -1, & x < 0 \end{cases}$ 的圖形．

7. 試畫出函數 $f(x) = \begin{cases} 2x-3, & x \geq 1 \\ x^2-2, & x < 1 \end{cases}$ 的圖形．

8. 試畫出函數 $f(x) = \dfrac{x^2 + 3x - 10}{x - 2}$ 的圖形.

9. 試畫出函數 $f(x) = -\sqrt{9 - x^2}$ 的圖形.

10. 已知 $f(x) = \sqrt{x}$，$g(x) = \sqrt{1-x}$，試寫出 $f+g, f-g, f \cdot g$ 及 $\dfrac{f}{g}$ 的定義域.

二、進階題：

1. 試畫出函數 $f(x) = -2\sqrt{-\dfrac{x^2}{9} + 1}$ 的圖形.

2. 試畫出函數 $f(x) = [-x]$，$-3 \leq x \leq 3$ 的圖形.

Ans

一、基礎題：

1. (B).

2. (A) (C).

3. $f(-3) = -2, f(0) = 1, f(4) = 2$.

4. (1) $\{x \mid x \in \mathbb{R}, 且 x \neq 4\}$.   (2) $\{x \mid x \in \mathbb{R}, x \neq -5 且 x \neq 1\}$.

   (3) $\{x \mid x \leq -3 或 x \geq 5\}$.   (4) $\{x \mid x > -3\}$.

5.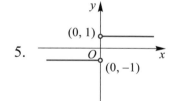

6.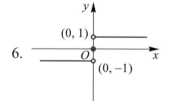

7.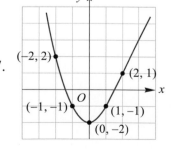

8.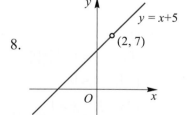

9.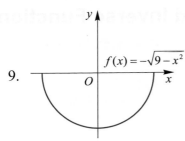

$f(x) = -\sqrt{9-x^2}$

10. (1) $f+g$，$f-g$，$f \cdot g$ 的定義域為 $\{x \mid 0 \le x \le 1\}$.

(2) $\dfrac{f}{g}$ 的其定義域為 $\{x \mid 0 \le x < 1\}$.

二、進階題：

1.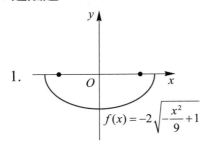

$f(x) = -2\sqrt{-\dfrac{x^2}{9}+1}$

2.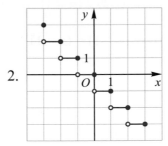

1-4 合成函數與反函數
(Combining Functions and Inverse Functions)

一、合成函數

1. 合成函數的定義

   設 $h(x) = (x-1)^3$，令

   $$f(x) = x^3, g(x) = x - 1,$$

   則**當變數 x 經由函數 g 作用之後，函數值 $g(x)$ 恰在另一個函數 f 的定義域中，**此時，$g(x)$ 可再被函數 f 接著作用，最後會得到一個函數值 $f(g(x))$，

   即　　$f(g(x)) = f(x-1) = (x-1)^3,$

   所以　$h(x) = (x-1)^3$ 可由函數 f 與 g 結合而得．

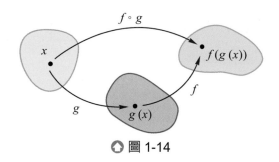

⬆ 圖 1-14

　　像這樣將兩個函數 f 與 g 結合在一起，可形成一個新的函數，此新函數我們定義如下：

> **定義 (合成函數)**
>
> 　　給定兩函數 f 與 g，由 $y = f(g(x))$ 所決定的函數稱為 f 與 g 的**合成函數**，以 $f \circ g$ 表示，即
>
> $$(f \circ g)(x) = f(g(x))$$
>
> 其定義域就是使 $g(x)$ 落在 f 之定義域中的所有 x 所成的集合．

例題 1

設 $f(x) = \sqrt{x}$, $g(x) = x + 1$, 試求：
(1) $(f \circ g)(1)$.　(2) $(f \circ g)(0)$.　(3) $(f \circ g)(-1)$.　(4) $(f \circ g)(-2)$.

解 (1) $(f \circ g)(1) = f(g(1)) = f(1 + 1)$
$= f(2) = \sqrt{2}$.
(2) $(f \circ g)(0) = f(g(0)) = f(0 + 1)$
$= f(1) = 1$.
(3) $(f \circ g)(-1) = f(g(-1)) = f(-1 + 1) = f(0) = 0$.
(4) 因為函數值 $g(-2) = -2 + 1 = -1$ 不在函數 f 的定義域 $\{x \mid x \geq 0\}$ 中，
所以 $(f \circ g)(-2)$ 不存在.

例題 2

設 $f(x) = \sqrt{x}$, $g(x) = 2x - 1$,
(1) 試找出函數 f 、g 的定義域與值域.
(2) 試求合成函數 $f \circ g$ 及其定義域.

解 (1) 函數 f 的定義域為 $\{x \mid x \geq 0\}$, 值域為 $\{f(x) \mid f(x) \geq 0\}$；
函數 g 的定義域為 $\mathbb{R}$, 值域為 $\mathbb{R}$.
(2) $(f \circ g)(x) = f(g(x))$
$= f(2x - 1)$
$= \sqrt{2x - 1}$

且其定義域為 $\{x \mid x \geq \dfrac{1}{2}\}$.

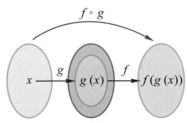

2. 圖形的轉換

圖 1-15 中, 函數 $h(x) = (x + 1)^2$ 的圖形是由函數 $f(x) = x^2$ 的圖形向左移動 1 個單位而得. 而函數 $g(x) = x^2 + 1$ 的圖形是由函數 $f(x) = x^2$ 的圖形向上移動 1 個單位而得.

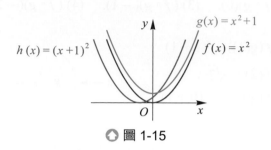

● 圖 1-15

我們將一些基本圖形的轉換形式列表如下：設 $h > 0, k > 0,$

函數	函數圖形與函數 $y = f(x)$ 圖形的關係
$y = f(x - h)$	將 $y = f(x)$ 圖形向右平移 h 單位
$y = f(x + h)$	將 $y = f(x)$ 圖形向左平移 h 單位
$y = f(x) + k$	將 $y = f(x)$ 圖形向上平移 k 單位
$y = f(x) - k$	將 $y = f(x)$ 圖形向下平移 k 單位
$y = -f(x)$	與 $y = f(x)$ 圖形對稱 x 軸
$y = f(-x)$	與 $y = f(x)$ 圖形對稱 y 軸

 例題 3

右圖中是 $y = f(x) = x^3$ 及其他函數的圖形, 試選出下列函數所代表的圖形.

(1) $y = f(x + 3)$.

(2) $y = f(x - 2) + 1$.

(3) $y = -f(x)$.

(4) $y = f(-x) - 2$.

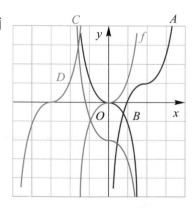

解 (1) $y = f(x + 3)$ 是由 $y = f(x)$ 向左平移 3 單位得到,故選 D.

(2) $y = f(x - 2) + 1$ 是由 $y = f(x)$ 向右平移 2 單位,再向上平移 1 單位得到,故選 A.

(3) $y = -f(x)$ 是將 $y = f(x)$ 對 x 軸作對稱得到,故選 B.

(4) $y = f(-x) - 2$ 是將 $y = f(x)$ 對 y 軸作對稱,再向下平移 2 單位得到,故選 C.

二、反函數

1. 一對一函數

定義

設 f 為一函數,若 $x_1 \neq x_2$,則 $f(x_1) \neq f(x_2)$(或若 $f(x_1) = f(x_2)$,則 $x_1 = x_2$),我們將函數 f 稱為**一對一函數**.

 例題 4

下列哪些函數是一對一函數?

(1) $f(x) = 2x+1$. (2) $g(x) = 3^x$. (3) $h(x) = \log_3 x$. (4) $p(x) = x^2$.

(5) **高斯函數** $q(x) = [\, x \,]$.

解 由定義可知

(1) 若 $f(x_1) = f(x_2)$,則 $2x_1 + 1 = 2x_2 + 1$,即 $x_1 = x_2$,

所以 $f(x) = 2x+1$ 為一對一函數.

(2) 若 $g(x_1) = g(x_2)$,則 $3^{x_1} = 3^{x_2}$,即 $x_1 = x_2$,所以 $g(x) = 3^x$ 為一對一函數.

(3) 若 $h(x_1) = h(x_2)$,則 $\log_3 x_1 = \log_3 x_2$,即 $x_1 = x_2$,所以 $h(x) = \log_3 x$ 為一對一函數.

(4) 若 $p(x_1) = p(x_2)$,則 $x_1^2 = x_2^2$,即 $x_1 = x_2$ 或 $x_1 = -x_2$,

所以 $p(x) = x^2$ 為不是一對一函數.

或舉反例說明:

當 $x_1 = 1$,$x_2 = -1$ 時,$p(1) = p(-1) = 1$,所以 $p(x) = x^2$ 為不是一對一函數.

(5) 舉反例說明：

當 $x_1 = 1.5, x_2 = 1.8$ 時，$q(1.5) = q(1.8) = 1$，

所以高斯函數 $q(x) = [x]$ 都不是一對一函數．

由例題 5(4) 知 $p(x) = x^2$ 不是一對一函數，但是當其定義域限制在 $x \geq 0$ 的範圍時，$p(x) = x^2$ 便是一對一函數．因此，只要將不是一對一函數的定義域做適當的限制，它便可成為一對一函數．

2. 反函數

我們知道函數 f 將 x 對應成 $f(x)$，如果存在一函數 g 可以將 $f(x)$ 對應還原成 x，則稱 g 是 f 的反函數，反之，f 也是 g 的反函數，定義如下：

定義

設 $f: A \to B, f(A)$ 為函數 f 的值域，若存在 $g: f(A) \to A$ 滿足下列兩條件：

1. 對任意 A 中的元素 x，恆有 $g(f(x)) = x$．
2. 對任意 $f(A)$ 中的元素 y，恆有 $f(g(y)) = y$．

則稱 g 為 f 的 **反函數**．通常函數 f 的反函數以 f^{-1}（讀作 f inverse）表示．

註：此處 f^{-1} 是表示 f 的反函數，不是 $f^{-1}(x) = \dfrac{1}{f(x)}$ 的意思．

由反函數的定義知：

(1) 若 f 的反函數以 f^{-1} 表示，則 $f(f^{-1}(x)) = x$ 且 $f^{-1}(f(x)) = x$．

(2) f^{-1} 的定義域就是 f 的值域，而 f^{-1} 的值域就是 f 的定義域．

(3) 若函數 f 具有反函數，則函數 f 必為一對一函數．

 例題 5

試問下列函數 f 是否有反函數？若有試求其反函數 f^{-1}．

(1) $f(x) = 3x - 2$.　(2) $f(x) = x^2, x \geq 0$.

解 (1) 若 $f(x_1) = f(x_2)$，則 $3x_1 - 2 = 3x_2 - 2$，即 $x_1 = x_2$，

所以 $f(x) = 3x - 2$ 為一對一函數，

故函數 f 有反函數，則由反函數的定義知，

$f(f^{-1}(x)) = x$, 所以 $3f^{-1}(x) - 2 = x$, 故 $f^{-1}(x) = \dfrac{x+2}{3}$.

(2) 若 $f(x_1) = f(x_2)$，則 $x_1^2 = x_2^2$，即 $x_1 = x_2$，

所以 $f(x) = x^2$, $x \geq 0$ 為一對一函數，

故函數 f 有反函數，則由反函數的定義知

$f(f^{-1}(x)) = x$, 所以 $[f^{-1}(x)]^2 = x$,

故 $f^{-1}(x) = \sqrt{x}$, $x \geq 0$.

4. 反函數圖形的特性

(1) **點 $P(r, s)$ 與點 $Q(s, r)$ 對稱於直線 $y = x$.**

設 $A(t, t)$ 為直線 $y = x$ 上一點，則

$$\overline{AP} = \sqrt{(t-r)^2 + (t-s)^2}$$
$$= \sqrt{(t-s)^2 + (t-r)^2}$$
$$= \overline{AQ} ,$$

所以直線 $y = x$ 為線段 $\overline{PQ}$ 的中垂線，

故點 $P(r, s)$ 與點 $Q(s, r)$ 對稱於直線 $y = x$.

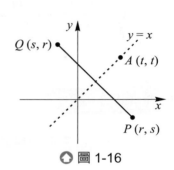

○ 圖 1-16

(2) **函數與其反函數兩個圖形會對稱於直線 $L : y = x$.**

設 $f : A \to B$ 與 $g : f(A) \to A$ 互為反函數，由於若 $P(x_0, y_0)$ 在 $y - f(x)$ 的圖形上，

則 $y_0 = f(x_0)$，由反函數的定義知 $g(y_0) = g(f(x_0)) = x_0$，

即點 $Q(y_0, x_0)$ 在 $y = g(x)$ 的圖形上，

反之亦然.

由於點 $P(x_0, y_0)$ 與點 $Q(y_0, x_0)$

對稱於直線 $y = x$.

所以 $y = f(x)$ 與 $y = g(x)$ 的圖形

對稱於直線 $L : y = x$.

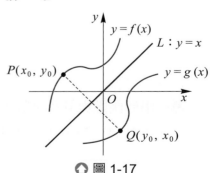

○ 圖 1-17

例如：(1) 例題 5(1) 中的函數 $f(x) = 3x - 2$ 與其反函數 $f^{-1}(x) = \dfrac{x+2}{3}$ 的圖形對
稱於直線 $y = x$, 如圖 1-18(a) 所示.

(2) 例題 5(2) 中的函數 $f(x) = x^2$, $x \geq 0$ 與其反函數 $f^{-1}(x) = \sqrt{x}$, $x \geq 0$ 的
圖形對稱於直線 $y = x$, 如圖 1-18(b) 所示.

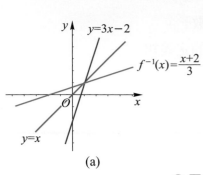
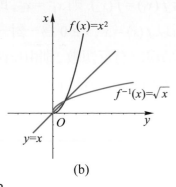

◆圖 1-18

例題 6

下列有 (a)(b)(c) 三個函數圖形, 試找出它們的反函數圖形.

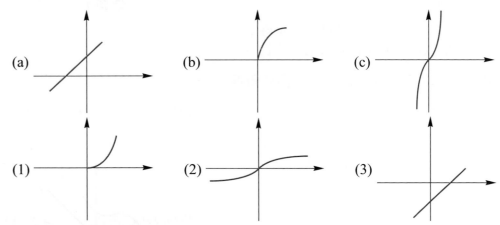

解 由於函數與其反函數兩個圖形會對稱於直線 $L : y = x$,
所以 (a) → (3), (b) → (1), (c) → (2).

一、基礎題：

1. 設 $f(x) = \sqrt{x}$, $g(x) = x + 1$, 試求：(1)$(g \circ f)(0)$.　(2)$(g \circ f)(1)$.　(3)$(g \circ f)(2)$.

2. 設 $f(x) = (x - 1)^2$, $g(x) = 2x - 1$,

   (1) 試找出函數 f、g 的定義域與值域.

   (2) 試求合成函數 $f \circ g$ 及其定義域.

3. 設 $f(x) = x^2 + 1$, $g(x) = x - 2$, 試求：

   (1)　① $(f \circ g)(x)$.　② $(f \circ g)(2)$.　③ $(f \circ g)(0)$.　④ $(f \circ g)(-2)$.

   (2)　① $(g \circ f)(x)$.　② $(g \circ f)(2)$.　③ $(g \circ f)(0)$.　④ $(g \circ f)(-2)$.

4. 右圖為函數 $f(x) = \dfrac{1}{x}$ 的圖形為一雙曲線圖形, 試利用右圖畫

   出函數 $h(x) = \dfrac{1}{x - 2}$ 的圖形.

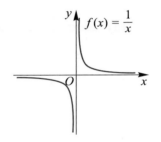

5. 右圖中有 $y = f(x) = x^2$ 及其他函數的圖形, 試選出

   下函數所代表的圖形.

   (1)　$y = f(x + 3)$.

   (2)　$y = f(x - 2) + 1$.

   (3)　$y = -f(x - 4)$.

   (4)　$y = -f(x + 2) - 3$.

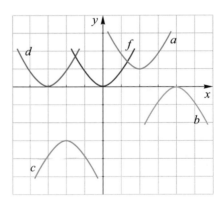

6. 右圖中有 $y = f(x) = x^2$ 及其他函數的圖形,試寫出圖形 a、b、c、d 所代表的函數.

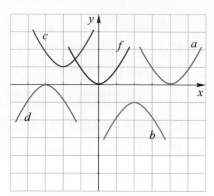

7. 設函數 $f(x) = 2x + 3$,試求其反函數 f^{-1}.

8. 下列有 (a)(b)(c) 三個函數圖形,試找出它們的反函數圖形.

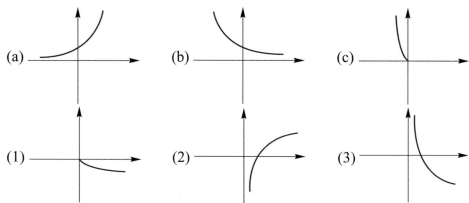

二、進階題:

1. 設函數 $f(x) = x^2 + 1$, $x \geq 0$,試求其反函數 f^{-1}.

2. 設函數 $f(x) = x^2 - 3$, $x \leq 0$,試求其反函數 f^{-1}.

Ans

一、基礎題

1. (1) 1.   (2) 2.   (3) $\sqrt{2} + 1$.

2. (1) 定義域為 $\mathbb{R}$,值域為 $\{f(x) \mid f(x) \geq 0\}$;定義域為 $\mathbb{R}$,值域為 $\mathbb{R}$.

  (2) $(f \circ g)(x) = 4x^2 - 8x + 4$,定義域為 $\mathbb{R}$.

3. (1) ① $(f \circ g)(x) = x^2 - 4x + 5$.   ② 1.   ③ 5.   ④ 17.

  (2) ① $(g \circ f)(x) = x^2 - 1$.   ② 3.   ③ −1.   ④ 3.

4.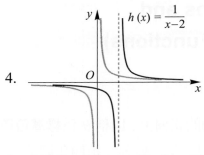

5. (1) *d*. (2) *a*. (3) *b*. (4) *c*.

6. $a : f(x) = (x - 4)^2$.

   $b : f(x) = -(x - 2)^2 - 1$.

   $c : f(x) = (x + 2)^2 + 1$.

   $d : f(x) = -(x + 3)^2$.

7. $f^{-1}(x) = \dfrac{x - 3}{2}$.

8. (a) $\rightarrow$ (2), (b) $\rightarrow$ (3), (c) $\rightarrow$ (1)

二、進階題

1. $f^{-1}(x) = \sqrt{x - 1}$, $x \geq 1$.

2. $f^{-1}(x) = -\sqrt{x + 3}$, $x \geq -3$.

1-5 三角函數與反三角函數 (Trigonometric Functions and Inverse Trigonometric Functions)

一、廣義角的三角函數

若廣義角 θ 的頂點置於原點上，始邊放在 x 軸的正向上，則稱 θ 為**標準位置角**．標準位置角 θ 的終邊可能落在第一象限、第二象限、第三象限、第四象限或坐標軸上，我們將廣義角的三角函數定義如下：

定義

設 $P(x, y)$ 為標準位置角 θ 終邊上異於原點的點，且 $\overline{OP} = r = \sqrt{x^2 + y^2}$，

定義　$\sin\theta = \dfrac{y}{r}$　　　　$\cos\theta = \dfrac{x}{r}$

$\tan\theta = \dfrac{y}{x}$ $(x \neq 0)$　　$\cot\theta = \dfrac{x}{y}$ $(y \neq 0)$

$\sec\theta = \dfrac{r}{x}$ $(x \neq 0)$　　$\csc\theta = \dfrac{r}{y}$ $(y \neq 0)$

根據廣義角三角函數的定義，非象限角的三角函數值的正負，可由終邊上的點 $P(x, y)$ 決定，此結果如圖 1-19 所示．

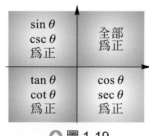

$\sin\theta$ $\csc\theta$ 為正	全部 為正
$\tan\theta$ $\cot\theta$ 為正	$\cos\theta$ $\sec\theta$ 為正

⬆ 圖 1-19

由於一個圓的圓心角為 360° 或 2π 弧度，所以 2π 弧度 = 360°，因此 π 弧度 = 180°，

$$1 \text{ 弧度} = (\frac{180}{\pi})° \approx 57.2958° \approx 57°17'45''$$

$$1° = \frac{\pi}{180} \text{ 弧度} \approx 0.01745 \text{ 弧度}.$$

例題 **1**

試求下列各函數值：

(1) $\sin \dfrac{5\pi}{6}$.　(2) $\cos \dfrac{\pi}{3}$.　(3) $\tan\left(-\dfrac{\pi}{4}\right)$.

(4) $\cot \dfrac{4\pi}{3}$.　(5) $\sec \dfrac{\pi}{6}$.　(6) $\csc \dfrac{5\pi}{4}$.

解　(1) $\sin \dfrac{5\pi}{6} = \dfrac{1}{2}$.　　　　(2) $\cos \dfrac{\pi}{3} = \dfrac{1}{2}$.

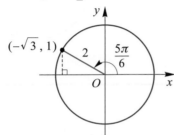　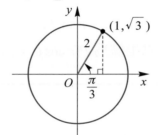

(3) $\tan\left(-\dfrac{\pi}{4}\right) = -1$.　　(4) $\cot \dfrac{4\pi}{3} = \dfrac{1}{\sqrt{3}} = \dfrac{\sqrt{3}}{3}$.

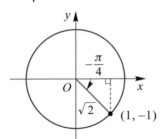　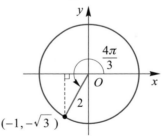

(5) $\sec \dfrac{\pi}{6} = \dfrac{2}{\sqrt{3}} = \dfrac{2\sqrt{3}}{3}$.　(6) $\csc \dfrac{5\pi}{4} = -\sqrt{2}$.

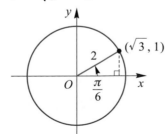　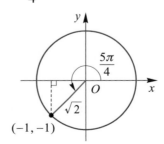

在坐標平面上，以原點 O 為圓心，r 為半徑作一圓，設有向角 θ 的終邊與圓交於一點 P，
請說明交點坐標為 $P(r\cos\theta, r\sin\theta)$．

解 設有向角 θ 的終邊與圓的交點為 $P(x, y)$，
根據廣義角三角函數的定義，可得

$$\sin\theta = \frac{y}{r}, \cos\theta = \frac{x}{r},$$

則 $x = r\cos\theta, y = r\sin\theta$，

所以交點坐標為 $P(r\cos\theta, r\sin\theta)$．

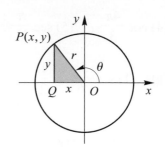

依據廣義角三角函數的定義，當廣義角 θ 的終邊落在 x 軸或 y 軸上時，即 $\theta = 0°(0)$，
$90°(\frac{\pi}{2}), 180°(\pi), 270°(\frac{3\pi}{2})$ 時，會使得部份三角函數的分母為 0，此時該函數無意義．

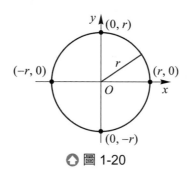

⬡ 圖 1-20

二、三角函數的轉換

由於同界角具有相同的始邊與終邊，所以由廣義角三角函數的定義可知：**同界角
的三角函數值相等**，因此，只要將角度化為 $0 \le \theta < 2\pi$ 的範圍，即可求得三角函數值．
另外，我們也可將廣義角的三角函數轉化為以銳角三角函數來求函數值，底下僅將三
角函數的轉換列表如下：

	θ 或 $2\pi + \theta$	$-\theta$ 或 $2\pi - \theta$	$\pi - \theta$	$\pi + \theta$
sin	$\sin\theta$	$-\sin\theta$	$\sin\theta$	$-\sin\theta$
cos	$\cos\theta$	$\cos\theta$	$-\cos\theta$	$-\cos\theta$
tan	$\tan\theta$	$-\tan\theta$	$-\tan\theta$	$\tan\theta$
cot	$\cot\theta$	$-\cot\theta$	$-\cot\theta$	$\cot\theta$
sec	$\sec\theta$	$\sec\theta$	$-\sec\theta$	$-\sec\theta$
csc	$\csc\theta$	$-\csc\theta$	$\csc\theta$	$-\csc\theta$

例題 3

試求下列各函數值：

(1) $\sin\dfrac{5\pi}{6}$.

(2) $\cos\dfrac{16\pi}{3}$.

(3) $\tan\left(-\dfrac{9\pi}{4}\right)$.

(4) $\cot\dfrac{4\pi}{3}$.

(5) $\sec\dfrac{11\pi}{6}$.

(6) $\csc\dfrac{5\pi}{4}$.

解 (1) $\sin\dfrac{5\pi}{6} = \sin(\pi - \dfrac{\pi}{6}) = \sin\dfrac{\pi}{6} = \dfrac{1}{2}$.

(2) $\cos\dfrac{16\pi}{3} = \cos(5\pi + \dfrac{\pi}{3}) = \cos(\pi + \dfrac{\pi}{3}) = -\cos\dfrac{\pi}{3} = -\dfrac{1}{2}$.

(3) $\tan\left(-\dfrac{9\pi}{4}\right) = -\tan\dfrac{9\pi}{4} = -\tan(2\pi + \dfrac{\pi}{4}) = -\tan\dfrac{\pi}{4} = -1$.

(4) $\cot\dfrac{4\pi}{3} = \cot(\pi + \dfrac{\pi}{3}) = \cot\dfrac{\pi}{3} = \dfrac{1}{\sqrt{3}} = \dfrac{\sqrt{3}}{3}$.

(5) $\sec\dfrac{11\pi}{6} = \sec(2\pi - \dfrac{\pi}{6}) = \sec\dfrac{\pi}{6} = \dfrac{2}{\sqrt{3}} = \dfrac{2\sqrt{3}}{3}$.

(6) $\csc\dfrac{5\pi}{4} = \csc(\pi + \dfrac{\pi}{4}) = -\csc\dfrac{\pi}{4} = -\sqrt{2}$.

三、三角函數的基本性質

1. 三角函數的倒數關係、商數關係與平方關係：

設 θ 為廣義角且其對應的三角函數均有意義時，則

1. 倒數關係：

   (1) $\sin\theta \cdot \csc\theta = 1$.　　(2) $\cos\theta \cdot \sec\theta = 1$.　　(3) $\tan\theta \cdot \cot\theta = 1$.

2. 商數關係：

   (1) $\tan\theta = \dfrac{\sin\theta}{\cos\theta}$.　　(2) $\cot\theta = \dfrac{\cos\theta}{\sin\theta}$.

3. 平方關係：

   (1) $\sin^2\theta + \cos^2\theta = 1$.　　(2) $\tan^2\theta + 1 = \sec^2\theta$.

   (3) $1 + \cot^2\theta = \csc^2\theta$.

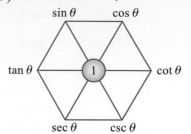

例題 4

試求下列各式之值：

(1) $\sin^2\dfrac{2\pi}{5} + \cos^2\dfrac{2\pi}{5}$.

(2) $\tan^2\dfrac{\pi}{7} - \sec^2\dfrac{\pi}{7}$.

(3) $(\sin\dfrac{\pi}{5} + \cos\dfrac{\pi}{5})^2 + (\sin\dfrac{\pi}{5} - \cos\dfrac{\pi}{5})^2$.

解 (1) 由平方關係知 $\sin^2\theta + \cos^2\theta = 1$，

　　　所以 $\sin^2\dfrac{2\pi}{5} + \cos^2\dfrac{2\pi}{5} = 1$.

　　(2) 由平方關係知 $\tan^2\theta + 1 = \sec^2\theta$，

　　　得 $\tan^2\theta - \sec^2\theta = -1$，

　　　所以 $\tan^2\dfrac{\pi}{7} - \sec^2\dfrac{\pi}{7} = -1$.

(3) $(\sin\frac{\pi}{5}+\cos\frac{\pi}{5})^2+(\sin\frac{\pi}{5}-\cos\frac{\pi}{5})^2$

$\quad = (\sin^2\frac{\pi}{5}+2\sin\frac{\pi}{5}\cos\frac{\pi}{5}+\cos^2\frac{\pi}{5})+(\sin^2\frac{\pi}{5}-2\sin\frac{\pi}{5}\cos\frac{\pi}{5}+\cos^2\frac{\pi}{5})$

$\quad = 1 + 1 = 2.$

2. 和角公式

$$\sin(\alpha+\beta)=\sin\alpha\cos\beta+\cos\alpha\sin\beta \qquad \sin(\alpha-\beta)=\sin\alpha\cos\beta-\cos\alpha\sin\beta$$

$$\cos(\alpha+\beta)=\cos\alpha\cos\beta-\sin\alpha\sin\beta \qquad \cos(\alpha-\beta)=\cos\alpha\cos\beta+\sin\alpha\sin\beta$$

$$\tan(\alpha+\beta)=\frac{\tan\alpha+\tan\beta}{1-\tan\alpha\tan\beta} \qquad \tan(\alpha-\beta)=\frac{\tan\alpha-\tan\beta}{1+\tan\alpha\tan\beta}$$

 例題 5

試求下列各值：

(1) $\cos 15°$. (2) $\sin 75°$. (3) $\sin(\frac{\pi}{2}+\theta)$. (4) $\cos(\frac{\pi}{2}+\theta)$.

解 (1) $\cos 15° = \cos(45°-30°)$

$\qquad\qquad = \cos 45°\cos 30° + \sin 45°\sin 30°$

$\qquad\qquad = \frac{\sqrt{2}}{2}\times\frac{\sqrt{3}}{2}+\frac{\sqrt{2}}{2}\times\frac{1}{2}$

$\qquad\qquad = \frac{\sqrt{6}+\sqrt{2}}{4}$.

$\quad$ (2) $\sin 75° = \sin(45°+30°)$

$\qquad\qquad = \sin 45°\cos 30° + \cos 45°\sin 30°$

$\qquad\qquad = \frac{\sqrt{2}}{2}\times\frac{\sqrt{3}}{2}+\frac{\sqrt{2}}{2}\times\frac{1}{2}$

$\qquad\qquad = \frac{\sqrt{6}+\sqrt{2}}{4}$.

(3) $\sin(\dfrac{\pi}{2} + \theta) = \sin\dfrac{\pi}{2}\cos\theta + \cos\dfrac{\pi}{2}\sin\theta = \cos\theta$.

(4) $\cos(\dfrac{\pi}{2} + \theta) = \cos\dfrac{\pi}{2}\cos\theta - \sin\dfrac{\pi}{2}\sin\theta = -\sin\theta$.

3. 倍角公式

> **正弦函數、餘弦函數、正切函數**的倍角公式
>
> 1. $\sin 2\theta = 2\sin\theta\cos\theta$.
> 2. $\cos 2\theta = \cos^2\theta - \sin^2\theta = 2\cos^2\theta - 1 = 1 - 2\sin^2\theta$.
> 3. $\tan 2\theta = \dfrac{2\tan\theta}{1 - \tan^2\theta}$.

 例題 6

設 θ 為銳角且 $\sin\theta = \dfrac{3}{5}$，試求 $\sin 2\theta$、$\cos 2\theta$ 與 $\tan 2\theta$ 的值.

解 因為 θ 為銳角且 $\sin\theta = \dfrac{3}{5}$，所以 $\cos\theta = \dfrac{4}{5}$、$\tan\theta = \dfrac{3}{4}$，

故　$\sin 2\theta = 2\sin\theta\cos\theta = 2 \times \dfrac{3}{5} \times \dfrac{4}{5} = \dfrac{24}{25}$ ，

$\cos 2\theta = 1 - 2\sin^2\theta = 1 - 2 \times (\dfrac{3}{5})^2 = \dfrac{7}{25}$ ，

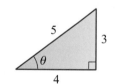

$\tan 2\theta = \dfrac{2\tan\theta}{1 - \tan^2\theta} = \dfrac{2 \times \dfrac{3}{4}}{1 - (\dfrac{3}{4})^2} = \dfrac{24}{7}$.

例題 7

試求 $\sin\dfrac{\pi}{8}$、$\cos\dfrac{\pi}{8}$ 與 $\tan\dfrac{\pi}{8}$ 的值.

解 因為 $\cos\dfrac{\pi}{4}=1-2\sin^2\dfrac{\pi}{8}$，又 $\dfrac{\pi}{8}$ 為第一象限角，

所以 $\sin\dfrac{\pi}{8}=\sqrt{\dfrac{1-\cos\dfrac{\pi}{4}}{2}}=\sqrt{\dfrac{1-\dfrac{\sqrt{2}}{2}}{2}}=\dfrac{\sqrt{2-\sqrt{2}}}{2}$.

因為 $\cos\dfrac{\pi}{4}=2\cos^2\dfrac{\pi}{8}-1$，又 $\dfrac{\pi}{8}$ 為第一象限角，

所以 $\cos\dfrac{\pi}{8}=\sqrt{\dfrac{1+\cos\dfrac{\pi}{4}}{2}}=\sqrt{\dfrac{1+\dfrac{\sqrt{2}}{2}}{2}}=\dfrac{\sqrt{2+\sqrt{2}}}{2}$.

$$\tan\dfrac{\pi}{8}=\dfrac{\sin\dfrac{\pi}{8}}{\cos\dfrac{\pi}{8}}=\dfrac{\dfrac{\sqrt{2-\sqrt{2}}}{2}}{\dfrac{\sqrt{2+\sqrt{2}}}{2}}=\sqrt{\dfrac{2-\sqrt{2}}{2+\sqrt{2}}}=\sqrt{\dfrac{6-4\sqrt{2}}{2}}=\sqrt{3-2\sqrt{2}}=\sqrt{2}-1$$.

4. 積化和差與和差化積

> **積化和差**：對任意角 α 及 β, 則
> $$2\sin\alpha\cos\beta=\sin(\alpha+\beta)+\sin(\alpha-\beta)$$
> $$2\cos\alpha\sin\beta=\sin(\alpha+\beta)-\sin(\alpha-\beta)$$
> $$2\cos\alpha\cos\beta=\cos(\alpha+\beta)+\cos(\alpha-\beta)$$
> $$2\sin\alpha\sin\beta=-[\cos(\alpha+\beta)-\cos(\alpha-\beta)]$$

例題 8

試求下列各式的值.

(1)　$\sin 37.5°\cos 7.5°$.　(2)　$\sin 82.5°\sin 52.5°$.

解　(1) $\sin 37.5°\cos 7.5° = \dfrac{1}{2}[\sin(37.5°+7.5°)+\sin(37.5°-7.5°)]$

$$= \frac{1}{2}(\sin 45° + \sin 30°) = \frac{1}{2}(\frac{\sqrt{2}}{2}+\frac{1}{2})$$

$$= \frac{\sqrt{2}+1}{4} \ .$$

(2) $\sin 82.5°\sin 52.5° = -\dfrac{1}{2}[\cos(82.5°+52.5°)-\cos(82.5°-52.5°)]$

$$= -\frac{1}{2}(\cos 135° - \cos 30°) = -\frac{1}{2}(-\frac{\sqrt{2}}{2}-\frac{\sqrt{3}}{2})$$

$$= \frac{\sqrt{3}+\sqrt{2}}{4} \ .$$

和差化積：對任意角 θ 、ϕ, 則

$$\sin\theta + \sin\phi = 2\sin\frac{\theta+\phi}{2}\cos\frac{\theta-\phi}{2}$$

$$\sin\theta - \sin\phi = 2\cos\frac{\theta+\phi}{2}\sin\frac{\theta-\phi}{2}$$

$$\cos\theta + \cos\phi = 2\cos\frac{\theta+\phi}{2}\cos\frac{\theta-\phi}{2}$$

$$\cos\theta - \cos\phi = -2\sin\frac{\theta+\phi}{2}\sin\frac{\theta-\phi}{2}$$

 例題 9

試求 $\dfrac{\sin\dfrac{5\pi}{9} + \sin\dfrac{2\pi}{9}}{\cos\dfrac{5\pi}{9} - \cos\dfrac{2\pi}{9}}$ 之值 .

解 $\dfrac{\sin\dfrac{5\pi}{9} + \sin\dfrac{2\pi}{9}}{\cos\dfrac{5\pi}{9} - \cos\dfrac{2\pi}{9}} = \dfrac{2\sin\dfrac{7\pi}{18}\cos\dfrac{\pi}{6}}{-2\sin\dfrac{7\pi}{18}\sin\dfrac{\pi}{6}} = -\cot\dfrac{\pi}{6} = -\sqrt{3}$.

四、三角函數的圖形

若一函數每隔固定單位就重複出現相同的變化 , 我們把具有這種特性的函數 , 稱為週期函數 , 定義如下 :

> **定義**
>
> 設 $y = f(x)$ 爲一函數 , 若變數 x 每隔 p 單位 , 函數 $y = f(x)$ 就會重複出現相同的值 , 即存在正數 p, 使得 $f(x + p) = f(x)$ 恆成立 , 則稱此函數爲**週期函數** , 又滿足此性質之最小正數 p 稱爲此週期函數的**週期** .

(一) 三角函數的圖形及其性質

由 $\sin(2\pi + x) = \sin x, \cos(2\pi + x) = \cos x, \tan(\pi + x) = \tan x$ 可以知道 , 六個三角函數都是週期函數 . 因此 , 我們可用描點的方法畫出它們的圖形 , 下表爲 $y = \sin x,$ $y = \cos x, y = \tan x$ 的一些三角函數值 .

x	$-\pi$	$-\dfrac{\pi}{2}$	$-\dfrac{\pi}{4}$	0	$\dfrac{\pi}{6}$	$\dfrac{\pi}{4}$	$\dfrac{\pi}{3}$	$\dfrac{\pi}{2}$	$\dfrac{2\pi}{3}$	$\dfrac{3\pi}{4}$	$\dfrac{5\pi}{6}$	π	$\dfrac{5\pi}{4}$	$\dfrac{3\pi}{2}$	2π
$\sin x$	0	1	$-\dfrac{\sqrt{2}}{2}$	0	$\dfrac{1}{2}$	$\dfrac{\sqrt{2}}{2}$	$\dfrac{\sqrt{3}}{2}$	1	$\dfrac{\sqrt{3}}{2}$	$\dfrac{\sqrt{2}}{2}$	$\dfrac{1}{2}$	0	$-\dfrac{\sqrt{2}}{2}$	-1	0
$\cos x$	-1	0	$\dfrac{\sqrt{2}}{2}$	1	$\dfrac{\sqrt{3}}{2}$	$\dfrac{\sqrt{2}}{2}$	$\dfrac{1}{2}$	0	$-\dfrac{1}{2}$	$-\dfrac{\sqrt{2}}{2}$	$-\dfrac{\sqrt{3}}{2}$	-1	$-\dfrac{\sqrt{2}}{2}$	0	1
$\tan x$	0	無意義	-1	0	$\dfrac{\sqrt{3}}{3}$	1	$\sqrt{3}$	無意義	$-\sqrt{3}$	-1	$-\dfrac{\sqrt{3}}{3}$	0	1	無意義	0

利用上表及週期函數的定義,便可畫出六個三角函數圖形,列表如下:

正弦函數 $y = \sin x$ 的圖形

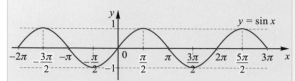

定義域:$\mathbb{R}$.
值　域:$-1 \leq y \leq 1$.
週　期:2π.

餘弦函數 $y = \cos x$ 的圖形

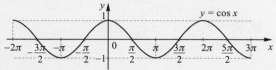

定義域:$\mathbb{R}$.
值　域:$-1 \leq y \leq 1$.
週　期:2π.

正切函數 $y = \tan x$ 的圖形

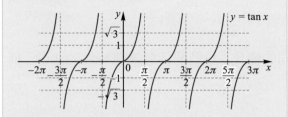

定義域:$x \neq n\pi + \dfrac{\pi}{2}$, $n \in \mathbb{Z}$.

值　域:$\mathbb{R}$.
週　期:π.

餘切函數 $y = \cot x$ 的圖形

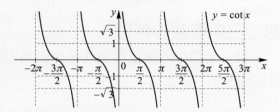

定義域:$x \neq n\pi, n \in \mathbb{Z}$.
值　域:$\mathbb{R}$.
週　期:π.

正割函數 $y = \sec x$ 的圖形

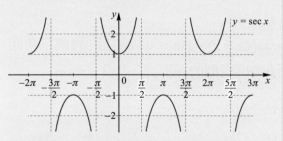

定義域:$x \neq n\pi + \dfrac{\pi}{2}$, $n \in \mathbb{Z}$.

值　域:$y \leq -1$ 或 $y \geq 1$.
週　期:2π.

餘割函數 $y = \csc x$ 的圖形

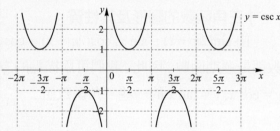

定義域:$x \neq n\pi, n \in \mathbb{Z}$.
值　域:$y \leq -1$ 或 $y \geq 1$.
週　期:2π.

五、反三角函數

由上述的討論可知三角函數都是週期函數，因此它們都不是一對一函數，所以這六個三角函數都沒有反函數．

例如：若 $\sin x = \dfrac{1}{2}$，則 $x = \dfrac{\pi}{6} = \dfrac{5\pi}{6} = -\dfrac{7\pi}{6} = \cdots$，如下圖所示．

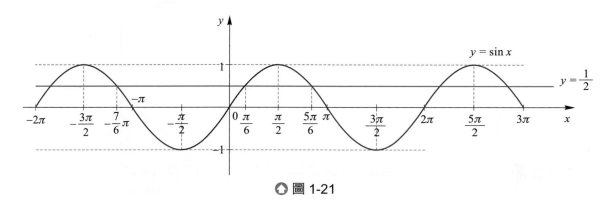

⬆ 圖 1-21

由上面的例子可知，當 $-1 \le y \le 1$ 時，滿足 $y = \sin x$ 的 x 值會有無限多個，但若將其定義域限制在 $-\dfrac{\pi}{2} \le x \le \dfrac{\pi}{2}$ 範圍內，則存在唯一的 x，使得 $y = \sin x$，我們將此 x 記作 $\sin^{-1} y$（讀作 arc sine y)，即 $x = \sin^{-1} y$．如此正弦函數 $y = \sin x$ 的反函數才存在，定義如下：

定義

$$y = \sin^{-1} x \text{ 若且唯若 } \sin y = x$$

其中定義域為 $-1 \le x \le 1$，值域為 $-\dfrac{\pi}{2} \le y \le \dfrac{\pi}{2}$．

仿上述的討論我們可將其他三角函數的定義域做適當的限制，即可定義其反函數，整理如下：

將三角函數定義為 1 對 1 函數	反三角函數	反三角函數性質
正弦函數 $y = \sin x$ 定義域：$-\dfrac{\pi}{2} \leq x \leq \dfrac{\pi}{2}$ 值　域：$-1 \leq y \leq 1$	反正弦函數 $y = \sin^{-1}x$ 定義域：$-1 \leq x \leq 1$ 值　域：$-\dfrac{\pi}{2} \leq y \leq \dfrac{\pi}{2}$	1. 若 $-1 \leq x \leq 1$， 　則 $\sin(\sin^{-1}x) = x$. 2. 若 $-\dfrac{\pi}{2} \leq x \leq \dfrac{\pi}{2}$， 　則 $\sin^{-1}(\sin x) = x$. 3. 函數與反函數圖形對稱於 　直線 $y = x$
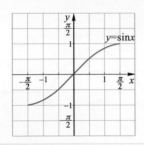	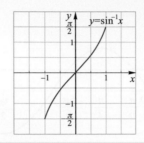	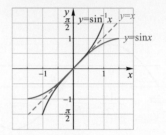
餘弦函數 $y = \cos x$ 定義域：$0 \leq x \leq \pi$ 值　域：$-1 \leq y \leq 1$	反餘弦函數 $y = \cos^{-1}x$ 定義域：$-1 \leq x \leq 1$ 值　域：$0 \leq y \leq \pi$	1. 若 $-1 \leq x \leq 1$， 　則 $\cos(\cos^{-1}x) = x$. 2. 若 $0 \leq x \leq \pi$， 　則 $\cos^{-1}(\cos x) = x$. 3. 函數與反函數圖形對稱於 　直線 $y = x$
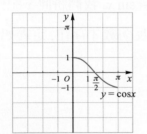	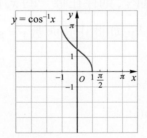	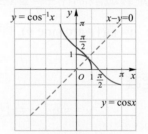
正切函數 $y = \tan x$ 定義域：$-\dfrac{\pi}{2} < x < \dfrac{\pi}{2}$ 值　域：$\mathbb{R}$	反正切函數 $y = \tan^{-1}x$ 定義域：$\mathbb{R}$ 值　域：$-\dfrac{\pi}{2} < y < \dfrac{\pi}{2}$	1. 若 $x \in \mathbb{R}$，則 $\tan(\tan^{-1}x) = x$. 2. 若 $-\dfrac{\pi}{2} < x < \dfrac{\pi}{2}$， 　則 $\tan^{-1}(\tan x) = x$. 3. 函數與反函數圖形對稱於 　直線 $y = x$
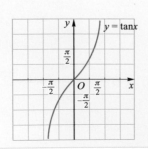	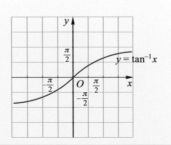	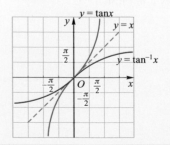

將三角函數定義為 1 對 1 函數	反三角函數	反三角函數性質
餘切函數 $y = \cot x$ 定義域：$0 < x < \pi$ 值域 ：$\mathbb{R}$	反餘切函數 $y = \cot^{-1}x$ 定義域：$\mathbb{R}$ 值域 ：$0 < y < \pi$	1. 若 $x \in \mathbb{R}$ ，則 $\cot(\cot^{-1}x) = x$. 2. 若 $0 < x < \pi$， 則 $\cot^{-1}(\cot x) = x$. 3. 函數與反函數圖形對稱於直線 $y = x$
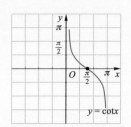	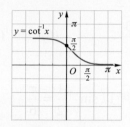	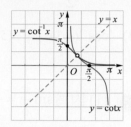
正割函數 $y = \sec x$ 定義域：$0 \le x \le \pi, x \ne \dfrac{\pi}{2}$ 值域 ：$y \le -1$ 或 $y \ge 1$	反正割函數 $y = \sec^{-1}x$ 定義域：$x \le -1$ 或 $x \ge 1$ 值域 ：$0 \le y \le \pi, y \ne \dfrac{\pi}{2}$	1. 若 $x \le -1$ 或 $x \ge 1$， 則 $\sec(\sec^{-1}x) = x$. 2. 若 $0 \le x \le \pi, x \ne \dfrac{\pi}{2}$， 則 $\sec^{-1}(\sec x) = x$. 3. 函數與反函數圖形對稱於直線 $y = x$
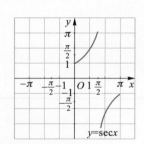	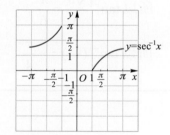	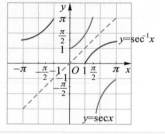
餘割函數 $y = \csc x$ 定義域：$-\dfrac{\pi}{2} \le x \le \dfrac{\pi}{2}$ ，$x \ne 0$ 值域 ：$y \le -1$ 或 $y \ge 1$	反餘割函數 $y = \csc^{-1}x$ 定義域：$x \le -1$ 或 $x \ge 1$ 值域 ：$-\dfrac{\pi}{2} \le y \le \dfrac{\pi}{2}$ ，$y \ne 0$	1. 若 $x \le -1$ 或 $x \ge 1$， $\csc(\csc^{-1}x) = x$. 2. 若 $-\dfrac{\pi}{2} \le x \le \dfrac{\pi}{2}$ ，$x \ne 0$， 則 $\csc^{-1}(\csc x) = x$. 3. 函數與反函數圖形對稱於直線 $y = x$
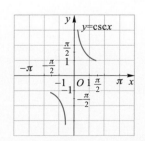	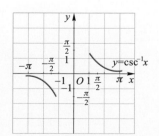	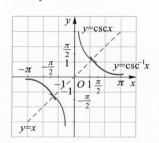

例題 10

試求下列各式之值.

(1) $\sin^{-1}\dfrac{1}{2}$.

(2) $\sin^{-1}(-\dfrac{\sqrt{3}}{2})$.

(3) $\cos^{-1}\dfrac{\sqrt{2}}{2}$.

(4) $\cos^{-1}(-1)$.

(5) $\tan^{-1}\dfrac{\sqrt{3}}{3}$.

(6) $\tan^{-1}(-1)$.

解 (1) 因為 $\sin\dfrac{\pi}{6}=\dfrac{1}{2}$, 所以 $\sin^{-1}\dfrac{1}{2}=\dfrac{\pi}{6}$.

(2) 因為 $\sin(-\dfrac{\pi}{3})=-\dfrac{\sqrt{3}}{2}$, 所以 $\sin^{-1}(-\dfrac{\sqrt{3}}{2})=-\dfrac{\pi}{3}$.

(3) 因為 $\cos\dfrac{\pi}{4}=\dfrac{\sqrt{2}}{2}$, 所以 $\cos^{-1}\dfrac{\sqrt{2}}{2}=\dfrac{\pi}{4}$.

(4) 因為 $\cos\pi=-1$, 所以 $\cos^{-1}(-1)=\pi$.

(5) 因為 $\tan\dfrac{\pi}{6}=\dfrac{\sqrt{3}}{3}$, 所以 $\tan^{-1}\dfrac{\sqrt{3}}{3}=\dfrac{\pi}{6}$.

(6) 因為 $\tan(-\dfrac{\pi}{4})=-1$, 所以 $\tan^{-1}(-1)=-\dfrac{\pi}{4}$.

習題

一、基礎題：

1. 若 $P(-5, 12)$ 為廣義角 θ 終邊上的一點，試求角 θ 的六個三角函數值.

2. 若 $\cos\theta = -\dfrac{8}{17}$，試求角 θ 的其餘的五個三角函數值.

3. 試求下列各函數值：

   (1) $\sin\dfrac{7\pi}{6}$.　　　(2) $\cos\dfrac{7\pi}{4}$.　　　(3) $\tan\left(-\dfrac{5\pi}{6}\right)$.

   (4) $\cot\left(-\dfrac{2\pi}{3}\right)$.　　(5) $\sec\dfrac{23\pi}{4}$.　　(6) $\csc\left(-\dfrac{4\pi}{3}\right)$.

4. 設 α 是第三象限角，β 是第四象限角，且 $\sin\alpha = -\dfrac{3}{5}$，$\sin\beta = -\dfrac{7}{25}$，試分別求
   $\sin(\alpha+\beta), \sin(\alpha-\beta), \cos(\alpha+\beta), \cos(\alpha-\beta)$ 的值.

5. 試求下列之值：

   (1) $\sin\dfrac{\pi}{5}\cos\dfrac{2\pi}{15} + \sin\dfrac{3\pi}{10}\cos\dfrac{11\pi}{30}$.　　(2) $\cos\dfrac{17\pi}{24}\cos\dfrac{13\pi}{24} + \sin\dfrac{17\pi}{24}\sin\dfrac{13\pi}{24}$.

6. 試求下列各式的值.

   (1) $\tan\dfrac{\pi}{8} + \cot\dfrac{\pi}{8}$.　　(2) $\cos^2\dfrac{3\pi}{8} - \sin^2\dfrac{3\pi}{8}$.　　(3) $\dfrac{2\tan\dfrac{5\pi}{8}}{1-\tan^2\dfrac{5\pi}{8}}$.

7. 設 $\dfrac{3\pi}{2} < \theta < 2\pi$，且 $\cos\theta = \dfrac{7}{25}$，試求：

   (1) $\sin 2\theta, \cos 2\theta, \tan 2\theta$ 的值.　　(2) $\sin\dfrac{\theta}{2}, \cos\dfrac{\theta}{2}, \tan\dfrac{\theta}{2}$ 的值.

8. 下圖為函數 $y = \cos^{-1} x$ 的圖形，試求 a, b, c, d, e 之值.

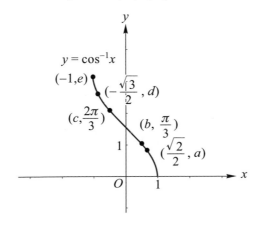

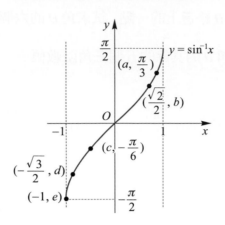

9. 下圖爲函數 $y = \sin^{-1} x$ 的圖形，試求 a, b, c, d, e 之值.

10. 試求下列各式之值：

(1) $\sin^{-1} 1$.

(2) $\sin^{-1}(-\dfrac{1}{2})$.

(3) $\sin^{-1} \dfrac{\sqrt{3}}{2}$.

(4) $\cos^{-1}(-\dfrac{1}{2})$.

(5) $\cos^{-1}(-\dfrac{\sqrt{2}}{2})$.

(6) $\cos^{-1} \dfrac{\sqrt{3}}{2}$.

(7) $\tan^{-1} 1$.

(8) $\tan^{-1} \sqrt{3}$.

(9) $\tan^{-1} (-\dfrac{\sqrt{3}}{3})$.

二、進階題：

1. 試求 $\sin(\sin^{-1} \dfrac{1}{2} + \cos^{-1} \dfrac{1}{2})$ 之值.

2. 試求 $\sin(\sin^{-1} \dfrac{5}{13} + \cos^{-1} \dfrac{3}{5})$ 之值.

Ans

一、基礎題：

1. $\sin\theta = \dfrac{12}{13}$，$\cos\theta = -\dfrac{5}{13}$，$\tan\theta = -\dfrac{12}{5}$，$\cot\theta = -\dfrac{5}{12}$，$\sec\theta = -\dfrac{13}{5}$，$\csc\theta = \dfrac{13}{12}$.

2. (1) 若 θ 爲第二象限角：

$\sin\theta = \dfrac{15}{17}$，$\tan\theta = -\dfrac{15}{8}$，$\cot\theta = -\dfrac{8}{15}$，$\sec\theta = -\dfrac{17}{8}$，$\csc\theta = \dfrac{17}{15}$.

(2) 若 θ 為第三象限角：

$$\sin\theta = -\frac{15}{17} \;,\; \tan\theta = \frac{15}{8} \;,\; \cot\theta = \frac{8}{15} \;,\; \sec\theta = -\frac{17}{8} \;,\; \csc\theta = -\frac{17}{15} \;.$$

3. (1) $-\dfrac{1}{2}$.   (2) $\dfrac{\sqrt{2}}{2}$.   (3) $\dfrac{\sqrt{3}}{3}$.   (4) $\dfrac{\sqrt{3}}{3}$.   (5) $\sqrt{2}$.   (6) $\dfrac{2\sqrt{3}}{3}$.

4. $\sin(\alpha+\beta) = -\dfrac{44}{125}$, $\sin(\alpha-\beta) = -\dfrac{4}{5}$, $\cos(\alpha+\beta) = -\dfrac{117}{125}$, $\cos(\alpha-\beta) = -\dfrac{3}{5}$.

5. (1) $\dfrac{\sqrt{3}}{2}$.   (2) $\dfrac{\sqrt{3}}{2}$.

6. (1) $2\sqrt{2}$.   (2) $-\dfrac{\sqrt{2}}{2}$.   (3) 1.

7. (1) $\sin 2\theta = -\dfrac{336}{625}$, $\cos 2\theta = -\dfrac{527}{625}$, $\tan 2\theta = \dfrac{336}{527}$.

    (2) $\sin\dfrac{\theta}{2} = \dfrac{3}{5}$, $\cos\dfrac{\theta}{2} = -\dfrac{4}{5}$, $\tan\dfrac{\theta}{2} = -\dfrac{3}{4}$

8. (1) $a = \dfrac{\pi}{4}$.   (2) $b = \dfrac{1}{2}$.   (3) $c = -\dfrac{1}{2}$.   (4) $d = \dfrac{5\pi}{6}$.   (5) $e = \pi$.

9. (1) $a = \dfrac{\sqrt{3}}{2}$.   (2) $b = \dfrac{\pi}{4}$.   (3) $c = -\dfrac{1}{2}$.   (4) $d = -\dfrac{\pi}{3}$.   (5) $e = -\dfrac{\pi}{2}$.

10. (1) $\dfrac{\pi}{2}$.   (2) $-\dfrac{\pi}{6}$.   (3) $\dfrac{\pi}{3}$.   (4) $\dfrac{2\pi}{3}$.   (5) $\dfrac{3\pi}{4}$.

    (6) $\dfrac{\pi}{6}$.   (7) $\dfrac{\pi}{4}$.   (8) $\dfrac{\pi}{3}$.   (9) $-\dfrac{\pi}{6}$.

二、進階題：

1. 1.

2. $\dfrac{63}{65}$.

1-6 指數函數與對數函數
(Exponential Functions and Logarithmic Functions)

一、指數函數及其圖形

1. 指數的運算規則

> **定理 1-1：指數的運算規則**
>
> 設 $a > 0, b > 0, x, y$ 均為實數，n 為自然數，則
>
> (1) $a^0 = 1$.　　(2) $a^x a^y = a^{x+y}$.　　(3) $(a^x)^y = a^{xy}$.　　(4) $(ab)^x = a^x b^x$.
>
> (5) $\dfrac{a^x}{a^y} = a^{x-y}$.　　(6) $(\dfrac{a}{b})^x = \dfrac{a^x}{b^x}$.　　(7) $a^{-x} = \dfrac{1}{a^x}$.　　(8) $a^{\frac{1}{n}} = \sqrt[n]{a}$.

 例題 1

試求下列各值：

(1) $27^{\frac{2}{3}}$.　(2) $(\dfrac{16}{9})^{-\frac{1}{4}}$.　(3) $125^{-\frac{2}{3}}$.　(4) $[(\sqrt{7})^{\frac{1}{3}}]^{-6}$.

解 (1) $27^{\frac{2}{3}} = (3^3)^{\frac{2}{3}} = 3^2 = 9$.

(2) $(\dfrac{16}{9})^{-\frac{1}{4}} = (\dfrac{2^4}{3^2})^{-\frac{1}{4}} = \dfrac{2^{-1}}{3^{-\frac{1}{2}}} = \dfrac{3^{\frac{1}{2}}}{2} = \dfrac{\sqrt{3}}{2}$.

(3) $125^{-\frac{2}{3}} = (5^3)^{-\frac{2}{3}} = 5^{-2} = \dfrac{1}{25}$.

(4) $[(\sqrt{7})^{\frac{1}{3}}]^{-6} = (\sqrt{7})^{-2} = \dfrac{1}{7}$.

2. 指數函數及其圖形

我們知道：當 $a > 0$ 時，對於任意實數 x，指數 a^x 恆有意義且 $a^x > 0$，且對應關係：$x \rightarrow a^x$ 決定一函數．但當 $a = 1$ 時，a^x 恆等於 1，其所決定的函數為一常數函數，因此，一般將 $a = 1$ 的情形除外，並定義指數函數如下：

定義

當 $a > 0$，$a \neq 1$ 時，我們將對應關係 $f : x \rightarrow a^x$

所決定的函數，稱為**以 a 為底的指數函數**，記為 $f(x) = a^x$．

底下我們以描點法及對稱的觀念來描繪對數函數 $y = \log_a x$ 的圖形．

 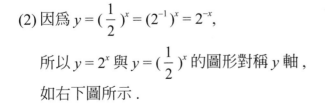

(1) 試在坐標平面上作 $y = 2^x$ 的圖形．

(2) 利用 $y = 2^x$ 的圖形作 $y = (\dfrac{1}{2})^x$ 的圖形．

解 (1) 列表找出 $y = 2^x$ 之圖形上的一些對應點的坐標：

x	-3	-2	-1	0	1	2	3
$y = 2^x$	$\dfrac{1}{8}$	$\dfrac{1}{4}$	$\dfrac{1}{2}$	1	2	4	8

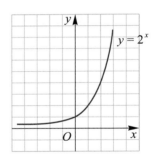

將表上的數對所對應的點描在坐標平面上，再用平滑曲線將各點連接起來，即得 $y = 2^x$ 的圖形，如右上圖所示．

(2) 因為 $y = (\dfrac{1}{2})^x = (2^{-1})^x = 2^{-x}$，

所以 $y = 2^x$ 與 $y = (\dfrac{1}{2})^x$ 的圖形對稱 y 軸，

如右下圖所示．

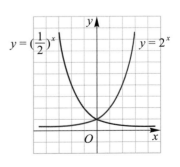

我們將指數函數 $y = a^x > 0 \ (a > 0, a \neq 1)$ 的圖形之性質整理如下：

$y = a^x$	
$a > 1$	$0 < a < 1$
(1) 函數的圖形：	(1) 函數的圖形：
(2) 函數的定義域為實數全體，值域為正實數全體．(即圖形恆在 x 軸的上方)	
(3) 圖形恆過點 $(0, 1)$. $(a^0 = 1)$	
(4) $y = a^x$ 與 $y = (\dfrac{1}{a})^x$ 的圖形對稱 y 軸．	

二、對數函數及其圖形

1. 對數的運算規則

定義 (對數)

　　$a > 0, a \neq 1, b > 0$, 方程式 $a^x = b$ 的唯一解以記號 $\log_a b$ 表示，讀作以 a 為底 b 的對數，其中 a 稱為這個對數的**底數**，b 稱為這個對數的**真數**．

由對數的定義我們知道：

(1) $\log_a b$ 有意義 $\Leftrightarrow a > 0, a \neq 1, b > 0$.

(2) 指數與對數的轉換關係式：$a^x = b \Leftrightarrow x = \log_a b$. (其中 $a > 0, a \neq 1, b > 0$, x 為實數)

(3) $\log_a 1 = 0, \log_a a = 1$. (因為 $a^0 = 1, a^1 = a$)

我們將對數的運算規則整理如下：

定理 1-2：對數的運算規則

設 $a > 0, a \neq 1, b > 0, b \neq 1, M > 0, N > 0, x$ 為實數

1. $\log_a a^x = x.$

2. $a^{\log_a M} = M.$

3. $\log_a MN = \log_a M + \log_a N.$

4. $\log_a \dfrac{M}{N} = \log_a M - \log_a N.$

5. $\log_a M^x = x \log_a M.$

6. $\log_a M = \dfrac{\log_b M}{\log_b a}.$（換底公式）

 例題 3

試求下列各式的值：

(1) $\log_3 243.$

(2) $25^{\log_5 7}.$

(3) $\log_5 75 + \log_5 45 - \log_5 27.$

(4) $\log_{32} 8.$

解 (1) $\log_3 243 = \log_3 3^5 = 5.$

(2) $25^{\log_5 7} = 5^{2\log_5 7} = (5^{\log_5 7})^2 = 7^2 = 49.$

(3) $\log_5 75 + \log_5 45 - \log_5 27 = \log_5 (75 \times 45 \times \dfrac{1}{27}) = \log_5 5^3 = 3.$

(4) $\log_{32} 8 = \dfrac{\log_2 8}{\log_2 32} = \dfrac{\log_2 2^3}{\log_2 2^5} = \dfrac{3}{5}.$

2. 對數函數及其圖形

我們知道 $a > 0$, $a \neq 1$ 時, 對於任意正實數 x, $\log_a x$ 恆有意義, 且對應關係 :

$x \rightarrow \log_a x$ 構成一函數, 我們稱此函數為以 a 為底的對數函數, 定義如下 :

定義

設 $a > 0$, $a \neq 1$, 且 $x > 0$, 則對應關係 $f : x \rightarrow \log_a x$ 所決定的函數稱為以 a 為底的**對數函數**, 記為 $f(x) = \log_a x$.

底下我們以描點法及對稱的觀念來描繪對數函數 $y = \log_a x$ 的圖形 .

 例題 4

(1) 試在坐標平面上作 $y = \log_2 x$ 的圖形

(2) 利用 $y = \log_2 x$ 的圖形作 $y = \log_{\frac{1}{2}} x$ 的圖形 .

解 (1) 列表找出 $y = \log_2 x$ 之圖形上一些對應點的坐標 .

x	$\frac{1}{4}$	$\frac{1}{2}$	1	2	4	8
$y = \log_2 x$	-2	-1	0	1	2	3

分別將上述數對所對應的點描繪在坐標
平面上, 並用平滑曲線將各點連接起來,
即可得 $y = \log_2 x$ 的圖形, 如右圖所示 .

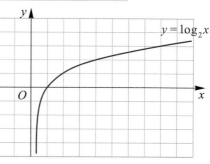

(2) 因為 $y = \log_{\frac{1}{2}} x = \dfrac{\log_2 x}{\log_2 \frac{1}{2}} = -\log_2 x$,

所以 $y = \log_2 x$ 與 $y = \log_{\frac{1}{2}} x$ 的圖形對稱
x 軸, 如右圖所示 .

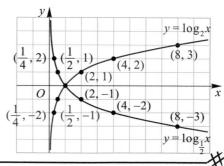

底下我們討論指數函數 $y = a^x$ 與對數函數 $y = \log_a x$ 的關係.

設 $y = f(x) = a^x$, $y = g(x) = \log_a x$,

因為 $f(g(x)) = f(\log_a x) = a^{\log_a x} = x$, 且

$$g(f(x)) = g(a^x) = \log_a a^x = x$$

所以指數函數 $f(x) = a^x$ 與對數函數 $g(x) = \log_a x$ 互為反函數

故指數函數 $y = a^x$ 與對數函數 $y = \log_a x$ 對稱於直線 $y = x$.

 例題 5

下圖為 $y = 2^x$ 的圖形 , 試利用下圖作 $y = \log_2 x$ 的圖形.

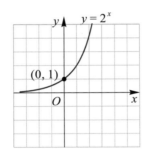

解 因為 $y = \log_2 x$ 與 $y = 2^x$ 的圖形對稱於直線 $y = x$,

所以將 $y = 2^x$ 的圖形對直線 $y = x$ 作對稱圖形 ,

即得 $y = \log_2 x$ 的圖形 , 如下圖所示.

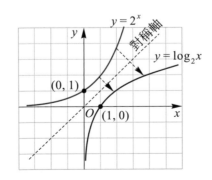

我們將對數函數 $y = \log_a x$（其中 $a > 0, a \neq 1$）的圖形之性質整理如下，並與指數函數 $y = a^x$ 的圖形做比較：

$y = \log_a x\ (a > 1)$	$y = \log_a x\ (0 < a < 1)$
(1) 函數的圖形： 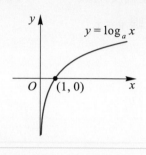	(1) 函數的圖形： 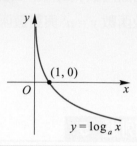
(2) 函數的定義域為正實數整體，值域為實數整體．（即圖形恆在 y 軸右方）	
(3) 圖形恆過點 $(1, 0)$．$(\log_a 1 = 0)$	
(4) $y = \log_a x$ 與 $y = \log_{\frac{1}{a}} x$ 的圖形對稱於 x 軸	
(5) 對數函數 $y = \log_a x$ 與指數函數 $y = a^x$ 互為反函數	
(6) 與指數函數 $y = a^x$ 的圖形對稱於直線 $y = x$． 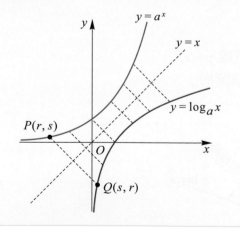	(6) 與指數函數 $y = a^x$ 的圖形對稱於直線 $y = x$． 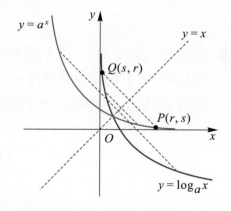

一、基礎題：

1. 試求下列各值：

   (1) $9^3 \div 27^2 \times 3^5$.

   (2) $9^{-\frac{3}{2}} \times 243^{\frac{4}{5}} \times (\frac{1}{81})^{-\frac{1}{4}}$.

   (3) $[(125)^{-2}(\frac{1}{25})^{-4}]^2[6-(-3)^0]^{-2}$.

   (4) $(2^0 + 2 + 2^2)^2 \cdot (\frac{1}{343})^{-2} \cdot (3 \cdot 2^4 + 1)^{-3}$.

2. 設 $2^x = 4^y = 8^z = 64$, 其中 x, y, z 均為有理數，試求 $x^2 + y^2 + z^2$ 的值．

3. 右圖中，A, B, C, D 何者為指數函數 $y = 3^{\frac{x}{2}}$ 的圖形．

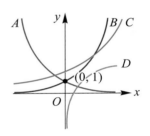

4. 指數函數 $y = a^x$、$y = b^x$、$y = c^x$、$y = d^x$ 的圖形分別如右圖之甲、乙、丙、丁．試比較 a, b, c, d 四個數的大小關係．

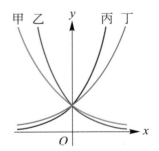

5. 已知函數 $y = 3^x$ 的圖形如右，試描繪下列各函數圖形：

   (1) $y = (\frac{1}{3})^x$.

   (2) $y = (\frac{1}{3})^x - 1$.

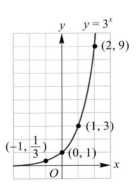

6. 設 A, B, C, D 分別代表對數函數 $y = \log_a x,\ y = \log_b x,$ $y = \log_c x,\ y = \log_d x$ 的部分圖形，試根據右圖判斷底數 $a,$ b, c, d 的大小關係．

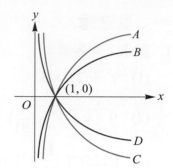

7. 求下列各式之值：

   (1) $\log_{10} 100\sqrt{10}$．   (2) $\log_3 27\sqrt{3}$．   (3) $\log_4 2$．

   (4) $\log_{27} \dfrac{1}{3}$．   (5) $5^{\log_5 7}$．

8. 求下列各式之值：

   (1) $\log_{10} \dfrac{2}{3} + \log_{10} 150$．   (2) $\log_6 72 - \log_6 2$．

   (3) $\log_{10} 4 - \log_{10} 5 + 2\log_{10} \sqrt{125}$．   (4) $\log_2 \dfrac{3}{25} + 2\log_2 \dfrac{5}{6} - \log_2 \dfrac{2}{3}$．

二、進階題：

1. 已知函數 $y = \log_{\sqrt{5}} x$ 的圖形如右，試畫出下列各函數的圖形：

   (1) $y = \log_{\frac{1}{\sqrt{5}}} x$．

   (2) $y = \log_{\sqrt{5}} (x-2) + 1$．

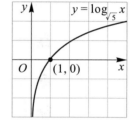

2. 已知 $y = (\dfrac{1}{3})^x$ 的圖形如右，試利用對稱關係作出下列的圖形．

   (1) $y = \log_{\frac{1}{3}} x$．

   (2) $y = \log_3 x$．

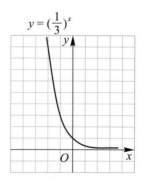

Ans

一、基礎題：

   1. (1) 243.   (2) 9.   (3) 25.   (4) 49.

   2. 49.

   3. *B*.

   4. $c > d > a > b$.

5. (1) 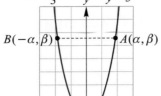   (2)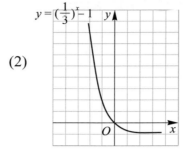

6. $b > a > c > d.$

7. (1) $\dfrac{5}{2}$.   (2) $\dfrac{7}{2}$.   (3) $\dfrac{1}{2}$.   (4) $-\dfrac{1}{3}$.   (5) 7.

8. (1) 2.   (2) 2.   (3) 2.   (4) $-3.$

二、進階題：

1. (1) 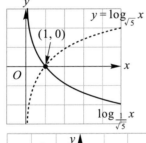   (2)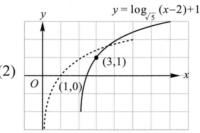

2. (1) 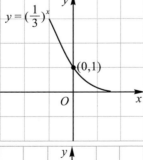 圖形以 $y = x$ 作對稱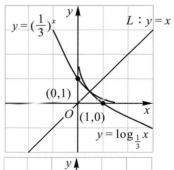

   (2) 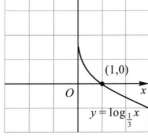 圖形以 x 軸作對稱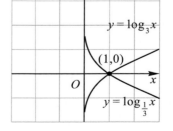

02
Chapter

極限與連續
LIMITS AND CONTINUITY

本 章 綱 要

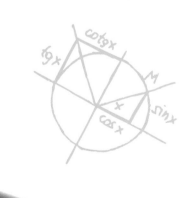

要學習微積分,除了第一章所介紹的數學基礎(先修課程)外,接下來,最重要就是極限的概念.

2-1 函數極限的概念 (Concept of Function Limit)

一、直觀的極限

底下先介紹三個符號:設 x 爲一變量 , c 爲一常數

符號	幾何意義	圖形
$x \to c$	變量 x 的值由 c 的左右兩側越來越趨近 c, 但 $x \neq c$. 即 $|x-c|$ 趨近於 0, 但不爲 0.	$x \to c \leftarrow x$
$x \to c^-$	變量 x 的值由 c 的左側越來越趨近 c, 但 $x \neq c$. 即 $x < c$, 且 $|x-c|$ 趨近於 0, 但不爲 0.	$x \to c^-$
$x \to c^+$	變量 x 的值由 c 的右側越來越趨近 c, 但 $x \neq c$. 即 $x > c$, 且 $|x-c|$ 趨近於 0, 但不爲 0.	$c^+ \leftarrow x$

我們以例題 1 說明函數極限的概念.

 例題 1

設函數 $f(x) = 3x - 1$ 、 $g(x) = \begin{cases} 3x-1, & x \neq 1 \\ 4, & x = 1 \end{cases}$ 、 $h(x) = \dfrac{3x^2 - 4x + 1}{x - 1}$,

當 x 趨近 1 時, 函數值 $f(x)$ 、 $g(x)$ 、 $h(x)$ 各會趨近於何值?

解 先簡化 $h(x)$, 由於 $3x^2 - 4x + 1 = (3x - 1)(x - 1)$, 且 x 趨近 1, 即 $x \neq 1$,

故知當 $x \neq 1$ 時 , $h(x) = \dfrac{3x^2 - 4x + 1}{x - 1} = \dfrac{(3x-1)(x-1)}{x-1} = 3x - 1$,

接下來 , 將函數值 $f(x)$ 、 $g(x)$ 、 $h(x)$ 列表觀察:

x	0.8	0.9	0.999	0.99999	⋯	1	⋯	1.00001	1.001	1.1	1.2
$f(x)$	1.4	1.7	1.997	1.99997	⋯	2	⋯	2.00003	2.003	2.3	2.6
$g(x)$	1.4	1.7	1.997	1.99997	⋯	4	⋯	2.00003	2.003	2.3	2.6
$h(x)$	1.4	1.7	1.997	1.99997	⋯	?	⋯	2.00003	2.003	2.3	2.6

由上表可知，不管 x 是由左方趨近 1 或由右方趨近 1，函數值 $f(x)$、$g(x)$、$h(x)$ 三者都越來越接近 2. 因此，當 x 趨近 1 時，函數值 $f(x)$、$g(x)$、$h(x)$ 都會趨近於 2.

也可以利用函數圖形來看函數值 $f(x)$、$g(x)$、$h(x)$ 的變化：

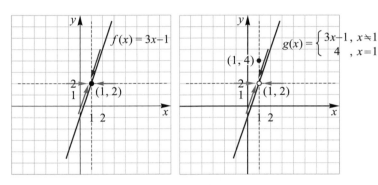
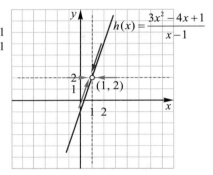

(1) 當 x 值由左方向 1 靠近時 (由 0 向 1 靠近，左趨近)，三者函數圖形上的點都越來越接近點 $(1, 2)$，即此時函數值 $f(x)$、$g(x)$、$h(x)$ 都越來越接近 2.

(2) 當 x 值由右方向 1 靠近時 (由 2 向 1 靠近，右趨近)，三者函數圖形上的點也是越來越接近點 $(1, 2)$，即此時函數值 $f(x)$、$g(x)$、$h(x)$ 都越來越接近 2.

綜合 (1)、(2) 的結論得，當 x 趨近 1 時，函數值 $f(x)$、$g(x)$、$h(x)$ 都會趨近於 2，我們說「當 x 趨近於 1 時，函數值 $f(x), g(x)$ 與 $h(x)$ 的極限為 2」，並記成

$$\lim_{x \to 1} f(x) = 2 \text{，} \lim_{x \to 1} g(x) = 2 \text{，} \lim_{x \to 1} h(x) = 2 \text{．}$$

根據例題 1 的討論，可以對函數的極限提出一個直觀的說明，即當 x 趨近 c 時，只要函數值 $f(x)$ 會趨近於一個固定值 L，我們就說當 x 趨近 c 時，$f(x)$ 的極限為 L，記為

$$\lim_{x \to c} f(x) = L$$

由例題 1 可知：

1. $\lim_{x \to 1} f(x) = 2 = f(1)$.

2. $\lim_{x \to 1} g(x) = 2 \neq g(1) = 4$.

3. $\lim_{x \to 1} h(x) = 2$，但 $h(1)$ 未定義 (不存在).

因此

1. 函數 f 在 $x = c$ 的極限，與 c 是否在定義域內無關．

2. 函數 f 在 $x = c$ 的極限，與函數 f 在 $x = c$ 的函數值無關，即 $\lim_{x \to c} f(x)$ 與 $f(c)$ 無關．

 例題 **2**

設函數 $y = f(x)$ 的圖形如右所示，
試求：
函數 f 在 $x = a\ (a = -1, 0, 1, 2, 3, 4)$ 的
極限值及函數值．

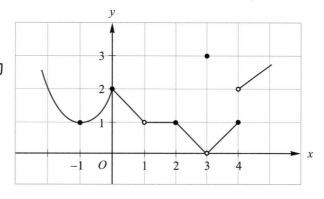

解 根據函數 $y = f(x)$ 的圖形將結
果列表如下：

a	$\lim\limits_{x \to a} f(x)$	$f(x)$
-1	1	1
0	2	2
1	1	無定義
2	1	1
3	0	3
4	不存在	1

底下我們來討論極限值不存在的情形，先以例子說明如下：

 例題 3

設函數 $f(x) = \dfrac{x}{|x|}$，$x \neq 0$，當 x 趨近 0 時，$f(x)$ 的極限為何？

解 函數值變化列表如下：

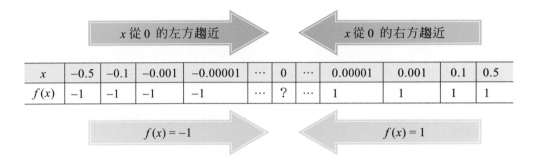

x	-0.5	-0.1	-0.001	-0.00001	$\cdots$	0	$\cdots$	0.00001	0.001	0.1	0.5
$f(x)$	-1	-1	-1	-1	$\cdots$	$?$	$\cdots$	1	1	1	1

如下圖：函數 f 在 $x < 0$ 時恆為 $f(x) = -1$，而在 $x > 0$ 時恆為 $f(x) = 1$，所以，當 x 趨近 0 時，函數值 $f(x)$ 並不會趨近於一個固定值，即 $\displaystyle\lim_{x \to 0}\dfrac{x}{|x|}$ 不存在．

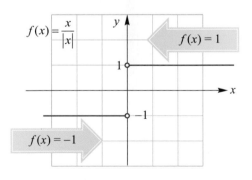

例題 4

設函數 $f(x) = \sin\dfrac{1}{x}$, $x \neq 0$, 當 x 趨近 0 時, $f(x)$ 的極限為何？

解 先觀察當 x 由右方趨近 0 $(x > 0)$ 時的函數值情形：(x 值越來越小)

x	$\dfrac{2}{\pi}$	$\dfrac{2}{2\pi}$	$\dfrac{2}{3\pi}$	$\dfrac{2}{4\pi}$	$\dfrac{2}{201\pi}$	$\dfrac{2}{203\pi}$	$\dfrac{2}{2001\pi}$	$\dfrac{2}{2003\pi}$	$\dfrac{2}{20001\pi}$	$\dfrac{2}{20003\pi}$	$\cdots$	0
$\dfrac{1}{x}$	$\dfrac{\pi}{2}$	π	$\dfrac{3\pi}{2}$	2π	$\dfrac{201\pi}{2}$	$\dfrac{203\pi}{2}$	$\dfrac{2001\pi}{2}$	$\dfrac{2003\pi}{2}$	$\dfrac{20001\pi}{2}$	$\dfrac{20003\pi}{2}$	$\cdots$	?
$\sin\dfrac{1}{x}$	1	0	-1	0	1	-1	1	-1	1	-1	$\cdots$	?

即使 x 值很小很接近了, 例如由 $\dfrac{2}{20001\pi} \approx 0.000031829$ 至

$\dfrac{2}{20005\pi} \approx 0.000031823$, 才 0.000000006 的差距, 就已經產生了一個振盪,

函數值由 1 遞減到 -1, 再遞增到 1. 當 x 越小越趨近 0 時, 這種振盪就會更加劇,

所以 $\displaystyle\lim_{x \to 0} \sin\dfrac{1}{x}$ 不存在. 其函數圖形如下：

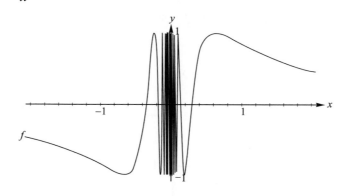

由以上的例子的討論可知, 當 x 趨近 c 時, 極限值 $f(x)$ 不存在的情形有：

1. 當 x 趨近 c 時, 由左趨近的值與由右趨近的值不一致.

2. 當 x 趨近 c 時, 函數值 $f(x)$ 呈振盪或跳躍的情形.

例如 $f(x) = \begin{cases} 1 & , x \text{ 是有理數} \\ 0 & , x \text{ 是無理數} \end{cases}$ 就是在兩固定的函數值跳動.

二、單邊極限

在討論函數 f 在 $x = c$ 的極限時，都是考慮當 x 由左右兩方趨近 c 時，函數值 $f(x)$ 會趨近於一個固定值 L，就說當 x 趨近 c 時，$f(x)$ 的極限為 L. 有時也可能考慮只從 c 的左邊或右邊趨近 c 時的極限：

1. 當 x 由 c 的左邊趨近 c，但 $x \neq c$（即 $x \to c^-$）時，若函數值 $f(x)$ 會趨近於某一定值 L，則稱 L 為函數 f 在 $x = c$ 的 **左極限**，並記為 $\lim\limits_{x \to c^-} f(x) = L$.

2. 當 x 由 c 的右邊趨近 c，但 $x \neq c$（即 $x \to c^+$）時，若函數值 $f(x)$ 會趨近於某一定值 L，則稱 L 為函數 f 在 $x = c$ 的 **右極限**，並記為 $\lim\limits_{x \to c^+} f(x) = L$.

我們先以圖形來觀察函數在各點的左極限、右極限、極限與函數值：

 例題 5

設函數 $f(x)$ 的圖形如圖所示，試依函數圖形填入下表的值：

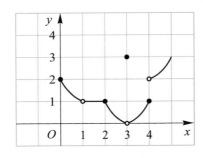

 解

	$\lim\limits_{x \to c^-} f(x)$	$\lim\limits_{x \to c^+} f(x)$	$\lim\limits_{x \to c} f(x)$	$f(c)$
$c = 1$	1	1	1	無定義
$c = 2$	1	1	1	1
$c = 3$	0	0	0	3
$c = 4$	1	2	不存在	1

在例題 5 中，當 x 趨近 1 時，$\lim\limits_{x\to1^-}f(x)=\lim\limits_{x\to1^+}f(x)=1$，此時，可得 $\lim\limits_{x\to1}f(x)=1$．
一般而言，這個性質是成立的，敘述如下：

$$\lim_{x\to c^-}f(x)=L \text{ 且 } \lim_{x\to c^+}f(x)=L \Leftrightarrow \lim_{x\to c}f(x)=L.$$

 例題 6

設函數 $f(x)=\dfrac{2}{x-2}$：

(1) 當 x 趨近 1 時，試求 $f(x)$ 的左極限、右極限與極限．

(2) 當 x 趨近 2 時，試求 $f(x)$ 的左極限、右極限與極限．

解 (1) 當 x 由左方趨近 1 時，表示 $x<1$，

所以 $\lim\limits_{x\to1^-}f(x)=\lim\limits_{x\to1^-}\dfrac{2}{x-2}=-2$，

當 x 由右方趨近 1 時，表示 $x>1$，

所以 $\lim\limits_{x\to1^+}f(x)=\lim\limits_{x\to1^+}\dfrac{2}{x-2}=-2$．

由 $\lim\limits_{x\to1^-}f(x)=-2$ 且 $\lim\limits_{x\to1^+}f(x)=-2 \Leftrightarrow \lim\limits_{x\to1}f(x)=-2$．

(2) 當 x 由左方趨近 2 時，表示 $x<2$，

所以 $\lim\limits_{x\to2^-}f(x)=\lim\limits_{x\to2^-}\dfrac{2}{x-2}=-\infty$，

當 x 由右方趨近 2 時，表示 $x>2$，

所以 $\lim\limits_{x\to2^+}f(x)=\lim\limits_{x\to2^+}\dfrac{2}{x-2}=\infty$．

由 $\lim\limits_{x\to2^-}f(x)\neq\lim\limits_{x\to2^+}f(x)$，

故知，$\lim\limits_{x\to2}f(x)$ 不存在．

例題 7

設函數 $f(x) = [x]$ 為高斯函數：

(1) 當 x 趨近 1.5 時，試求 $f(x)$ 的左極限、右極限與極限.

(2) 當 x 趨近 2 時，試求 $f(x)$ 的左極限、右極限與極限.

(3) 試繪出高斯函數的圖形.

解 (1) 由 $\lim\limits_{x \to 1.5^-} f(x) = \lim\limits_{x \to 1.5^-} [x] = 1$ ，

$\lim\limits_{x \to 1.5^+} f(x) = \lim\limits_{x \to 1.5^+} [x] = 1$ ，

知 $\lim\limits_{x \to 1.5^-} f(x) = 1$ 且 $\lim\limits_{x \to 1.5^+} f(x) = 1 \Leftrightarrow \lim\limits_{x \to 1.5} f(x) = 1$.

(2) 當 x 由左方趨近 2 時，表示 $x < 2$，所以 $\lim\limits_{x \to 2^-} f(x) = \lim\limits_{x \to 2^-} [x] = 1$ ，

當 x 由右方趨近 2 時，表示 $x > 2$，所以 $\lim\limits_{x \to 2^+} f(x) = \lim\limits_{x \to 2^+} [x] = 2$.

由 $\lim\limits_{x \to 2^-} f(x) \neq \lim\limits_{x \to 2^+} f(x)$ 知 $\lim\limits_{x \to 2} f(x)$ 不存在 .

(3) 高斯函數的圖形如下：

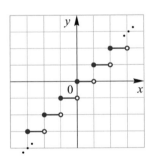

一、基礎題：

1. 設函數 f 的圖形如右圖所示，試求：

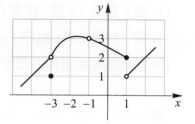

(1) $f(-3)$.

(2) $\lim\limits_{x \to -3} f(x)$.

(3) $f(-1)$.

(4) $\lim\limits_{x \to -1} f(x)$.

(5) $f(1)$.

(6) $\lim\limits_{x \to 1} f(x)$.

2. (1) 設 $f(x) = \dfrac{x^2 - x}{x}$ ，其圖形如圖 (a) 所示，試求：

① $\lim\limits_{x \to 0} f(x)$.

② $\lim\limits_{x \to -1} f(x)$.

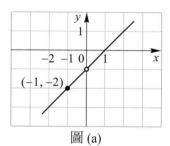

圖 (a)

(2) 設 $g(x) = \dfrac{x^3 - x}{x - 1}$ ，其圖形如圖 (b) 所示，試求：

① $\lim\limits_{x \to 1} g(x)$.

② $\lim\limits_{x \to -1} g(x)$.

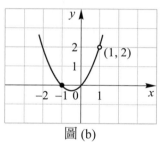

圖 (b)

3. 下列各小題的函數 $f(x)$ 的圖形如圖所示，試依各題的函數圖形求 $\lim\limits_{x \to c^-} f(x)$ ，$\lim\limits_{x \to c^+} f(x)$ ，$\lim\limits_{x \to c} f(x)$ ，$f(c)$ 之值 .

(1)

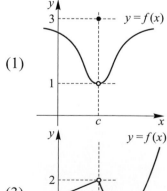

(2)

(3)

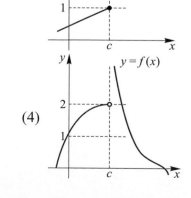

(4)

4. 設函數 $f(x) = \dfrac{1}{x-2}$，試求 $\lim\limits_{x \to 1} f(x)$ 和 $\lim\limits_{x \to 2} f(x)$．

5. 設函數 $f(x) = \dfrac{x^2 - 4}{x - 2}$，試求 $\lim\limits_{x \to 1} f(x)$ 和 $\lim\limits_{x \to 2} f(x)$．

6. 設函數 $f(x) = \begin{cases} 1 & , x \text{ 是有理數} \\ 0 & , x \text{ 是無理數} \end{cases}$，試求 $\lim\limits_{x \to 3} f(x)$ 和 $\lim\limits_{x \to \sqrt{2}} f(x)$．

7. 設函數 $f(x) = \begin{cases} 2x & , x < 0 \\ x & , 0 \le x < 1 \\ x + 1 & , x \ge 1 \end{cases}$，試求：

   (1) $\lim\limits_{x \to 0^-} f(x)$．　(2) $\lim\limits_{x \to 0^+} f(x)$．　(3) $\lim\limits_{x \to 0} f(x)$．　(4) $f(0)$．

   (5) $\lim\limits_{x \to 1^-} f(x)$．　(6) $\lim\limits_{x \to 1^+} f(x)$．　(7) $\lim\limits_{x \to 1} f(x)$．　(8) $f(1)$．

8. 試求下列函數在 $x = 1$ 的左極限、右極限與極限值？

   (1) $f(x) = \begin{cases} x^2 + 1 & , x < 1 \\ 3 & , x = 1 \\ x + 1 & , x > 1 \end{cases}$．　　(2) $g(x) = \begin{cases} -x^2 & , x < 1 \\ x - 1 & , x \ge 1 \end{cases}$．

二、進階題：

1. 設函數 $f(x) = \begin{cases} -x + 6 & , x < 2 \\ 1 & , x = 2 \\ x^2 & , x > 2 \end{cases}$，

   (1) 試畫出函數 f 的圖形．

   (2) 試求 $\lim\limits_{x \to 1} f(x)$，此時 $\lim\limits_{x \to 1} f(x)$ 與 $f(1)$ 是否相等？

   (3) 試求 $\lim\limits_{x \to 2} f(x)$，此時 $\lim\limits_{x \to 2} f(x)$ 與 $f(2)$ 是否相等？

   (4) 試求 $\lim\limits_{x \to 3} f(x)$，此時 $\lim\limits_{x \to 3} f(x)$ 與 $f(3)$ 是否相等？

2. 設函數 $f(x) = x - [x]$，試求：

   (1) $\lim\limits_{x \to 3^-} f(x)$．

   (2) $\lim\limits_{x \to 3^+} f(x)$．

   (3) $\lim\limits_{x \to 3} f(x)$．

Ans

一、基礎題：

1. (1) 1. (2) 2. (3) 無定義.

    (4) 3. (5) 2. (6) 不存在.

2. (1) ① -1. ② -2. (2) ① 2. ② 0.

3. (1) $\lim_{x \to c^-} f(x) = 1$, $\lim_{x \to c^+} f(x) = 1$, $\lim_{x \to c} f(x) = 1$, $f(c) = 3$.

    (2) $\lim_{x \to c^-} f(x) = 1$, $\lim_{x \to c^+} f(x) = 2$, $\lim_{x \to c} f(x)$ 不存在 , $f(c) = 1$.

    (3) $\lim_{x \to c^-} f(x) = 2$, $\lim_{x \to c^+} f(x) = 2$, $\lim_{x \to c} f(x) = 2$, $f(c)$ 無定義.

    (4) $\lim_{x \to c^-} f(x) = 2$, $\lim_{x \to c^+} f(x)$ 不存在 , $\lim_{x \to c} f(x)$ 不存在 , $f(c)$ 無定義.

4. -1, 不存在.   5. 3, 4.   6. 不存在, 不存在.

7. (1) 0. (2) 0. (3) 0. (4) 0.

    (5) 1. (6) 2. (7) 不存在. (8) 2.

8. (1) $\lim_{x \to 1^-} f(x) = 2$, $\lim_{x \to 1^+} f(x) = 2$, $\lim_{x \to 1} f(x) = 2$.

    (2) $\lim_{x \to 1^-} g(x) = -1$, $\lim_{x \to 1^+} g(x) = 0$, $\lim_{x \to 1} g(x)$ 不存在 .

二、進階題：

1. (1)

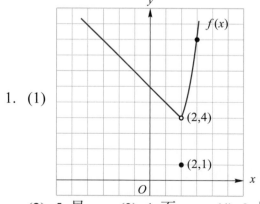

    (2) 5, 是.   (3) 4, 否.   (4) 9, 是.

2. (1) 1. (2) 0. (3) 不存在.

2-2 函數極限的定義與其性質 (Definition of Function Limit and Their Properties)

一、函數極限的定義

在上一節中說「當 x 由左右兩方趨近 c 時,函數值 $f(x)$ 都會趨近於一個固定值 L,我們就說當 x 趨近 c 時,$f(x)$ 的極限為 L,並記成 $\lim\limits_{x \to c} f(x) = L$.」,這只是一個直觀上的說法,但不夠嚴謹,事實上數學對極限的定義如下:

> **定義 (極限)**
>
> 設 f 為定義在開區間 I 上的函數,我們稱
>
> $$\lim_{x \to c} f(x) = L$$
>
> 即對任一正數 $\varepsilon > 0$,都可以找到一個正數 $\delta > 0$,使得對於所有 $x \in I$ 且滿足 $0 < |x - c| < \delta$ 時,則有 $|f(x) - L| < \varepsilon$ 也成立.

註: (1) 函數 f 在 $x = c$ 的極限,與 c 是否在定義域內無關.

　　(2) 函數 f 在 $x = c$ 的極限,與函數 f 在 $x = c$ 的函數值無關.

在極限定義中,不論要求 $f(x)$ 與極限值 L 的差距 $(\varepsilon > 0)$ 有多小,意即想讓 $f(x)$ 與極限值 L 有多靠近就可以多靠近,都可以找到一個相對的正數 δ,使得

　　　　只要 $0 < |x - c| < \delta$,就會滿足 $|f(x) - L| < \varepsilon$.

 例題 1

已知函數 $f(x) = 3x - 1$ 在 x 趨近 1 時的極限為 $\lim\limits_{x \to 1} f(x) = 2$,給予正數

(1) $\varepsilon = 0.1.$　(2) $\varepsilon = 0.01.$

請分別找一個正數 δ,使得只要 $0 < |x - 1| < \delta$ 成立,就保證 $|f(x) - 2| < \varepsilon$.

解 (1) 由　$|f(x) - 2| = |(3x - 1) - 2| < \varepsilon = 0.1,$

　　　則　$|3x - 3| < 0.1,$

　　　得　$3|x - 1| < 0.1,$

所以 $|x-1| < \dfrac{1}{30}$,

故知當給予任一正數 $\varepsilon = 0.1$ 時，只要取 $\delta = \dfrac{1}{30} = 0.033333\cdots$ ，

即可使得 $0 < |x-1| < \dfrac{1}{30}$ 成立時，都會滿足 $|f(x) - 2| < 0.1$.

(2) 由 $|f(x) - 2| = |(3x - 1) - 2| < \varepsilon = 0.01$, 則 $|3x - 3| < 0.01$,

　　得 $3|x - 1| < 0.01$,

所以 $|x-1| < \dfrac{1}{300}$,

故知當給予任一正數 $\varepsilon = 0.01$ 時，只要取 $\delta = \dfrac{1}{300} = 0.0033333\cdots$ ，

即可使得 $0 < |x-1| < \dfrac{1}{300}$ 成立時，都會滿足 $|f(x) - 2| < 0.001$.

　　例題 1 主要說明當函數 f 在 x 趨近 c 的極限存在時，如何由給定之一定值 ε 找到 δ；若要證明極限的存在，則必須證明對任意的 $\varepsilon > 0$, 都可保證找到所對應之正數 δ.

例題 2

試利用極限的定義證明 $\lim\limits_{x \to 4} (2x - 3) = 5$.

證 設給予任一正數 $\varepsilon > 0$, 欲使 $|(2x - 3) - 5| < \varepsilon$

整理得 $|2x - 8| < \varepsilon$

即 　$2|x - 4| < \varepsilon$

所以 　$|x - 4| < \dfrac{\varepsilon}{2}$,

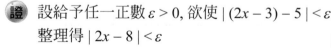

故知對任一正數 $\varepsilon > 0$, 取 $\delta = \dfrac{\varepsilon}{2} > 0$,

便可滿足當 $0 < |x - 4| < \delta$ 成立時，即 $|(2x - 3) - 5| < \varepsilon$ 也成立.

由極限的定義可知 $\lim\limits_{x \to 4} (2x - 3) = 5$ ，故得證.

> 若 $\varepsilon = \dfrac{1}{3}$, 則可取 $\delta = \dfrac{1}{6}$.
>
> 若 $\varepsilon = \dfrac{1}{10}$, 則可取 $\delta = \dfrac{1}{20}$.

二、函數極限的性質

函數的極限具有下列的基本性質：

函數極限的基本性質

設 a 為常數，函數 f 與 g 在 $x = c$ 的極限都存在，且 $\lim\limits_{x \to c} f(x) = A$、$\lim\limits_{x \to c} g(x) = B$，$k$ 為常數，則

(1) $\lim\limits_{x \to c} a = a$．

(2) $\lim\limits_{x \to c} x = c$．

(3) $\lim\limits_{x \to c} [f(x) + g(x)] = \lim\limits_{x \to c} f(x) + \lim\limits_{x \to c} g(x) = A + B$．

(4) $\lim\limits_{x \to c} [f(x) - g(x)] = \lim\limits_{x \to c} f(x) - \lim\limits_{x \to c} g(x) = A - B$．

(5) $\lim\limits_{x \to c} k\, f(x) = k \lim\limits_{x \to c} f(x) = kA$．

(6) $\lim\limits_{x \to c} [f(x) \cdot g(x)] = \lim\limits_{x \to c} f(x) \cdot \lim\limits_{x \to c} g(x) = AB$．

(7) 若 $B \neq 0$，則 $\lim\limits_{x \to c} \dfrac{f(x)}{g(x)} = \dfrac{\lim\limits_{x \to c} f(x)}{\lim\limits_{x \to c} g(x)} = \dfrac{A}{B}$．

(8) 若 $\lim\limits_{x \to c} f(x) = A$ 且 $\lim\limits_{x \to c} f(x) = A'$，則 $A = A'$（極限值唯一）．

證 性質 (3)

給予任一正數 $\varepsilon > 0$，取二正數 ε_1、ε_2 且使 $0 < \varepsilon_1 < \dfrac{\varepsilon}{2}$、$0 < \varepsilon_2 < \dfrac{\varepsilon}{2}$，

因為 $\lim\limits_{x \to c} f(x) = A$，所以對正數 ε_1，都可以找到 $\delta_1 > 0$，

故只要 $0 < |x - c| < \delta_1$ 成立，就會有 $|f(x) - A| < \varepsilon_1$ 也成立．

同理，因為 $\lim\limits_{x \to c} g(x) = B$，所以對正數 ε_2，都可以找到 $\delta_2 > 0$，

故只要 $0 < |x - c| < \delta_2$ 成立，就會有 $|g(x) - B| < \varepsilon_2$ 也成立．

由於 $|(f(x) + g(x)) - (A + B)| = |(f(x) - A) + (g(x) - B)|$

$$\leq |f(x) - A)| + |g(x) - B|$$

$$< \varepsilon_1 + \varepsilon_2 < \frac{\varepsilon}{2} + \frac{\varepsilon}{2} = \varepsilon$$

所以, 給予任一正數 $\varepsilon > 0$, 取正數 $\delta = \min(\delta_1, \delta_2) > 0$,

便可滿足若 $0 < |x - c| < \delta$ 成立, 就會有 $|(f(x) + g(x)) - (A + B)| < \varepsilon$ 也成立.

由極限的定義可知 $\lim\limits_{x \to c} [f(x) + g(x)] = \lim\limits_{x \to c} f(x) + \lim\limits_{x \to c} g(x) = A + B$, 故得證.

性質 (8)

假設 $A \neq A'$, 不妨令 $A > A'$,

因為 $\lim\limits_{x \to c} f(x) = A$, 根據極限的定義,

對任意 $\varepsilon = \dfrac{A - A'}{2} > 0$, 必定存在 $\delta_1 > 0$,

使得當 $0 < |x - c| < \delta_1$ 時 , $|f(x) - A| < \dfrac{A - A'}{2}$ 恆成立.

因為 $\lim\limits_{x \to c} f(x) = A'$, 根據極限的定義,

對任意 $\varepsilon = \dfrac{A - A'}{2} > 0$, 必定存在 $\delta_2 > 0$,

使得當 $0 < |x - c| < \delta_2$ 時 , $|f(x) - A'| < \dfrac{A - A'}{2}$ 恆成立.

取 $\delta = \min\{\delta_1, \delta_2\}$, 則當 $0 < |x - c| < \delta$ 時 ,

$$
\begin{aligned}
|A - A'| &= |(A - f(x)) + (f(x) - A')| \\
&\leq |f(x) - A| + |f(x) - A'| \\
&< \frac{A - A'}{2} + \frac{A - A'}{2} \\
&= A - A',
\end{aligned}
$$

即 $|A - A'| < A - A'$

因此, 得 $A - A' < A - A'$ 之矛盾結果,

故原 $A \neq A'$ 之假設錯誤 , 得 $A = A'$.

其餘 (1) 、 (2) 、 (4) 、 (5) 、 (6) 、 (7) 性質請讀者自證.

底下我們就利用這些基本性質來計算函數的極限.

 例題 3

設函數 $f(x) = ax$, $g(x) = x^n$, 且 a、c 為實數, n 為正整數, 試求：

(1) $\lim\limits_{x \to c} f(x)$.   (2) $\lim\limits_{x \to c} g(x)$.

解 (1) $\lim\limits_{x \to c} f(x) = \lim\limits_{x \to c} ax$

$\qquad\qquad = a(\lim\limits_{x \to c} x)$ $\rightarrow$ 基本性質 (5)

$\qquad\qquad = ac.$ $\rightarrow$ 基本性質 (2)

$\quad$ (2) $\lim\limits_{x \to c} g(x) = \lim\limits_{x \to c} x^n$

$\qquad\qquad = \overbrace{(\lim\limits_{x \to c} x)(\lim\limits_{x \to c} x)\cdots(\lim\limits_{x \to c} x)}^{n \text{ 個相乘}}$ $\rightarrow$ 基本性質 (6)

$\qquad\qquad = c^n.$ $\rightarrow$ 基本性質 (2)

設多項式函數 $f(x) = a_n x^n + a_{n-1} x^{n-1} + \cdots + a_1 x + a_0$, 由函數極限的基本性質可知

$$\lim_{x \to c} f(x) = \lim_{x \to c}(a_n x^n + a_{n-1} x^{n-1} + \cdots + a_1 x + a_0)$$

$$= \lim_{x \to c} a_n x^n + \lim_{x \to c} a_{n-1} x^{n-1} + \cdots + \lim_{x \to c} a_1 x + \lim_{x \to c} a_0$$

$$= a_n \lim_{x \to c} x^n + a_{n-1} \lim_{x \to c} x^{n-1} + \cdots + a_1 \lim_{x \to c} x + \lim_{x \to c} a_0$$

$$= a_n \cdot c^n + a_{n-1} \cdot c^{n-1} + \cdots + a_1 \cdot c + a_0$$

$$= f(c),$$

所以多項式函數在 $x = a$ 的極限值恰等於在 $x = c$ 的函數值, 此結果整理如下：

設 f 為多項式函數且 c 為一實數, 則 $\lim\limits_{x \to c} f(x) = f(c)$.

例題 4

設函數 $f(x) = 2x - 1$ 、 $g(x) = x^2 + 5x - 3$, **試求**：

(1) $\lim\limits_{x \to 3} f(x)$.   (2) $\lim\limits_{x \to 3} g(x)$.   (3) $\lim\limits_{x \to 3} [f(x) + g(x)]$.   (4) $\lim\limits_{x \to 3} \dfrac{f(x)}{g(x)}$.

解   (1) $\begin{aligned}[t] \lim\limits_{x \to 3} f(x) &= \lim\limits_{x \to 3}(2x - 1) \\ &= \lim\limits_{x \to 3} 2x - \lim\limits_{x \to 3} 1 \\ &= 2 \cdot 3 - 1 \\ &= 5. \end{aligned}$ → 基本性質 (4)

(2) $\begin{aligned}[t] \lim\limits_{x \to 3} g(x) &= \lim\limits_{x \to 3}(x^2 + 5x - 3) \\ &= \lim\limits_{x \to 3} x^2 + \lim\limits_{x \to 3} 5x - \lim\limits_{x \to 3} 3 \\ &= 3^2 + 5 \cdot 3 - 3 \\ &= 21. \end{aligned}$ → 基本性質 (3)(4)

(3) $\begin{aligned}[t] \lim\limits_{x \to 3} [f(x) + g(x)] &= \lim\limits_{x \to 3} f(x) + \lim\limits_{x \to 3} g(x) \\ &= 5 + 21 \\ &= 26. \end{aligned}$

(4) $\begin{aligned}[t] \lim\limits_{x \to 3} \dfrac{f(x)}{g(x)} &= \dfrac{\lim\limits_{x \to 3} f(x)}{\lim\limits_{x \to 3} g(x)} \\ &= \dfrac{5}{21} . \end{aligned}$

    一般而言, 當我們在計算分式的極限時,

1. 只要分母的極限不等於 0, 則其極限存在.

2. 當分子的極限不等於 0, 而分母的極限等於 0 時, 則其極限不存在.

3. 當分子與分母的極限都等於 0 時, 則需進一步化簡, 才能判定其極限是否存在.

 例題 **5**

試求下列各極限

(1) $\displaystyle\lim_{x\to 1}\frac{x-3}{x^2-5x+6}$.　(2) $\displaystyle\lim_{x\to 3}\frac{x-3}{x^2-5x+6}$.　(3) $\displaystyle\lim_{x\to 2}\frac{x^2-x-2}{x^2-4x+4}$.

解 (1) 因為分子的極限 $\displaystyle\lim_{x\to 1}(x-3)=(1-3)=-2$ ，

分母的極限 $\displaystyle\lim_{x\to 1}(x^2-5x+6)=1^2-5\cdot 1+6=2\neq 0$ ，

所以 $\displaystyle\lim_{x\to 1}\frac{x-3}{x^2-5x+6}=\frac{\displaystyle\lim_{x\to 1}(x-3)}{\displaystyle\lim_{x\to 1}(x^2-5x+6)}$　→ 基本性質 (7)

$$=\frac{-2}{2}=-1 \ .$$

(2) 分子的極限 $\displaystyle\lim_{x\to 3}(x-3)=3-3=0$ ，

分母的極限 $\displaystyle\lim_{x\to 3}(x^2-5x-6)=9-15+6=0$ ，

表分子與分母都有因式 $(x-3)$.

當 $x\neq 3$ 時，我們可利用因式分解將分式約分得

$$\frac{x-3}{x^2-5x+6}=\frac{x-3}{(x-3)(x-2)}=\frac{1}{x-2} \ ,$$

所以 $\displaystyle\lim_{x\to 3}\frac{x-3}{x^2-5x+6}$

$\displaystyle=\lim_{x\to 3}\frac{1}{x-2}$（此時分母的極限不為 0）

> 在計算極限時，$x\to 3$ 的意思是 x 非常接近 3 但 $x\neq 3$，所以 $x-3\neq 0$，因此我們可以約去 $x-3$.

$\displaystyle=\frac{1}{3-2}=1.$

(3) 分子的極限 $\displaystyle\lim_{x\to 2}(x^2-x-2)=4-2-2=0$ ，

分母的極限 $\displaystyle\lim_{x\to 2}(x^2-4x+4)=4-8+4=0$ ，

表分子與分母都有因式 $(x-2)$.

當 $x\neq 2$ 時，我們可利用因式分解將分式約分得

$$\frac{x^2 - x - 2}{x^2 - 4x + 4} = \frac{(x-2)(x+1)}{(x-2)^2} = \frac{x+1}{x-2} ,$$

所以 $\displaystyle\lim_{x \to 2} \frac{x^2 - x - 2}{x^2 - 4x + 4} = \lim_{x \to 2} \frac{x+1}{x-2} ,$

此時分子的極限 $\displaystyle\lim_{x \to 2}(x+1) = 2 + 1 = 3 \neq 0 ,$

分母的極限 $\displaystyle\lim_{x \to 2}(x-2) = 2 - 2 = 0 ,$

所以 $\displaystyle\lim_{x \to 2} \frac{x^2 - x - 2}{x^2 - 4x + 4}$ 不存在.

> 在計算極限時, $x \to 2$ 的意思是 x 非常接近 2 但 $x \neq 2$, 所以 $x - 2 \neq 0$, 因此我們可以約去 $x - 2$.

三、合成函數的極限性質

令 n 為正整數

1. 如果 n 是奇數, 則 $\displaystyle\lim_{x \to c} \sqrt[n]{x} = \sqrt[n]{c} .$

2. 如果 n 是偶數, 則 $\displaystyle\lim_{x \to c} \sqrt[n]{x} = \sqrt[n]{c} $ (其中 $c > 0$).

一般而言, 若 $\displaystyle\lim_{x \to c} f(x) = L$, 則 $\displaystyle\lim_{x \to c} \sqrt[n]{f(x)} = \sqrt[n]{\lim_{x \to c} f(x)} .$

我們來看下一個例題.

 例題 6

試求 $\displaystyle\lim_{x \to 3} \sqrt{x^2 - 5x + 7}$.

解 由 $\displaystyle\lim_{x \to 3}(x^2 - 5x + 7) = 3^2 - 5 \times 3 + 7 = 16 - 15 = 1 ,$

所以 $\displaystyle\lim_{x \to 3} \sqrt{x^2 - 5x + 7} = \lim_{x \to 3} \sqrt{1} = 1 .$

習 題

一、基礎題：

1. 試求下列各極限.

(1) $\lim\limits_{x \to 5} 2$.

(2) $\lim\limits_{x \to 2} x$.

(3) $\lim\limits_{x \to -1} x^3$.

(4) $\lim\limits_{x \to -1} (x^2 - x + 1)$.

(5) $\lim\limits_{x \to 2} \dfrac{2x+1}{5-3x}$.

(6) $\lim\limits_{x \to 0} (2x+1)(x-3)$.

(7) $\lim\limits_{x \to 4} \dfrac{x^3 - 27}{x - 3}$.

(8) $\lim\limits_{x \to -3} \dfrac{2x+3}{x^2 - x - 12}$.

(9) $\lim\limits_{x \to 3} \dfrac{x^3 - 27}{x - 3}$.

(10) $\lim\limits_{x \to -1} \dfrac{x^2 - 2x - 3}{x^2 + 2x + 1}$.

(11) $\lim\limits_{x \to 3} \dfrac{x^2 - 9}{x - 3}$.

(12) $\lim\limits_{x \to -7} \dfrac{x^2 + 4x - 21}{x + 7}$.

(13) $\lim\limits_{x \to 0} \dfrac{(2+x)^2 - 4}{x}$.

(14) $\lim\limits_{x \to 3} \dfrac{x^3 - 6x^2 + 11x - 6}{x^2 - 2x - 3}$.

(15) $\lim\limits_{x \to 3} (\dfrac{x-4}{x-3} + \dfrac{2}{x^2 - 4x + 3})$.

2. 設函數 $f(x) = x^2 + 1$, $g(x) = 2x^2 - 3x + 1$, 試求：

(1) $\lim\limits_{x \to -2} f(x)$.

(2) $\lim\limits_{x \to -2} g(x)$.

(3) $\lim\limits_{x \to -2} [f(x) - g(x)]$.

(4) $\lim\limits_{x \to -2} \dfrac{f(x)}{g(x)}$.

3. 設函數 $p(x) = \dfrac{|x-2|}{x-2}$, 試求：

(1) $\lim\limits_{x \to 1} p(x)$.

(2) $\lim\limits_{x \to 2} p(x)$.

4. 設函數 $f(x) = \dfrac{|x-3|}{x-3}$, 試求：

(1) $\lim\limits_{x \to 0} f(x)$.

(2) $\lim\limits_{x \to 3} f(x)$.

(3) $\lim\limits_{x \to 4} f(x)$.

5. 試求：

(1) $\lim\limits_{x \to 0} [x]$.

(2) $\lim\limits_{x \to -1.5} [x]$.

(3) $\lim\limits_{x \to 3} \dfrac{[x]}{x}$.

6. 已知函數 $f(x) = 2x - 3$ 在 x 趨近 2 時的極限為 $\lim\limits_{x \to 2} f(x) = 1$, 請找一個正數 δ, 使得只要 $0 < |x - 2| < \delta$ 成立 , 就保證 $|f(x) - 1| < 0.01$.

二、進階題：

1. 試證明：設常數函數 $f(x) = a, a \in \mathbb{R}$, 則 $\lim\limits_{x \to c} f(x) = a$.

2. 試證明：若函數 $f(x) = x,$ 則 $\lim\limits_{x \to c} f(x) = c$.

 Ans

一、基礎題：

1. (1) 2.   (2) 2.   (3) -1.   (4) 3.   (5) -5.

     (6) -3.   (7) 37.   (8) 不存在 .   (9) 27.   (10) 不存在 .

     (11) 6.   (12) -10.   (13) 4.   (14) $\dfrac{1}{2}$.   (15) $\dfrac{1}{2}$.

2. (1) 5.   (2) 15.   (3) -10.   (4) $\dfrac{1}{3}$.

3. (1) -1.   (2) 不存在 .

4. (1) -1.   (2) 不存在 .   (3) 1.

5. (1) 不存在 .   (2) -2.   (3) 不存在 .

6. $\delta = 0.005$.

二、進階題：

1. 略 .

2. 略 .

2-3 連續函數 (Continuity)

一、在某一點的連續

從直觀上看，我們說一個函數在點 $x = c$ 處連續，是指這個函數的圖形在 $x = c$ 處沒有中斷，如圖 2-1 所示．

反之，若一個函數的圖形在 $x = c$ 處中斷，則這個函數在點 $x = c$ 處是不連續的，如圖 2-2 所示，我們舉例幾種在 $x = c$ 不連續的圖形．

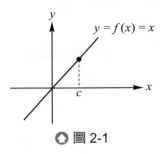

⬢ 圖 2-1

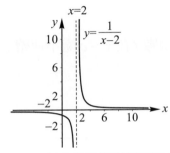

(a) $f(2)$ 無定義且極限值不存在

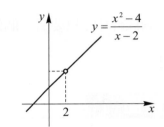

(b) $f(2)$ 無定義但極限值存在

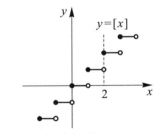

(c) $f(2)$ 有定義但極限值不存在

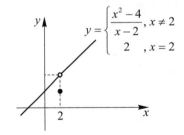

(d) $f(2)$ 有定義且極限存在，但極限值 ≠ 函數值

⬢ 圖 2-2

上圖中，我們看出函數在 $x = 2$ 處不連續的理由有下列幾種：

1. 函數在 $x = 2$ 處無定義，如圖 2-2(a)、圖 2-2(b)．
2. 函數在 $x = 2$ 處有定義，但其極限值不存在，如圖 2-2(c)．
3. 函數在 $x = 2$ 處有定義且極限值也存在，但其極限值不等於函數值，如圖 2-2(d)．

事實上,函數 f 在 $x = c$ 處不連續的理由只有這三種,因此我們對函數 f 在 $x = c$ 處連續,有如下的定義:

定義

若函數 f 滿足下列三個條件:

1. 函數 f 在 $x = c$ 處有定義.

2. $\lim\limits_{x \to c} f(x)$ 存在.

3. $\lim\limits_{x \to c} f(x) = f(c)$. (即函數 f 在 $x = c$ 處的極限值等於函數值)

則稱函數 f 在 $x = c$ 處連續.

註:上述三個條件中,只要有一個條件不成立,則稱函數 f 在 $x = c$ 處不連續.

 例題 1

(1) 試問函數 $f(x) = \begin{cases} x+1, x \geq 1 \\ x^2+1, x < 1 \end{cases}$ 在 $x = 1$ 處是否連續?

(2) 試問函數 $g(x) = \dfrac{x^2-4}{x-2}$ 在 $x = 2$ 處是否連續?

解 (1) 函數圖形如右所示:

(a) 函數 f 在 $x = 1$ 處有定義,

且 $f(1) = 2$.

(b) 因為 $\lim\limits_{x \to 1^-} f(x) = \lim\limits_{x \to 1^-}(x^2+1) = 2$,

$\lim\limits_{x \to 1^+} f(x) = \lim\limits_{x \to 1^+}(x+1) = 2$,

所以 $\lim\limits_{x \to 1} f(x) = 2$.

(c) $\lim\limits_{x \to 1} f(x) = 2 = f(1)$.

綜合 (a) 、 (b) 、 (c),

故知函數 f 在 $x = 1$ 處連續.

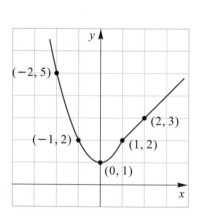

(2) 函數圖形如右所示：

函數 g 在 $x = 2$ 處沒有定義，

故知函數 g 在 $x = 2$ 處不連續.

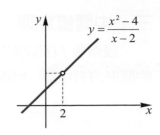

二、區間連續

前述只討論在某一點是否連續，底下來定義區間上的連續：

定義

開區間連續：

設函數 $f : (a, b) \to \mathbb{R}$，若 f 在開區間 (a, b) 內的每一點都連續，則稱函數 f 在開區間 (a, b) 上連續.

閉區間連續：

設函數 $f : (a, b) \to \mathbb{R}$，若 f 在開區間 (a, b) 內的所有點都連續，且

1. $\lim\limits_{x \to a^+} f(x) = f(a)$，即 f 在 $x = a$ 點右連續.
2. $\lim\limits_{x \to b^-} f(x) = f(b)$，即 f 在 $x = b$ 點左連續，則稱函數 f 在閉區間 $[a, b]$ 內連續.

 例題 2

設函數 $f(x) = \sqrt{4 - x^2}$，**試討論函數 f 的連續性**.

解 由 $4 - x^2 \geq 0$, 得 $-2 \leq x \leq 2$,

因此，函數 f 的定義域為 $[-2, 2]$.

由於當 $a \in (-2, 2)$ 時，$\lim\limits_{x \to a} f(x) = f(a)$，

所以函數 f 在開區間 $(-2, 2)$ 上連續；

又 $\lim\limits_{x \to -2^+} f(x) = 0 = f(-2)$，$\lim\limits_{x \to 2^-} f(x) = 0 = f(2)$

故函數 f 在閉區間 $[-2, 2]$ 上連續.

三、中間值定理

設函數 f 在閉區間 $[a, b]$ 上連續且 $f(a) \neq f(b)$, 即函數 f 從點 $(a, f(a))$ 到點 $(b, f(b))$ 的圖形沒有中斷, 如圖 2-3 所示.

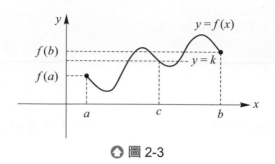

◆ 圖 2-3

由於圖形沒有中斷且 $f(a) \neq f(b)$, 因此在 $f(a)$ 及 $f(b)$ 之間任取一值 k, 過 k 作一水平線, 則此直線與函數圖形至少有一交點, 因此在閉區間 $[a, b]$ 中至少都可找到一個數與之對應, 這個性質稱之為**中間值定理**, 敘述如下：

> **定理 2-1：中間值定理**
>
> 設函數 f 在閉區間 $[a, b]$ 上連續, 且 $f(a) \neq f(b)$, 若 k 是介於 $f(a)$ 與 $f(b)$ 之間的一個數, 則在開區間 (a, b) 中至少存在一個數 c, 使得 $f(c) = k$.

此定理我們可以從生活經驗中加以體會, 例如：

1. 假設你高中一年級入學時的體重為 48 公斤, 高中畢業時, 體重為 60 公斤, 則在高中三年間, 不管你的體重如何變化, 從 48 公斤變成 60 公斤的過程中, 至少有一個時刻的體重剛好等於 52 公斤, 也至少有一個時刻的體重剛好等於 58 公斤, 如圖 2-4 所示.

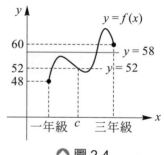

◆ 圖 2-4

2. 假設我們從臺北坐高鐵到高雄且當次列車的最高速率達 300 公里 / 小時, 則在行駛的過程中至少有一個時刻的速率剛好等於 250 公里 / 小時；也至少有一個時刻的速率剛好等於 180 公里 / 小時, 如圖 2-5 所示.

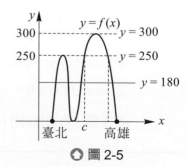

◆ 圖 2-5

中間值定理是保證在 (a, b) 中存在 c 使得 $f(c) = k$, 但若函數不連續, 則此定理就不一定會成立, 如圖 2-6 所示.

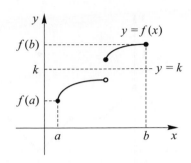 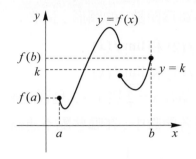

(a) 不存在 $c \in (a, b)$, 使得 $f(c) = k$　　(b) 存在 $c \in (a, b)$, 使得 $f(c) = k$

⬆ 圖 2-6

 例題 3

設函數 $f(x) = x^3 - 8x + 10$, 試證 f 在開區間 $(0, 1)$ 內至少存在一個數 c, 使得 $f(c) = \pi$.

解 因為函數 f 在閉區間 $[0, 1]$ 上連續,

且 $f(0) = 10$, $f(1) = 3$,

由於 $3 < \pi < 10$, 根據中間值定理可知:

函數 f 在開區間 $(0,1)$ 內至少存在一個數 c,

使得 $f(c) = \pi$.

> 中間值定理只能說明至少有一個 c 在開區間 $(0, 1)$ 中, 但未說明如何求得 c 值.

＃

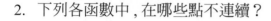

習題

一、基礎題：

1. 設右圖為函數 f 的圖形，試求：

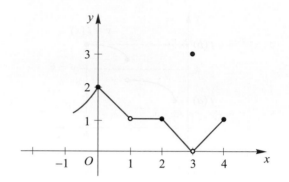

  (1) $f(2)$ 和 $\lim\limits_{x \to 2} f(x)$.

  (2) $f(3)$ 和 $\lim\limits_{x \to 3} f(x)$.
  並討論在 $x = 2$ 與 $x = 3$ 是否連續？

2. 下列各函數中，在哪些點不連續？

  (1) $f_1(x) = \dfrac{1}{x+1}$.

  (2) $f_2(x) = \dfrac{1}{(x-2)^2}$.

  (3) $f_3(x) = \dfrac{x+1}{x^2 - 4x + 3}$.

  (4) $f_4(x) = \dfrac{x^2 - 1}{x^2 - 4x - 5}$.

3. 試問函數 $f(x) = \begin{cases} x+1 & ,\ x \geq 2 \\ x^2 - 1, & x < 2 \end{cases}$ 在 $x = 2$ 處是否連續？

4. 設函數 $f(x) = [x]$，試求：

  (1) 函數 f 在 $x = 1.5$ 處是否連續？

  (2) 函數 f 在 $x = 1$ 處是否連續？

5. 試問下列函數在 $x = 0$ 處是否連續？

  (1) $f(x) = |x|$.　　(2) $f(x) = \dfrac{|x|}{x}$.

6. 設函數 $f(x) = \dfrac{x^2 - 1}{x - 1}$ 且 $x \neq 1$，應如何定義 $f(1)$ 才能使函數 f 在 $x = 1$ 處連續？

7. 設函數 $f(x) = \begin{cases} \dfrac{x^2 - 6x + 8}{x - 2}, & x \neq 2 \\ k & ,\ x = 2 \end{cases}$ 在 $x = 2$ 處連續，試求 k 值．

8. 利用中間值定理說明：半徑介於 1 到 4 的圓中，至少有一個圓的面積等於 36.

二、進階題：

1. 試求 a、b 之值使得函數 $f(x) = \begin{cases} 2 & ,x \leq 1 \\ ax+b, & 1 < x < 2 \\ 7 & ,x \geq 2 \end{cases}$ 之每一點都連續．

2. 若函數 $f(x) = \begin{cases} \dfrac{x^2+ax+b}{x-2}, & x \neq 2 \\ 5 & ,x = 2 \end{cases}$ 在 $x = 2$ 處連續，試求：

    (1) $\displaystyle\lim_{x\to 2}\dfrac{x^2+ax+b}{x-2}$．

    (2) a、b 之值．

   利用中間值定理，可以推得下面的勘根定理．

> **勘根定理：**
>
>   設函數 f 在閉區間 $[a, b]$ 上連續，若 $f(a) \cdot f(b) < 0$，則方程式 $f(x) = 0$ 在區間 $[a, b]$ 內至少有一實根．

3. 試在 -3 與 4 之間，找出四次方程式 $x^4 - x^3 - 9x^2 + 2x + 10 = 0$ 在哪些連續整數之間有實根．

Ans

一、基礎題：

1. (1) $f(2) = 1$, $\displaystyle\lim_{x\to 2}f(x) = 1$, 在 $x = 2$ 連續．
   (2) $f(3) = 3$, $\displaystyle\lim_{x\to 3}f(x) = 0$, 在 $x = 3$ 不連續．

2. (1) 在 $x = -1$ 處不連續．　　　　(2) 在 $x = 2$ 處不連續．
   (3) 在 $x = 1$ 與 $x = 3$ 處不連續．　　(4) 在 $x = -1$ 與 $x = 5$ 處不連續．

3. 是．　　　　4. (1) 是． (2) 否．　　　5. (1) 是． (2) 否．

6. 定義 $f(1) = 2$.　　7. -2.　　　　　　8. 略．

二、進階題：

1. $a = 5, b = -3$.　　　　2. (1) 5.　 (2) $a = 1, b = -6$.

3. -3 與 -2，-2 與 -1，1 與 2，3 與 4．

2-4 無窮極限與漸近線 (Infinite Limits and Asymptotes of Graphs)

在前面的討論中, 對於函數 $f(x) = \dfrac{1}{x}$ (其中 $x \neq 0$), 當 x 趨近 0 時 , $f(x)$ 函數值變化如圖 2-7 :

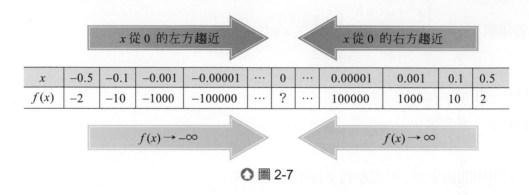

x	-0.5	-0.1	-0.001	-0.00001	$\cdots$	0	$\cdots$	0.00001	0.001	0.1	0.5
$f(x)$	-2	-10	-1000	-100000	$\cdots$	?	$\cdots$	100000	1000	10	2

◔ 圖 2-7

1　當 x 值由右方向 0 靠近時 , 函數值 $f(x)$ 越來越大且沒有界限 , 其極限不存在 , 記成 $\lim\limits_{x \to 0^+} f(x) = \infty$ (無窮大).

2　當 x 值由左方向 0 靠近時 , 函數值 $f(x)$ 越來越小且沒有界限 , 其極限不存在 , 記成 $\lim\limits_{x \to 0^-} f(x) = -\infty$ (負無窮大).

像上述這兩種情形都稱為**無窮極限 (infinite limit)**, 其函數圖形如下 :

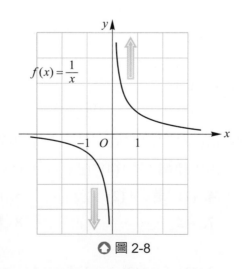

◔ 圖 2-8

在圖 2-8 中，可以看出 x 軸與 y 軸是函數 $f(x) = \dfrac{1}{x}$ 圖形的兩條漸近線，討論如下：

1. 當 $x \to 0$ 時，$y \to \pm\infty$，其圖形由左側與右側越來越靠近 y 軸，但不會與 y 軸相交，此時 y 軸（直線 $x = 0$）是函數 $y = f(x)$ 圖形的一條鉛直漸近線.

2. 當 $x \to \pm\infty$ 時，$y \to 0$，其圖形由上方與下方越來越靠近 x 軸，但不會與 x 軸相交，此時 x 軸（直線 $y = 0$）是函數 $y = f(x)$ 圖形的一條水平漸近線.

將以上討論整理如下：

(1) 當 $\lim\limits_{x \to a^+} f(x) = \pm\infty$ 或 $\lim\limits_{x \to a^-} f(x) = \pm\infty$ 時，則稱直線 $x = a$ 是函數 $y = f(x)$ 圖形的鉛直漸近線.

(2) 當 $\lim\limits_{x \to \infty} f(x) = b$ 或 $\lim\limits_{x \to -\infty} f(x) = b$ 時，則稱直線 $y = b$ 是函數 $y = f(x)$ 圖形的水平漸近線.

 例題 1

試找出函數 $f(x) = \dfrac{1}{x-1}$ 圖形的鉛直漸近線與水平漸近線.

 解

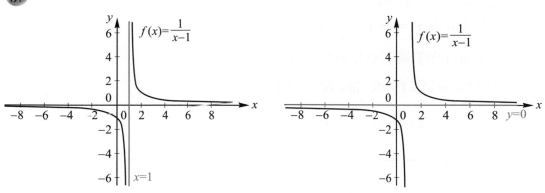

因為 $\lim\limits_{x \to 1^-} f(x) = -\infty$（或 $\lim\limits_{x \to 1^+} f(x) = \infty$），所以 $f(x)$ 函數圖形鉛直漸近線為 $x = 1$.

因為 $\lim\limits_{x \to \infty} f(x) = 0$（或 $\lim\limits_{x \to -\infty} f(x) = 0$），所以 $f(x)$ 函數圖形有水平漸近線 x 軸（$y = 0$）.

例題 2

試找出函數 $g(x) = \dfrac{2x}{(x-1)^2}$ 圖形的鉛直漸近線與水平漸近線.

解 因為 $\lim\limits_{x\to 1^-} g(x) = \infty$ (或 $\lim\limits_{x\to 1^+} g(x) = \infty$),

所以 $g(x)$ 函數圖形鉛直漸近線為 $x = 1$.

因為 $\lim\limits_{x\to -\infty} g(x) = 0$ (或 $\lim\limits_{x\to \infty} g(x) = 0$),

所以 $g(x)$ 函數圖形有水平漸近線為 x 軸 ($y = 0$).

 例題 3

試找出函數 $h(x) = \dfrac{x^2 - 6x + 5}{x^2 - 1}$ 圖形的鉛直漸近線與水平漸近線.

解 因為 $h(x) = \dfrac{x^2 - 6x + 5}{x^2 - 1} = \dfrac{(x-5)(x-1)}{(x-1)(x+1)} = \dfrac{x-5}{x+1}$,

因為 $\lim\limits_{x\to -1^+} h(x) = -\infty$ (或 $\lim\limits_{x\to -1^-} h(x) = \infty$),

所以 $h(x)$ 函數圖形有鉛直漸近線 $x = -1$.

因為 $\lim\limits_{x\to \infty} h(x) = 1$ (或 $\lim\limits_{x\to -\infty} h(x) = 1$),

所以 $h(x)$ 函數圖形有水平漸近線 $y = 1$.

習 題

一、基礎題：

1. 試求下列的極限

(1) $\lim\limits_{x \to 3^-} \dfrac{1}{x-3}$.

(2) $\lim\limits_{x \to 3^+} \dfrac{1}{x-3}$.

(3) $\lim\limits_{x \to 3} \dfrac{1}{(x-3)^2}$.

(4) $\lim\limits_{x \to 3^-} \dfrac{-1}{x-3}$.

(5) $\lim\limits_{x \to 1^-} \dfrac{1}{[x]-1}$.

(6) $\lim\limits_{x \to 1^+} \dfrac{1}{[x]-1}$.

(7) $\lim\limits_{x \to 1} \dfrac{3x^2-4x+1}{x-1}$.

2. 試找出下列各函數圖形的鉛直漸近線

(1) $f(x) = \dfrac{1}{x+1}$.

(2) $g(x) = \dfrac{1}{(x+2)^2}$.

(3) $h(x) = \dfrac{3x^2-4x+1}{x-3}$.

3. 試求函數 $f(x) = \dfrac{1}{(x-3)^2}$ 之圖形的漸近線 .

4. 試求函數 $f(x) = \dfrac{x+1}{x}$ 之圖形的漸近線 .

5. 試求函數 $f(x) = \dfrac{x^2}{x^2-9}$ 之圖形的漸近線 .

二、進階題：

> **斜漸近線**
>
> 　　若 $f(x)$ 為一函數 , 則直線 $y = mx + k$ 是函數 $y = f(x)$ 圖形的漸近線的充要條件是
>
> $$\lim_{x \to \infty} \frac{f(x)}{x} = m \text{ 且 } \lim_{x \to \infty}(f(x) - mx) = k \cdots\cdots①$$
>
> 或
>
> $$\lim_{x \to -\infty} \frac{f(x)}{x} = m \text{ 且 } \lim_{x \to -\infty}(f(x) - mx) = k \cdots\cdots②$$

證明：設 $y = mx + k$ 為曲線 $y = f(x)$ 的漸近線 ,

　　則點 $(x, f(x))$ 至直線 $y = mx + k$ 的距離為 $\dfrac{|f(x) - mx - k|}{\sqrt{m^2 + 1}}$

因此，$\lim\limits_{x\to\infty}\dfrac{|f(x)-mx-k|}{\sqrt{m^2+1}}=0$ 或 $\lim\limits_{x\to-\infty}\dfrac{|f(x)-mx-k|}{\sqrt{m^2+1}}=0$

今僅考慮前者，則

$$\lim_{x\to\infty}\frac{|f(x)-mx-k|}{\sqrt{m^2+1}}=0\Longleftrightarrow\lim_{x\to\infty}|f(x)-(mx+k)|=0 ,$$

於是

$$\lim_{x\to\infty}|\frac{f(x)}{x}-m-\frac{k}{x}|=\lim_{x\to\infty}|f(x)-mx-k|\cdot\lim_{x\to\infty}\frac{1}{|x|}=0\cdot0=0 ,$$

因此

$$\lim_{x\to\infty}(\frac{f(x)}{x}-m-\frac{k}{x})=0 ,$$

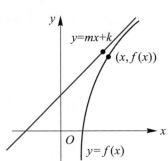

因為 $\lim\limits_{x\to\infty}(m+\dfrac{k}{x})=m$，所以

$$\lim_{x\to\infty}\frac{f(x)}{x}=\lim_{x\to\infty}[(\frac{f(x)}{x}-m-\frac{k}{x})]+\lim_{x\to\infty}(m+\frac{k}{x})=m$$

又因為 $\lim\limits_{x\to\infty}|f(x)-mx-k|=0$，

所以 $\lim\limits_{x\to\infty}(f(x)-mx-k)=0$，

因此我們可得

$$\begin{aligned}\lim_{x\to\infty}(f(x)-mx)&=\lim_{x\to\infty}[(f(x)-mx-k)+k]\\&=\lim_{x\to\infty}(f(x)-mx-k)+\lim_{x\to\infty}k\\&=k\end{aligned}$$

反之，若①或②成立，則可得

$$\lim_{x\to\infty}(f(x)-mx-k)=0 \text{ 或 } \lim_{x\to-\infty}(f(x)-mx-k)=0 ,$$
由此可得

$$\lim_{x\to\infty}\frac{(f(x)-mx-k)}{\sqrt{m^2+1}}=0 \text{ 或 } \lim_{x\to-\infty}\frac{(f(x)-mx-k)}{\sqrt{m^2+1}}=0 ,$$
故直線 $y=mx+k$ 是曲線 $y=f(x)$ 的漸近線.

1. 試求函數 $f(x)=\dfrac{x^2}{x-1}$ 之圖形的漸近線.

Ans

一、基礎題：

1. (1) 不存在 $(-\infty)$.　　(2) 不存在 (∞).　(3) 不存在 (∞).　(4) 不存在 (∞).

　　(5) -1.　　　　　　(6) 不存在 (∞).　(7) 2.

2. (1) $x = -1$.　(2) $x = -2$.　(3) $x = 3$.

3. (1) 鉛直漸近線：$x = 3$.　　(2) 水平漸近線：$y = 0$.

4. (1) 鉛直漸近線：$x = 0$.　　(2) 水平漸近線：$y = 1$.

5. 鉛直漸近線：$x = 3$ 與 $x = -3$.

　水平漸近線：$y = 1$.

二、進階題：

1. 鉛直漸近線：$x = 1$, 沒有水平漸近線 .

　斜漸近線為：$y = x + 1$.

03
Chapter

微分
DIFFERENTIATION

本 章 綱 要

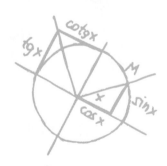

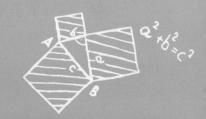

3-1　導數 (Derivative)

設 $y = f(x)$ 為連續函數，則當自變量 x 從 $x = x_1$ 變化到 $x = x_2$ 時，自變量 x 的變化量為 $x_2 - x_1$，函數值 $f(x)$ 的變化量為 $f(x_2) - f(x_1)$. 為了方便，我們將自變量 x 的變化量記為 Δx，函數值 $f(x)$ 的變化量記為 Δy，即

$$\Delta x = x_2 - x_1,$$
$$\Delta y = f(x_2) - f(x_1).$$

此時，我們將比值

$$\frac{\Delta y}{\Delta x} = \frac{f(x_2) - f(x_1)}{x_2 - x_1}$$

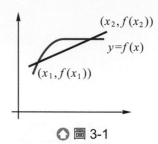

○ 圖 3-1

稱為函數 $y = f(x)$ 在 x_1 到 x_2 之間的**平均變化率**.

當 $\Delta x \to 0$ 時，即為 $y = f(x)$ 在 x_1 的**瞬間變化率**.

一、平均速度與瞬時速度

以質點運動來說，假設有一個質點作直線運動，$s(t)$ 表示該質點在時刻 t 的位置，若該質點從 t_0 到 $t_0 + \Delta t$ 這段時間內的位移為 Δs，則

$$\Delta s = s(t_0 + \Delta t) - s(t_0)$$

那麼該質點在 t_0 到 $t_0 + \Delta t$ 這段時間內的平均速度為

$$\frac{s(t_0 + \Delta t) - s(t_0)}{(t_0 + \Delta t) - t_0} = \frac{\Delta s}{\Delta t}$$

當 $\Delta t \to 0$ 時，這個平均速度就很接近 t_0 時該質點的速度，即 $\lim\limits_{\Delta t \to 0} \dfrac{\Delta s}{\Delta t}$ 就是質點在 t_0 時刻的瞬時速度.

例題 1

已知一個質點在直線上運動，設其位置 s 公尺與時間 t 秒的關係為 $s(t) = t^2$，試求質點在 2 秒時的瞬時速度.

解　設 Δs 表質點從 2 秒到 $(2 + \Delta t)$ 秒位移的變化量，

則 $\Delta s = s(2 + \Delta t) - s(2) = (2 + \Delta t)^2 - 2^2$

$= 4 + 4\Delta t + (\Delta t)^2 - 4 = 4\Delta t + (\Delta t)^2.$

所以 $\lim\limits_{\Delta t \to 0} \dfrac{\Delta s}{\Delta t} = \lim\limits_{\Delta t \to 0} \dfrac{4\Delta t + (\Delta t)^2}{\Delta t} = \lim\limits_{\Delta t \to 0} (4 + \Delta t) = 4$,

故質點在 2 秒時的瞬時速度為 4m/sec.

同樣的 , 我們也可仿上述方法討論平均加速度與瞬時加速度：

如果一質點運動 , 其速度 v (公尺 / 秒) 與時間 t 秒的函數關係為

$v = v(t)$

則該質點在 t_0 到 $t_0 + \Delta t$ 這段時間的平均加速度為

$$\frac{v(t_0 + \Delta t) - v(t_0)}{(t_0 + \Delta t) - t_0} = \frac{\Delta v}{\Delta t}$$

且 $\lim\limits_{\Delta t \to 0} \dfrac{\Delta v}{\Delta t}$ 即為此運動質點在時間點 t_0 的瞬時加速度 .

 例題 2

已知一個質點在直線上運動 , 設其速度 v 公尺 / 秒與時間 t 秒的關係為 $v(t) = t^2 - 2t$, 試求質點在 3 秒時的瞬時加速度 .

解 設 Δv 表質點從 3 秒到 $(3 + \Delta t)$ 秒速度的變化量 ,

依題意知 $\Delta v = v(3 + \Delta t) - v(3) = (3 + \Delta t)^2 - 2(3 + \Delta t) - (3^2 - 2 \times 3)$

$= 9 + 6\Delta t + (\Delta t)^2 - 6 - 2\Delta t - 3 = (\Delta t)^2 + 4\Delta t,$

由於 $\lim\limits_{\Delta t \to 0} \dfrac{\Delta v}{\Delta t} = \lim\limits_{\Delta t \to 0} \dfrac{v(3 + \Delta t) - v(3)}{\Delta t} = \lim\limits_{\Delta t \to 0} \dfrac{(\Delta t)^2 + 4\Delta t}{\Delta t}$

$= \lim\limits_{\Delta t \to 0} (\Delta t + 4) = 4,$

所以質點在 3 秒時的瞬時加速度為 4m/sec^2.

二、割線與切線

設曲線 Γ 為函數 $y = f(x)$ 的圖形，$P(c, f(c))$, $Q(c+\Delta x, f(c+\Delta x))$ 為曲線 Γ 上兩點，則

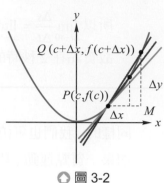

$$割線 \overleftrightarrow{PQ} \text{ 的斜率} = \frac{f(c+\Delta x) - f(c)}{(c+\Delta x) - c} = \frac{\Delta y}{\Delta x},$$

其中　　Δx 表示 x 的變化量，

　　　　Δy 表示 y 的變化量．

當點 Q 沿著曲線 Γ 逐漸向點 P 趨近時，割線 $\overleftrightarrow{PQ}$ 便越來越接近曲線 Γ 在 P 點處的切線．

⬥ 圖 3-2

也就是說，如果極限 $\lim\limits_{\Delta x \to 0} \dfrac{\Delta y}{\Delta x} = \lim\limits_{\Delta x \to 0} \dfrac{f(c+\Delta x) - f(c)}{(c+\Delta x) - c}$ 存在的話，此極限值即為曲線在點 P 處之切線的斜率．

 例題 3

設曲線 Γ 為函數 $y = f(x) = 2x^2$ 的圖形，試求曲線 Γ 上一點 $P(1, 2)$ 處的切線方程式．

解 依題意知曲線 Γ 上一點 $P(1, 2)$ 處的切線方程式斜率為

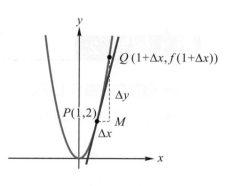

$$\begin{aligned}
\lim_{\Delta x \to 0} \frac{f(1+\Delta x) - f(1)}{(1+\Delta x) - 1} &= \lim_{\Delta x \to 0} \frac{f(1+\Delta x) - f(1)}{\Delta x} \\
&= \lim_{\Delta x \to 0} \frac{2(1+\Delta x)^2 - 2}{\Delta x} \\
&= \lim_{\Delta x \to 0} \frac{2 + 4\Delta x + 2\Delta x^2 - 2}{\Delta x} \\
&= \lim_{\Delta x \to 0} (4 + 2\Delta x) = 4 .
\end{aligned}$$

故由點斜式知切線方程式為

$$y - 2 = 4(x - 1), \text{即 } 4x - y - 2 = 0.$$

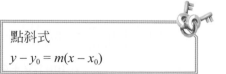

點斜式
$y - y_0 = m(x - x_0)$

如果極限 $\lim\limits_{\Delta x \to 0} \dfrac{\Delta y}{\Delta x} = \infty$ 或 $\lim\limits_{\Delta x \to 0} \dfrac{\Delta y}{\Delta x} = -\infty$, 這時表示曲線在點 P 處有鉛直切線 (斜率不存在). 如圖 3-3 所示 .

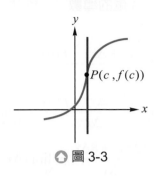

⬆ 圖 3-3

三、函數的導函數

事實上 , 不管是瞬時速度或切線斜率 , 都是**瞬間變化率**的概念 , 也是底下我們要討論的函數導數的概念 , 現在我們將導數的定義敘述如下 :

定義 (導數)

設函數 $y = f(x)$ 在 $x = c$ 處及其附近均有意義 , 當

$$\lim_{\Delta x \to 0} \frac{f(c + \Delta x) - f(c)}{\Delta x}$$

存在時 , 我們稱此極限值為函數 $y = f(x)$ 在 $x = c$ 處的**導數** , 通常以 $f'(c)$ 表示 , 即

$$f'(c) = \lim_{\Delta x \to 0} \frac{f(c + \Delta x) - f(c)}{\Delta x} .$$

若 $f'(c)$ 存在 , 我們也稱在 $x = c$ **可微分** (differentiable).

註：上述定義中 , 若令 $x = c + \Delta x$, 則 $\Delta x = x - c$, 則當 $\Delta x \to 0$ 時 , 即為 $x \to c$. 因此 , 函數 $y = f(x)$ 在 $x = c$ 處的導數也可寫成 $f'(c) = \lim\limits_{x \to c} \dfrac{f(x) - f(c)}{x - c}$.

 **例題 4**

試求函數 $f(x) = x^2 + 2x - 1$ 在 $x = 3$ 處的導數.

解 方法一：利用 $f'(c) = \lim\limits_{\Delta x \to 0} \dfrac{f(c + \Delta x) - f(c)}{\Delta x}$

$$f'(3) = \lim_{\Delta x \to 0} \frac{f(3 + \Delta x) - f(3)}{\Delta x} = \lim_{\Delta x \to 0} \frac{(3 + \Delta x)^2 + 2(3 + \Delta x) - 1 - 14}{\Delta x}$$

$$= \lim_{\Delta x \to 0} \frac{(\Delta x)^2 + 8\Delta x}{\Delta x} = \lim_{\Delta x \to 0} (\Delta x + 8) = 8 .$$

方法二：利用 $f'(c) = \lim\limits_{x \to c} \dfrac{f(x) - f(c)}{x - c}$

$$f'(3) = \lim_{\Delta x \to 0} \frac{f(x) - f(3)}{x - 3} = \lim_{x \to 3} \frac{x^2 + 2x - 1 - 14}{x - 3}$$

$$= \lim_{x \to 3} \frac{x^2 + 2x - 15}{x - 3} = \lim_{x \to 3} \frac{(x - 3)(x + 5)}{x - 3}$$

$$= \lim_{x \to 3} (x + 5) = 8 .$$

因此, 若一個函數 f 在 $x = c$ 處的導數 $f'(c)$ 存在, 那麼函數圖形過點 $P(c, f(c))$ 的切線斜率即為 $f'(c)$, 且切線可以寫成

$$y - f(c) = f'(c)(x - c)$$

 **例題 5**

試求過函數 $f(x) = x^2 + 2x - 1$ 圖形上一點 $P(3, 14)$ 的切線方程式.

解 在 $y = f(x)$ 的圖形上, 以 $P(3,14)$ 為切點的切線斜率為 $f'(3)$,
由例題 4 知 $f'(3) = 8$,
所以切線方程式為 $y - 14 = 8(x - 3)$,
即 $8x - y - 10 = 0$.

若函數 f 在其定義域內任意點的導數都存在, 則形成之新函數 f', 稱為函數 f 的**導函數**, 而求導函數的過程, 我們稱**微分** (differentiation).

除了以 $f'(x)$ 來表示函數 f 的導函數外, 由於我們也常以 $y = f(x)$ 來表示函數關係, 因此, 下列也是一些常見的導函數符號:

$$\frac{d}{dx}[f(x)] \quad 、 \quad \frac{dy}{dx} \quad 、 \quad y'.$$

 例題 6

試求下列各題之導函數.

(1) $f(x) = x^2 + 2x - 1.$ (2) $f(x) = \sqrt{x}$.

解 (1) 由 $f'(x) = \lim\limits_{\Delta x \to 0} \dfrac{f(x + \Delta x) - f(x)}{\Delta x}$

$$= \lim_{\Delta x \to 0} \frac{[(x + \Delta x)^2 + 2(x + \Delta x) - 1] - (x^2 + 2x - 1)}{\Delta x}$$

$$= \lim_{\Delta x \to 0} \frac{x^2 + 2x\Delta x + (\Delta x)^2 + 2x + 2\Delta x - 1 - x^2 - 2x + 1}{\Delta x}$$

$$= \lim_{\Delta x \to 0} \frac{2x\Delta x + (\Delta x)^2 + 2\Delta x}{\Delta x}$$

$$= \lim_{\Delta x \to 0} (2x + \Delta x + 2) = 2x + 2.$$

(2) 由 $f'(x) = \lim\limits_{\Delta x \to 0} \dfrac{f(x + \Delta x) - f(x)}{\Delta x} = \lim\limits_{\Delta x \to 0} \dfrac{\sqrt{x + \Delta x} - \sqrt{x}}{\Delta x}$

$$= \lim_{\Delta x \to 0} \frac{(\sqrt{x + \Delta x} - \sqrt{x})(\sqrt{x + \Delta x} + \sqrt{x})}{\Delta x(\sqrt{x + \Delta x} + \sqrt{x})}$$

$$= \lim_{\Delta x \to 0} \frac{(x + \Delta x) - x}{\Delta x(\sqrt{x + \Delta x} + \sqrt{x})} = \lim_{\Delta x \to 0} \frac{\Delta x}{\Delta x(\sqrt{x + \Delta x} + \sqrt{x})}$$

$$= \lim_{\Delta x \to 0} \frac{1}{\sqrt{x + \Delta x} + \sqrt{x}} = \frac{1}{2\sqrt{x}} .$$

設函數 $f(x) = |x|$，試問 f 在 $x = 0$ 處是否可微分？若可微分，試求 f 在 $x = 0$ 處的導數．

解 因為 $x \geq 0$ 時，$f(x) = |x| = x$，而 $x < 0$ 時，$f(x) = |x| = -x$，

所以 $\displaystyle\lim_{x \to 0^+} \frac{f(x) - f(0)}{x - 0} = \lim_{x \to 0^+} \frac{|x| - 0}{x - 0} = \lim_{x \to 0^+} \frac{x - 0}{x - 0} = \lim_{x \to 0^+} 1 = 1$．

又 $\displaystyle\lim_{x \to 0^-} \frac{f(x) - f(0)}{x - 0} = \lim_{x \to 0^-} \frac{|x| - 0}{x - 0} = \lim_{x \to 0^-} \frac{-x}{x} = \lim_{x \to 0^-} (-1) = -1$，

於是知 $\displaystyle\lim_{x \to 0} \frac{f(x) - f(0)}{x - 0}$ 不存在，故函數 f 在 $x = 0$ 處不可微分．

四、可微與連續

由極限的定義，我們知道：

1. 當 $\displaystyle\lim_{\Delta x \to 0} \frac{f(c + \Delta x) - f(c)}{\Delta x}$ 存在時，則在 $x = c$ 可微，即函數 f 在 $x = c$ 處的切線存在，則在 $x = c$ 可微．

2. 當 $\displaystyle\lim_{\Delta x \to 0} \frac{f(c + \Delta x) - f(c)}{\Delta x}$ 不存在時，則在 $x = c$ 不可微．

由上述的說明可知，當一個函數可微分時，此函數圖形的切線斜率是存在的，因此，由微分定義知道，若一函數在一區間內每一點均可微分，也就是說其圖形爲一平滑曲線．底下我們列出幾種不可微的情形：

1. 不連續的地方，如圖 3-4(a)．
2. 在尖點的地方，如圖 3-4(b)．
3. 切線爲鉛直線，如圖 3-4(c)．

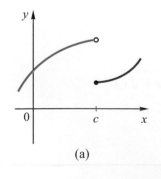

(a)

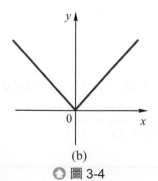

(b)

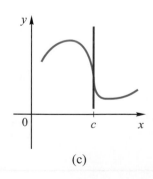

(c)

⬆ 圖 3-4

底下再來看一個可微與連續的性質：

> 若函數 f 在 $x = c$ 處可微分，則 f 在 $x = c$ 處連續．

證 因為 f 在 $x = c$ 處可微分，

所以 $f'(c) = \lim\limits_{x \to c} \dfrac{f(x) - f(c)}{x - c}$ 存在，

又 $\lim\limits_{x \to c}(x - c) = 0$，且 $\lim\limits_{x \to c} f(c) = f(c)$，

所以由極限之性質知：

$$\lim_{x \to c} f(x) = \lim_{x \to c}\left[\dfrac{f(x) - f(c)}{x - c} \cdot (x - c) + f(c)\right]$$
$$= f'(c) \cdot 0 + f(c) = f(c),$$

所以 f 在 $x = c$ 處連續．

註：(1) 若一函數可微，則此函數一定連續．

(2) 若一函數連續，則此函數不一定可微．

例如：$y = f(x) = |x|$ 在 $x = 0$ 連續但不可微分，如圖 3-4(b)．

五、全微分

對於函數 $y = f(x)$，若 $f'(a) = \lim\limits_{x \to a} \dfrac{f(x) - f(a)}{x - a}$ 存在，由極限的定義知，對每一個 $\varepsilon > 0$，存在一個 $\delta > 0$ 使得對每一個 x，當 $|x - a| < \delta$ 時

$$\left| \dfrac{f(x) - f(a)}{x - a} - f'(a) \right| < \varepsilon$$

或 $\qquad |f(x) - [f(a) + f'(a)(x - a)]| < \varepsilon |x - a|$

在上述絕對值中，直線

$$y = f(a) + f'(a)(x - a)$$

即為函數圖形 $y = f(x)$ 在點 $(a, f(a))$ 切線，也稱為函數 f 在 a 的直線化部分，且稱

$$df = f'(a)dx \ (\text{此處變量 } df \text{ 為變量 } dx \text{ 的函數})$$

為函數 f 在 a 的**全微分** (total differential)．

幾何上,對於函數 $y = f(x)$ 在某一點 $(a, f(a))$ 可微分,即函數圖形—曲線,在該點可找到一直線 (切線),使得曲線與直線在該點附近非常接近.

如圖 3-5:當 dx 很小時,

$$f(a + dx) - f(a) \approx df$$

即 $\quad f(a + dx) \approx f(a) + df$

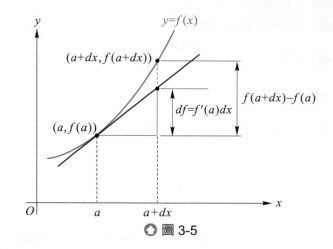

⬢ 圖 3-5

例題 8

試求 $\sqrt{4.02}$ 的近似值.

解 設 $y = f(x) = \sqrt{x}$,則 $f'(x) = \dfrac{1}{2} x^{-\frac{1}{2}}$,

所以 $f(4.02) = f(4 + 0.02) \approx f(4) + f'(4) \cdot 0.02$

$$= \sqrt{4} + \frac{1}{2} \cdot 4^{-\frac{1}{2}} \cdot 0.02$$

$$= 2 + \frac{1}{2} \cdot \frac{1}{2} \cdot 0.02$$

$$= 2 + 0.05$$

$$= 2.005$$

故 $\sqrt{4.02}$ 的近似值為 2.005

事實上 , $\sqrt{4.02}$ 約等於 2.00499, 誤差只有 0.00001.

習 題

一、基礎題：

1. 試求下列各函數 $f(x)$ 在 $x = 2$ 處的導數．

   (1) $f(x) = c.$ (c 為固定的實數)

   (2) $f(x) = 3x - 2.$

   (3) $f(x) = 2x^2 - 2x + 5.$

2. 試求下列各函數的導函數．

   (1) $f(x) = c.$ (c 為固定的實數)

   (2) $f(x) = 3x - 2.$

   (3) $f(x) = 2x^2 - 2x + 5.$

3. 試求過函數 $f(x) = x^2 - 1$ 圖形上一點 $P(2, 3)$ 的切線方程式．

4. 試求過函數 $f(x) = x^3$ 圖形上一點 $P(1, 1)$ 的切線方程式．

5. 試求過函數 $f(x) = \dfrac{2}{x}$ 圖形上一點 $P(2, 1)$ 的切線方程式．

6. 右圖為函數 $f(x)$ 的圖形，試指出當 x 為 A, B, C, D, E, F, G 時，不可微的值為何？

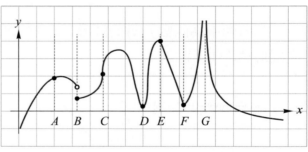

7. 試求下列各函數 $f(x)$ 在 $x = 2$ 處是否可微？

   (1) $f(x) = |\, x - 2\, |.$

   (2) $f(x) = \begin{cases} x & , x \geq 2 \\ x^2 - 2 & , x < 2 \end{cases}.$

二、進階題：

1. 設函數 $y = f(x)$ 之圖形及其上在五個點 A, B, C, D, E 處之切線如圖所示：

    (1) 試分別求 f 在點 A, B, C, D, E 處的導數.

    (2) 試描繪函數 f 的導函數之圖形.

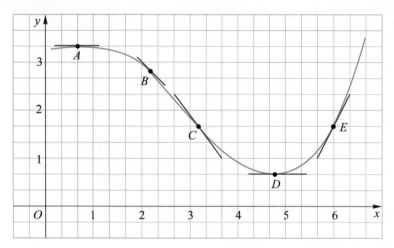

2. 下列各圖中為函數 $f(x)$ 的圖形, 請在的選項中, 分別選出其對應的導函數 $f'(x)$ 的圖形.

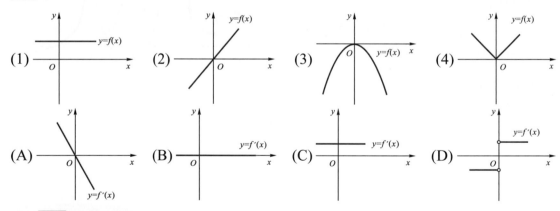

3. 求 $\sqrt{8.98}$ 的近似值.

Ans

一、基礎題：

1. (1) 0. (2) 3. (3) 6.

2. (1) 0. (2) 3. (3) $4x - 2$.

3. $4x - y - 5 = 0$.

4. $3x - y - 2 = 0$.

5. $x + 2y - 4 = 0$.

6. B, C, E, F, G.

7. (1) 不可微. (2) 不可微.

二、進階題：

1. (1) A 為 0；B 為 -1；C 為 $-\dfrac{4}{3}$；D 為 0；E 為 2.

(2)

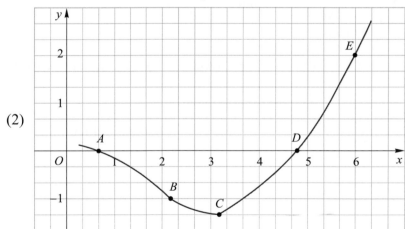

2. (1) B (2) C (3) A (4) D.

3. 2.9967.

3-2 微分的規則 (Differentiation Rules)

一、導函數的性質

根據導數的定義，可以得出下列單項式函數的導函數性質：

性質

(1) 設常數函數 $f(x) = c$ (c 為常數)，則 $f'(x) = 0$.

(2) 設函數 $f(x) = x^n$, $n \in \mathbb{N}$，則 $f'(x) = nx^{n-1}$.

證 由導函數的定義可知

(1) $f'(x) = \lim\limits_{\Delta x \to 0} \dfrac{f(x + \Delta x) - f(x)}{\Delta x} = \lim\limits_{\Delta x \to 0} \dfrac{c - c}{\Delta x} = \lim\limits_{\Delta x \to 0} 0 = 0$.

(2) $f'(x) = \lim\limits_{\Delta x \to 0} \dfrac{f(x + \Delta x) - f(x)}{\Delta x} = \lim\limits_{\Delta x \to 0} \dfrac{(x + \Delta x)^n - x^n}{\Delta x}$.

利用二項式定理展開

$(x + \Delta x)^n = x^n + C_1^n x^{n-1}(\Delta x) + C_2^n x^{n-2}(\Delta x)^2 + \cdots + C_{n-1}^n x(\Delta x)^{n-1} + (\Delta x)^n$,

所以

$\dfrac{(x + \Delta x)^n - x^n}{\Delta x} = nx^{n-1} + \dfrac{n(n-1)}{2} x^{n-2}(\Delta x) + \cdots + nx(\Delta x)^{n-2} + (\Delta x)^{n-1}$,

故 $f'(x) = \lim\limits_{\Delta x \to 0} \dfrac{(x + \Delta x)^n - x^n}{\Delta x} = nx^{n-1}$.

 例題 1

試求下列函數的導函數

(1) $f(x) = 3$.　(2) $g(x) = x^5$.

 (1) $f'(x) = 0$.

(2) $g'(x) = 5x^4$.

對於一般的函數，由導函數的定義也可推出下列的導數性質：

性質

設函數 f 與 g 在 (a, b) 內都可微分，c 為一常數，則

(3) $(cf)'(x) = c f'(x), x \in (a, b)$.

(4) $(f + g)'(x) = f'(x) + g'(x), x \in (a, b)$.

(5) $(f - g)'(x) = f'(x) - g'(x), x \in (a, b)$.

證　(3) 因為 f 與 g 在 (a, b) 內都可微分，

所以 $x \in (a, b)$ 時，$\displaystyle\lim_{\Delta x \to 0} \frac{f(x + \Delta x) - f(x)}{\Delta x} = f'(x)$

與 $\displaystyle\lim_{\Delta x \to 0} \frac{g(x + \Delta x) - g(x)}{\Delta x} = g'(x)$ 皆存在，

由導函數的定義可知

$$
\begin{aligned}
(cf)'(x) &= \lim_{\Delta x \to 0} \frac{cf(x + \Delta x) - cf(x)}{\Delta x} \\
&= \lim_{\Delta x \to 0} c\left[\frac{f(x + \Delta x) - f(x)}{\Delta x}\right] \\
&= c \lim_{\Delta x \to 0} \frac{f(x + \Delta x) - f(x)}{\Delta x} \\
&= cf'(x).
\end{aligned}
$$

$$
\begin{aligned}
(4) \quad (f + g)'(x) &= \lim_{\Delta x \to 0} \frac{(f + g)(x + \Delta x) - (f + g)(x)}{\Delta x} \\
&= \lim_{\Delta x \to 0} \frac{[f(x + \Delta x) + g(x + \Delta x)] - [f(x) + g(x)]}{\Delta x} \\
&= \lim_{\Delta x \to 0} \left[\frac{f(x + \Delta x) - f(x)}{\Delta x} + \frac{g(x + \Delta x) - g(x)}{\Delta x}\right] \\
&= \lim_{\Delta x \to 0} \frac{f(x + \Delta x) - f(x)}{\Delta x} + \lim_{\Delta x \to 0} \frac{g(x + \Delta x) - g(x)}{\Delta x} \\
&= f'(x) + g'(x).
\end{aligned}
$$

(5) 同理可得 $(f - g)'(x) = f'(x) - g'(x)$.

例題 **2**

已知 $f(x) = 3x^4$ 且 $g(x) = x^5$, 試求下列導函數：

(1) $f'(x)$.

(2) $(f+g)'(x)$.

(3) $(f-g)'(x)$.

 解　(1) $f'(x) = 3(4x^3) = 12x^3$.

(2) $(f+g)'(x) = f'(x) + g'(x) = 12x^3 + 5x^4$.

(3) $(f-g)'(x) = f'(x) - g'(x) = 12x^3 - 5x^4$.

利用性質(2)、(3)、(4)、(5)與數學歸納法, 便可推得多項式函數的導函數如下：

> 設 $f(x) = a_n x^n + a_{n-1} x^{n-1} + \cdots + a_1 x + a_0$ 爲一多項式函數 (n 爲自然數或零),
>
> 1. 當 $n = 0$ 時, 導函數 $f'(x) = 0$.
>
> 2. 當 $n \in \mathbb{N}$ 時, 導函數 $f'(x) = na_n x^{n-1} + (n-1) a_{n-1} x^{n-2} + \cdots + 2a_2 x + a_1$.

事實上, 當 n 爲任意實數時, 上述的性質也成立, 敘述如下：

> 設 $f(x) = a_n x^n + a_{n-1} x^{n-1} + \cdots + a_1 x + a_0$ 爲函數, n 爲非零之任意實數, 則其導函數 $f'(x) = na_n x^{n-1} + (n-1) a_{n-1} x^{n-2} + \cdots + 2a_2 x + a_1$.

 例題 **3**

已知函數 $f(x) = 2x^3 - 2x^2 + 3x + 99$, $g(x) = 3x^3 + x^2 + 5x - 27$, $h(x) = 3\sqrt{x}$, $k(x) = \dfrac{3}{x^2}$,

試求：

(1) f、g、h 與 k 的導函數.

(2) $f+g$ 的導函數.

(3) $f-g$ 的導函數.

(1) $f'(x) = 6x^2 - 4x + 3$.

$g'(x) = 9x^2 + 2x + 5$.

因為 $h(x) = 3\sqrt{x} = 3x^{\frac{1}{2}}$，所以 $h'(x) = \frac{1}{2} \cdot 3x^{-\frac{1}{2}} = \frac{3}{2} x^{-\frac{1}{2}}$．

因為 $k(x) = \dfrac{3}{x^2} = 3x^{-2}$，所以 $k'(x) = (-2) \cdot 3x^{-3} = -6x^{-3}$．

(2) $(f+g)'(x) = f'(x) + g'(x) = (6x^2 - 4x + 3) + (9x^2 + 2x + 5) = 15x^2 - 2x + 8$.

(3) $(f-g)'(x) = f'(x) - g'(x) = (6x^2 - 4x + 3) - (9x^2 + 2x + 5) = -3x^2 - 6x - 2$.

由導函數的定義也可推出函數之積的導數性質：

性質

設函數 f 與 g 在 (a, b) 內都可微分，則

$$(f(x)\,g(x))' = f'(x)\,g(x) + g'(x)\,f(x),\ x \in (a, b).$$

證明留做習題．

 **例題 4**

試求 $f(x) = (2x^3 - 3x + 1)(5x^2 - 7)$ **的導函數**．

 取　$h(x) = (2x^3 - 3x + 1),\ g(x) = (5x^2 - 7)$

所以 $f(x) = h(x)\,g(x)$

由性質得

$\quad f'(x) = h'(x)\,g(x) + g'(x)\,h(x)$

$\quad\quad = (6x^2 - 3)(5x^2 - 7) + (10x)(2x^3 - 3x + 1)$

$\quad\quad = 50x^4 - 87x^2 + 10x + 21$.

另一方法，先將 $f(x)$ 展開得

$\quad f(x) = 10x^5 - 29x^3 + 5x^2 + 21x - 7$.

所以 $f'(x) = 50x^4 - 87x^2 + 10x + 21$.

由導函數的定義也可推出函數之商的導數性質：

性質

設函數 f 與 g 在 (a, b) 內都可微分且 $g(x) \neq 0$，則

$$\left(\frac{f(x)}{g(x)}\right)' = \frac{f'(x)g(x) - g'(x)f(x)}{[g(x)]^2}, \quad x \in (a, b).$$

證明留做習題．

 例題 5

試求下列函數的導函數：

(1) $f_1(x) = \dfrac{3x-2}{5x+3}$ ．　(2) $f_2(x) = \dfrac{1}{x}$ ．　(3) $f_3(x) = \dfrac{1}{x^2}$ ．

解 (1) 取 $h(x) = 3x-2$，$g(x) = 5x+3$，

所以 $f_1(x) = \dfrac{h(x)}{g(x)}$ ，由性質得

$$f_1'(x) = \left(\frac{h(x)}{g(x)}\right)' = \frac{h'(x)g(x) - g'(x)h(x)}{[g(x)]^2}$$

$$= \frac{3(5x+3) - 5(3x-2)}{(5x+3)^2}$$

$$= \frac{19}{(5x+3)^2} ．$$

(2) 由性質得

$$f_2'(x) = \frac{0(x) - 1(1)}{x^2} = -\frac{1}{x^2} ．$$

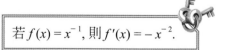
若 $f(x) = x^{-1}$，則 $f'(x) = -x^{-2}$．

(3) 由性質得

$$f_3'(x) = \frac{0(x^2) - 2x(1)}{(x^2)^2} = -\frac{2}{x^3} ．$$

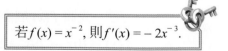
若 $f(x) = x^{-2}$，則 $f'(x) = -2x^{-3}$．

二、二階與高階導數

我們定義二階及高階導數如下：

設 $y = f(x)$, 則二階導數 $f''(x)$(或記為 $\dfrac{d^2 y}{dx^2}$ 或 y'') 定義為

$$f''(x) = \frac{d^2 y}{dx^2} = \frac{d}{dx}(\frac{dy}{dx}) = \frac{dy'}{dx} = y''$$

若 y'' 可微 , 則

$$y''' = \frac{dy''}{dx} = \frac{d^3 y}{dx^3}$$

同理　　$y^{(n)} = \dfrac{d}{dx} y^{(n-1)} = \dfrac{d^n y}{dx^n}$

 例題 6

設 $y = x^3 - 2x^2 + 6,$ 試求 $y', y'', y''', y^{(n)}$ $(n \geq 4)$.

解　根據定義 :

$y' = 3x^2 - 4x$

$y'' = 6x - 4$

$y''' = 6$

$y^{(n)} = 0$ (當 $n \geq 4$).

三、導數的應用

我們在 3-1 討論若一個函數 f 在 $x = c$ 處的導數 $f'(c)$ 存在,

1. 當函數 f 為一圖形時,則 $f'(c)$ 表示此函數圖形過點 $P(c, f(c))$ 的切線斜率.

2. 當函數 f 為一位置與時間的關係時,則 $f'(c)$ 表示 $t = c$ 時刻的瞬時速度.

   當函數 f 為一速度與時間的關係時,則 $f''(c)$ 表示 $t = c$ 時刻的瞬時加速度.

   除此之外,導數也可以應用在經濟學上,例如:

   設全華公司生產 x 單位產品的成本函數為 $C(x)$, 收益函數為 $R(x)$, 利潤函數為 $P(x)$,

則　　　$P(x) = R(x) - C(x).$

   若全華公司預計今年生產 x 單位的產品,這時如果想再增加一個單位的產量,則額外增加的成本為

$$\Delta C = C(x + 1) - C(x),$$

當 x 相當大時,若令 $\Delta x = 1$, 則 Δx 相對非常小,

因此, $\Delta C = C(x+1) - C(x) = \dfrac{C(x + \Delta x) - C(x)}{\Delta x}$,此值近似於

$$\frac{dC}{dx} = \lim_{\Delta x \to 0} \frac{C(x + \Delta x) - C(x)}{\Delta x} \;,$$

我們將 $\dfrac{dC}{dx}$ 稱為在 x 的**邊際成本** (marginal cost).

   同理可定義

邊際收益 (marginal revenue) 為 $\dfrac{dR}{dx}$, **邊際利潤** (marginal profit) 為 $\dfrac{dP}{dx}$.

 **例題 7**

設全華公司生產及賣出的數量為 x (單位:件) 的某產品,其成本函數 C 與收益函數 R (單位:元) 為

$$C(x) = 200 + 100x, \; R(x) = 400x - 0.3x^2$$

試求:在 $x = 490$ 的邊際成本、邊際收益與邊際利潤.

解 設利潤函數為 $P(x)$,

則　　　$P(x) = R(x) - C(x) = (400x - 0.3x^2) - (200 + 100x)$

　　　　　　$= -0.3x^2 + 300x - 200.$

因為　　　邊際成本：$\dfrac{dC}{dx} = 100$ ，

　　　　　邊際收益：$\dfrac{dR}{dx} = 400 - 0.6x$ ，

　　　　　邊際利潤：$\dfrac{dP}{dx} = -0.6x + 300$ ，

所以在 $x = 490$ 的邊際成本為 100,

邊際收益為 $400 - 0.6 \cdot 490 = 106$,

邊際利潤為 $-0.6 \cdot 490 + 300 = 6$.

 例題 8

設全華公司生產某產品 , 已知每月的利潤 P (元) 與產量 x (件) 的關係為

　　　$P(x) = 4000x - 5x^2,$

試求產量為：(1) 350 件 .　(2) 400 件 .　(3) 450 件的邊際利潤 .

解 因為 $\dfrac{dP}{dx} = 4000 - 10x$, 所以

(1) 在 $x = 350$ 的邊際利潤為 $4000 - 10 \cdot 350 = 500$,

　　這表示當每月生產 350 件時 , 如果再多生產一件利潤將增加 500 元 .

(2) 在 $x = 400$ 的邊際利潤為 $4000 - 10 \cdot 400 = 0$,

　　這表示當每月生產 400 件時 , 如果再多生產一件將沒有增加利潤 .

(3) 在 $x = 450$ 的邊際利潤為 $4000 - 10 \cdot 450 = -500$,

　　這表示當每月生產 450 件時 , 如果再多生產一件利潤將減少 500 元 .

習題

一、基礎題：

1. 試求下列各函數 $f(x)$ 在 $x = 2$ 處的導數 .

   (1) $f(x) = c.$ (c 為固定的實數) 　　(2) $f(x) = 2x - 5.$

   (3) $f(x) = 4x^2 - 3x + 7.$

2. 試求下列各函數的導函數 .

   (1) $f(x) = 3x - 2.$ 　　(2) $f(x) = 2x^2 + 5x - 9.$

   (3) $f(x) = 3x^3 - 2x^2 + 5x - 7.$ 　　(4) $f(x) = \dfrac{2}{x^3}$.

3. 試求下列各函數的導函數 .

   (1) $f(x) = (2x^2 - 3x)(3x - 5).$ 　　(2) $f(x) = (x^2 + 5x)(x^2 - 9).$

   (3) $f(x) = \dfrac{2x - 1}{3x + 5}$. 　　(4) $f(x) = \dfrac{3x - 2}{x^2 + 1}$.

4. 試求過函數 $f(x) = \dfrac{2x - 1}{x - 1}$ 圖形上一點 $P(2, 3)$ 的切線方程式 .

5. 一顆棒球從 19.6 公尺高的地方自由落下 , 其時間 t (秒) 與位置高度 s (公尺) 的關係為 $s(t) = -4.9t^2 + 19.6$, 試求：

   (1) 棒球經過多久落到地上 ?

   (2) 棒球落到地上的瞬時速度 .

19.6m

6. 試求下列各題之二階及三階導數 .

   (1) $f(x) = 2x^2 + 5x - 9.$

   (2) $g(x) = (2x^2 - 3x)(3x - 5).$

二、進階題：

1. 設全華公司生產及賣出的數量為 x (單位：萬件) 的某產品 , 其成本函數 C 與收益函數 R (單位：百萬元) 為

   $C(x) = x^2 - 2x,$

   $R(x) = 58x - x^2,$

   試求：在 $x = 15$ 的邊際成本、邊際收益與邊際利潤 .

2. 設<u>全華</u>公司生產某產品, 已知每月的利潤 P (元) 與產量 x (件) 的關係為

   $P(x) = 3x^2 - 600x,$

   試求產量為:

   (1) 90 件.   (2) 100 件.   (3) 110 件的邊際利潤.

3. 試證: 設函數 f 與 g 在 (a, b) 內都可微分, 則

   $(f(x)g(x))' = f'(x)g(x) + g'(x)f(x), x \in (a, b).$

4. 試證: 設函數 f 與 g 在 (a, b) 內都可微分且 $g(x) \neq 0$, 則

   $$\left(\frac{f(x)}{g(x)}\right)' = \frac{f'(x)g(x) - g'(x)f(x)}{[g(x)]^2} , x \in (a, b).$$

Ans

一、基礎題:

1. (1) 0.   (2) 2.   (3) 13.

2. (1) 3.   (2) $4x + 5$.   (3) $9x^2 - 4x + 5$.   (4) $\dfrac{-6}{x^4}$.

3. (1) $18x^2 - 38x + 15$.   (2) $4x^3 + 15x^2 - 18x - 45$.

   (3) $\dfrac{13}{(3x+5)^2}$.   (4) $\dfrac{-3x^2 + 4x + 3}{(x^2+1)^2}$.

4. $x + y - 5 = 0$.

5. (1) 2 秒.   (2) -19.6m/sec.

6. (1) $f''(x) = 4, f'''(x) = 0$.

   (2) $g''(x) = 36x - 38, g'''(x) = 36$.

二、進階題:

1. 28, 28, 0.

2. (1) -60.   (2) 0.   (3) 60.

3. 略.

4. 略.

3-3 連鎖律與隱函數微分 (The Chain Rule And Implicit Differentiation)

一、連鎖律

上一節討論了一些簡單函數的和、差、積、商的導數法則，底下將再討論如何處理一些比較複雜函數的情形.

設 $y = (2x-1)^2$，展開得 $y = 4x^2 - 4x + 1$，

則　　　$\dfrac{dy}{dx} = 8x - 4$，

顯然　　$\dfrac{d}{dx}[(2x-1)^2] \neq 2(2x-1)$．

若令 $y = f(u) = u^2$，$u = g(x) = 2x - 1$

因此　　$\dfrac{dy}{du} = 2u$，$\dfrac{du}{dx} = 2$

所以　　$\dfrac{dy}{du} \cdot \dfrac{du}{dx} = 2u \cdot 2 = 4(2x-1) = 8x - 4$

故　　　$\dfrac{dy}{dx} = \dfrac{dy}{du} \cdot \dfrac{du}{dx}$

事實上，上述情形一般都會成立，我們稱之為**連鎖律**，敘述如下：

定理 3-1：連鎖律

設 $y = f(u)$ 是 u 的可微函數，$u = g(x)$ 是 x 的可微函數，則 $y = f(g(x))$ 也是 x 的可微函數，且 $\dfrac{dy}{dx} = \dfrac{dy}{du} \cdot \dfrac{du}{dx}$．

我們看下面的例子.

 例題 1

試求 $f(x) = 3(2x - 1)^3$ 的導函數 .

解 方法一：先直接展開 , 再微分：

$$f(x) = 3(2x - 1)^3$$
$$= 3[(2x)^3 - 3(2x)^2 + 3(2x) - 1^3]$$
$$= 24x^3 - 36x^2 + 18x - 3.$$

所以 $f'(x) = 72x^2 - 72x + 18.$

方法二：利用連鎖律：

令 $y = 3u^3, u = 2x - 1,$

則 $\dfrac{dy}{dx} = \dfrac{dy}{du} \cdot \dfrac{du}{dx}$
$$= 9u^2 \cdot 2$$
$$= 9(2x - 1)^2 \cdot 2$$
$$= 18(2x - 1)^2$$
$$= 72x^2 - 72x + 18.$$

性質

設 $y = u^n$ 且 u 是 x 的可微函數 , n 是實數 , 則 $y' = \dfrac{d}{dx} u^n = nu^{n-1} u'$.

例題 **2**

試求下列各題之導函數.

(1) $f(x) = (x^3 - 4)^4$.　(2) $g(x) = \sqrt{(2x^3-1)^5}$.

解 (1) 直接利用上述性質, 令 $u(x) = (x^3 - 4)$, 則 $f(x) = [u(x)]^4$,
　　　所以 $f'(x) = 4(x^3-4)^3 \times 3x^2 = 12x^2(x^3-4)^3$.

　　 (2) 直接利用上述性質, 令 $u(x) = (2x^3-1)$, 則 $f(x) = [u(x)]^{\frac{5}{2}}$,

　　　　所以 $g'(x) = \dfrac{5}{2}u'(x)[u(x)]^{\frac{5}{2}-1} = \dfrac{5}{2}(6x^2)[2x^3-1]^{\frac{3}{2}}$

　　　　　　　　$= 15x^2\sqrt{(2x^3-1)^3}$

　　　　　　　　$= 15x^2(2x^3-1)\sqrt{2x^3-1}$.

 例題 **3**

設函數 f 與 g 的圖形如右圖所示,

若 $h(x) = f(x)\,g(x)$, $p(x) = \dfrac{f(x)}{g(x)}$,

$q(x) = f(g(x))$, 試求:

(1)　$h'(7)$.

(2)　$p'(1)$.

(3)　$q'(4)$.

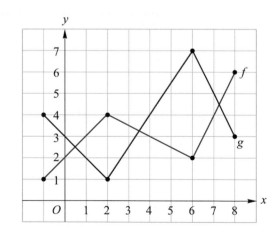

解 (1) 因為 $h'(x) = f'(x)g(x) + f(x)g'(x)$
　　　又　$f'(7) = 2, g'(7) = -2$,
　　　所以 $h'(7) = f'(7)g(7) + f(7)g'(7)$
　　　　　　　　$= 2 \cdot 5 + 4 \cdot (-2)$
　　　　　　　　$= 2$.

(2) 因為 $p'(x) = \dfrac{f'(x)g(x) - g'(x)f(x)}{[g(x)]^2}$

又　$f'(1) = 1, g'(1) = -1$

所以 $p'(1) = \dfrac{f'(1)g(1) - g'(1)f(1)}{[g(1)]^2}$

$\qquad = \dfrac{1 \cdot 2 - (-1) \cdot 3}{2^2}$

$\qquad = \dfrac{5}{4}$.

(3) 因為 $q'(x) = f'(g(x)) \cdot g'(x)$,

又　$f'(g(4)) = f'(4) = -\dfrac{1}{2}, g'(4) = \dfrac{3}{2}$.

所以 $q'(4) = f'(g(4)) \cdot g'(4)$

$\qquad = (-\dfrac{1}{2}) \cdot \dfrac{3}{2}$

$\qquad = -\dfrac{3}{4}$.

二、隱函數微分

　　我們之前所討論的函數的微分，其中函數都是以 $y = f(x)$ 的形式表示，也就是 y 以 x 來表示，例如：

$\qquad y = 2x - 3, y = 3(2x - 1)^3,$

這樣的函數表示法，我們亦稱**顯函數** (Explicit Function).

另外, 例如下面的三個方程式

1. $2x - y - 3 = 0$.
2. $x^2 - y^2 + 2x = 3$,
3. $y^3 + 2y - x^3 = 0$.

並沒有明顯的將 y 以 x 來表示, 但

1. $2x - y - 3 = 0$ 隱含著函數 $y = 2x - 3$.

2. $x^2 - y^2 + 2x = 3$ 整理得 $y^2 = x^2 + 2x - 3$, 所以 $y = \pm\sqrt{x^2 + 2x - 3}$,

   因此, $x^2 - y^2 + 2x = 3$ 隱含著兩個函數 $y = \sqrt{x^2 + 2x - 3}$ 與 $y = -\sqrt{x^2 + 2x - 3}$.

3. $y^3 + 2y - x^3 = 0$ 無法表示成 x 函數的形式.

這樣的函數表示法, 我們亦稱**隱函數** (Implicit Function).

一般來說, 想要對於一個隱函數求 $y' = \dfrac{dy}{dx}$, 只要能把 y 以 x 的函數表示出來, 即表示成一般的顯函數形式, 如上述的 1.2. 就可以利用前幾節所介紹的微分性質解決, 可是 3. 卻無法使用前幾節所介紹的微分性質. 底下就要來談這類隱函數的微分作法.

以上面例子 $x^2 + 2x - y^2 = 3$ 說明如下:

利用前幾節所介紹的微分性質	隱函數的微分作法
整理得 $y^2 = x^2 + 2x - 3$ 所以 $y = \pm\sqrt{x^2 + 2x - 3}$ (1) 當 $y = \sqrt{x^2 + 2x - 3}$ 時, $\quad y' = \dfrac{2x + 2}{2\sqrt{x^2 + 2x - 3}} = \dfrac{x + 1}{y}$. (2) 當 $y = -\sqrt{x^2 + 2x - 3}$ 時, $\quad y' = -\dfrac{2x + 2}{2\sqrt{x^2 + 2x - 3}} = \dfrac{x + 1}{y}$. 由 (1) 、(2) 知 $\dfrac{dy}{dx} = \dfrac{x + 1}{y}$.	把 y 看成 x 的函數, 然後對 x 微分, $\quad \dfrac{d}{dx}[x^2 + 2x - y^2] = \dfrac{d}{dx}[3]$, 即 $\quad \dfrac{d}{dx}[x^2] + \dfrac{d}{dx}[2x] - \dfrac{d}{dx}[y^2] = 0$ 得 $\quad 2x + 2 - 2y\dfrac{dy}{dx} = 0$ 整理得 $\quad y\dfrac{dy}{dx} = x + 1$ 所以 $\quad \dfrac{dy}{dx} = \dfrac{x + 1}{y}$

隱微分的做法可以整理如下：

1. 對方程式 (x, y 的關係式) 左右兩邊同時對 x 微分.

2. 將含有 $\dfrac{dy}{dx}$ 的項移到左式, 其餘的項移到右式.

3. 解出 $\dfrac{dy}{dx}$.

 例題 4

已知 $xy = 1$, **試求** $\dfrac{dy}{dx}$.

解 等式兩邊同時對 x 微分, $\dfrac{d}{dx}[xy] = \dfrac{d}{dx}[1]$,

得 $\quad y\dfrac{d}{dx}[x] + x\dfrac{d}{dx}[y] = 0$

$$\dfrac{d}{dx}[f(x)g(x)] = g(x)\dfrac{d}{dx}[f(x)] + f(x)\dfrac{d}{dx}[g(x)]$$

即 $\quad y + x\dfrac{dy}{dx} = 0$

所以 $\quad \dfrac{dy}{dx} = -\dfrac{y}{x} = -\dfrac{y \cdot x}{x \cdot x} = -\dfrac{1}{x^2}$.

註：顯函數是 $y = \dfrac{1}{x}$, 由 3-2 節例題 5(2) 也求得 $y' = \dfrac{dy}{dx} = -\dfrac{1}{x^2}$.

利用隱微分,可以求得過圓錐曲線上一點的切線斜率與切線方程,如例題 5:

 例題 5

已知橢圓 $x^2 + 4y^2 = 4$, 試求 :

(1) $\dfrac{dy}{dx}$.

(2) 通過其上一點 $P(\sqrt{2}, \dfrac{1}{\sqrt{2}})$ 的切線斜率與切線方程式 .

解 (1) 由
$$\frac{d}{dx}[x^2 + 4y^2] = \frac{d}{dx}[4]$$

即
$$\frac{d}{dx}[x^2] + \frac{d}{dx}[4y^2] = 0$$

得
$$2x + 8y\frac{dy}{dx} = 0$$

整理得
$$\frac{dy}{dx} = -\frac{x}{4y} .$$

(2) 過 P 點的切線斜率即 $\dfrac{dy}{dx}$ 在 $P(\sqrt{2}, \dfrac{1}{\sqrt{2}})$ 的值 ,

$$\frac{dy}{dx} = -\frac{\sqrt{2}}{4(\dfrac{1}{\sqrt{2}})} = -\frac{\sqrt{2}\cdot\sqrt{2}}{4} = -\frac{1}{2} .$$

故過 P 點的切線方程式為 $y - \dfrac{1}{\sqrt{2}} = -\dfrac{1}{2}(x - \sqrt{2})$,

整理得 $x + 2y = 2\sqrt{2}$.

習 題

一、基礎題：

求出下列各題之 $\dfrac{dy}{dx}$.

1. $y = (x + 3)^5$.

2. $y = (-3x + 4)^7$.

3. $y = (2x^2 - 5x + 4)^8$.

4. $y = \dfrac{1}{(x + 3)^5}$.

5. $y = \dfrac{1}{(2x - 5)^6}$.

6. $y = \dfrac{1}{(2x^2 + 4x - 7)^5}$.

7. $x^2 + y^2 = 1$.

8. $y^2 = 4x$.

9. $4x^2 - y^2 = 4$.

10. $4x^2 + 9y^2 = 36$.

11. $y^3 - 3y^2 + 2x = 0$.

12. $x^3 - 3xy + y^3 = 1$.

二、進階題：

1. 設函數 f 與 g 的圖形如右圖所示，

   若 $h(x) = f(x)g(x)$, $p(x) = \dfrac{f(x)}{g(x)}$,

   $q(x) = f(g(x))$ 試求：

   (1) $h'(-1)$.

   (2) $p'(3)$.

   (3) $q'(6.5)$.

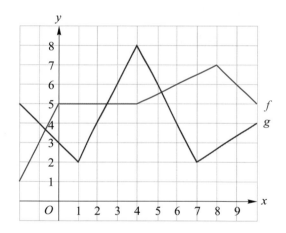

2. 設方程式 $x^2 - xy + y^2 = 1$, 試求：

   (1) $\dfrac{dy}{dx}$.

   (2) 過曲線上點 $(1, 1)$ 之切線方程式 .

3. 設方程式 $x^3 + x^2y + y^3 = 1$, 試求：

   (1) $\dfrac{dy}{dx}$.

   (2) 過曲線上點 $(-1, 1)$ 之切線方程式 .

Ans

一、基礎題：

1. $y' = 5(x+3)^4$.

2. $y' = -21(-3x+4)^6$.

3. $y' = 8(4x-5)(2x^2-5x+4)^7$.

4. $y' = \dfrac{-5}{(x+3)^6}$.

5. $y' = \dfrac{-12}{(2x-5)^7}$.

6. $y' = \dfrac{-20(x+1)}{(2x^2+4x-7)^6}$.

7. $\dfrac{dy}{dx} = \dfrac{-x}{y}$.

8. $\dfrac{dy}{dx} = \dfrac{2}{y}$.

9. $\dfrac{dy}{dx} = \dfrac{4x}{y}$.

10. $\dfrac{dy}{dx} = \dfrac{-4x}{9y}$.

11. $\dfrac{dy}{dx} = \dfrac{-2}{3y^2-6y}$.

12. $\dfrac{dy}{dx} = \dfrac{-x^2+y}{y^2-x}$.

二、進階題：

1. (1) 5.

    (2) $-\dfrac{5}{18}$.

    (3) 0.

2. (1) $\dfrac{dy}{dx} = \dfrac{2x-y}{x-2y}$.

    (2) $x+y-2 = 0$.

3. (1) $\dfrac{dy}{dx} = \dfrac{-3x^2-2xy}{x^2+3y^2}$.

    (2) $x+4y-3 = 0$.

3-4 三角函數與反三角函數的微分
(Differentiation of Trigonometric Functions
and Inverse Trigonometric Functions)

一、三角函數的導函數

在談三角函數的微分之前,必需對下列兩個三角函數的極限有所瞭解:

> 定理 3-2:三角函數的極限
>
> 1. $\displaystyle\lim_{\theta\to0}\frac{\sin\theta}{\theta}=1$.
>
> 2. $\displaystyle\lim_{\theta\to0}\frac{1-\cos\theta}{\theta}=0$.

對於這兩個定理,我們就以圖形及夾擠定理來說明.

證 (1)當 $\theta>0$ 時

如圖 3-6 中都是以 A 為圓心, $\overline{AB}=1$ 為半徑所作圓心角 θ(銳角)之 BC 弧,

則 $\overline{BD}=\tan\theta$, BC 弧長 $=\theta r=\theta$, $\overline{CH}=\sin\theta$:

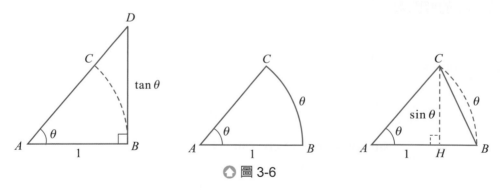

● 圖 3-6

由圖可看出△ ABD 面積 ≥ 扇形 ABC 面積 ≥ △ ABC 面積,

所以 $\dfrac{1}{2}\overline{AB}\times\overline{BD}\geq\dfrac{1}{2}(\overline{AB})^{2}\times\theta\geq\dfrac{1}{2}\overline{AB}\times\overline{CH}$

即 $\overline{BD}\geq\theta\geq\overline{CH}$

故得 $\tan\theta\geq\theta\geq\sin\theta$,

將上式同除 $\sin\theta$, 得 $\dfrac{\tan\theta}{\sin\theta}\geq\dfrac{\theta}{\sin\theta}\geq1$

化簡得 $\dfrac{1}{\cos\theta} \geq \dfrac{\theta}{\sin\theta} \geq 1$ （因為 $\tan\theta = \dfrac{\sin\theta}{\cos\theta}$，故 $\dfrac{\tan\theta}{\sin\theta} = \dfrac{1}{\cos\theta}$）

分子分母倒置得 $\cos\theta \leq \dfrac{\sin\theta}{\theta} \leq 1$，

而 $\lim\limits_{\theta\to0^+}\cos\theta = 1$，$\lim\limits_{\theta\to0^+}1 = 1$，由夾擠原理知 $\lim\limits_{\theta\to0^+}\dfrac{\sin\theta}{\theta} = 1$．

(2)當 $\theta < 0$ 時

$$\lim_{\theta\to0^-}\frac{\sin\theta}{\theta} = \lim_{\theta\to0^+}\frac{\sin(-\theta)}{-\theta} = \lim_{\theta\to0^+}\frac{-\sin\theta}{-\theta} = \lim_{\theta\to0^+}\frac{\sin\theta}{\theta} = 1 ．$$

綜合 (1)(2) 可知 $\lim\limits_{\theta\to0}\dfrac{\sin\theta}{\theta} = 1$．

至於 $\lim\limits_{x\to0}\dfrac{1-\cos x}{x} = 0$ 的證明，我們留作習題．

利用上列定理及和角公式 $\sin(\alpha+\beta) = \sin\alpha\cos\beta + \cos\alpha\sin\beta$ 可推出 $\dfrac{d}{dx}\sin x$，如例題 1.

 例題 1

試求 $\sin x$ 的導函數．

解
$$
\begin{aligned}
\frac{d}{dx}\sin x &= \lim_{\Delta x\to0}\frac{\sin(x+\Delta x)-\sin x}{\Delta x}\\
&= \lim_{\Delta x\to0}\frac{\sin x\cos\Delta x + \cos x\sin\Delta x - \sin x}{\Delta x}\\
&= \lim_{\Delta x\to0}\frac{\sin x(\cos\Delta x - 1) + \cos x\sin\Delta x}{\Delta x}\\
&= \sin x\lim_{\Delta x\to0}\frac{\cos\Delta x - 1}{\Delta x} + \cos x\lim_{\Delta x\to0}\frac{\sin\Delta x}{\Delta x}\\
&= \sin x\cdot0 + \cos x\cdot1\\
&= \cos x ．
\end{aligned}
$$

同理，利用和角公式 $\cos(\alpha+\beta) = \cos\alpha\cos\beta - \sin\alpha\sin\beta$ 可推出 $\dfrac{d}{dx}\cos x$，如例題 2.

例題 2

試求 $\cos x$ 的導函數.

解
$$\frac{d}{dx}\cos x = \lim_{\Delta x \to 0} \frac{\cos(x+\Delta x) - \cos x}{\Delta x}$$
$$= \lim_{\Delta x \to 0} \frac{\cos x \cos \Delta x - \sin x \sin \Delta x - \cos x}{\Delta x}$$
$$= \lim_{\Delta x \to 0} \frac{\cos x(\cos \Delta x - 1) - \sin x \sin \Delta x}{\Delta x}$$
$$= \cos x \lim_{\Delta x \to 0} \frac{\cos \Delta x - 1}{\Delta x} - \sin x \lim_{\Delta x \to 0} \frac{\sin \Delta x}{\Delta x}$$
$$= \cos x \cdot 0 - \sin x \cdot 1$$
$$= -\sin x \ .$$

利用前兩個例題結論及微分的商式關係 $(\frac{f(x)}{g(x)})' = \frac{f'(x)g(x) - g'(x)f(x)}{[g(x)]^2}$ ，便可推

得 $\frac{d}{dx}\tan x$ ，如例題 3.

 例題 3

試求 $\tan x$ 的導函數.

解
$$\frac{d}{dx}\tan x = \frac{d}{dx}[\frac{\sin x}{\cos x}]$$
$$= \frac{\cos x \cos x - (-\sin x)\sin x}{\cos^2 x}$$
$$= \frac{\cos^2 x + \sin^2 x}{\cos^2 x}$$
$$= \frac{1}{\cos^2 x} = \sec^2 x \ .$$

同樣的 , 利用前述定理及三角函數性質 , 便可完成三角函數的微分公式 :

定理 3-3 : 三角函數的微分公式

1. $\dfrac{d}{dx}\sin x = \cos x$.

2. $\dfrac{d}{dx}\cos x = -\sin x$.

3. $\dfrac{d}{dx}\tan x = \sec^2 x$.

4. $\dfrac{d}{dx}\cot x = -\csc^2 x$.

5. $\dfrac{d}{dx}\sec x = \sec x \tan x$.

6. $\dfrac{d}{dx}\csc x = -\csc x \cot x$.

例題 4

試求 $\dfrac{d}{dx}[\dfrac{1-\sin x}{\cos x}]$.

解
$$\dfrac{d}{dx}[\dfrac{1-\sin x}{\cos x}] = \dfrac{(-\cos x)\cos x - (-\sin x)(1-\sin x)}{\cos^2 x}$$
$$= \dfrac{-\cos^2 x + (\sin x - \sin^2 x)}{\cos^2 x} = \dfrac{\sin x - 1}{\cos^2 x} .$$

當 $u(x)$ 是一個函數 , 則 $\sin u$ 便是一個合成函數 , 利用連鎖規則便可求得 $\dfrac{d}{dx}[\sin u]$ 等六個三角函數的連鎖規則 :

三角函數連鎖規則

設 $u(x)$ 是一個函數 , 則

1. $\dfrac{d}{dx}[\sin u] = u'\cos u$.

2. $\dfrac{d}{dx}[\cos u] = -u'\sin u$.

3. $\dfrac{d}{dx}[\tan u] = u'\sec^2 u$.

4. $\dfrac{d}{dx}[\cot u] = -u'\csc^2 u$.

5. $\dfrac{d}{dx}[\sec u] = u'\sec u \tan u$.

6. $\dfrac{d}{dx}[\csc u] = -u'\csc u \cot u$.

例題 5

試求 $\dfrac{d}{dx}\cos 3x^3$.

解 取 $u = 3x^3$，則 $u' = 9x^2$

所以 $\dfrac{d}{dx}\cos 3x^3 = \dfrac{d}{dx}\cos u = u'(-\sin u) = -9x^2\sin 3x^3$.

二、反三角函數的導函數

設 $y = \sin^{-1} x$，則 $\sin y = \sin(\sin^{-1} x) = x$，其中 $-1 < x < 1$ 且 $-\dfrac{\pi}{2} < y < \dfrac{\pi}{2}$.

由 $\dfrac{d}{dx}[\sin y] = \dfrac{d}{dx}x = 1$，得 $\cos y\dfrac{dy}{dx} = 1$，故知 $\dfrac{dy}{dx} = \dfrac{1}{\cos y}$，

由圖 3-7 可得

$$\cos y = \sqrt{1 - x^2} \quad (\text{取正}),$$

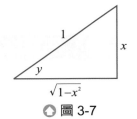
⬆ 圖 3-7

因此，$\dfrac{d}{dx}[\sin^{-1} x] = \dfrac{dy}{dx} = \dfrac{1}{\cos y} = \dfrac{1}{\sqrt{1 - x^2}}$.

同理可證出其他反三角函數的導函數如下：

反三角函數的導函數

1. $\dfrac{d}{dx}[\sin^{-1} x] = \dfrac{1}{\sqrt{1 - x^2}}$ ，$-1 < x < 1$.

2. $\dfrac{d}{dx}[\cos^{-1} x] = \dfrac{-1}{\sqrt{1 - x^2}}$ ，$-1 < x < 1$.

3. $\dfrac{d}{dx}[\tan^{-1} x] = \dfrac{1}{1 + x^2}$ ，$x \in \mathbb{R}$.

4. $\dfrac{d}{dx}[\cot^{-1} x] = \dfrac{-1}{1 + x^2}$ ，$x \in \mathbb{R}$.

5. $\dfrac{d}{dx}[\sec^{-1} x] = \dfrac{1}{|x|\sqrt{x^2 - 1}}$ ，$|x| > 1$.

6. $\dfrac{d}{dx}[\csc^{-1} x] = \dfrac{-1}{|x|\sqrt{x^2 - 1}}$ ，$|x| > 1$.

當 $u(x)$ 是一個函數，且滿足各對應反三角函數的定義，利用連鎖規則便可求得

$\dfrac{d}{dx}[\sin^{-1}u]$ 等六個反三角函數的連鎖規則如下：

反三角函數連鎖規則

設 $u(x)$ 是 x 可微的函數，且滿足各對應反三角函數的定義，則

1. $\dfrac{d}{dx}[\sin^{-1}u] = \dfrac{u'}{\sqrt{1-u^2}}$.

2. $\dfrac{d}{dx}[\cos^{-1}u] = \dfrac{-u'}{\sqrt{1-u^2}}$.

3. $\dfrac{d}{dx}[\tan^{-1}u] = \dfrac{u'}{1+u^2}$.

4. $\dfrac{d}{dx}[\cot^{-1}u] = \dfrac{-u'}{1+u^2}$.

5. $\dfrac{d}{dx}[\sec^{-1}u] = \dfrac{u'}{|u|\sqrt{u^2-1}}$.

6. $\dfrac{d}{dx}[\csc^{-1}u] = \dfrac{-u'}{|u|\sqrt{u^2-1}}$.

例題 6

試求：

(1) $\dfrac{d}{dx}[\sin^{-1}(3x)]$.

(2) $\dfrac{d}{dx}[\cos^{-1}(3x^2)]$.

(3) $\dfrac{d}{dx}[\tan^{-1}(2x)]$.

解 (1) $\dfrac{d}{dx}[\sin^{-1}(3x)] = \dfrac{3}{\sqrt{1-(3x)^2}} = \dfrac{3}{\sqrt{1-9x^2}}$.

(2) $\dfrac{d}{dx}[\cos^{-1}(3x^2)] = \dfrac{-6x}{\sqrt{1-(3x^2)^2}} = \dfrac{-6x}{\sqrt{1-9x^4}}$.

(3) $\dfrac{d}{dx}[\tan^{-1}(2x)] = \dfrac{2}{1+(2x)^2} = \dfrac{2}{1+4x^2}$.

習 題

一、基礎題：

求出下列各題之 $\dfrac{dy}{dx}$.

1. $y = 2 \sin x + 3 \cos x$.

2. $y = x \sin x$.

3. $y = \sin 2x$.

4. $y = 3 \cos^2 x$.

5. $y = 2x \sin x - 3 \cos x$.

6. $y = x + \tan x$.

7. $y = \sin^{-1} 2x$.

8. $y = \cos^{-1} 3x$.

9. $y = \tan^{-1} 4x$.

10. $y = \sec^{-1} 5x$.

11. $y = \sin^{-1} x^2$.

12. $y = (\tan^{-1} x)^2$.

二、進階題：

求出 1 至 6 題之 $\dfrac{dy}{dx}$.

1. $y = 2 \cos^2 x - 1$.

2. $y = \sin^2 x + \cos^2 x$.

3. $y = \dfrac{\tan x}{1 + \sec x}$.

4. $y = x^2 \sin^{-1} x^2$.

5. $y = x - \cos^{-1} x$.

6. $y = x \tan^{-1} x^2$.

7. 試證：$\lim\limits_{x \to 0} \dfrac{1 - \cos x}{x} = 0$.

Ans

一、基礎題：

1. $y' = 2\cos x - 3\sin x$.

2. $y' = \sin x + x\cos x$.

3. $y' = 2\cos 2x$.

4. $y' = -6\sin x\cos x$.

5. $y' = 5\sin x + 2x\cos x$.

6. $y' = 1 + \sec^2 x$.

7. $y' = \dfrac{2}{\sqrt{1-4x^2}}$.

8. $y' = \dfrac{-3}{\sqrt{1-9x^2}}$.

9. $y' = \dfrac{4}{1+16x^2}$.

10. $y' = \dfrac{1}{|x|\sqrt{25x^2-1}}$.

11. $y' = \dfrac{2x}{\sqrt{1-x^4}}$.

12. $y' = \dfrac{2\tan^{-1} x}{1+x^2}$.

二、進階題：

1. $y' = -4\sin x\cos x$.

2. $y' = 0$.

3. $y' = \dfrac{1}{1+\cos x}$.

4. $y' = 2x\sin^{-1} x^2 + \dfrac{2x^3}{\sqrt{1-x^4}}$.

5. $y' = 1 + \dfrac{1}{\sqrt{1-x^2}}$.

6. $y' = \tan^{-1} x^2 + \dfrac{2x^2}{1+x^4}$.

7. 略 .

3-5 指數函數與對數函數的微分
(Differentiation of Exponential Functions and Logarithmic Functions)

在這一節中,我們先討論自然指數函數與自然對數函數的微分,再推及一般指數函數與對數函數的微分.

一、自然指數函數的微分

本書中,我們對 e 的定義如下:

$$\lim_{\Delta x \to 0} (1 + \Delta x)^{\frac{1}{\Delta x}} = e \text{ ,}$$

所以 $e \approx (1 + \Delta x)^{\frac{1}{\Delta x}} \approx 2.71828182846\cdots$,它是個無理數,換個角度來看:

當 $\Delta x \to 0$,則 $e^{\Delta x} \approx 1 + \Delta x$.

設 $f(x) = e^x$,

則 $f'(x) = \lim\limits_{\Delta x \to 0} \dfrac{f(x + \Delta x) - f(x)}{\Delta x} = \lim\limits_{\Delta x \to 0} \dfrac{e^{x + \Delta x} - e^x}{\Delta x}$

$\qquad = \lim\limits_{\Delta x \to 0} \dfrac{e^x(e^{\Delta x} - 1)}{\Delta x}$

$\qquad = \lim\limits_{\Delta x \to 0} \dfrac{e^x(1 + \Delta x - 1)}{\Delta x}$ (由定義知 $e^{\Delta x} \approx 1 + \Delta x$)

$\qquad = \lim\limits_{\Delta x \to 0} \dfrac{e^x(\Delta x)}{\Delta x}$

$\qquad = \lim\limits_{\Delta x \to 0} e^x$

$\qquad = e^x$

由上述的說明可得自然指數函數的微分定理如下:

定理 3-4:自然指數函數的微分定理

1. $\dfrac{d}{dx}[e^x] = e^x$.

2. 設 $u(x)$ 是 x 可微的函數,則 $\dfrac{d}{dx}[e^u] = e^u \dfrac{du}{dx} = u'e^u$.

例題 1

試求指數函數 $f(x) = e^x$ **在** $x = 0$ **及** $x = 1$ **處的切線斜率**.

 由自然指數函數的微分得 $f'(x) = e^x$,

(1) $f(x) = e^x$ 在 $x = 0$ 處的切點為 $(0, 1)$, 所以切線斜率為 $f'(0) = e^0 = 1$.

(2) $f(x) = e^x$ 在 $x = 1$ 處的切點為 $(1, e)$, 所以切線斜率為 $f'(1) = e^1 = e$.

　　事實上, 由於 $f(x) = e^x$ 且 $f'(x) = e^x$, 所以指數函數在 $x = a$ 處的切線斜率就恰為其 y 坐標值 $f(a) = e^a = f'(a)$.

 例題 2

試求: (1) $\dfrac{d}{dx}[e^{3x}]$. (2) $\dfrac{d}{dx}[2e^{x^3}]$. (3) $\dfrac{d}{dx}[e^{-3x^2}]$.

 (1) $\dfrac{d}{dx}[e^{3x}] = e^{3x}\dfrac{d}{dx}[3x] = 3e^{3x}$.

(2) $\dfrac{d}{dx}[2e^{x^3}] = 2e^{x^3}\dfrac{d}{dx}[x^3] = 2e^{x^3}(3x^2) = 6x^2e^{x^3}$.

(3) $\dfrac{d}{dx}[e^{-3x^2}] = e^{-3x^2}\dfrac{d}{dx}[-3x^2] = e^{-3x^2}(-6x) = -6xe^{-3x^2}$.

二、自然對數函數的微分

　　以 e 為底的對數, 我們稱為自然對數, 記為

$$\log_e x,\ x > 0,$$

通常簡記為 $\ln x$, 即 $\log_e x = \ln x$.

　　由對數性質, 得

$$e^{\ln x} = x,$$

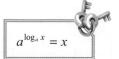

$$a^{\log_a x} = x$$

現在 , 如果兩邊同時微分時 :

$$\frac{d}{dx}[e^{\ln x}] = \frac{d}{dx}[x] ,$$

所以　　　$e^{\ln x} \frac{d}{dx}[\ln x] = 1$,

即　　　$x \frac{d}{dx}[\ln x] = 1$,

故得　　　$\frac{d}{dx}[\ln x] = \frac{1}{x}$.

仿上述做法 , 可得自然指數函數的微分定理如下 :

定理 3-5 : 自然對數函數的微分定理

1. $\frac{d}{dx}[\ln x] = \frac{1}{x}$, $x > 0$.
2. 設 $u(x)$ 是 x 可微的函數 , 且 $u(x) > 0$, 則

$$\frac{d}{dx}[\ln u] = \frac{1}{u} \frac{d}{dx}[u] = \frac{u'}{u} .$$

例題 3

試求：(1) $\frac{d}{dx}[\ln(3x)]$.　(2) $\frac{d}{dx}[\ln(2x^2 + 1)]$.　(3) $\frac{d}{dx}[x\ln(x)]$.

解 (1) $\frac{d}{dx}[\ln(3x)] = \frac{3}{3x} = \frac{1}{x}$.

(2) $\frac{d}{dx}[\ln(2x^2 + 1)] = \frac{4x}{2x^2 + 1}$.

(3) $\frac{d}{dx}[x\ln(x)] = \ln(x)\frac{d}{dx}[x] + x\frac{d}{dx}[\ln(x)] = \ln x \cdot 1 + x \cdot \frac{1}{x} = 1 + \ln x$.

三 、一般指數函數與對數函數的微分

根據自然指數與自然對數函數的微分定理，再利用對數性質 $e^{\ln x} = x$ 與對數的換底公式，我們就可以求出一般指數函數與對數函數的微分.

 例題 4

試求：(1) $\dfrac{d}{dx}[3^x]$. (2) $\dfrac{d}{dx}[5^{(2x^2+1)}]$.

解 (1) 因為 $e^{\ln 3^x} = 3^x$ ，即 $e^{x\ln 3} = 3^x$ ，

$$\text{所以} \frac{d}{dx}[3^x] = \frac{d}{dx}[e^{x\ln 3}]$$

$$= e^{x\ln 3} \cdot \frac{d}{dx}[x\ln 3]$$

$$= 3^x \cdot (\ln 3)$$.

(2) 因為 $e^{\ln 5^{(2x^2+1)}} = 5^{(2x^2+1)}$ ，即 $e^{(2x^2+1)\ln 5} = 5^{(2x^2+1)}$ ，

$$\text{所以} \frac{d}{dx}[5^{(2x^2+1)}] = \frac{d}{dx}[e^{(2x^2+1)\ln 5}] = e^{(2x^2+1)\ln 5}\frac{d}{dx}[(2x^2+1)\ln 5]$$

$$= 5^{(2x^2+1)}(4x\ln 5)$$.

 例題 5

試求：(1) $\dfrac{d}{dx}[\log_7 x]$. (2) $\dfrac{d}{dx}[\log_7(2x^2+1)]$.

解 (1) $\dfrac{d}{dx}[\log_7 x] = \dfrac{d}{dx}\dfrac{\ln x}{\ln 7} = (\dfrac{1}{\ln 7})\dfrac{d}{dx}(\ln x) = (\dfrac{1}{\ln 7})\dfrac{1}{x}$.

(2) $\dfrac{d}{dx}[\log_7(2x^2+1)] = \dfrac{d}{dx}\dfrac{\ln(2x^2+1)}{\ln 7} = (\dfrac{1}{\ln 7})\dfrac{d}{dx}(\ln(2x^2+1)) = (\dfrac{1}{\ln 7})\dfrac{4x}{2x^2+1}$.

四、複利

假設 P 為本金，r 為年利率，A 為本利和，若每年以複利計息的期數為 n，則利率

變為 $\dfrac{r}{n}$，因此，t 年後的本利和為

$$A = P(1+\frac{r}{n})^{nt} ,$$

例如：將 10000 元存入銀行，年利率 12%，一年後不同的複利次數的本利和如下表所示：

一年複利的次數 n	本利和 A
一年複利一次，$n = 1$	$A = 10000(1+\dfrac{0.12}{1})^1 = 11200$
半年複利一次，$n = 2$	$A = 10000(1+\dfrac{0.12}{2})^2 = 11236$
一季複利一次，$n = 4$	$A = 10000(1+\dfrac{0.12}{4})^4 \approx 11255$
一月複利一次，$n = 12$	$A = 10000(1+\dfrac{0.12}{12})^{12} \approx 11268$
一日複利一次，$n = 365$	$A = 10000(1+\dfrac{0.12}{365})^{365} \approx 11275$

從上表可發現，當 n 越大時，本利和 A 也會越大，但增加的幅度越來越小，當 n
非常大時，本利和 A 是否會趨近於某個極限，討論如下：

令 $x = \dfrac{r}{n}$，當 $n \to \infty$，則 $x \to 0$，可得

$$A = \lim_{n \to \infty} P(1+\frac{r}{n})^{nt} = P \lim_{n \to \infty}[(1+\frac{r}{n})^{\frac{n}{r}}]^{rt}$$

$$= P \lim_{x \to 0}[(1+x)^{\frac{1}{x}}]^{rt} = Pe^{rt}$$

由上述討論可知：

當 $n \to \infty$ 時，本利和的極限值為 Pe^{rt}，像這種將期數劃分成無限多次計算複利的
方式稱為**連續複利**．整理公式如下：

複利公式

設 P 為本金 , r 為年利率 , A 為 t 年後的本利和 , 則

(1) 若每年以複利計息 n 次 , 則 $A = P(1+\dfrac{r}{n})^{nt}$.

(2) 若 $n \to \infty$ (連續複利), 則 $A = Pe^{rt}$.

 例題 6

設將 100,000 元存入銀行 , 年利率 4%, 試以下列各種計息方式求 10 年後的本利和 .

(1) 一年計息一次 .   (2) 一季計息一次 .   (3) 連續複利 .

解 (1) $A = P(1+\dfrac{r}{n})^{nt} = 100000(1+\dfrac{0.04}{1})^{1\cdot10}$
   $= 100000(1.04)^{10} \approx 148024.$

(2) $A = P(1+\dfrac{r}{n})^{nt} = 100000(1+\dfrac{0.04}{4})^{4\cdot10}$
   $= 100000(1.01)^{40} \approx 148886.$

(3) $A = Pe^{rt} = 100000 \cdot e^{0.04 \times 10}$
   $= 100000 \cdot e^{0.4} \approx 149182.$

習 題

一、基礎題：

求出下列各題之 $\dfrac{dy}{dx}$.

1. $y = e^{3x}$.

2. $y = e^{2x^2 - 3x}$.

3. $y = e^{\frac{1}{x^2}}$.

4. $y = \ln(5x)$.

5. $y = \ln(2x^2 + 3)$.

6. $y = (\ln x)^4$.

7. $y = 2^x$.

8. $y = 3^{2x}$.

9. $y = \log_5(3x + 1)$

10. $y = \log_4 x^2$.

二、進階題：

求出在 1 至 6 題之 $\dfrac{dy}{dx}$.

1. $y = xe^{3x}$.

2. $y = \dfrac{e^x + e^{-x}}{2}$.

3. $y = x\ln x$.

4. $y = \ln\dfrac{(x^2 + 2)(x+1)^2}{x-1}$, $x > 1$.

5. $y = \log_{10}(x^2 + 3)$.

6. $y = 3^{\sin x}$.

7. 設將 100,000 元存入銀行, 年利率 6%, 試以下列各種計息方式求 10 年後的本利和 .

(1) 一年計息一次 . (2) 一季計息一次 . (3) 一月計息一次 . (4) 連續複利 .

　　根據自然指數與自然對數函數的微分定理, 再利用對數性質 $e^{\ln x} = x$ 與對數的換底公式, 可以推得一般指數函數與對數函數的微分性質如下：

指數函數與對數函數的微分定理

1. $\dfrac{d}{dx}[a^x] = (\ln a)a^x$, $a > 0$.

2. $\dfrac{d}{dx}[\log_a x] = (\dfrac{1}{\ln a})\dfrac{1}{x}$, $a > 0$ 且 $a \neq 1$.

證明：(1) $\dfrac{d}{dx}[a^x] = \dfrac{d}{dx}[e^{\ln a^x}] = e^{x \ln a} \cdot \dfrac{d}{dx}[x \ln a] = a^x \cdot (\ln a) = (\ln a)a^x$.

(2) $\dfrac{d}{dx}[\log_a x] = \dfrac{d}{dx}[\dfrac{\ln x}{\ln a}] = \dfrac{1}{\ln a}\dfrac{d}{dx}[\ln x] = (\dfrac{1}{\ln a})\dfrac{1}{x}$.

8. 試利用上面的定理求下列各式 .

(1) $\dfrac{d}{dx}[3^x]$. (2) $\dfrac{d}{dx}[\log_7 x]$.

Ans

一、基礎題：

1. $y' = 3e^{3x}$.

2. $y' = (4x-3)\,e^{2x^2-3x}$.

3. $y' = \dfrac{-2}{x^3}e^{\frac{1}{x^2}}$.

4. $y' = \dfrac{1}{x}$.

5. $y' = \dfrac{4x}{2x^2+3}$.

6. $y' = \dfrac{4}{x}(\ln x)^3$.

7. $y' = 2^x(\ln 2)$.

8. $y' = 3^{2x}(2\ln 3)$.

9. $y' = \dfrac{3}{(3x+1)\ln 5}$.

10. $y' = \dfrac{1}{x\ln 2}$.

二、進階題：

1. $y' = (3x+1)e^{3x}$.

2. $y' = \dfrac{e^x - e^{-x}}{2}$.

3. $y' = 1 + \ln x$.

4. $y' = \dfrac{2x}{x^2+2} + \dfrac{2(x+1)}{(x+1)^2} - \dfrac{1}{x-1}$.

5. $y' = \dfrac{2x}{(x^2+3)\ln 10}$.

6. $y' = 3^{\sin x}\ln 3\cos x$.

7. (1) 179085. (2) 181402, (3) 181940. (4) 182212.

8. (1) $(\ln 3)3^x$. (2) $(\dfrac{1}{\ln 7})\dfrac{1}{x}$.

04

Chapter

微分的應用
APPLICATIONS OF DIFFERENTIATION

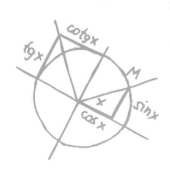

本 章 綱 要

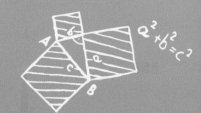

4-1 **區間的極值 (Extrema on an interval)**

一、函數的極值

一般我們將函數的極值分為絕對極值與相對極值,今分別敘述如下.

(一) 絕對極值

定義

設 $f: A \to \mathbb{R}$,其中 $A \subset \mathbb{R}$, $a \in A$.

1. 若對所有 A 中的 x, $f(x) \le f(a)$ 恆成立,

   則稱 $f(a)$ 為函數 $f(x)$ 之**絕對極大值 (absolute maximum)**.

2. 若對所有 A 中的 x, $f(x) \ge f(a)$ 恆成立,

   則稱 $f(a)$ 為函數 $f(x)$ 之**絕對極小值 (absolute minimum)**.

函數的絕對極大值與絕對極小值通稱為**絕對極值 (extreme values;extrema)**.

一般我們常討論函數的定義域為區間時之函數的絕對極值,根據上述定義,我們看看下面的簡單說例.

說例 1:$f(x) = 2x + 1$ 在區間 $[0, 2]$ 有絕對極大值 5 與絕對極小值 1, 但在區間 $(0, 2)$ 沒有絕對極大值也沒有絕對極小值.

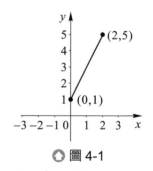

○ 圖 4-1

說例 2: $f(x) = \begin{cases} x^2 & , -1 \le x < 0 \\ 2x+1 & , 0 \le x \le 2 \end{cases}$,在區間 $[-1, 2]$ 有絕對極大值 5, 但沒有絕對極小值.

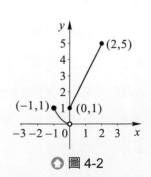

○ 圖 4-2

　　由說例 1 及 2 可知函數在區間上不一定有極值，且缺乏連續性時，可能會影響區間上絕對極值的存在．但若一函數在閉區間上連續，則此函數在此閉區間上必有絕對極大值也有絕對極小值．此性質直觀上相當合理，其證明超出本書的範圍，在此不予證明，僅寫成定理如下：

> **定理 4-1：絕對極值定理**
>
> 　　若函數 f 為閉區間 $[a, b]$ 上的連續函數，則 f 在 $[a, b]$ 上有絕對極大值也有絕對極小值．

 例題 1

判斷下列函數在所給區間中，是否有絕對極大值與絕對極小值？

(1) $f(x) = x^2 - 2x - 3, x \in [0, 3]$.

(2) $h(x) = \sin x, x \in [0, 2\pi]$.

(3) $p(x) = [x], x \in (-1, 2)$. ([x] **表高斯記號**)

(4) $q(x) = x^3, x \in (-1, 1)$.

解 (1) 因為 $f(x) = x^2 - 2x - 3$ 在閉區間 $[0, 3]$ 上連續
且圖形為拋物線的一部分 (如圖所示)，
所以有絕對極大值 0 也有絕對極小值 -4.

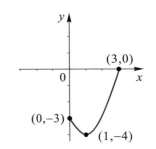

(2) 因為 $h(x) = \sin x$ 在 $[0, 2\pi]$ 上連續，
且當 $x \in [0, 2\pi]$ 時，$-1 \le h(x) = \sin x \le 1$，
所以有絕對極大值 1 也有絕對極小值 -1.

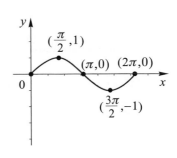

(3) 因為當 $-1 < x < 0$ 時，$p(x) = [x] = -1$；

當 $0 \le x \le 1$ 時，$p(x) = [x] = 0$；

當 $1 \le x < 2$ 時，$p(x) = [x] = 1$，

所以有絕對極大值 1 也有絕對極小值 -1.

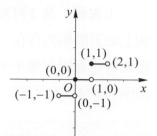

(4) 因為 $q(x) = x^3$ 在開區間 $(-1, 1)$ 上連續，

其圖形如圖所示，

當 $x \in (-1, 1)$ 時，$-1 < q(x) < 1$，

所以沒有絕對極大值也沒有絕對極小值.

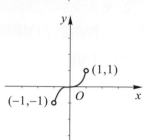

(二) 相對極值

定義

設 $f : A \to \mathbb{R}$，其中 $A \subset \mathbb{R}$，$c \in A$，

1. 若存在包含 c 的開區間 $I (I \subset A)$，使得對於任一 $x \in I$，恆有 $f(x) \le f(c)$，則稱 $f(c)$ 為函數 $f(x)$ 之**相對極大值 (relative maximum)**.

2. 若存在包含 c 的開區間 $I (I \subset A)$，使得對於任一 $x \in I$，恆有 $f(x) \ge f(c)$，則稱 $f(c)$ 為函數 $f(x)$ 之**相對極小值 (relative minimum)**.

註：函數在區間上的相對極大值與相對極小值通稱為相對極值 (Relative Extrema).

例題 2

設函數 $y = f(x), x \in [a, \infty)$ 的圖形如下，試就圖中 B, C, D 三點，指出那一點會出現何種極值.

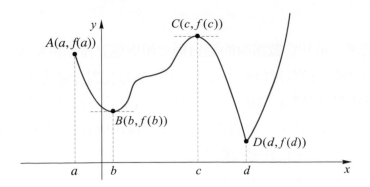

解 由定義及函數 $y = f(x)$ 的圖形知：

在 B 點有相對極小值 $f(b)$, C 點有相對極大值 $f(c)$, D 點有相對極小值 $f(d)$, $f(d)$ 也是 $f(x)$ 在區間 $[a, \infty)$ 上的絕對極小值.

 例題 3

試討論下列函數的相對極大值與相對極小值.

(1) $f(x) = 1$, $x \in \mathbb{R}$. (2) $f(x) = 3x + 2$, $x \in \mathbb{R}$. (3) $f(x) = |x|$, $x \in \mathbb{R}$.

解 (1) $f(x) = 1$ 為常數函數, 其圖形為一水平線 (見下圖 (a)), 所以圖形上任一點均為相對極值發生的地方, 其縱坐標 1 為相對極大值亦為相對極小值.

(2) $f(x) = 3x + 2$ 的圖形為斜率是 3 且過 $(0, 2)$ 之直線 (見下圖 (b)), 由左下往右上傾斜, 所以沒有相對極大值, 也沒有相對極小值.

(3) $f(x) = |x|$ 的圖形為一折線 (見下圖 (c)), 所以在 $x = 0$ 處, f 有相對極小值 (亦為絕對極小值) 0, 但 f 沒有相對極大值.

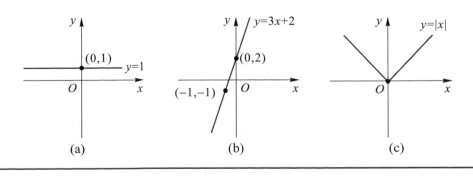

二、臨界值

由前述及例題 2 可知常數函數的絕對極大值與絕對極小值相等, 且就是此常數, 而一次函數的相對極大值與相對極小值不存在, 所以絕對極值也不存在. 現在我們來看二次函數的極值與其導數的關係. 二次函數 $f(x) = x^2 + 1$, 其導函數為 $f'(x) = 2x$, 函數的最低點為 $(0, 1)$, 所以函數的絕對極小值 (相對極小值) 為 1, 此時 $f'(0) = 0$, 見圖 4-3.

二次函數 $g(x) = -x^2 + 1$, 其導函數為 $g'(x) = -2x$, 函數的最高點為 $(0, 1)$, 所以函數的絕對極大值 (相對極大值) 為 1, 此時 $g'(0) = 0$, 見圖 4-4.

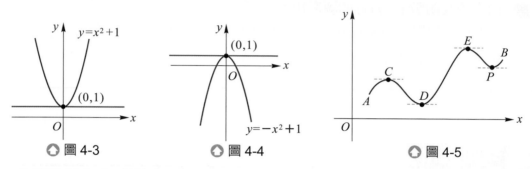

△ 圖 4-3　　　　　△ 圖 4-4　　　　　△ 圖 4-5

我們發現上述函數圖形產生相對極值的地方, 有一個共同特性就是當其導數存在時, 其值為 0, 也就是說過這些點的切線為水平切線, 其斜率均為 0. 一般而言, 若 $f(x)$ 在 $x = a$ 處有相對極大值或相對極小值, 且 $f(x)$ 在 $x = a$ 處可微, 則 $f(x)$ 的圖形在 $x = a$ 處的切線為水平線, 即切線斜率為 0, 見圖 4-5。為了驗證此性質, 我們來看下面由 Fermat 所證的定理:

> **定理 4-2:**
>
> 　　若函數 $f(x)$ 在 $x = a$ 處有相對極大值或相對極小值, 且 $f(x)$ 在 $x = a$ 處可微, 則 $f'(a) = 0$.

證 當 $f(x)$ 在 $x = a$ 處有相對極大值時, 存在 $\delta > 0$, 使得滿足 $-\delta < h < \delta$ 的任一數 h 恆有 $f(a + h) \leq f(a)$, 又因為 $f'(a)$ 存在, 所以 $f'(a) = \lim\limits_{h \to 0} \dfrac{f(a+h) - f(a)}{h}$.

(1) 當 $h > 0$ 時, 得 $\dfrac{f(a+h) - f(a)}{h} \leq 0$, 所以 $f'(a) = \lim\limits_{h \to 0^+} \dfrac{f(a+h) - f(a)}{h} \leq 0$.

(2) 當 $h < 0$ 時, 得 $\dfrac{f(a+h) - f(a)}{h} \geq 0$, 所以 $f'(a) = \lim\limits_{h \to 0^-} \dfrac{f(a+h) - f(a)}{h} \geq 0$.

由 (1) 與 (2) 的結果, 我們可得 $f'(a) = 0$.

當 $f(x)$ 在 $x = a$ 處有相對極小值時, 其證法與上面證法類似, 請同學自行練習.

上面的定理告訴我們相對極值可能發生在滿足 $f'(a) = 0$ 之 $x = a$ 處，而 $f(x)$ 在 $x = a$ 處不可微分時，$f(a)$ 也可能是相對極大值或相對極小值，如例題 3 之 (3) $f(x) = |x|$ 在 $x = 0$ 處不可微分，但在 $x = 0$ 處有相對極小值 $f(0) = 0.$ 另外，函數在定義域的端點也可能是函數產生絕對極大值或絕對極小值的地方．綜合以上說明，可得下面的結論：

> 若 $f(x)$ 為定義於閉區間 $[a, b]$ 的函數，則 $f(x)$ 的相對極值只可能發生在下面三種情形：
> 1. 開區間 (a, b) 中，$f'(c) = 0$ 之 $x = c$ 處．
> 2. 開區間 (a, b) 中，導數不存在之 $x = c$ 處．
> 3. 定義域的端點 $x = a$ 或 $x = b$ 處．

一般我們將上述 $f(x)$ 可能發生極值的前兩種情形之 c 值稱為**臨界值** (critical number)，定義如下：

定義 (臨界值)

設 f 為一實函數，若 f 在 $x = c$ 處，導數為 0 或導數不存在，則稱 c 為 f 的臨界值．

註：由上述定義與例題，可看出下列事實．
(1) 函數圖形中最高 (低) 點的縱坐標就是函數的絕對極大 (小) 值，圖形上一點若是其左右附近的最高 (低) 點，則此點的縱坐標就是函數的相對極大 (小) 值．
(2) 函數的極值不一定存在．
(3) 相對極大 (小) 值存在時，相對極大 (小) 值可能不只一個，但絕對極大 (小) 值存在時，絕對極大 (小) 值只有一個；函數若有絕對極大 (小) 值，則絕對極大 (小) 值必是相對極大 (小) 值與定義域端點之函數值 (若定義域有端點時) 中最大 (小) 的．

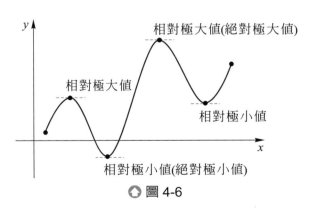

△ 圖 4-6

(4) 函數的絕對極大值不小於其絕對極小值，但函數的相對極大值可能小於其相對極小值．

例題 4

試求下列函數的臨界值.

(1) $f(x) = x^2 + 2x - 3.$

(2) $f(x) = -x \, | \, x - 1 \, |.$

(3) $f(x) = x^3 + x^2 - x + 5.$

(4) $f(x) = \sin x + \cos^2 x,\ 0 < x < 2\pi.$

解 (1) 因 $f(x) = x^2 + 2x - 3$, 微分得 $f'(x) = 2x + 2 = 2(x + 1)$,

得知 $f'(x)$ 皆存在, 且 $f'(x) = 0 \Leftrightarrow x = -1$, 所以函數 f 的臨界值為 -1.

(2) 因 $f(x) = -x \, | \, x - 1 \, | = \begin{cases} -x^2 + x, & x \geq 1 \\ x^2 - x, & x < 1 \end{cases}$,

而 $\displaystyle\lim_{x \to 1^+} \frac{f(x) - f(1)}{x - 1} = \lim_{x \to 1^+} \frac{-x^2 + x - 0}{x - 1} = \lim_{x \to 1^+} (-x) = -1$,

$\displaystyle\lim_{x \to 1^-} \frac{f(x) - f(1)}{x - 1} = \lim_{x \to 1^-} \frac{x^2 - x - 0}{x - 1} = \lim_{x \to 1^-} x = 1$, 所以 $f'(1)$ 不存在.

得 $f'(x) = \begin{cases} -2x + 1, & x > 1 \\ 2x - 1, & x < 1 \end{cases}$, 且 $f'(x) = 0 \Leftrightarrow x = \dfrac{1}{2}$,

所以函數 f 的臨界值為 1 及 $\dfrac{1}{2}$.

(3) 因 $f(x) = x^3 + x^2 - x + 5$, 微分得 $f'(x) = 3x^2 + 2x - 1 = (3x - 1)(x + 1)$,

得知 $f'(x)$ 皆存在, 且 $f'(x) = 0 \Leftrightarrow x = -1$ 或 $x = \dfrac{1}{3}$,

所以函數 f 的臨界值為 -1 及 $\dfrac{1}{3}$.

(4) 因 $f(x) = \sin x + \cos^2 x,\ 0 < x < 2\pi$,

微分得 $f'(x) = \cos x + 2 \cos x \cdot (-\sin x) = \cos x \cdot (1 - 2 \sin x)$,

得知在 $0 < x < 2\pi$ 時, $f'(x)$ 皆存在,

且 $f'(x) = 0 \Leftrightarrow \cos x = 0$ 或 $\sin x = \dfrac{1}{2} \Leftrightarrow x = \dfrac{\pi}{2}$ 或 $\dfrac{3\pi}{2}$ 或 $\dfrac{\pi}{6}$ 或 $\dfrac{5\pi}{6}$,

所以函數 f 的臨界值為 $\dfrac{\pi}{2}, \dfrac{3\pi}{2}, \dfrac{\pi}{6}$ 及 $\dfrac{5\pi}{6}$.

三、在閉區間上求絕對極值

由前節可知：若 $f(x)$ 爲定義於閉區間 $[a, b]$ 的連續函數，則 $f(x)$ 的極值只可能發生在臨界值或定義域的端點處．藉此事實我們可依下述原則求閉區間上之連續函數的絕對極值．

1. 在 (a, b) 上找出 $f(x)$ 的臨界值．
2. 列表寫出 f 在臨界值的函數值及 $f(a)$ 與 $f(b)$.
3. 這些函數值中最大的就是在 $[a, b]$ 上的絕對極大值，最小的就是在 $[a, b]$ 上的絕對極小值．

 例題 5

試求 $f(x) = 2x^3 - 3x^2 + 1$ 在閉區間 $[-2, 2]$ 上的絕對極值．

解 先求 $f(x) = 2x^3 - 3x^2 + 1$ 的一階導函數 $f'(x) = 6x^2 - 6x$,

$f'(x) = 6x^2 - 6x = 0$

$\Leftrightarrow 6x(x-1) = 0$

$\Leftrightarrow x = 0$ 或 $x = 1$

由於對所有 $(-2, 2)$ 上的 x, $f'(x)$ 均存在，

所以 0 和 1 就是所有 $f(x) = 2x^3 - 3x^2 + 1$ 在閉區間 $[-2, 2]$ 上的臨界值．

將 f 在臨界值的函數值及 $[-2, 2]$ 端點的縱坐標 $f(-2)$ 與 $f(2)$ 列表如下：

$x = -2$	$x = 0$	$x = 1$	$x = 2$
$f(-2) = -27$	$f(0) = 1$	$f(1) = 0$	$f(2) = 5$

所以 $f(x) = 2x^3 - 3x^2 + 1$ 在閉區間 $[-2, 2]$ 上的絕對極大值爲 5，

絕對極小值爲 -27.

 例題 6

試求 $f(x) = 2 \sin x - \cos 2x$ 在閉區間 $[0, 2\pi]$ 上的絕對極值.

解 先求 $f(x) = 2 \sin x - \cos 2x$ 的一階導函數

$f'(x) = 2 \cos x - (-\sin 2x) \cdot 2 = 2 \cos x + 4 \sin x \cos x = 2 \cos x (2 \sin x + 1)$,

所以 $f'(x) = 0 \Leftrightarrow \cos x = 0$ 或 $\sin x = -\dfrac{1}{2}$, 而在閉區間 $[0, 2\pi]$ 上,

$\cos x = 0 \Leftrightarrow x = \dfrac{\pi}{2}$ 或 $x = \dfrac{3\pi}{2}$, $\sin x = -\dfrac{1}{2} \Leftrightarrow x = \dfrac{7}{6}\pi$ 或 $x = \dfrac{11\pi}{6}$,

由於對所有 $(0, 2\pi)$ 上的 $x, f'(x)$ 均存在, 所以 $\dfrac{\pi}{2}, \dfrac{3\pi}{2}, \dfrac{7\pi}{6}$ 及 $\dfrac{11\pi}{6}$ 就是所有

$f(x) = 2 \sin x - \cos 2x$ 在閉區間 $[0, 2\pi]$ 上的臨界值.

將 f 在臨界值的函數值及 $[0, 2\pi]$ 的端點之縱坐標 $f(0)$ 與 $f(2\pi)$ 列表如下:

$x = 0$	$x = \dfrac{\pi}{2}$	$x = \dfrac{7\pi}{6}$	$x = \dfrac{3\pi}{2}$	$x = \dfrac{11\pi}{6}$	$x = 2\pi$
$f(0) = -1$	$f(\dfrac{\pi}{2}) = 3$	$f(\dfrac{7\pi}{6}) = -\dfrac{3}{2}$	$f(\dfrac{3\pi}{2}) = -1$	$f(\dfrac{11\pi}{6}) = -\dfrac{3}{2}$	$f(2\pi) = -1$

所以 $f(x) = 2 \sin x - \cos 2x$ 在閉區間 $[0, 2\pi]$ 上的絕對極大值為 3,

絕對極小值為 $-\dfrac{3}{2}$.

一、基礎題：

1. 下列各選項的敘述哪些恆正確？

   (A) 若函數 f 在 $[a, b]$ 上連續，則 $f(x)$ 在 $[a, b]$ 內必有絕對極大值與絕對極小值

   (B) 設函數 $f : \mathbb{R} \rightarrow \mathbb{R}$，且 $f'(c)$ 存在，若 $f(c)$ 為相對極值，則 $f'(c) = 0$

   (C) 若 f 為定義於 $[a, b]$ 之函數，則 $f(a)$ 必為絕對極大值或絕對極小值

   (D) 設 $f : \mathbb{R} \rightarrow \mathbb{R}$，若 $a \in \mathbb{R}$ 且 $f'(a) = 0$，則 $f(a)$ 必為相對極大值或相對極小值

   (E) 設 $f : \mathbb{R} \rightarrow \mathbb{R}$，若 $a \in \mathbb{R}$ 且 f 在 $x = a$ 不可微分，則 $f(a)$ 必為相對極值．

2. 判斷下列函數在所給區間中，是否有絕對極大值與絕對極小值．

   (1) $f(x) = x^6 + x + 2$, $x \in [-2, \sqrt{3}]$．

   (2) $g(x) = \dfrac{3}{2x-1}$, $x \in [0, 1]$, $x \neq \dfrac{1}{2}$．

   (3) $h(x) = x \sin x$, $x \in [0, 2\pi]$．

   (4) $p(x) = \log_{10}(x + 1)$, $x \in (0, 10)$．

3. 試就分別下列各圖中所示之函數 $y = f(x)$ 的圖形，指出極值及其所在位置．

   (1)
   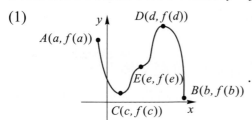
   $y = f(x), x \in [a, b]$

   (2)
   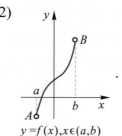
   $y = f(x), x \in (a, b)$

   (3)
   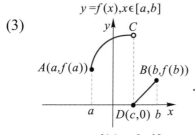
   $y = f(x), x \in [a, b]$

4. 試討論下列函數的相對極大值與相對極小值．

   (1) $f(x) = -2$, $x \in \mathbb{R}$．

   (2) $f(x) = -2x + 1$, $x \in \mathbb{R}$．

   (3) $f(x) = |x - 1| + 2$, $x \in \mathbb{R}$．

5. 試求下列函數的臨界值．

   (1) $f(x) = -2x^2 + 4x + 3$．

   (2) $f(x) = |x^2 - x| + 2$．

   (3) $f(x) = 2x^3 + 2x^2 - 2x + 1$．

   (4) $f(x) = \dfrac{x^2}{x^2 + 1}$．

   (5) $f(x) = \sqrt[3]{(x+1)^2}$．

6. 試求 $f(x) = -2x^3 + 2x^2 + 2x + 3$ 在閉區間 $[-2, 2]$ 上的絕對極值.

二、進階題:

1. 試求 $f(x) = -3x\sqrt{x+1}$ 在閉區間 $[-1, 1]$ 上的絕對極值.

2. 試求 $f(x) = e^{\frac{x}{e}} - x$ 在閉區間 $[0, 2e]$ 上的絕對極值.

一、基礎題:

1. (A)(B).

2. (1) 有絕對極大值、有絕對極小值.

   (2) 沒有絕對極大值、沒有絕對極小值.

   (3) 有絕對極大值、有絕對極小值.

   (4) 沒有絕對極大值、沒有絕對極小值.

3. (1) 在 C 點有相對極小值 $f(c)$;

   在 B 點之函數值 $f(b)$ 是 $f(x)$ 在區間 $[a, b]$ 上的絕對極小值;

   在 D 點有相對極大值 $f(d)$, 且 $f(d)$ 也是 $f(x)$ 在區間 $[a, b]$ 上的絕對極大值.

   (2) 沒有極大值、沒有極小值.

   (3) 在 D 點有相對極小值 0, 且 0 也是 $f(x)$ 在區間 $[a, b]$ 上的絕對極小值.

4. (1) -2 為相對極大值亦為相對極小值.

   (2) 沒有相對極大值、沒有相對極小值.

   (3) 沒有相對極大值、有相對極小值 2.

5. (1) 1. (2) 0 或 $\frac{1}{2}$ 或 1. (3) -1 或 $\frac{1}{3}$. (4) 0. (5) -1.

6. 絕對極大值為 23, 絕對極小值為 -1.

二、進階題:

1. 絕對極大值為 $\frac{2\sqrt{3}}{3}$, 絕對極小值為 $-3\sqrt{2}$.

2. 絕對極大值為 $e^2 - 2e$, 絕對極小值為 0.

4-2 洛氏定理、均值定理、不定型與羅必達法則 (Rolle's Theorem and the Mean Value Theorem 、Indetermediate Form and L'Hopital Rule)

一、洛氏定理

定理 4-3：洛氏定理 (Rolle's Theorem)

設 $f : [a, b] \to \mathbb{R}$ 是連續函數，若 $f(a) = f(b)$ 且 $f(x)$ 在 (a, b) 區間可微分，則存在一實數 $c \in (a, b)$, 使得 $f'(c) = 0$.

證　因為 $f : [a, b] \to \mathbb{R}$ 是連續函數，由絕對極值定理知存在 d, $e \in [a, b]$ 使得 $f(d)$ 是絕對極大值，$f(e)$ 是絕對極小值，現在考慮

(1) 若 $f(d) = f(e)$, 則 $f(x)$ 是常數函數，
於是對每個 $c \in (a, b)$, 恆有 $f'(c) = 0$.

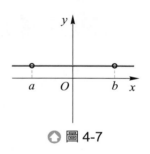

◎ 圖 4-7

(2) 若 $f(d) \neq f(e)$, 則 ($d \neq a$ 且 $d \neq b$) 或 ($e \neq a$ 且 $e \neq b$),
因此 $d \in (a, b)$ 或 $e \in (a, b)$,
① 當 $d \in (a, b)$ 時，因為 $f(x)$ 在 $x = d$ 處有極大值且 $f(x)$ 在 $x = d$ 處可微分，由定理 4-2 知 $f'(d) = 0$,
可取 $c = d \in (a, b)$ 使得 $f'(c) = 0$.

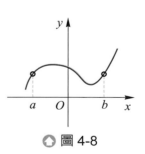

◎ 圖 4-8

② 同理，當 $e \in (a, b)$ 時，也可推出 $f'(e) = 0$.
可取 $c = e \in (a, b)$ 使得 $f'(c) = 0$.

例題 1

試求 $f(x) = x^2 - 4x + 3$ 的 x 軸截距，並求在兩個截距之間，使得 $f'(x) = 0$ 的數．

解 (1) 先求 $f(x) = x^2 - 4x + 3$ 的 x 軸截距，

令 $f(x) = x^2 - 4x + 3 = 0$,

則 $(x-1)(x-3) = 0$, 得 $x = 1$ 或 $x = 3$,

所以 $f(x) = x^2 - 4x + 3$ 的 x 軸截距為

1 與 3．

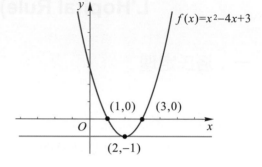

(2) $f(x) = x^2 - 4x + 3 \Rightarrow f'(x) = 2x - 4$,

解 $f'(x) = 2x - 4 = 0$, 得 $x = 2$,

2 為落在 $(1, 3)$ 中且使得 $f'(x) = 0$ 的數．

 例題 2

設 $f(x) = \begin{cases} (x+1)^2, & x < 0 \\ (x-1)^2, & x \geq 0 \end{cases}$，試說明 (1) f 是 $[-1, 1]$ 上的連續函數，且 $f(-1) = f(1)$,

(2) f 在 $(-1, 1)$ 上不可微分，並求 f 在 $(-1, 1)$ 中臨界值．

解 (1) 因為 $f(x) = \begin{cases} (x+1)^2, & x < 0 \\ (x-1)^2, & x \geq 0 \end{cases}$,

對於任意正數 a,

得 $\lim_{x \to a} f(x) = \lim_{x \to a} (x-1)^2$

$\qquad = (a-1)^2 = f(a)$,

且對於任意負數 a,

得 $\lim_{x \to a} f(x) = \lim_{x \to a} (x+1)^2$

$\qquad = (a+1)^2 = f(a)$,

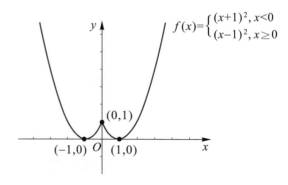

又 $\lim_{x \to 0^+} f(x) = \lim_{x \to 0^+} (x-1)^2 = 1 = f(0)$, 且 $\lim_{x \to 0^-} f(x) = \lim_{x \to 0^-} (x+1)^2 = 1 = f(0)$,

所以 f 是 $[-1, 1]$ 上的連續函數．

因 $f(-1) = (-1+1)^2 = 0, f(1) = (1-1)^2 = 0$, 所以 $f(-1) = f(1)$.

(2) 對任意 $x \in (-\infty, 0), f'(x) = 2(x+1)$, 且對任意 $x \in (-\infty, 0), f'(x) = 2(x-1)$,

而 $\displaystyle\lim_{x \to 0^+} \frac{f(x) - f(0)}{x - 0} = \lim_{x \to 0^+} \frac{(x-1)^2 - 1}{x} = \lim_{x \to 0^+} (x-2) = -2$,

且 $\displaystyle\lim_{x \to 0^-} \frac{f(x) - f(0)}{x - 0} = \lim_{x \to 0^-} \frac{(x+1)^2 - 1}{x} = \lim_{x \to 0^-} (x+2) = 2$,

所以 f 在 $x = 0$ 處不可微分 , 但 f 在 $(-1, 1)$ 中除了 $x = 0$ 外皆可微分

且導數皆不為 0, 故在 $(-1, 1)$ 中有 0 為臨界值 .

註: (1) 滿足洛氏定理之條件的函數 f, 在 a 與 b 之間至少會存在一點 x, 使得 $f'(x) = 0$, 即在這些點具有水平切線 . 當然也可能不只一點 .

(2) 如果在 $[a, b]$ 上的連續函數 f 在 (a, b) 上不可微分 , 就不保證在 a 與 b 之間存在一點 x, 使得 $f'(x) = 0$, 然而在 a 與 b 之間有可能存在一點 x, 使其為臨界值 .

二、微分均值定理

定理 4-4: 微分均值定理 (Mean Value Theorem)

設 $f: [a, b] \to \mathbb{R}$ 是連續函數 , 若 $f(x)$ 在 (a, b) 可微分 , 則存在 $c \in (a, b)$ 使得

$$f(b) - f(a) = f'(c)(b - a).$$

 證 首先求直線 $\overleftrightarrow{AB}$ 的方程式 $y = f(a) + \dfrac{f(b) - f(a)}{b - a}(x - a)$

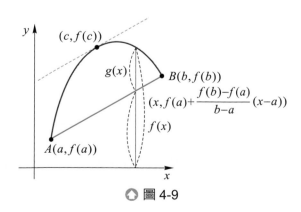

◯ 圖 4-9

其次，令 $g(x) = f(x) - [f(a) + \dfrac{f(b) - f(a)}{b - a}(x - a)]$ ，$x \in (a, b)$, 因為

(1) $f(x)$ 及 $(x - a)$ 在 $[a, b]$ 上均是連續函數，

　　所以 $g(x)$ 在 $[a, b]$ 上也是連續函數.

(2) $f(x)$ 及 $(x - a)$ 在 (a, b) 均是可微分函數，

　　所以 $g(x)$ 在 (a, b) 上也是可微分函數.

(3) $g(a) = g(b) = 0$.

因此，由前面 Rolle 定理知：必存在 $c \in (a, b)$ 使得 $g'(c) = 0$.

但是，$g'(x) = f'(x) - \dfrac{f(b) - f(a)}{b - a}$ ，所以可得

$$g'(c) = f'(c) - \dfrac{f(b) - f(a)}{b - a} = 0 ，$$

所以 $f(b) - f(a) = f'(c)(b - a)$.

 例題 3

設 $f(x) = x^3 - 6x + 3$, 試求在 $(0, 3)$ 中滿足 $f'(c) = \dfrac{f(3) - f(0)}{3 - 0}$ 的所有數 c.

解 過 $(0, f(0))$ 和 $(3, f(3))$ 割線的斜率為 $\dfrac{f(3) - f(0)}{3 - 0} = \dfrac{12 - 3}{3} = 3$ ，

而 $f'(x) = 3x^2 - 6$,

解 $f'(x) = 3x^2 - 6 = 3$, 得 $x = \pm\sqrt{3}$ ，所以在 $(0, 3)$ 中 $c = \sqrt{3}$ 為所求.

三、不定型與羅必達法則

　　羅必達法則 (L'Hopital's rule) 是利用**導數**來計算具有**不定型極限**的方法，在某些條件下商 $\dfrac{f(x)}{g(x)}$ 的極限可由它們導函數的商之極限決定. 羅必達法則適用於各種不定型的極限，在此我們只介紹 $\dfrac{0}{0}$ 型不定式極限之羅必達法則，其證明用到廣義均值定理，詳細內容請參考附錄.

定理 4-5：$\dfrac{0}{0}$ 型不定式極限

若一函數可寫成兩個函數 $f(x)$ 與 $g(x)$ 的比值 $\dfrac{f(x)}{g(x)}$，且滿足下述二條件：

1. $\lim\limits_{x \to c} f(x) = 0 = \lim\limits_{x \to c} g(x)$．

2. 存在包含 c 的開區間 (a, b) 使得 f 與 g 在 (a, c) 和 (c, b) 均可微，且 $g'(x)$ 在 (a, c) 和 (c, b) 上均不為 0．

則 $\lim\limits_{x \to c} \dfrac{f(x)}{g(x)} = \lim\limits_{x \to c} \dfrac{f'(x)}{g'(x)}$．

註：(1) $\dfrac{0}{0}$ 型不定式極限的羅必達法則告訴我們，這個極限等於將分子和分母之函數各自求導函數之後，其導函數的極限之比值．對於一些其他的不定式極限，可以將其轉化為 $\dfrac{0}{0}$ 型不定式極限，然後應用羅必達法則．

例如：① $\dfrac{\infty}{\infty}$ 型不定式極限，可以轉化如右：$\dfrac{\infty}{\infty} = \dfrac{\frac{1}{\infty}}{\frac{1}{\infty}} = \dfrac{0}{0}$．

② $0 \cdot \infty$ 型不定式極限，可以轉化如右：$0 \cdot \infty = \dfrac{0}{\frac{1}{\infty}} = \dfrac{0}{0}$．

(2) $x \to c$ 可以用 $x \to c^+, x \to c^-, x \to +\infty, x \to -\infty$ 取代．

例題 4

試求 $\lim\limits_{x \to 2} \dfrac{x^3 - x - 6}{x^2 + 3x - 10}$（$\dfrac{0}{0}$ 型不定式）.

解 由於分子分母直接代入得到 $\dfrac{0}{0}$ 型不定式，

$\lim\limits_{x \to 2} \dfrac{x^3 - x - 6}{x^2 + 3x - 10}$ $\longrightarrow \lim\limits_{x \to 2}(x^3 - x - 6) = 0$
$\longrightarrow \lim\limits_{x \to 2}(x^2 + 3x - 10) = 0$，

我們應用羅必達法則如下：

$$\lim_{x \to 2} \frac{x^3 - x - 6}{x^2 + 3x - 10} = \lim_{x \to 2} \frac{\frac{d}{dx}(x^3 - x - 6)}{\frac{d}{dx}(x^2 + 3x - 10)} = \lim_{x \to 2} \frac{3x^2 - 1}{2x + 3} = \frac{11}{7} .$$

 例題 5

試求 $\displaystyle\lim_{x \to 0} \frac{2\sin x - \sin 2x}{x - \sin x}$.(**連續應用羅必達法則**)

解 由於分子分母直接代入得到 $\dfrac{0}{0}$ 型不定式，

$$\lim_{x \to 0} \frac{2\sin x - \sin 2x}{x - \sin x} \quad \longrightarrow \quad \lim_{x \to 0}(2\sin x - \sin 2x) = 0$$
$$\longrightarrow \quad \lim_{x \to 0}(x - \sin x) = 0$$

我們應用羅必達法則如下：

$$\lim_{x \to 0} \frac{2\sin x - \sin 2x}{x - \sin x} = \lim_{x \to 0} \frac{\frac{d}{dx}(2\sin x - \sin 2x)}{\frac{d}{dx}(x - \sin x)} = \lim_{x \to 0} \frac{2\cos x - 2\cos 2x}{1 - \cos x}$$

$$= \lim_{x \to 0} \frac{-2\sin x + 4\sin 2x}{\sin x} = \lim_{x \to 0} \frac{-2\cos x + 8\cos 2x}{\cos x}$$

$$= \frac{-2\cos 0 + 8\cos 0}{\cos 0} = 6 .$$

 例題 6

試求 $\displaystyle\lim_{x \to \infty} \frac{x^2}{\ln x^2}$.($\dfrac{\infty}{\infty}$ 型不定式)

解 因為 $\displaystyle\lim_{x \to \infty} x^2 = \infty = \lim_{x \to \infty} \ln x^2$ ，所以 $\displaystyle\lim_{x \to \infty} \frac{x^2}{\ln x^2} = \lim_{x \to \infty} \frac{2x}{2 \cdot (\frac{1}{x})} = \lim_{x \to \infty} x^2 = \infty$.

 **例題 7**

試求 $\lim\limits_{x \to 0^+} x \csc x$. ($0 \cdot \infty$ **型不定式**)

 由於 $\lim\limits_{x \to 0^+} x = 0$, $\lim\limits_{x \to 0^+} \csc x = \infty$,屬於 $0 \cdot \infty$ 型不定式極限.

我們將其轉化為 $\dfrac{0}{0}$ 之形式,

$$\lim_{x \to 0^+} x \csc x = \lim_{x \to 0^+} x \cdot \dfrac{1}{\dfrac{1}{\csc x}} = \lim_{x \to 0^+} \dfrac{x}{\sin x} \begin{array}{l} \longrightarrow \lim\limits_{x \to 0^+} x = 0 \\ \longrightarrow \lim\limits_{x \to 0^+} \sin x = 0 \end{array} ,$$

根據羅必達法則得

$$\lim_{x \to 0^+} x \csc x = \lim_{x \to 0^+} \dfrac{x}{\sin x} = \lim_{x \to 0^+} \dfrac{1}{\cos x} = 1 .$$

 **例題 8**

試求 $\lim\limits_{x \to 0^-} (\dfrac{1}{\sin x} - \dfrac{1}{x})$. ($\infty - \infty$ **型不定式**)

 由於 $\lim\limits_{x \to 0^-} \dfrac{1}{\sin x} = -\infty$, $\lim\limits_{x \to 0^-} \dfrac{1}{x} = -\infty$,屬於 $-\infty - \infty$ 型不定式極限,

我們將其轉化為 $\dfrac{0}{0}$ 之形式,

$$\lim_{x \to 0^-} (\dfrac{1}{\sin x} - \dfrac{1}{x}) = \lim_{x \to 0^-} \dfrac{x - \sin x}{x \sin x} \begin{array}{l} \longrightarrow \lim\limits_{x \to 0^-} (x - \sin x) = 0 \\ \longrightarrow \lim\limits_{x \to 0^-} x \sin x = 0 \end{array} ,$$

根據羅必達法則得

$$\lim_{x \to 0^-} (\dfrac{1}{\sin x} - \dfrac{1}{x}) = \lim_{x \to 0^-} \dfrac{x - \sin x}{x \sin x} = \lim_{x \to 0^-} \dfrac{1 - \cos x}{\sin x + x \cos x} \begin{array}{l} \longrightarrow \lim\limits_{x \to 0^-} (x - \sin x) = 0 \\ \longrightarrow \lim\limits_{x \to 0^-} (\sin x + x \cos x) = 0 \end{array}$$

$$= \lim_{x \to 0^-} \dfrac{\sin x}{\cos x + \cos x - x \sin x} = \lim_{x \to 0^-} \dfrac{\sin x}{2 \cos x - x \sin x} = \dfrac{0}{2} = 0 .$$

習 題

一、基礎題：

1. 試求 $f(x) = x^4 - 2x^2 - 3$ 在區間 $(-2, 2)$ 中且使得 $f'(x) = 0$ 的數．

2. 設 $f(x) = \sin x + x$, 試求在 $(\frac{\pi}{2}, \frac{5\pi}{2})$ 中滿足 $f'(c) = \dfrac{f(\frac{5\pi}{2}) - f(\frac{\pi}{2})}{\frac{5\pi}{2} - \frac{\pi}{2}}$ 的所有數 c.

3. 試求下列極限

   (1) $\lim\limits_{x \to 2} \dfrac{x^3 - 8}{x^2 - 4}$.

   (2) $\lim\limits_{x \to -2} \dfrac{x^3 - 2x + 4}{x^3 + 8}$.

   (3) $\lim\limits_{x \to 1}(\dfrac{1}{x-1} + \dfrac{x^2 + 4x - 8}{x^2 + x - 2})$.

   (4) $\lim\limits_{x \to 1} \dfrac{x^5 + x^4 + x^3 + x^2 + x - 5}{x^2 - 1}$.

4. 試求下列極限

   (1) $\lim\limits_{x \to 1} \dfrac{(1 - \sqrt{x})(1 - \sqrt[3]{x})}{(1 - x)^2}$.

   (2) $\lim\limits_{x \to 27} \dfrac{\sqrt{1 + \sqrt[3]{x}} - 2}{x - 27}$.

   (3) $\lim\limits_{x \to 0} \dfrac{\sin x + \sin 3x}{\sin 2x}$.

   (4) $\lim\limits_{x \to \frac{\pi}{4}} \dfrac{\cos^2 x - \sin^2 x}{\tan x - 1}$.

5. 若 $\lim\limits_{x \to 1} \dfrac{a\sqrt{x + 3} - b}{x - 1} = 1$ ，試求實數 a, b 的值．

6. 若 $\lim\limits_{x \to \frac{\pi}{3}} \dfrac{4\sin^2 2x - a}{2\cos x - 1} = b$ ，試求實數 a, b 的值．

二、進階題：

1. 試求下列極限

   (1) $\lim\limits_{x \to 0} \dfrac{e^x - 1 - x}{x^2}$.

   (2) $\lim\limits_{x \to \infty} \dfrac{x^n}{e^x}$.

   (3) $\lim\limits_{x \to 0} \dfrac{5^x - 1}{x}$.

   (4) $\lim\limits_{x \to 0} \dfrac{e^x - 1 - x}{x^2}$.

   (5) $\lim\limits_{x \to \infty} \dfrac{\sqrt{x}}{\ln x}$.

   (6) $\lim\limits_{x \to 0} \dfrac{\frac{2}{x}}{3\cot x}$.

   (7) $\lim\limits_{x \to 0^+} x \ln x$.

Ans

一、基礎題：

1. $-1, 0, 1$.

2. $c = 2\pi$

3. (1) 3.   (2) $\dfrac{5}{6}$.   (3) $\dfrac{7}{3}$.   (4) $\dfrac{15}{2}$.

4. $\dfrac{1}{6}$.   (2) $\dfrac{1}{108}$.   (3) 2.   (4) -1.

5. $a = 4, b = 8$.

6. $a = 3, b = 4$.

二、進階題：

1. (1) $\dfrac{1}{2}$.   (2) 0.   (3) $\ln 5$.   (4) $\dfrac{1}{2}$.   (5) ∞.   (6) $\dfrac{2}{3}$.   (7) 0.

4-3 單調函數與一階導數檢定
(Monotonic function and The first Derivative Test)

一、函數遞增、遞減與一階導數檢定

　　由前節我們知道函數的極值只可能發生在臨界值或定義域的端點. 接著要如何判斷這些點是否真正產生相對極值呢？如果有函數的圖形, 很容易由圖形知道這些點是否在定義域內為其左右附近的最高點或最低點, 從而知道它們的縱坐標為相對極大值還是相對極小值抑或皆不是, 可是有許多函數, 其圖形並不容易描繪出來, 因此能否不繪圖就知道這些點發生何種極值或沒有極值, 是我們要探討的問題.

(一) 函數遞增、遞減

　　首先我們來看幾個學過的函數圖形：

1.
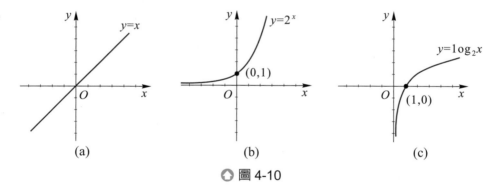

⬆ 圖 4-10

　　它們具有一個共同的特性：越往右邊的點, 越往上攀升, 也就是當 x 值越來越大, 其所對應的 y 值也越來越大, 如此的函數, 我們稱為**遞增函數**.

2.
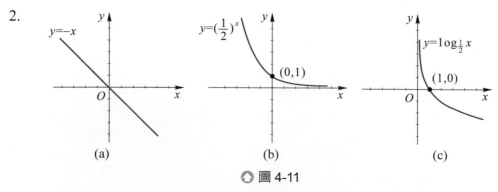

⬆ 圖 4-11

它們也具有一個共同特性：越往右邊的點越往下降低，也就是當 x 值越來越大，其所對應的 y 值卻越來越小，如此的函數我們稱為**遞減函數**．

今將遞增與遞減的概念正式定義如下：

定義

設 $f : A \to \mathbb{R}$ 為一實函數，I 為 A 的子區間，x_1, x_2 為 I 中任意兩數，

1. 若 $x_1 > x_2$，恆有 $f(x_1) > f(x_2)$，稱 $f(x)$ 為 I 上的一個遞增函數．
2. 若 $x_1 > x_2$，恆有 $f(x_1) < f(x_2)$，稱 $f(x)$ 為 I 上的一個遞減函數．

如圖 4-12 所示之函數，$f(x)$ 為區間 (a, b) 上的遞增函數，亦為區間 (c, d) 上的遞增函數，但 $f(x)$ 為區間 (b, c) 上的遞減函數．

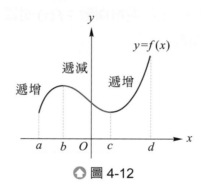

△ 圖 4-12

 例題 1

利用作圖說明下列函數的增減情形．

(1) $f(x) = 2x + 1$．   (2) $f(x) = -x + 2$．   (3) $f(x) = x^2 + 1$．

解 (1) 由 $f(x) = 2x + 1$ 的圖形 (見圖 (a)) 可知：
     x 值愈大，y 值隨著愈大，
       所以 $f(x)$ 為實數集合 $\mathbb{R}$ 上的遞增函數．

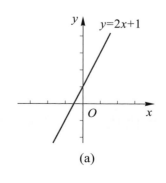

(a)

(2) 由 $f(x) = -x + 2$ 的圖形 (見圖 (b)) 可知：
x 值愈大 , y 值隨著愈小 ,
所以 $f(x)$ 為實數集合 $\mathbb{R}$ 上的遞減函數 .

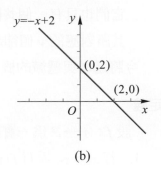

(b)

(3) 由 $f(x) = x^2 + 1$ 的圖形 (見圖 (c)) 可知不是實數集合 $\mathbb{R}$ 上的遞增函數也不是實數集合 $\mathbb{R}$ 上的遞減函數 , 但 $f(x)$ 是區間 $(0, \infty)$ 上的遞增函數；$f(x)$ 是區間 $(-\infty, 0)$ 上的遞減函數 .

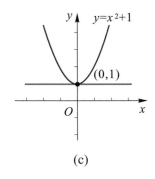

(c)

(二) 一階導數檢定

　　由函數的圖形我們可以知道：函數在某些區間內是遞增函數 , 在某些區間是遞減函數 . 可是當函數圖形不容易描繪出來時 , 如何判別函數在哪些區間是遞增 , 在哪些區間是遞減呢？我們先來看函數在某一區間內遞增與遞減時的圖形：

　　1. 圖形在某一區間內為遞增的部分情形之圖示：

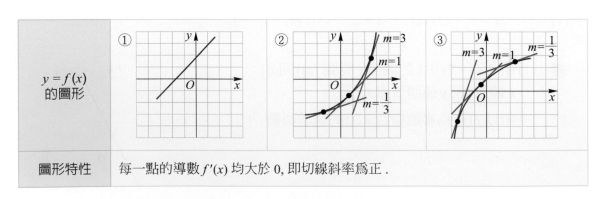

$y = f(x)$ 的圖形	①	②	③
圖形特性	每一點的導數 $f'(x)$ 均大於 0, 即切線斜率為正 .		

2. 圖形在某一區間內為遞減的部分情形之圖示：

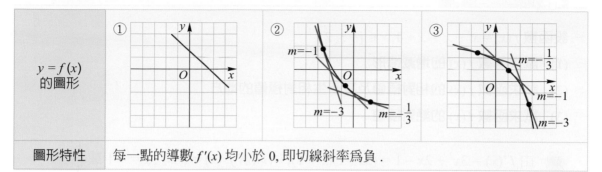

$y = f(x)$ 的圖形		

圖形特性	每一點的導數 $f'(x)$ 均小於 0, 即切線斜率為負.

事實上, 函數的遞增、遞減與導數的關係有如下之定理：

定理 4-6：遞增與遞減判別定理

設 $f : (a, b) \to \mathbb{R}$ 是一個可微分函數,

1. 若對於每一 $x \in (a, b)$ 使得 $f'(x) > 0$, 則 $f(x)$ 在 (a, b) 上是遞增函數.
2. 若對於每一 $x \in (a, b)$ 使得 $f'(x) < 0$, 則 $f(x)$ 在 (a, b) 上是遞減函數

證 (1) 設 $x_1, x_2 \in (a, b)$ 且 $x_1 < x_2$, 則 $[x_1, x_2] \subset (a, b)$, 因為 $f(x)$ 在 (a, b) 可微分, 所以 $f(x)$ 在 $[x_1, x_2]$ 上是連續函數, 並且 $f(x)$ 在 (x_1, x_2) 也可微分, 故由均值

定理知：必存在一實數 $c \in x_1, x_2$ 使得 $f'(c) = \dfrac{f(x_2) - f(x_1)}{x_2 - x_1}$

因為 $c \in (x_1, x_2) \subset (a, b)$, 所以 $f'(c) > 0$, 並且 $x_1 < x_2$, 因此我們可得

$f(x_2) - f(x_1) > 0$, 亦即 $f(x_1) < f(x_2)$,

依定義得知：函數 $f(x)$ 在 (a, b) 上是遞增函數.

(2) 同理可證.

由極值的定義及利用一階導數判別遞增與遞減, 可得下述相對極值判別定理：

定理 4-7：一階導數極值判別定理

設 a 為函數 f 的臨界值, 且存在 $\delta > 0$, 使得 f 在 $(a - \delta, a + \delta)$ 可微分,

1. 若 $a - \delta < x < a$ 時, 恆有 $f'(x) > 0$, 且 $a < x < a + \delta$ 時, 恆有 $f'(x) < 0$, 則 $f(a)$ 為 $f(x)$ 的相對極大值.
2. 若 $a - \delta < x < a$ 時, 恆有 $f'(x) < 0$, 且 $a < x < a + \delta$ 時, 恆有 $f'(x) > 0$, 則 $f(a)$ 為 $f(x)$ 的相對極小值.

例題 **2**

設函數 $f(x) = x^3 + x^2 - x + 4$, $x \in [-3, 2]$,

(1) 試求函數 $f(x)$ 的增減情形．

(2) 試求函數 $f(x)$ 的相對極值及其產生相對極值的地方．

(3) 試求函數 $f(x)$ 的絕對極值．

解 由 $f'(x) = 3x^2 + 2x - 1 = (3x-1)(x+1)$, 所以當 $f'(x) = 0$ 時，$x = -1$ 或 $\frac{1}{3}$．

又 $x = -3$ 與 $x = 2$ 為函數 $f(x)$ 的定義域端點所在，因此我們列表如下：

x	$x = -3$	$-3 < x < -1$	$x = -1$	$-1 < x < \frac{1}{3}$	$x = \frac{1}{3}$	$\frac{1}{3} < x < 2$	$x = 2$
$f'(x)$	/	+	0	−	0	+	/
$f(x)$	-11	↗	5	↘	$\frac{103}{27}$	↗	14

(1) 在 $-3 < x < -1$ 及 $\frac{1}{3} < x < 2$ 為遞增，

在 $-1 < x < \frac{1}{3}$ 為遞減．

(2) 在 $x = -1$ 時，

$f(x)$ 產生相對極大值 $f(-1) = 5$；

在 $x = \frac{1}{3}$ 時，

$f(x)$ 產生相對極小值 $f(\frac{1}{3}) = \frac{103}{27}$．

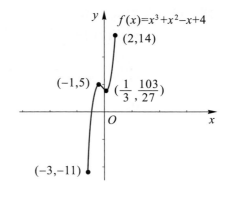

(3) $f(x)$ 在 $x = -3$ 處，產生絕對極小值 -11；在 $x = 2$ 處，產生絕對極大值 14．

 例題 **3**

試求函數 $f(x) = x - 2\sin x$ 在閉區間 $[0, 2\pi]$ 的相對極值與絕對極值.

解 由 $f(x) = x - 2\sin x$ 得 $f'(x) = 1 - 2\cos x = -2(\cos x - \frac{1}{2})$,

所以在區間 $[0, 2\pi]$ 中 , $f'(x) = 0 \Leftrightarrow \cos x = \frac{1}{2} \Leftrightarrow x = \frac{\pi}{3}$ 或 $x = \frac{5\pi}{3}$.

又 $x = 0$ 與 $x = 2\pi$ 為函數 $f(x)$ 的定義域端點所在 ,

因此我們列表如下：

x	$x = 0$	$0 < x < \frac{\pi}{3}$	$x = \frac{\pi}{3}$	$\frac{\pi}{3} < x < \frac{5\pi}{3}$	$x = \frac{5\pi}{3}$	$\frac{5\pi}{3} < x < 2\pi$	$x = 2\pi$
$f'(x)$	/	$-$	0	$+$	0	$-$	/
$f(x)$	0	↘	$\frac{\pi}{3} - \sqrt{3}$	↗	$\frac{5\pi}{3} + \sqrt{3}$	↘	2π

由函數的遞增與遞減及端點函數值 , 我們知道：

$f(x)$ 在 $x = \frac{\pi}{3}$ 時 , 產生相對極小值 $\frac{\pi}{3} - \sqrt{3}$,

且 $\frac{\pi}{3} - \sqrt{3}$ 也是 $f(x)$ 在閉區間 $[0, 2\pi]$ 上的絕對極小值；

$f(x)$ 在 $x = \frac{5\pi}{3}$ 時 , 產生相對極大值 $\frac{5\pi}{3} + \sqrt{3}$,

且 $\frac{5\pi}{3} + \sqrt{3}$ 也是 $f(x)$ 在閉區間 $[0, 2\pi]$ 上的絕對極大值.

習 題

一、基礎題：

1. 下列各選項的敘述哪些恆正確？

   (A) 設 $f(x)$ 為區間 (a, b) 上的可微分函數，且對於每一個 $x \in (a, b)$, 恆有 $f'(x) > 0$, 則 $f(x)$ 為區間 (a, b) 上的遞增函數

   (B) 設 $f(x)$ 在區間 (a, b) 上的可微分函數，且對於每一個 $x \in (a, b)$, 恆有 $f'(x) < 0$, 則 $f(x)$ 為區間 (a, b) 上的遞減函數

   (C) 設 $f(x)$ 為區間 (a, b) 上的可微分函數，若 $f(x)$ 為區間 (a, b) 上的遞增函數，則對於每一個 $x \in (a, b)$, 恆有 $f'(x) > 0$

   (D) 設 $f(x)$ 為區間 (a, b) 上的可微分函數，若 $f(x)$ 為區間 (a, b) 上的遞減函數，則對於每一個 $x \in (a, b)$, 恆有 $f'(x) < 0$

   (E) 設 $f(x)$ 在區間 (a, b) 上的可微分函數，若 $f(x)$ 為區間 (a, b) 上的遞增函數，則對於每一個 $x \in (a, b)$, 恆有 $f'(x) \geq 0$.

2. 試求下列各函數的極值.

   (1) $f(x) = 4x^3 + 3x^2 - 36x + 5, -3 \leq x \leq 2$.

   (2) $g(x) = x^4 - 2x^2 - 3, -2 \leq x \leq 2$.

3. 已知函數 $f(x) = x^3 + ax^2 + bx + c$ 在 $x = -2$ 處有相對極大值, 在 $x = 2$ 處有相對極小值 -14, 試求實數 a, b, c 的值.

4. 假設細菌個數 (以百萬個為單位) 在培養皿中經過 t 小時後所得的數目為函數 $f(t) = t^3 - 6t^2 + 400, 0 \leq t \leq 5$, 求細菌個數的絕對極小值.

5. 某次期中考的試題偏難, 造成成績不甚理想, 因此老師大發慈悲, 將原始分數開根號再乘以 10 為調整後的分數, 請問原始分數為多少時, 所加的分數最多？

二、進階題：

1. 已知曲線 $y = f(x) = x^3 + ax^2 + bx + c$ 之切線斜率中, 以 $(2, -10)$ 為切點的切線斜率 -6 為最小, 試求實數 a, b, c 的值.

2. 已知函數 $f(x) = x^3 + ax^2 + bx + 1$ 在 $x = 2$ 及 $x = 4$ 處均有相對極值, 試求實數 a, b 之值, 並求 $f(x)$ 之相對極大值與相對極小值.

3. 試求函數 $f(x) = x^4 - 4x^3 - 2x^2 + 12x + 1$ 的相對極值.

4. 試求函數 $f(x) = \dfrac{5x^2 + 8x + 5}{x^2 + 1}$ 的相對極大值與相對極小值.

Ans

一、基礎題：

1. (A)(B)(E).

2. (1) $f(x)$ 在 $x = -2$ 時, 產生相對極大值 57,

    且 57 也是 $f(x)$ 在閉區間 $[-3, 2]$ 上的絕對極大值；

    $f(x)$ 在 $x = \dfrac{3}{2}$ 時, 產生相對極小值 -28.75

    且 -24 也是 $f(x)$ 在閉區間 $[-3, 2]$ 上的絕對極小值；

    $f(x)$ 在 $x = 2$ 時, 產生相對極大值 -23；

    $f(x)$ 在 $x = -3$ 時, 產生相對極小值 32.

   (2) $f(x)$ 在 $x = 1$ 及 $x = -1$ 時, 產生相對極小值 -4；

    $f(x)$ 在 $x = 0$ 時, 產生相對極大值 -3；

    $f(x)$ 在 $x = -2$ 及 $x = 2$ 時, 產生絕對極大值 5.

3. $a = 0, b = -12, c = 2$.

4. 細菌個數的絕對極小值為 368 百萬個.

5. 原始分數為 25 分時, 所加的分數 25 分最多.

二、進階題：

1. $a = -6, b = 6, c = -6$.

2. $a = -9, b = 24$.

    在 $x = 2$ 時產生相對極大值 21, 在 $x = 4$ 時產生相對極小值 17.

3. $f(x)$ 在 $x = -1$ 處有相對極小值 $f(-1) = -8$.

    $f(x)$ 在 $x = 1$ 處有相對極大值 $f(1) = 8$.

    $f(x)$ 在 $x = 3$ 處有相對極小值 $f(3) = -8$.

4. $f(x)$ 在 $x = -1$ 處有相對極小值 $f(-1) = 1$.

    $f(x)$ 在 $x = 1$ 處有相對極大值 $f(1) = 9$.

 **4-4** 凹向性與二階導數檢定
(Concavity and the Second Derivative Test)

一、凹向性

在 4-3 節我們藉由導數的正、負，可知函數圖形在哪些區間遞增，在哪些區間遞減，雖可大略繪出函數的圖形，但函數在某區間內遞增或遞減，有下列情形：

1. 圖形在某一區間內為遞增的部分情形之圖示：

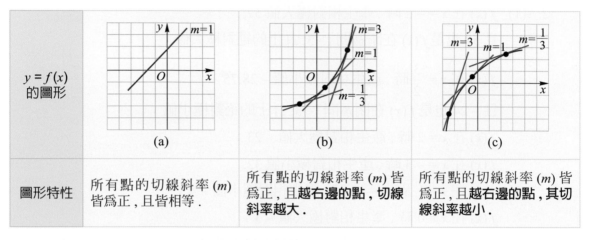

$y = f(x)$ 的圖形	(a)	(b)	(c)
圖形特性	所有點的切線斜率 (m) 皆為正，且皆相等．	所有點的切線斜率 (m) 皆為正，且越右邊的點，切線斜率越大．	所有點的切線斜率 (m) 皆為正，且越右邊的點，其切線斜率越小．

2. 圖形在某一區間內為遞減的部分情形之圖示：

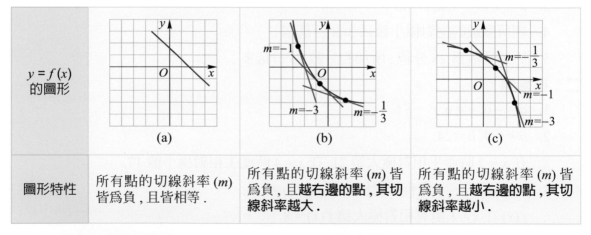

$y = f(x)$ 的圖形	(a)	(b)	(c)
圖形特性	所有點的切線斜率 (m) 皆為負，且皆相等．	所有點的切線斜率 (m) 皆為負，且越右邊的點，其切線斜率越大．	所有點的切線斜率 (m) 皆為負，且越右邊的點，其切線斜率越小．

由上述我們不難發現：

1. 不論函數在某區間遞增或遞減，其中 (b) 之情形皆具有「**圖形上越右邊的點其切線斜率越大**」的特性，此種情形，圖形上任兩點的連線段，除端點外皆在此兩點間之圖形的上方，稱為**凹向上** (concave upward).

2. 不論函數在某區間遞增或遞減，其中 (c) 之情形皆具有「**圖形上越右邊的點其切線斜率越小**」的特性，此種情形，圖形上任兩點的連線段，除端點外皆在此兩點間之圖形的下方，稱為凹向下 (concave downward).

一般而言，對於圖形的凹向性，我們定義如下：

定義

設 f 在區間 (a, b) 可微分．

1. 若 f' 在區間 (a, b) 上遞增，則稱 f 的圖形在區間 (a, b) 為凹向上．
2. 若 f' 在區間 (a, b) 上遞減，則稱 f 的圖形在區間 (a, b) 為凹向下．

註：上述的區間 (a, b) 若為 $(-\infty, b)$ 或 (a, ∞) 定義亦同．

二、凹向性與二階導數的關係

從定義我們知道：要找出函數 f 的圖形在哪些區間凹向上、哪些區間凹向下，必須要找出函數 f 的導函數 f' 為遞增與遞減的區間．而 f'' 為 f' 的導函數 (通常 f 的導函數 f' 稱為 f 的一階導函數，而 f' 的導函數 f'' 稱為 f 的二階導函數)，根據 4-3 節的定理知：

1. 對於任意數 $x \in (a, b)$, 恆有 $f''(x) > 0$,
   則 f' 在 (a, b) 遞增．

2. 對於任意數 $x \in (a, b)$, 恆有 $f''(x) < 0$,
   則 f' 在 (a, b) 遞減．

故我們可得下述凹向性的檢定定理．

定理 4-8：凹向性的檢定定理

設函數 f 在區間 (a, b) 內每一點的第二階導數都存在．

1. 若對每個 $x \in (a, b)$, 恆有 $f''(x) > 0$,
   則函數 f 的圖形在區間 (a, b) 為凹向上．
2. 若對每個 $x \in (a, b)$, 恆有 $f''(x) < 0$,
   則函數 f 的圖形在區間 (a, b) 為凹向下．

例題 1

試討論函數 $f(x) = x^3 + x^2 - 5x - 3$ 圖形的凹向.

解 因為 $f(x) = x^3 + x^2 - 5x - 3$, 得 $f'(x) = 3x^2 + 2x - 5, f''(x) = 6x + 2 = 6(x + \frac{1}{3})$,

列表顯示 $f''(x)$ 值的正、負如下:

x	$x < -\dfrac{1}{3}$	$-\dfrac{1}{3}$	$x > -\dfrac{1}{3}$
$f''(x)$	$-$	0	$+$
$f(x)$	凹向下	$-\dfrac{34}{27}$	凹向上

所以 $f(x)$ 的圖形在區間 $(-\infty, -\dfrac{1}{3})$ 凹向下, 在 $(-\dfrac{1}{3}, \infty)$ 凹向上.

 例題 2

試決定 $f(x) = \dfrac{x^2 + 4}{x^2 - 1}$ 之圖形凹口向上與凹口向下的開區間.

解 由函數 $f(x) = \dfrac{x^2 + 4}{x^2 - 1}$, 得

$$f'(x) = \frac{2x \cdot (x^2 - 1) - (x^2 + 4) \cdot 2x}{(x^2 - 1)^2} = \frac{-10x}{(x^2 - 1)^2},$$

$$f''(x) = \frac{(-10) \cdot (x^2 - 1)^2 - (-10x) \cdot 2(x^2 - 1) \cdot 2x}{(x^2 - 1)^4} = \frac{10(3x^2 + 1)}{(x^2 - 1)^3}$$

列表顯示 $f''(x)$ 值的正、負如下:

x	$x < -1$	$-1 < x < 1$	$x > 1$
$f''(x)$	$+$	$-$	$+$
$f(x)$	凹向上	凹向下	凹向上

所以 $f(x)$ 的圖形在區間 $(-\infty, -1)$ 凹向上 , 在區間 $(-1, 1)$ 凹向下 ,
在區間 $(1, \infty)$ 凹向上 .

三、反曲點及二階導數極值判別定理

由前例 , 我們發現只要先知道函數 f 在哪些 x 值時得到 $f''(x) = 0$, 當這些特殊值所
對應的點 , 其左右附近圖形的凹向不同時 (由凹向上轉為凹向下 , 或由凹向下轉為凹
向上), 我們稱這樣的特殊點為**反曲點** , 定義如下 :

定義

　　設 $f : A \to \mathbb{R}$, $A \subset \mathbb{R}$, $a \in A$, 若函數 f 的圖形在 $(a, f(a))$ 處有切線 , 且在此點
的左右的凹向相反 , 則稱 $(a, f(a))$ 為函數 f 之圖形的一個反曲點 .

如圖 4-13、圖 4-14 為反曲點的一些類型 :

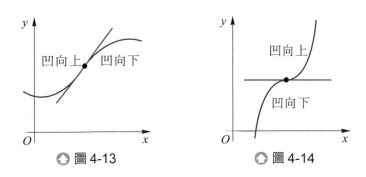

△ 圖 4-13　　　　　　△ 圖 4-14

利用二階導數檢定凹向 , 有時也可對極值提供另一種檢定 . 說明如下 :

1. 當 $f'(a) = 0$ 且 $f''(a) > 0$ 時 , 則 f 的圖形在 $x = a$ 處的切線斜
   率為 0, 且在 $x = a$ 處附近圖形上的點 , 其切線斜率越來越大 ,
   所以在 $x = a$ 處附近的圖形為凹向上 (如圖 4-15), 因此 $f(a)$
   是一個相對極小值 .

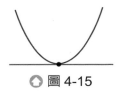

△ 圖 4-15

2. 當 $f'(a) = 0$ 且 $f''(a) < 0$ 時，則 f 的圖形在 $x = a$ 處的切線斜率為 0，且在 $x = a$ 處附近圖形上的點，其切線斜率越來越小（即 f' 為嚴格遞減），所以在 $x = a$ 處附近的圖形為凹向下（如圖 4-16)，因此 $f(a)$ 是一個相對極大值.

○ 圖 4-16

我們將上述性質寫成定理，陳述如下：

定理 4-9：第二階導數極值判別定理

設多項式函數 $f(x)$ 在 $x = a$ 附近各點均可微分，且 $f'(a) = 0$,
1. 若 $f''(a) < 0$,則 $f(x)$ 在 $x = a$ 處有相對極大值.
2. 若 $f''(a) > 0$,則 $f(x)$ 在 $x = a$ 處有相對極小值.

證 1. 因為 $f''(a) = \lim\limits_{x \to a} \dfrac{f'(x) - f'(a)}{x - a} < 0$,則必存在一包含 a 的區間 (c, d),

使得 $x \in (c, d)$ 恆有 $\dfrac{f'(x) - f'(a)}{x - a} < 0$,因此

(1) 若 $x \in (c, d)$ 且 $x < a$,則 $f'(x) > f'(a) = 0$,即 $f'(x) > 0$.

(2) 若 $x \in (c, d)$ 且 $x > a$,則 $f'(x) < f'(a) = 0$,即 $f'(x) < 0$.

依據第一階導數極值判別定理，可知 $f(x)$ 在 $x = a$ 處有相對極大值.

2. 同理可證，若 $f'(a) = 0$ 而且 $f''(a) > 0$,則 $f(x)$ 在 $x = a$ 處有相對極小值.

註：若 $f'(a) = 0$ 且 $f''(a) = 0$ 時，上述的檢定失效. 例如：

(1) 函數 $f(x) = x^3$ 在 $x = 0$ 處，$f'(0) = f''(0) = 0$,但 $f(0) = 0$ 不是極值.（圖 4-17）

(2) 函數 $f(x) = x^4$ 在 $x = 0$ 處，$f'(0) = f''(0) = 0$,但 $f(0) = 0$ 為極小值.（圖 4-18）

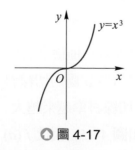

○ 圖 4-17

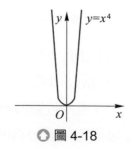

○ 圖 4-18

例題 3

設函數 $f(x) = x^4 + 4x^3 + 5, x \in R$,試討論函數 f 的凹向,反曲點與極值.

解 由函數 $f(x) = x^4 + 4x^3 + 5$, 得
$f'(x) = 4x^3 + 12x^2 = 4x^2(x+3)$, (一階導函數)
$f''(x) = 12x^2 + 24x = 12x(x+2)$, (二階導函數)

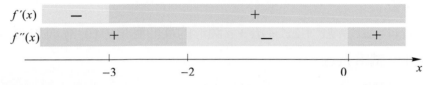

列表顯示 $f'(x)$ 及 $f''(x)$ 值的正、負及 $f(x)$ 的遞增、遞減與圖形的凹向如下:

x	$x<-3$	-3	$x<-2$	-2	$-2<x<0$	0	$x>0$
$f'(x)$	$-$	0	$+$	16	$+$	0	$+$
$f''(x)$	$+$	36	$+$	0	$-$	0	$+$
$f(x)$	⌣	-22	⌣	-11	⌢	5	⌣

由表知:f 的圖形在區間 $(-\infty, -2)$ 及 $(0, \infty)$
為凹向上,在區間 $(-2, 0)$ 為凹向下,
點 $(-2, -11)$ 及 $(0, 5)$ 均為反曲點.
由 f 的一階導函數及二階導函數知:
$f'(-3) = 0$ 且 $f''(-3) = 36 > 0$,
所以 $f(-3) = -22$ 為極小值.
而 $f'(0) = 0, f''(0) = 0$,此時二階導數檢定定理失效,
但因為存在含 0 的開區間 I,使得對於任一 $x \in I, x \neq 0$,恆有 $f'(x) > 0$,所以 $f(0)$
不是極大值也不是極小值.

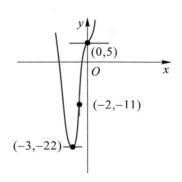

習 題

一、基礎題：

1. 試討論函數 $f(x) = x^3 - 2x^2 + 3x - 5$ 的凹向性.

2. 試決定 $f(x) = 2x - \tan x + 1$ 之圖形凹口向上與凹口向下的開區間.

3. 設函數 $f(x) = x^4 - 4x^3 + 6x^2 - 8x - 2$, 試討論函數 $f(x)$ 的凹向性, 反曲點與極值.

4. 試討論 $f(x) = 4\cos x + \cos 2x, 0 \le x \le 2\pi$ 圖形的凹向性並求其反曲點.

5. 若 $(1, 1)$ 為三次函數 $f(x) = x^3 + ax^2 + bx + c$ 圖形的反曲點, 且滿足 $f'(0) = 2$, 試求實數 a, b, c 的值.

6. 四次函數 $f(x) = ax^4 + bx^3 + cx^2 + dx + e$ 圖形的反曲點是 $P(0, 3)$ 與 $Q(2, -13)$, 且 $f'(0) = 0$, 試求 $f(x)$.

7. 試求 $f(x) = \sqrt[3]{x}$ 圖形的凹向性並求其反曲點.

二、進階題：

1. 試求實數 a 之範圍使多項式函數 $f(x) = x^4 + ax^3 + 3ax^2 + 1$ 的圖形沒有反曲點.

2. 試求 $f(x) = \sin x - x + 1, 0 \le x \le 4\pi$ 的相對極值及其圖形的反曲點.

3. 設三次函數 $f(x) = ax^3 + bx^2 + cx + d$ 在 $x = 2$ 時有相對極大值 6, 在 $x = 0$ 時有相對極小值 2, 試求 $f(x)$ 之圖形的對稱中心.

4. 設三次函數 $f(x) = x^3 + bx^2 + cx + 1$ 之圖形的對稱中心為 $(-1, 8)$, 試求實數 b, c 的值.

Ans

一、基礎題：

1. 在區間 $(-\infty, \frac{2}{3})$ 凹向下, 在區間 $(\frac{2}{3}, \infty)$ 凹向上

2. 區間 $(n\pi - \frac{\pi}{2}, n\pi)$ 凹向上, 在 $(n\pi, n\pi + \frac{\pi}{2})$ 凹向下.

3. (1) $f(x)$ 恆為凹向上. (2) 沒有反曲點. (3) 極小值為 -10.

4. (1) $f(x)$ 的圖形在區間 $(0, \frac{\pi}{3})$ 及 $(\pi, \frac{5\pi}{3})$ 凹向上, 在 $(\frac{\pi}{3}, \pi)$ 及 $(\frac{5\pi}{3}, 2\pi)$ 凹向下.

   (2) $(\frac{\pi}{3}, \frac{3}{2})$, $(\pi, 5)$ 及 $(\frac{5\pi}{3}, \frac{3}{2})$ 為反曲點.

5. $a = -3, b = 2, c = 1$

6. $f(x) = x^4 - 4x^3 + 3$

7. (1) $f(x)$ 的圖形在區間 $(-\infty, 0)$ 凹向上，在 $(0, \infty)$ 凹向下．

   (2) $(0, 0)$ 為反曲點．

二、進階題：

1. $0 \leq a \leq 8$．

2. $x = 0$ 時 $f(x)$ 有相對極大值 1；$x = 4\pi$ 時 $f(x)$ 有相對極小值 $1 - 4\pi$．

   $f(x)$ 圖形的反曲點為 $(\pi, 1 - \pi), (2\pi, 1 - 2\pi), (3\pi, 1 - 3\pi)$ 三點．

3. 對稱中心為 $(1, 4)$．

4. $b = 3, c = -5$．

4-5　描繪圖形 (A Summary of Curve Sketching)

一、函數圖形的描繪

(一) 多項函數圖形的描繪

　　由函數的一階導數可知道函數遞增與遞減的區間,及由二階導數可知道凹向上與凹向下的區間,我們便可較準確的作出該函數的圖形.底下我們先舉例說明多項式函數之圖形的繪圖作法.

步驟：(1) 求一階導函數,找出臨界值,列表顯示 f' 的正、負值區間,並顯示圖形在各區間的遞增與遞減,找出產生相對極大值及相對極小值的點.

　　　 (2) 求二階導函數,找出二階導函數為 0 處,列表顯示 f'' 的正、負值區間,並顯示圖形在各區間的凹向,若有反曲點,找出反曲點.

　　　 (3) 必要時再描若干點 (若定義域為閉區間,務必寫出端點坐標).

　　　 (4) 依遞增、遞減與凹向,通過上述各點以平滑曲線繪出.

 例題　1

試作函數 $f(x) = x^3 + 4x^2 + 4x + 3$ **的圖形**.

解　將函數 $f(x) = x^3 + 4x^2 + 4x + 3$ 微分兩次,得

$$f'(x) = 3x^2 + 8x + 4 = (3x + 2)(x + 2), \text{ (一階導函數)}$$

$$f''(x) = 6x + 8 = 6(x + \frac{4}{3}), \text{ (二階導函數)}$$

列表顯示 $f'(x)$ 值的正、負與 $f(x)$ 的遞增、遞減

x	$x < -2$	-2	$-2 < x < -\dfrac{2}{3}$	$-\dfrac{2}{3}$	$x > -\dfrac{2}{3}$
$f'(x)$	$+$	0	$-$	0	$+$
$f(x)$	↗	3	↘	$\dfrac{49}{27}$	↗

列表顯示 $f''(x)$ 值的正、負與 $f(x)$ 之圖形的凹向

x	$-2 < x < -\dfrac{4}{3}$	$-\dfrac{4}{3}$	$x > -\dfrac{4}{3}$
$f''(x)$	$-$	0	$+$
$f(x)$	凹向下	$\dfrac{65}{27}$	凹向上

由表知圖形在點 $(-2, 3)$ 產生相對極大值,

在點 $(-\dfrac{2}{3}, \dfrac{49}{27})$ 產生相對極小值,

而在 $(-\dfrac{4}{3}, \dfrac{65}{27})$ 為反曲點. 作圖如右:

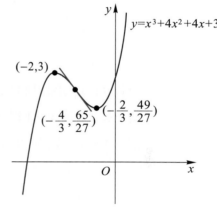

(二) 一般函數圖形的描繪

另外圖形的對稱性、截距及圖形的漸近線亦為繪圖之重要資料,所以一般可以函數的極值、增減、凹向、反曲點、漸近線等作為描繪圖形的輔助資料其步驟分述如下:

1. 確定函數的定義域,如果可能,找出函數的不連續點.
2. 討論圖形的對稱性與截距.
3. 求出圖形的漸近線.
4. 利用 $f'(x)$ 討論函數的遞增遞減,並求極值.
5. 利用 $f''(x)$ 討論函數的凹向,並求反曲點.
6. 找出圖形的截距,除前列諸特殊點外,可視需要再描繪數點,再依函數連續與可微觀點連成曲線.

 例題 2

試描繪函數 $f(x) = \dfrac{4x}{1+x^2}$ 的圖形.

解 因為 $f(x) = \dfrac{4x}{1+x^2}$ 是定義於 $\mathbb{R}$ 的連續函數,並且

$$f'(x) = \frac{4(1-x^2)}{(1+x^2)^2},\ f''(x) = \frac{8x(x^2-3)}{(1+x^2)^3},$$

(1) $f(x)$ 的遞增減與極值

因為 $\forall x \in \mathbb{R}$,$f'(x)$ 皆存在,且 $f'(x)=0$ 的根為 $x=1$ 或 $x=-1$,

所以 $f(x)$ 的臨界值只有 1 及 -1.

當 $x<-1$ 或 $x>1$ 時 $f'(x)<0$,此時 $f(x)$ 是嚴格遞減;

當 $-1<x<1$ 時 $f'(x)>0$,此時 $f(x)$ 是嚴格遞增.

所以 $f(-1)=-2$ 是極小值,$f(1)=2$ 是極大值.

(2) $f(x)$ 圖形的凹向與反曲點

因為 $\forall x \in \mathbb{R}$,$f''(x)$ 皆存在,且 $f''(x)=0$ 的根為 0 及 $\pm\sqrt{3}$,

因此當 $x \in (-\infty, -\sqrt{3}) \cup (0, \sqrt{3})$ 時,$f''(x)<0$,所以此時 $f(x)$ 凹向下;

當 $x \in (-\sqrt{3}, 0) \cup (\sqrt{3}, \infty)$ 時,$f''(x)>0$,所以此時 $f(x)$ 凹向上.

依定義知:$(-\sqrt{3}, -\sqrt{3})$,$(0, 0)$ 及 $(\sqrt{3}, \sqrt{3})$ 是反曲點.

(3) $f(x)$ 圖形的漸近線

因為 $\displaystyle\lim_{x\to\pm\infty} f(x) = \lim_{x\to\pm\infty} \frac{4x}{1+x^2} = \lim_{x\to\pm\infty} \frac{\dfrac{4}{x}}{1+\dfrac{1}{x^2}} = 0$,

得 $y=0$ 是 $f(x)$ 圖形的水平漸近線.

(4) 由 (1) 及 (2) 所得資料列表如下:

列表顯示 $f'(x)$ 值的正、負與 $f(x)$ 的遞增、遞減

x	$x<-1$	-1	$-1<x<1$	1	$x>1$
$f'(x)$	$-$	0	$+$	0	$-$
$f(x)$	↘	-2	↗	2	↘

列表顯示 $f''(x)$ 值的正、負與 $f(x)$ 之圖形的凹向

x	$x < -\sqrt{3}$	$-\sqrt{3}$	$-\sqrt{3} < x < 0$	0	$0 < x < \sqrt{3}$	$\sqrt{3}$	$x > \sqrt{3}$
$f''(x)$	−	0	+	0	−	0	+
$f(x)$	凹向下	$-\sqrt{3}$	凹向上	0	凹向下	$\sqrt{3}$	凹向上

(5) 描點繪圖將 $f(x)$ 圖形的產生局部極小值的點 $(-1, -2)$、產生局部極大值的點 $(1, 2)$ 及反曲點 $(-\sqrt{3}, -\sqrt{3})$, $(0, 0)$, $(\sqrt{3}, \sqrt{3})$ 描出, 並作出漸近線 $y = 0$ 再以平滑曲線連結各點, 作圖如下:

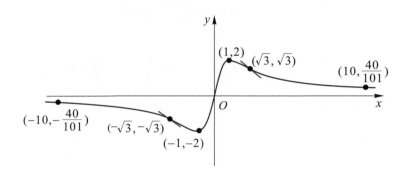

例題 3

試描繪函數 $f(x) = \dfrac{\cos x}{1 + \sin x}$, 在 $-\dfrac{\pi}{2} < x < \dfrac{3\pi}{2}$ 的圖形.

解　$f(x) = \dfrac{\cos x}{1 + \sin x}$

$\Rightarrow f'(x) = \dfrac{-\sin x(1 + \sin x) - \cos x(\cos x)}{(1 + \sin x)^2} = \dfrac{-(1 + \sin x)}{(1 + \sin x)^2} = \dfrac{-1}{1 + \sin x}$

$\Rightarrow f''(x) = \dfrac{0 - (-1)(\cos x)}{(1 + \sin x)^2} = \dfrac{\cos x}{(1 + \sin x)^2}$

函數 $f(x) = \dfrac{\cos x}{1 + \sin x}$, 在 $-\dfrac{\pi}{2} < x < \dfrac{3\pi}{2}$ 的圖形之 x 軸截距 $= \dfrac{\pi}{2}$, y 軸截距 $= 1$.

鉛直漸近線：$x = -\dfrac{\pi}{2}$，$x = \dfrac{3\pi}{2}$．水平漸近線：無

列表顯示 $f'(x)$ 值的正、負與 $f(x)$ 的遞增、遞減

x	$x = -\dfrac{\pi}{2}$	$-\dfrac{\pi}{2} < x < \dfrac{\pi}{2}$	$x = \dfrac{\pi}{2}$	$\dfrac{\pi}{2} < x < \dfrac{3\pi}{2}$	$x = \dfrac{3\pi}{2}$
$f'(x)$	無定義	$-$	$-\dfrac{1}{2}$	$-$	無定義
$f(x)$	無定義	↘	0	↘	無定義

列表顯示 $f''(x)$ 值的正、負與 $f(x)$ 的遞增、遞減

x	$x = -\dfrac{\pi}{2}$	$-\dfrac{\pi}{2} < x < \dfrac{\pi}{2}$	$x = \dfrac{\pi}{2}$	$\dfrac{\pi}{2} < x < \dfrac{3\pi}{2}$	$x = \dfrac{3\pi}{2}$
$f''(x)$	無定義	$+$	0	$-$	無定義
$f(x)$	無定義	凹向上	0	凹向下	無定義

以平滑曲線作圖如下：

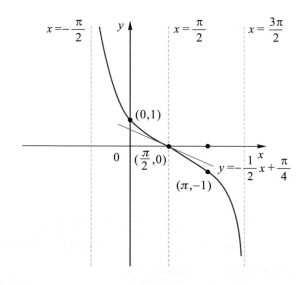

例題 4

試描繪函數 $f(x) = e^{-\frac{x^2}{2}}$ 的圖形.

解 因為 $f(x) = e^{-\frac{x^2}{2}}$ 是定義於 $\mathbb{R}$ 的連續函數, 並且

$$f'(x) = -xe^{-\frac{x^2}{2}}, \quad f''(x) = -e^{-\frac{x^2}{2}} + x^2 e^{-\frac{x^2}{2}} = e^{-\frac{x^2}{2}}(x+1)(x-1),$$

(1) $f(x)$ 的遞增減與極值

　　因為 $f'(x) = 0$ 的根為 $x = 0$, 所以 $f(x)$ 的臨界值只有 0.

　　當 $x < 0$ 時 $f'(x) > 0$, 此時 $f(x)$ 是遞增;

　　當 $x > 0$ 時 $f'(x) < 0$, 此時 $f(x)$ 是遞減. 所以 $f(0) = 1$ 是極大值.

(2) $f(x)$ 圖形的凹向與反曲點

　　因為 $f''(x) = 0$ 的根為 -1 及 1, 因此

　　當 $x \in (-\infty, -1) \cup (1, \infty)$ 時 $f''(x) > 0$, 此時 $f(x)$ 凹向上;

　　當 $x \in (-1, 1)$ 時 $f''(x) < 0$, 此時 $f(x)$ 凹向下.

　　依定義知: $(-1, e^{-\frac{1}{2}})$, 及 $(1, e^{-\frac{1}{2}})$ 是反曲點.

(3) $f(x)$ 圖形的漸近線

　　因為 $\lim_{x \to \infty} f(x) = \lim_{x \to \infty} \dfrac{1}{e^{\frac{x^2}{2}}} = 0$, 且 $\lim_{x \to -\infty} f(x) = \lim_{x \to -\infty} \dfrac{1}{e^{\frac{x^2}{2}}} = 0$,

　　因此, $y = 0$ 是 $f(x)$ 圖形的水平漸近線.

(4) 由 (1) 及 (2) 所得資料列表如下:

　　列表顯示 $f'(x)$ 值的正、負與 $f(x)$ 之圖形的凹向

x	$-\infty < x < 0$	0	$0 < x < \infty$
$f'(x)$	$+$	0	$-$
$f(x)$	↗	1	↘

列表顯示 $f''(x)$ 值的正、負與 $f(x)$ 的遞增、遞減

x	$x < -1$	-1	$-1 < x < 1$	1	$x > 1$
$f''(x)$	+	0	−	0	+
$f(x)$	凹向上	$e^{-\frac{1}{2}}$	凹向下	$e^{-\frac{1}{2}}$	凹向上

(5) 描點繪圖將 $f(x)$ 圖形的產生極大值的點 $(0, 1)$ 及反曲點 $(-1, e^{-\frac{1}{2}})$，$(1, e^{-\frac{1}{2}})$ 描出，並作出漸近線 $y = 0$ 再以平滑曲線連結各點，作圖如下：

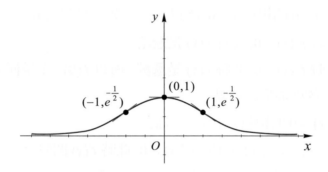

一、基礎題：

1. 試作函數 $f(x) = -x^3 + x^2 + 2$ 的圖形．

2. 試作函數 $f(x) = x^3 - x^2 - x - 2$ 的圖形．

3. 試作函數 $f(x) = \dfrac{1}{4} x^4 - 2x^2 + 3$ 的圖形．

4. 設三次函數 $f(x) = ax^3 + bx^2 + cx + d$ 之圖形如下圖，則下列何者正確？

   (A) $a > 0$

   (B) $b < 0$

   (C) $c < 0$

   (D) $d < 0$

   (E) $b^2 - 3ac > 0$．

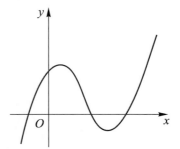

5. 試作函數 $f(x) = \dfrac{-x}{x^2 + 4}$ 的圖形．

6. 試作函數 $f(x) = x\sqrt{4 - x^2}$ 的圖形．

7. (1) 試作函數 $f(x) = x^3 - 3x^2 - 9x$ 的圖形．

   (2) 試就實數 k 值，討論方程式 $x^3 - 3x^2 - 9x - k = 0$ 的實根個數．

二、進階題：

1. (1) 描繪 $f(x) = \dfrac{x^3}{x^2 - 1}$ 的圖形，並求其相對極值及漸近線方程式．

   (2) 若方程式 $\dfrac{x^3}{x^2 - 1} = k$ 有三個相異實根，試求實數 k 的範圍．

2. 試描繪函數 $f(x) = \dfrac{1}{\sqrt{2\pi}\sigma} e^{-\frac{1}{2}(\frac{x-\mu}{\sigma})^2}$ 的圖形．**(常態分配)**

Ans

一、基礎題：

1.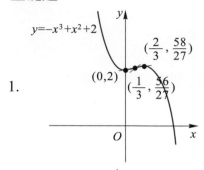

2.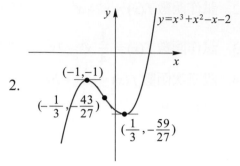

3.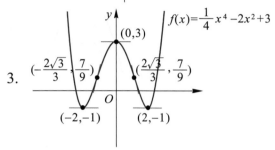

4. (A)(C)(D)(E).

5.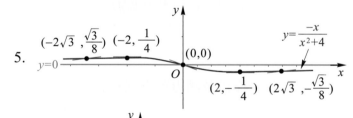

6.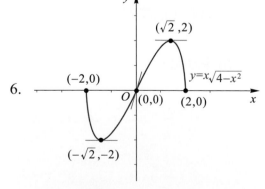

7. (1)

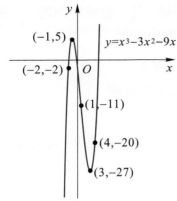

(2) 當 $k > 5$ 或 $k < -27$ 時 ，
方程式恰有一實根 .
當 $k = 5$ 或 $k = -27$ 時 ，
方程式有三實根 (含兩重根).
當 $-27 < k < 5$ 時 ，
方程式有三相異實根 .

二 、進階題 ：

1. (1)

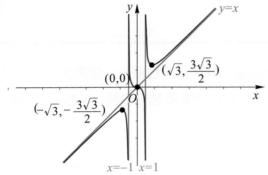

當 $x < -\sqrt{3}$ 時有相對極大值 $-\dfrac{3\sqrt{3}}{2}$ ，當 $x = \sqrt{3}$ 時有相對極小值 $\dfrac{3\sqrt{3}}{2}$ ，

漸近線 ：$x = -1, x = 1, y = x$.

(2) $k < -\dfrac{3\sqrt{3}}{2}$ 或 $k > \dfrac{3\sqrt{3}}{2}$

2.

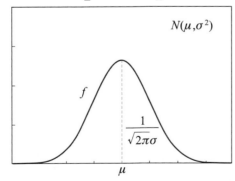

4-6 最佳化問題 (Optimization Problem)

　　我們學會如何求函數的極值及函數圖形的描繪, 對一般應用問題, 只要能依題意,
將所求建構成函數模式, 就可利用極值判斷法則得出所求.

1. 適當地選取變數 x (使所求值發生變化的關鍵)

2. 依題意定出函數 $f(x)$, 此時要特別注意變數 x 的範圍

3. 找出函數在該範圍內的臨界值

4. 運用 "比較極值大小" 或 "極值的一階檢定法" 計算函數的絕對極大值或絕對
極小值.

 例題 1

設有一邊長為 24 公分之正方形硬紙板, 將其四角各截去一個同大小的小正方形, 摺成
一無蓋的長方體紙盒, 試問截去的小正方形邊長為多少時, 可使所摺成的無蓋紙盒體
積最大, 又此最大體積為何?

解 設所截去的小正方形的邊長為 x 公分,
所摺成的無蓋長方體紙盒的容積為 $f(x)$,
則 $f(x) = x(24 - 2x)^2$
$\qquad = 4x^3 - 96x^2 + 576x$, 其中 $0 < x < 12$.
所以 $f'(x) = 12x^2 - 192x + 576 = 12(x - 4)(x - 12)$,
因為 $0 < x < 12$, 所以 $f'(x) = 0$ 時 $x = 4$.

列表顯示 $f'(x)$ 值的正、負如下：

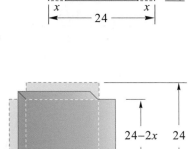

x	$0 < x < 4$	$x = 4$	$4 < x < 12$
$f'(x)$	$+$	0	$-$
$f(x)$	↗	1024	↘

可知 $f(x)$ 在 $x = 4$ 時, 有絕對極大值 1024.

因此截去的小正方形邊長為 4 公分時, 無蓋紙盒有最大體積 1024 立方公分.

例題 2

甲船從碼頭朝東方駛離時，乙船恰在碼頭的北方 7 公里處正駛向碼頭．今已知甲、乙兩船的航速分別為每小時 60 公里、30 公里，試問經過多少分鐘後，兩船相距最近？又最近距離是多少？

解 設 x 分鐘後，兩船相距 $f(x)$ 公里，

由題意知 $f(x) = \sqrt{x^2 + (7 - \frac{1}{2}x)^2} = \sqrt{\frac{5}{4}x^2 - 7x + 49}$ ，

所以 $f'(x) = \frac{1}{2} \cdot \dfrac{\frac{5}{2}x - 7}{\sqrt{\frac{5}{4}x^2 - 7x + 49}} = \dfrac{\frac{5}{4}(x - \frac{14}{5})}{\sqrt{\frac{5}{4}x^2 - 7x + 49}}$ ，

列表顯示 $f'(x)$ 值的正、負如下：

x	$0 < x < \frac{14}{5}$	$x = \frac{14}{5}$	$x > \frac{14}{5}$
$f'(x)$	$-$	0	$+$
$f(x)$	↘	$\sqrt{\frac{196}{5}}$	↗

可知 $f(x)$ 在 $x = \frac{14}{5}$ 時，有絕對極小值 $\sqrt{\frac{196}{5}}$ 。

故知經過 2.8 分鐘兩船相距最近，距離為 $\sqrt{\frac{196}{5}}$ （約 6.26) 公里．

註：此題可直接利用配方法得

$f(x) = \sqrt{x^2 + (7 - \frac{1}{2}x)^2} = \sqrt{\frac{5}{4}x^2 - 7x + 49} = \sqrt{\frac{5}{4}(x - \frac{14}{5})^2 + \frac{196}{5}}$ ，

所以可知經過 2.8 分鐘兩船相距最近，距離為 $\sqrt{\frac{196}{5}}$ （約 6.26) 公里．

 例題 3

假設細菌個數 (以百萬個為單位) 在培養皿中經過 t 小時後所得的數目為函數 $f(t) = t^3 - 6t^2 + 400, 0 \le t \le 5$, 求細菌個數的最小值.

解 因 $f(t) = t^3 - 6t^2 + 400, 0 \le t \le 5$,
所以 $f'(t) = 3t^2 - 12t = 3t(t-4)$,
列表顯示 $f'(t)$ 值的正、負及 $f(t)$ 的遞增、遞減如下:

x	$t = 0$	$0 < t < 4$	$t = 4$	$4 < t < 5$	$t = 5$
$f'(x)$		$-$	0	$+$	
$f(x)$	400	↘	368	↗	375

所以在 $t = 4$ 時 $f'(t)$ 產生最小值 $f(4) = 368$;
故經 4 小時後細菌個數有最小值 36800 萬個.

 **例題 4**

設 P 為拋物線 $y = x^2 - x$ 上的動點，$A(0, 1)$ 為一定點，試求 $\overline{PA}$ 的最小值及此時 P 的坐標．

解 令 $P(x, x^2 - x)$，

則 $\overline{PA} = \sqrt{x^2 + (x^2 - x - 1)^2}$，

設函數 $f(x) = x^2 + (x^2 - x - 1)^2$，

則 $f(x) = x^2 + x^4 + x^2 + 1 - 2x^3 - 2x^2 + 2x = x^4 - 2x^3 + 2x + 1$，

所以 $f'(x) = 4x^3 - 6x^2 + 2 = 2(2x + 1)(x - 1)^2$，

於是知 $f'(x) = 0$ 時，$x = 1$ 或 $x = -\dfrac{1}{2}$．

列表顯示 $f'(x)$ 值的正、負如下：

x	$x < -\dfrac{1}{2}$	$-\dfrac{1}{2}$	$-\dfrac{1}{2} < x < 1$	1	$x > 1$
$f'(x)$	$-$	0	$+$	0	$+$
$f(x)$	$\searrow$	$\dfrac{5}{16}$	$\nearrow$	2	$\nearrow$

可知 $f(x)$ 在 $x = -\dfrac{1}{2}$ 時，有絕對極小值 $\dfrac{5}{16}$．

因此 P 的坐標為 $(-\dfrac{1}{2}, \dfrac{3}{4})$ 時，$\overline{PA}$ 有最小值 $\dfrac{\sqrt{5}}{4}$．

例題 5

已知一球體之半徑為 r, 求其內接直圓錐的最大體積.

(直圓錐的體積等於 $\dfrac{1}{3}$ × 底圓面積 × 高)

解 設內接直圓錐的底之半徑為 t, 高為 x, 則球心至直圓錐之底的距離為 $|x-r|$,
於是得 $t^2 + |x-r|^2 = r^2$, 即 $t^2 = r^2 - |x-r|^2 = r^2 - x^2 + 2rx - r^2 = -x^2 + 2rx$,

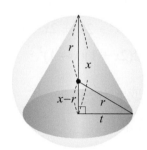

所以內接直圓錐的體積為

$$\frac{1}{3}(\pi t^2)\cdot x = \frac{\pi}{3}\cdot x\cdot(-x^2+2rx) = \frac{\pi}{3}\cdot(-x^3+2rx^2) \ ,$$

設函數 $f(x) = -x^3 + 2rx^2$,

則 $f'(x) = -3x^2 + 4rx = -3x(x - \dfrac{4}{3}r)$,

因為 $0 < x < 2r$, 所以 $f'(x) = 0$ 時 , $x = \dfrac{4}{3}r$.

列表顯示 $f'(x)$ 值的正 、負如下 :

x	$0 < x < \dfrac{4}{3}r$	$x = \dfrac{4}{3}r$	$\dfrac{4}{3}r < x < 2r$
$f'(x)$	$+$	0	$-$
$f(x)$	↗	$\dfrac{32}{27}r^3$	↘

可知 $f(x)$ 在 $x = \dfrac{4}{3}r$ 時 , 有絕對極大值 $\dfrac{32}{27}r^3$.

因此直圓錐的高為 $\dfrac{4}{3}r$ 時 , 內接直圓錐有最大體積 $\dfrac{32}{81}\pi r^3$.

一、基礎題：

1. 設拋物線 $\Gamma : y = 9 - x^2$ 交 x 軸於 A, B 兩點，一線平行 x 軸且在 x 軸上方與拋物線交於 C, D 兩點，則梯形 $ABCD$ 的最大面積為何？

2. 假設某地區蚊子的數量（以千為單位）與降雨量（以吋為單位）的關係為函數 $f(x) = -x^3 + 15x^2 - 48x + 60, 0 \le x \le 10$, 求造成蚊子最少時的降雨量與造成蚊子最多時的降雨量.

3. 百貨公司大減價，依據銷售經驗，某名牌襯衫每月可售出 1000 件，每件利潤 600 元，若將價格每調降 20 元，則可多賣 100 件，試問要達到最高利潤時，價格要調降多少元？

4. 工廠打算用 240 元的材料費來製造一無蓋的長方體儲存桶，若長方體的底部需為正方形，而用來作底部的材料每平方單位 40 元，作側面的材料每平方單位 10 元，則長方體儲存桶的最大容積為多少？

5. 設圓半徑為 1, 今將中心角為 θ 的扇形剪去，剩下其餘部份作成一圓錐容器，試求容器最大容積，此時 θ 為何？

6. 想要設計一個以正方形為底，而表面積為 972 平方公分的開口紙箱，應如何設計才會有最大容積？

7. 設 $A(1, 2)$ 為一定點，P 為拋物線 $\Gamma : y = \dfrac{1}{4} x^2$ 上的動點，試求 $\overline{AP}$ 的最小值及此時的坐標 P.

8. 試求半徑為 r 之球的內接直圓柱的最大體積，又此時直圓柱的高為何？

9. 欲製作一個底半徑為 r 的直圓柱體，使其體積為一個定數 k, 問此圓柱體的高應取為多少時，其表面積（含上、下底）為最小？

二、進階題：

1. 將邊長為 18 公分的正三角形紙板，各角截去一個同樣大小的箏形 (鳶形) 以摺成一無蓋的直三角柱紙盒，試問截去的箏形邊長為多少時，所摺成的無蓋直三角柱紙盒的容積最大，又此最大容積為何？

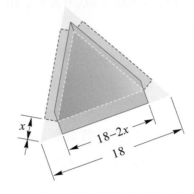

2. 傳說中孫悟空的如意金箍棒是由定海神針變形得來的．這定海神針在變形時永遠保持圓柱體，其底圓半徑原為 12 公分且以每秒 1 公分的等速率縮短，而長度以每秒 20 公分的等速率增長．已知神針之底圓半徑只能從 12 公分縮到 4 公分為止，且知在這段變形過程中，當底圓半徑為 10 公分時其體積最大．

   (1) 試問神針在變形開始幾秒後其體積最大？

   (2) 試求定海神針原來的長度為幾公分？

   (3) 假設孫悟空將神針體積最小時定形成金箍棒，試求金箍棒的長度為幾公分？

3. 牆角有一高為 80 公分，寬為 10 公分的矩形高樓，因室內裝潢需求，欲由牆壁放置一彩色玻璃直管到地面上 (如圖所示)，試問如何放置可使玻璃直管最短？

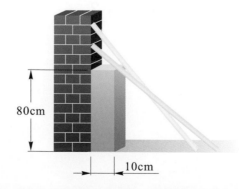

80cm

10cm

4. 以 40 公尺長的線圍一個長方形和一個圓，應如何分配才可得到最大的總面積？

一、基礎題：

1. 32.

2. 造成蚊子最少時的降雨量爲 2(吋), 造成蚊子最多時的降雨量爲 8(吋).

3. 價格應調降 200 元 , 可得最高利潤 800000 元 .

4. 儲存桶的最大容積爲 $4\sqrt{2}$.

5. 容器最大容積爲 $\dfrac{2\sqrt{3}\pi}{27}$, 此時 $r = \sqrt{1-\dfrac{1}{3}} = \sqrt{\dfrac{2}{3}} = \dfrac{\sqrt{6}}{3}$. 即 $\theta = 2\pi(1-\dfrac{\sqrt{6}}{3})$.

6. 使開口紙箱正方形底的邊長爲 18 公分 , 高爲 9 公分時 , 會有最大容積 2916 立方公分 .

7. P 之坐標爲 $(2, 1)$ 時 , $\overline{AP}$ 有最小值 $\sqrt{2}$.

8. 內接直圓柱有最大體積 $\dfrac{4\sqrt{3}}{9}\pi r^3$, 此時直圓柱的高爲 $-\dfrac{2\sqrt{3}}{3}r$.

9. 當 $r = \sqrt[3]{\dfrac{k}{2\pi}}$ 時 , $f(r)$ 有最小值 $3\sqrt[3]{2\pi k}$,

    即 $h = \dfrac{k}{\pi r^2} = \dfrac{k}{\pi \sqrt[3]{(\dfrac{k}{2\pi})^2}} = \sqrt[3]{\dfrac{4k}{\pi}}$ 時 , 其表面積 (含上 、下底) 有最小值 $3\sqrt[3]{2\pi k^2}$.

二、進階題：

1. 截去的四邊形的邊長爲 $3, 3, \sqrt{3}$, $\sqrt{3}$ 時 , 所摺成的無蓋直三角柱紙盒有最大容積 108 立方公分 .

2. (1) 2.　(2) 60.　(3) 220.

3. 將彩色玻璃直管著地處距離高檯 40 公分 , 鉛直高度爲 100 公分時 , 可符合需求 , 且使彩色玻璃直管有最短長度 $50\sqrt{5}$ 公分 .

4. 全部的線都用來圍圓的時候 , 總面積 A 有最大值 $\dfrac{400}{\pi}$ (平方公尺).

05
Chapter

積分
INTEGRATION

 本 章 綱 要

5-1 反導函數與不定積分 (Antiderivatives and Indefinite Integration)

一、反導函數

我們學過如何求一個函數的導函數,現在我們反過來探討,給定函數,是否可以找到一個函數,使其導函數等於已知函數呢?

例如:已知函數 $f(x) = 3x^2$,我們可以找到函數 $F(x) = x^3$ 使得 $F'(x) = f(x)$.

定義 (反導函數)

函數 $F(x)$ 具有 $F'(x) = f(x)$ 的關係時,我們稱 $F(x)$ 為 $f(x)$ 的一個反導函數. 而 $f(x)$ 的所有反導函數所成的集合,我們以符號 $\int f(x)dx$ 表示,$\int f(x)dx$ 也稱為 $f(x)$ 的不定積分.

底下我們以多項函數為例,進一步說明函數及其反導函數的關係,下表中 $F(x)$ 均為對應 $f(x)$ 的一個反導函數,且 c 為一常數.

函數 次數	已知函數 $f(x)$	函數 $F(x)$, 滿足 $F'(x) = f(x)$
未定義	$f(x) = 0$	$F(x) = 1$, $F(x) = -2$, $F(x) = 100$, 皆可表為 $F(x) = c$
零次	$f(x) = 1$	$F(x) = x$, $F(x) = x + 5$, $F(x) = x - 8$, 皆可表為 $F(x) = x + c$
一次	$f(x) = x$	$F(x) = \frac{1}{2}x^2$, $F(x) = \frac{1}{2}x^2 + 3$, $F(x) = \frac{1}{2}x^2 - 10$, 皆可表為 $F(x) = \frac{1}{2}x^2 + c$
二次	$f(x) = x^2$	$F(x) = \frac{1}{3}x^3$, $F(x) = \frac{1}{3}x^3 + 6$, $F(x) = \frac{1}{3}x^3 - 8$, 皆可表為 $F(x) = \frac{1}{3}x^3 + c$
$\vdots$	$\vdots$	$\vdots$
n 次	$f(x) = x^n$	$F(x) = \frac{1}{n+1}x^{n+1} + c$

事實上，所有 x^n 的反導函數都是 $\dfrac{1}{n+1}x^{n+1}+c$ 的形式，其中 c 為常數，即

$$\int x^n dx = \frac{1}{n+1}x^{n+1}+c$$

註：(1) 不定積分 (反導函數) $\int f(x)dx$ 代表一群函數，不過這些函數之間只差一個常數．

(2) 式子 $\int x^n dx = \dfrac{1}{n+1}x^{n+1}+c$ 中的 n 對於所有異於 -1 的實數均成立．

(3) 積分公式可直接從微分公式得出．

基本積分規則

微分公式	積分公式
$\dfrac{d}{dx}c = 0$	$\int 0\,dx = c$
$\dfrac{d}{dx}kx = k$	$\int k\,dx = kx+c$
$\dfrac{d}{dx}kf(x) = kf'(x)$	$\int kf(x)dx = k\int f(x)dx$
$\dfrac{d}{dx}(f(x)\pm g(x)) = f'(x)\pm g'(x)$	$\int (f(x)\pm g(x))dx = \int f(x)dx \pm \int g(x)dx$
$\dfrac{d}{dx}x^n = nx^{n-1}$	$\int x^n dx = \dfrac{1}{n+1}x^{n+1}+c$,$n \neq -1$
$\dfrac{d}{dx}\sin x = \cos x$	$\int \cos x\,dx = \sin x + c$
$\dfrac{d}{dx}\cos x = -\sin x$	$\int \sin x\,dx = -\cos x + c$
$\dfrac{d}{dx}\tan x = \sec^2 x$	$\int \sec^2 x\,dx = \tan x + c$
$\dfrac{d}{dx}\cot x = -\csc^2 x$	$\int \csc^2 x\,dx = -\cot x + c$

微分公式	積分公式
$\dfrac{d}{dx}\sec x = \sec x \tan x$	$\displaystyle\int \sec x \tan x\, dx = \sec x + c$
$\dfrac{d}{dx}\csc x = -\csc x \cot x$	$\displaystyle\int \csc x \cot x\, dx = -\csc x + c$
$\dfrac{d}{dx}e^x = e^x$	$\displaystyle\int e^x\, dx = e^x + c$
$\dfrac{d}{dx}\ln|x| = \dfrac{1}{x}$	$\displaystyle\int \dfrac{1}{x}\, dx = \ln|x| + c$

關於反導函數的應用，我們看下面例子.

 例題 1

試求下列不定積分

(1) $\displaystyle\int (5x^3 + 2x^2 + 3x - 4)dx$.　(2) $\displaystyle\int \dfrac{x^2 + 2}{\sqrt{x}}dx$.　(3) $\displaystyle\int \dfrac{\sin x}{1 - \sin^2 x}dx$.

解 (1) $\displaystyle\int (5x^3 + 2x^2 + 3x - 4)dx = 5\int x^3 dx + 2\int x^2 dx + 3\int x dx - \int 4 dx$

$$= 5(\dfrac{x^4}{4}) + 2(\dfrac{x^3}{3}) + 3(\dfrac{x^2}{2}) - 4x + c$$

$$= \dfrac{5x^4}{4} + \dfrac{2x^3}{3} + \dfrac{3x^2}{2} - 4x + c .$$

(2) $\displaystyle\int \dfrac{x^2 + 2}{\sqrt{x}}dx = \int (\dfrac{x^2}{\sqrt{x}} + \dfrac{2}{\sqrt{x}})dx = \int (x^{\frac{3}{2}} + 2x^{-\frac{1}{2}})dx = \int x^{\frac{3}{2}}dx + 2\int x^{-\frac{1}{2}}dx$

$$= \dfrac{x^{\frac{5}{2}}}{\frac{5}{2}} + 2(\dfrac{x^{\frac{1}{2}}}{\frac{1}{2}}) + c = \dfrac{2}{5}x^{\frac{5}{2}} + 4x^{\frac{1}{2}} + c .$$

(3) $\displaystyle\int \dfrac{\sin x}{1 - \sin^2 x}dx = \int \dfrac{\sin x}{\cos^2 x}dx = \int (\dfrac{1}{\cos x})(\dfrac{\sin x}{\cos x})dx = \int \sec x \tan x dx = \sec x + c$.

例題 2

試求下列不定積分

(1) $\int (e^{3x} + e^{2x})dx$. (2) $\int \frac{2x}{x^2+1}dx$. (3) $\int \cot x dx$.

解 (1) 因為 $\frac{d}{dx}(\frac{1}{3}e^{3x} + \frac{1}{2}e^{2x}) = e^{3x} + e^{2x}$,

所以 $\int (e^{3x} + e^{2x})dx = \frac{1}{3}e^{3x} + \frac{1}{2}e^{2x} + c$.

(2) 因為 $\frac{d}{dx}(\ln(x^2+1)) = \frac{1}{x^2+1} \cdot \frac{d}{dx}(x^2+1) = \frac{1}{x^2+1} \cdot 2x = \frac{2x}{x^2+1}$,

所以 $\int \frac{2x}{x^2+1}dx = \ln(x^2+1) + c$.

(3) 因為 $\cot x = \frac{\cos x}{\sin x}$, 且 $\frac{d}{dx}(\sin x) = \cos x$,

得 $\frac{d}{dx}(\ln|\sin x|) = \frac{1}{\sin x} \cdot \frac{d}{dx}(\sin x) = \frac{1}{\sin x} \cdot \cos x = \frac{\cos x}{\sin x}$,

所以 $\int \cot x dx = \int \frac{\cos x}{\sin x}dx = \ln|\sin x| + c$.

　　通常我們都以 x 作為積分變數，但在應用的時候，有時也會為了方便使用其他變數作為積分變數．例如下例牽涉到時間，我們就以 t 作為積分變數．

 例題 3

一物體自 313.6 公尺高的地方自由落下，設 t 秒時，物體落下的速度為 $v(t)$, 落下的距離為 $d(t)$, 離地的高度為 $h(t)$, 試求：

(1) $v(t)$. (2) $d(t)$. (3) $h(t)$. (4) 落地時所需的時間．

(已知自由落體的加速度為 9.8 公尺 / 秒 ^{2})

解 (1) 由於加速度為 $v'(t) = 9.8$ 公尺／秒^2,

所以 $v(t) = \int 9.8 dt = 9.8t + c_1$, c_1 為常數,

又 $v(0) = 0$, 故得 $c_1 = 0$, 即 $v(t) = 9.8t$ 公尺／秒^2.

(2) 由於 $d'(t) = v(t) = 9.8t$, 所以 $d(t) = \int 9.8t dt = 4.9t^2 + c_2$, c_2 為常數,

又 $d(0) = 0$, 故得 $c_2 = 0$, 即 $d(t) = 4.9t^2$ 公尺.

(3) 因為物體自 313.6 公尺高的地方落下, 又由 (2) 知 t 秒時,

落下的距離 $d(t) = 4.9t^2$ 公尺

所以 t 秒時的高度為 $h(t) = 313.6 - d(t) = 313.6 - 4.9t^2$ 公尺.

(4) 令 $h(t) = 313.6 - 4.9t^2 = 0$, 化簡得 $t^2 = 64$, 所以 $t = \pm 8$ (負不合),

即此物體經 8 秒後落地.

習 題

一、基礎題：

1. 試求下列各題的不定積分

    (1) $\int (x^{\frac{3}{2}} + 2x + 3)dx$.   (2) $\int (x+2)(3x-1)dx$.

    (3) $\int (\tan^2 x - \cos x + 3)dx$.   (4) $\int (1 - \csc x \cot x)dx$.

2. 試求下列不定積分

    (1) $\int 3^x dx$.   (2) $\int \dfrac{2e^x}{e^x + 3}dx$.   (3) $\int \tan x dx$.

3. 一物體自 1024 呎高的地方自由落下，設 t 秒時，物體落下的速度為 $v(t)$, 落下的距離為 $d(t)$, 離地高度為 $h(t)$, 試求：

    (1) $v(t)$.   (2) $d(t)$.

    (3) $h(t)$.   (4) 落地時經過的時間 .

    (已知自由落體的加速度為 32 呎 / 秒 ^{2}).

Ans

一、基礎題：

1. (1) $\dfrac{2}{5}x^{\frac{5}{2}} + x^2 + 3x + c$.   (2) $x^3 + \dfrac{5}{2}x^2 - 2x + c$.

    (3) $\tan x - \sin x + 2x + c$.   (4) $x + \csc x + c$.

2. (1) $\dfrac{1}{\ln 3} \cdot 3^x + c$.   (2) $2\ln(e^x + 3)$.   (3) $-\ln|\cos x| + c$.

3. (1) $32t$ 呎 / 秒 .   (2) $16t^2$ 呎 .

    (3) $1024 - 16t^2$ 呎 .   (4) 8 秒 .

5-2 面積 (Area)

一、面積

欧幾里得 (Euclid, 古希臘, 約西元前 350 ～ 300) 幾何學中, 以面積公設:「正方形的面積爲其邊長的平方」 爲基礎, 利用「分割」與「接合」的方法來說明長方形、平行四邊形、梯形、三角形、多邊形等的面積求法, 整理如下:

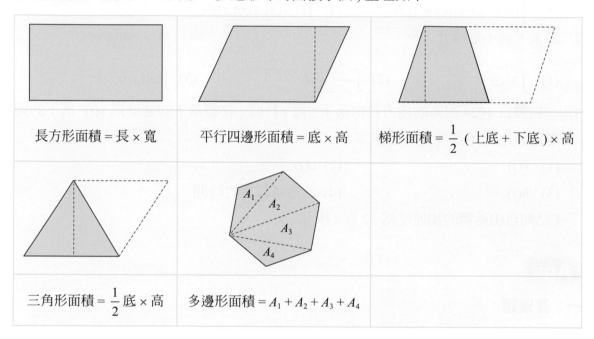

長方形面積 = 長 × 寬	平行四邊形面積 = 底 × 高	梯形面積 = $\frac{1}{2}$ (上底 + 下底) × 高
三角形面積 = $\frac{1}{2}$ 底 × 高	多邊形面積 = $A_1 + A_2 + A_3 + A_4$	

對於非多邊形的圖形, 如圖 5-1 的黃色區域面積, 我們就無法直接利用上述公式來求得, 不過此類的圖形面積, 可以先將圖形細分爲若干小長方形, 再將這些小長方形的面積加總, 以求得原圖形面積的近似值, 如圖 5-2 所示:

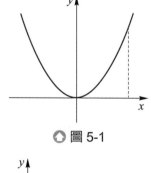

◆ 圖 5-1

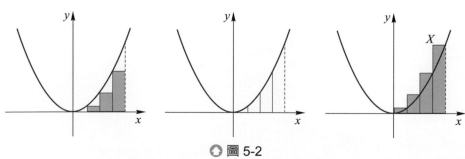

◆ 圖 5-2

圖 5-3 中所有長方形的面積和 < 黃色區域面積 < 右圖中所有長方形的面積和 . 且黃色區域內的長方形越多 , 則所有長方形的面積和越接近黃色區域面積 .

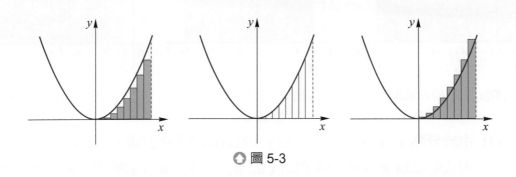

⬡ 圖 5-3

二、黎曼和、上和、下和

接下來我們就以此觀念求一般形狀的圖形之面積 .

首先我們來定義一些名詞如下 :

1. 分割 (partition)

    (1) 若 $P = \{x_0, x_1, x_2, \cdots, x_n\}$, 其中 $a = x_0 < x_1 < x_2 < \cdots < x_n = b$, 則稱 P 為 $[a, b]$ 的
    一分割 , 而 $\| P \| = \max\limits_{1 \leq k \leq n} | x_k - x_{k-1} |$ 稱為分割的**範數** (Norm).

    (2) 若分割 P 中 , 每一子區間 $[x_{k-1}, x_k]$ 的寬度 $\Delta x_k = x_k - x_{k-1}$, $k = 1, 2, \cdots, n$ 皆相
    等 , 則我們稱 P 為一**等分割** , 此時 $\Delta x_k = x_k - x_{k-1} = \dfrac{b-a}{n}$.

2. 黎曼和 (Riemann sum)：

    設 f 為定義於閉區間 $[a, b]$ 的函數 , $P = \{x_0, x_1, x_2, \cdots, x_n\}$ 為 $[a, b]$ 的一分割 , 則對於任一 $c_k \in [x_{k-1}, x_k]$, $k = 1, 2, \cdots, n$, 我們稱

    $$f(c_1)\Delta x_1 + f(c_2)\Delta x_2 + \cdots + f(c_n)\Delta x_n = \sum_{k=1}^{n} f(c_k)\Delta x_k$$

    為 f 在閉區間 $[a, b]$ 上的一個**黎曼和** .

註： 如圖 5-4, 若 $f(x) \geq 0$, 則 $f(c_k)\Delta x_k = f(c_k) \cdot (x_k - x_{k-1})$ 表示圖中斜線區域之面積 , 這個區域是個矩形 , 其長與寬分別為 $f(c_k)$ 與 $x_k - x_{k-1}$.

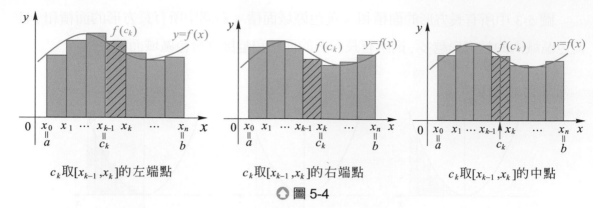

c_k 取 $[x_{k-1}, x_k]$ 的左端點 c_k 取 $[x_{k-1}, x_k]$ 的右端點 c_k 取 $[x_{k-1}, x_k]$ 的中點

⬆ 圖 5-4

(1) 由於分點 $x_0, x_1, x_2, \cdots, x_n$ 可將 $y = f(x)$ 的圖形與直線 $x = a$, $x = b$ 和 $y = 0$ 所圍成的區域 R 分成 n 個子區域 $R_1, R_2, \cdots, R_n$，而這 n 個子區域的面積和就是區域 R 的面積，當我們以長方形面積 $f(c_k) \cdot (x_k - x_{k-1})$ 作為第 k 個子區域 R_k 之面積的近似值，則黎曼和就是區域 R 的面積的近似值。

(2) 當 $x_k - x_{k-1}$ 的值愈小，則 $f(c_k) \cdot (x_k - x_{k-1})$ 的值愈接近第 k 個子區域 R_k 的面積，所以要使黎曼和 $\displaystyle\sum_{k=1}^{n} f(c_k) \cdot (x_k - x_{k-1})$ 愈接近區域 R 的面積，就要使 $x_k - x_{k-1}$ 的值愈小愈好。

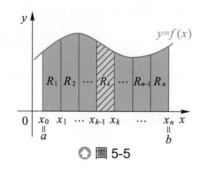

⬆ 圖 5-5

3. 下和與上和：

設 f 為定義於閉區間 $[a, b]$ 的函數，$P = \{x_0, x_1, x_2, \cdots, x_n\}$ 為 $[a, b]$ 的一分割，若 m_k, M_k 分別為 f 在 $[x_{k-1}, x_k]$ 的絕對極小值與絕對極大值，則我們稱

$L_n = m_1 \Delta x_1 + m_2 \Delta x_2 + \cdots + m_n \Delta x_n$　　　為 f 的**下和** (lower sum)，

$U_n = M_1 \Delta x_1 + M_2 \Delta x_2 + \cdots + M_n \Delta x_n$　　　為 f 的**上和** (upper sum)。

註：對同一分割，黎曼和都介於其下和與上和之間。

例題 **1**

設 $f(x) = x^2$, $x \in [1, 3]$，且 $P = \{x_0, x_1, x_2, x_3, x_4\}$ 為 $[1, 3]$ 的等分割 .

(1) 令 c_k 為 $[x_{k-1}, x_k]$ 的左端點 , 試求 $f(x) = x^2$ 的黎曼和 .

(2) 令 c_k 為 $[x_{k-1}, x_k]$ 的右端點 , 試求 $f(x) = x^2$ 的黎曼和 .

解 依題意分割 P 為四等分割 , 所以 $\Delta x_k = \dfrac{3-1}{4} = \dfrac{1}{2}$, $k = 1, 2, 3, 4$.

且 $x_0 = 1$, $x_1 = 1 + 1 \cdot \dfrac{1}{2} = \dfrac{3}{2}$, $x_2 = 1 + 2 \cdot \dfrac{1}{2} = 2$, $x_3 = 1 + 3 \cdot \dfrac{1}{2} = \dfrac{5}{2}$, $x_4 = 3$.

(1) c_k 為左端點 ,

c_k	1	$\dfrac{3}{2}$	2	$\dfrac{5}{2}$	
$f(c_k)$	1	$\dfrac{9}{4}$	4	$\dfrac{25}{4}$	
黎曼和	$f(c_1)\Delta x_1 + f(c_2)\Delta x_2 + f(c_3)\Delta x_3 + f(c_4)\Delta x_4$ $= \dfrac{1}{2} \times (1 + \dfrac{9}{4} + 4 + \dfrac{25}{4}) = \dfrac{27}{4}$				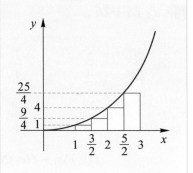

(2) c_k 為右端點 ,

c_k	$\dfrac{3}{2}$	2	$\dfrac{5}{2}$	3	
$f(c_k)$	$\dfrac{9}{4}$	4	$\dfrac{25}{4}$	9	
黎曼和	$f(c_1)\Delta x_1 + f(c_2)\Delta x_2 + f(c_3)\Delta x_3 + f(c_4)\Delta x_4$ $= \dfrac{1}{2} \times (\dfrac{9}{4} + 4 + \dfrac{25}{4} + 9) = \dfrac{43}{4}$				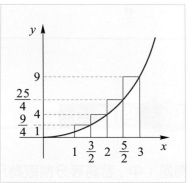

註：例題 1 的圖形，在 $[1, 3]$ 區間爲遞增且不爲常數函數，所以

(1) 當 c_k 分別取爲 $[x_{k-1}, x_k]$ 的左端點與右端點時，其相對的黎曼和恰爲下和與上和．

(2) 若令其下和爲 L_4，上和爲 U_4，且 $f(x) = x^2$ 的圖形與直線 $x = 1$，$x = 3$，$y = 0$ 所圍出的區域 R 的面積爲 $a(R)$，如上圖黃色區域我們仍有 $L_4 \leq a(R) \leq U_4$．

 例題 2

例題 1 中，令 c_k 爲 $[x_{k-1}, x_k]$ 的中點，試求 $f(x) = x^2$ 的黎曼和．

解 c_k 爲中點，

c_k	$\dfrac{5}{4}$	$\dfrac{7}{4}$	$\dfrac{9}{4}$	$\dfrac{11}{4}$	
$f(c_k)$	$\dfrac{25}{16}$	$\dfrac{49}{16}$	$\dfrac{81}{16}$	$\dfrac{121}{16}$	
黎曼和	$f(c_1)\Delta x_1 + f(c_2)\Delta x_2 + f(c_3)\Delta x_3 + f(c_4)\Delta x_4$ $= \dfrac{1}{2} \times (\dfrac{25}{16} \times \dfrac{49}{16} \times \dfrac{81}{16} \times \dfrac{60}{16}) = \dfrac{69}{8}$				

 例題 3

例題 1 中，若將等分割取爲八等分割 $P = \{1, \dfrac{5}{4}, \dfrac{6}{4}, \dfrac{7}{4}, 2, \dfrac{9}{4}, \dfrac{10}{4}, \dfrac{11}{4}, 3\}$，試分別求其下和 L_8 與上和 U_8．

解 (1) 求下和 L_8, 取 c_k 為左端點,

c_k	1	$\frac{5}{4}$	$\frac{6}{4}$	$\frac{7}{4}$	2	$\frac{9}{4}$	$\frac{10}{4}$	$\frac{11}{4}$	
$f(c_k)$	1	$\frac{25}{16}$	$\frac{36}{16}$	$\frac{49}{16}$	4	$\frac{81}{16}$	$\frac{100}{16}$	$\frac{121}{16}$	
下和	$L_8 = \frac{1}{4} \times (1 + \frac{25}{16} + \frac{36}{16} + \frac{49}{16} + 4 + \frac{81}{16} + \frac{100}{16} + \frac{121}{16}) = \frac{123}{16}$								

(2) 求上和 U_8, 取 c_k 為右端點,

c_k	$\frac{5}{4}$	$\frac{6}{4}$	$\frac{7}{4}$	2	$\frac{9}{4}$	$\frac{10}{4}$	$\frac{11}{4}$	3	
$f(c_k)$	$\frac{25}{16}$	$\frac{36}{16}$	$\frac{49}{16}$	4	$\frac{81}{16}$	$\frac{100}{16}$	$\frac{121}{16}$	9	
上和	$U_8 = \frac{1}{4} \times (\frac{25}{16} + \frac{36}{16} + \frac{49}{16} + 4 + \frac{81}{16} + \frac{100}{16} + \frac{121}{16} + 9) = \frac{155}{16}$								

三、黎曼和與面積的關係

我們知道:對同一等分割 P, 黎曼和 S_n 必介於下和 L_n 與上和 U_n 之間, 即

$$L_n \le S_n \le U_n$$

當 $n \to \infty$ 時, 且 $\lim_{n \to \infty} L_n = \lim_{n \to \infty} U_n = \alpha$ 時, 由夾擠定理, 得 $\lim_{n \to \infty} S_n = \alpha$ (α 為一實數). 因此, 經過上述討論, 若將上下和的觀念, 推廣至黎曼和, 則對一般連續函數的面積可類似上述的方法求得, 其結論如下:

定義

連續函數 $y = f(x) \geq 0$, $x \in [a, b]$, 且 $P = \{x_0, x_1, x_2, \cdots, x_n\}$ 為 $[a, b]$ 的分割, $n \in \mathbb{N}$,

則當 $\|P\| \to 0$ 時, 黎曼和 $\sum\limits_{k=1}^{n} f(c_k)\Delta x_k$ 會趨近於 $y = f(x)$ 的圖形與直線 $x = a$, $x = b$,

$y = 0$ 所圍出的區域面積 $a(R)$, 亦即

$$a(R) = \lim_{\|P\| \to 0} \sum_{k=1}^{n} f(c_k)\Delta x_k ,$$

其中 $c_k \in [x_{k-1}, x_k]$, $k = 1, 2, \cdots, n$.

註：若取分割 P 為一等分割時, 當 $n \to \infty$ 時, 則 $\|P\| \to 0$, 故 $a(R) = \lim\limits_{n \to \infty} \sum\limits_{k=1}^{n} f(c_k)\Delta x_k$.

例題 4

試求 $f(x) = x^3$ 的圖形與直線 $x = 0$, $x = 2$, $y = 0$ 所圍出的區域面積.

解 考慮 $[0, 2]$ 的 n 等分割 $P = \{x_0, x_1, x_2, \cdots, x_n\}$,

其中 $x_k = k \cdot \dfrac{2}{n}$, $k = 0, 1, 2, \cdots, n$,

則所求面積 $= \lim\limits_{n \to \infty} \sum\limits_{k=1}^{n} f(x_k)\Delta x_k \quad \rightarrow \quad$ c_k 取閉區間 $[x_{k-1}, x_k]$ 的右端點 x_k

$= \lim\limits_{n \to \infty} \dfrac{2}{n} \sum\limits_{k=1}^{n} f(x_k)$

$= \lim\limits_{n \to \infty} \dfrac{2}{n} [(\dfrac{2}{n})^3 + (\dfrac{2 \cdot 2}{n})^3 + \cdots + (\dfrac{n \cdot 2}{n})^3]$

$= \lim\limits_{n \to \infty} \dfrac{2}{n} \cdot \dfrac{2^3}{n^3} [1^3 + 2^3 + \cdots + n^3] \quad \rightarrow \quad \sum\limits_{k=1}^{n} k^3 = [\dfrac{n(n+1)}{2}]^2$

$= \lim\limits_{n \to \infty} \dfrac{2^4}{n^4} \cdot \dfrac{n^2(n+1)^2}{4} = \lim\limits_{n \to \infty} 4 \cdot (\dfrac{n+1}{n})^2 = 4$.

右圖：$y = x^3$，$x = 2$

一、基礎題：

1. 以中點法取 $n = 4$ 對下列各函數求其圖形與 x 軸之間在指定區間上區域面積的近似值．

(1) $f(x) = x^2 + 3$, $x \in [0, 2]$.

(2) $f(x) = x^2 + 4x$, $x \in [0, 4]$.

(3) $f(x) = \sin x$, $x \in [0, \dfrac{\pi}{2}]$.

2. 設 $a > 0$, $f(x) = x^2$, $x \in [0, a]$，且 $P = \{x_0, x_1, x_2, \cdots, x_n\}$ 為 $[0, a]$ 的 n 等分割，$n \in \mathbb{N}$，

(1) 試求下和 L_n 及上和 U_n.

(2) 試求 $\lim\limits_{n \to \infty} L_n$ 及 $\lim\limits_{n \to \infty} U_n$.

(3) 試求 $f(x) = x^2$ 的圖形與直線 $x = 0$, $x = a$, $y = 0$ 所圍出的區域面積 $a(R)$.

3. 試求 $f(x) = x^3$ 的圖形與直線 $x = 0$, $x = a$, $y = 0$ 所圍出的區域面積．

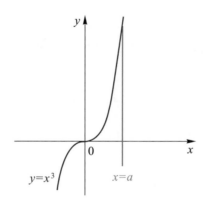

二、進階題：

1. 利用圖的提示說明公式

(1) $1 + 2 + 3 + \cdots + n = \dfrac{1}{2} n(n + 1)$.

(2)　$1^2 + 2^2 + 3^2 + \cdots + n^2 = \dfrac{1}{6}n(n+1)(2n+1)$.

2.　考慮半徑為 r 的圓內接正 n 邊形，將頂點與圓心相連而得出 n 個全等的三角形，

(1)　以 n 表每邊所對之中心角 θ.

(2)　令 A_n 表此圓內接正 n 邊形的面積，試證 $A_n = \dfrac{1}{2}nr^2\sin\dfrac{2\pi}{n}$ ，並求 $\lim\limits_{n\to\infty} A_n$.

Ans

一、基礎題：

1. (1)　$\dfrac{69}{8}$.　(2) 53.　(3) $\dfrac{(\sqrt{2-\sqrt{2}}+\sqrt{2+\sqrt{2}})\pi}{4}$.

2. (1)　下和 $L_n = \dfrac{(2n^2-3n+1)\cdot a^3}{6n^2}$ ，上和 $U_n = \dfrac{(2n^2+3n+1)\cdot a^3}{6n^2}$.

   (2)　$\lim\limits_{n\to\infty} L_n = \dfrac{1}{3}a^3$.

   (3)　$\dfrac{1}{3}a^3$.

3.　$\dfrac{a^4}{4}$.

二、進階題：

1. (1)　略 .　　　　(2)　略 .

2. (1)　$\theta = \dfrac{2\pi}{n}$.　　(2)　略，$\lim\limits_{n\to\infty} A_n = \pi r^2$.

5-3 定積分 (Definite Integral)

一、定積分的意義

由黎曼和的概念，我們定義 $y = f(x)$ 由 a 到 b 的**定積分**如下：

定義

設 $y = f(x)$ 在閉區間 $[a, b]$ 上的函數，若 $P = \{a = x_0, x_1, x_2, \cdots, x_n = b\}$ 為閉區間

$[a, b]$ 的分割，若不論 c_k 在 $[x_{k-1}, x_k]$ 中如何取值，則當 $\lim\limits_{\|P\| \to 0} \sum\limits_{k=1}^{n} f(c_k)\Delta x_k$ 存在時，稱

為函數 $y = f(x)$ 由 a 到 b 的定積分，以符號 $\int_a^b f(x)dx$ 表示，此時稱 f 在 $[a, b]$ 上**可積**

分 (integrable)，

即 $\qquad \displaystyle\int_a^b f(x)dx = \lim_{\|P\| \to 0} \sum_{k=1}^{n} f(c_k)\Delta x_k$

其中 $\int$ 為積分符號，而 a, b 分別為此積分的**下限**與**上限**．

註：(1) 積分符號 $\int$ 為萊布尼茲 (Gottfried Leibniz, 德國 , 1646 ~ 1716) 所創造，是將

英文字 Sum 的第一個字母 S 拉長而得到的，表示積分是求和的意義．

(2) 當分割 P 為一等分割，則 $\displaystyle\int_a^b f(x)dx = \lim_{n \to \infty} \sum_{k=1}^{n} f(c_k)\Delta x_k$ ．

(3) 事實上，若函數 f 為在 $[a, b]$ 連續或只有在有限點不連續，則定積分

$\displaystyle\int_a^b f(x)dx$ 存在，即 f 在 $[a, b]$ 上可積分，因此若 f 為一多項式函數，由於多項

式函數連續，所以 $\displaystyle\int_a^b f(x)dx$ 存在且 f 在 $[a, b]$ 上可積分．

例題 1

試計算下列定積分.

(1) $\int_0^3 x\,dx$.　(2) $\int_{-3}^0 x\,dx$.

解 (1) 函數 $f(x) = x$, $x \in [0, 3]$.

考慮閉區間 $[0, 3]$ 的 n 等分割

$$P = \{0, \frac{3}{n}, \frac{6}{n}, \cdots, \frac{3n}{n}\}, \text{則 } \Delta x_k = \frac{3}{n},$$

由於多項式函數是可積分函數, 所以可取

$$c_k = \frac{3k}{n}, k = 1, 2, \cdots, n.$$

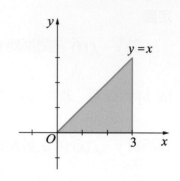

則 $\int_0^3 x\,dx = \lim_{n \to \infty} \sum_{k=1}^n f(c_k) \Delta x_k = \lim_{n \to \infty} \sum_{k=1}^n (\frac{3k}{n}) \cdot \frac{3}{n} = \lim_{n \to \infty} \sum_{k=1}^n (\frac{9}{n^2}) \cdot k$

$$= \lim_{n \to \infty} \frac{9}{n^2} \sum_{k=1}^n k = \lim_{n \to \infty} \frac{9}{n^2} \cdot \frac{n(n+1)}{2}$$

$$= \frac{9}{2} \lim_{n \to \infty} (1 + \frac{1}{n}) = \frac{9}{2}.$$

(2) 函數 $f(x) = x$, $x \in [-3, 0]$.

考慮閉區間 $[-3, 0]$ 的 n 等分割

$$P = \{-3, -3 + \frac{3}{n}, -3 + \frac{6}{n}, \cdots, -3 + \frac{3n}{n}\}$$

則 $\Delta x_k = \frac{3}{n}$, 且不妨取 $c_k = -3 + \frac{3k}{n}$, $k = 1, 2, \cdots, n$.

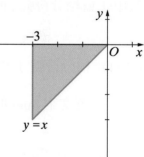

則 $\int_{-3}^0 x\,dx = \lim_{n \to \infty} \sum_{k=1}^n f(c_k) \Delta x_k = \lim_{n \to \infty} \sum_{k=1}^n (-3 + \frac{3k}{n}) \cdot \frac{3}{n}$

$$= \lim_{n \to \infty} \sum_{k=1}^n (-\frac{9}{n} + \frac{9k}{n^2}) = \lim_{n \to \infty} [-\frac{9}{n} \sum_{k=1}^n 1 + \frac{9}{n^2} \sum_{k=1}^n k]$$

$$= \lim_{n \to \infty} [-\frac{9}{n} \cdot n + \frac{9}{n^2} \cdot \frac{n(n+1)}{2}] = -9 + \frac{9}{2} = -\frac{9}{2}.$$

由定積分的意義可知：定積分 $\int_a^b f(x)dx$ 的值，可能爲正數，也可能爲負數或 0，只有當 $f(x) \geq 0$ 時，定積分 $\int_a^b f(x)dx$ 的值，才代表圖形與直線 $x = a, x = b, y = 0$ 所圍出的區域面積，此結果我們整理如下：

設函數 f 在閉區間 $[a, b]$ 連續，且
1. 若 $f(x) \geq 0$ 對所有 $x \in [a, b]$ 均成立，則 f 的圖形與 $x = a, x = b, y = 0$ 所圍出的區域面積爲 $\int_a^b f(x)dx$．
2. 若 $f(x) \leq 0$ 對所有 $x \in [a, b]$ 均成立，則 f 的圖形與 $x = a, x = b, y = 0$ 所圍出的區域面積爲 $\int_a^b [-f(x)]dx$．

註： $y = f(x)$ 的圖形與 $y = -f(x)$ 的圖形對稱於 x 軸，故兩圖形與 $x = a, x = b, y = 0$ 所圍出的圖形面積相同．

例題 2

(1) 試以定積分表示 $f(x) = x^2$ 的圖形與直線 $x = 0, x = 2, y = 0$ 所圍出的面積．
(2) 試以定積分表示 $f(x) = x^3$ 的圖形與直線 $x = 0, x = -2, y = 0$ 所圍出的面積．
(3) 試以定積分表示 $f(x) = x^3$ 的圖形與直線 $x = -2, x = 2, y = 0$ 所圍出的面積．

解 (1) 因爲 $x \in [0, 2]$ 時，
函數 $f(x) = x^2 \geq 0$，
故所圍出的面積爲 $\int_0^2 x^2 dx$．

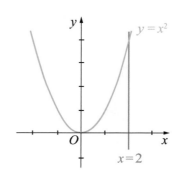

231

(2) 因為 $x \in [-2, 0]$ 時 ,

函數 $f(x) = x^3 \le 0$,

故所圍出的面積為 $\int_{-2}^{0} (-x^3)dx$.

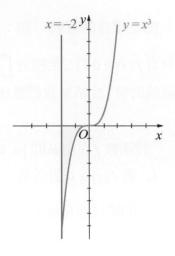

(3) 因為 $x \in [-2, 2]$ 時 , 函數 $f(x) = x^3$ 有正有負 ,

其中 , 當 $x \in [-2, 0]$ 時 , $f(x) \le 0$,

當 $x \in [0, 2]$ 時 , $f(x) \ge 0$,

故所圍出的面積為 $\int_{-2}^{0} (-x^3)dx + \int_{0}^{2} x^3 dx$.

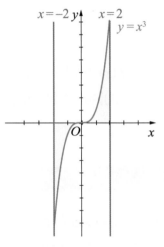

 例題 3

試根據定積分的意義 , 求下列各項的值 .

(1) $\int_{-1}^{3} 2dx$.

(2) $\int_{0}^{3} (2x+1)dx$.

(3) $\int_{-3}^{3} \sqrt{9-x^2}dx$.

解 當 $f(x) \geq 0$ 時，定積分 $\int_a^b f(x)dx$ 表示 f 的圖形與
$x = a, x = b$ 及 $y = 0$ 所圍出的面積 .

(1) $f(x) = 2$ 的圖形

　　與 $x = -1, x = 3, y = 0$

　　所圍出的區域為矩形區域 ,

　　如右圖所示 ,

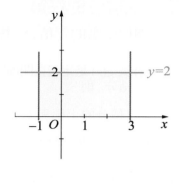

　　所以 $\int_{-1}^3 2dx = 2 \cdot 4 = 8.$

(2) $f(x) = 2x + 1$ 的圖形

　　與 $x = 0, x = 3, y = 0$

　　所圍出的區域為梯形區域 ,

　　如右圖所示 ,

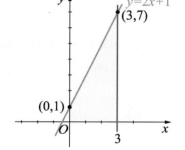

　　所以 $\int_0^3 (2x+1)dx = \dfrac{(1+7)\times 3}{2} = 12$.

(3) $f(x) = \sqrt{9-x^2}$ 的圖形

　　與 $x = -3, x = 3, y = 0$

　　所圍出的區域為半圓形區域 ,

　　如右圖所示 ,

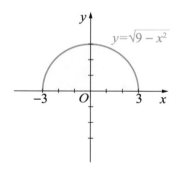

　　所以 $\int_{-3}^3 \sqrt{9-x^2}\,dx = \dfrac{1}{2}\pi \cdot 3^2 = \dfrac{9\pi}{2}$.

$y = \sqrt{9-x^2}$ 為上半圓圖形 .

二、定積分的性質

關於函數的定積分，根據定積分的定義，我們可得定積分具有如下的性質：

若 $f(x)$ 與 $g(x)$ 是定義在閉區間 $[a, b]$ 上的函數，且在 $[a, b]$ 上都可積分，則	說明
(1) 當定積分的上限與下限相同時，其定積分值為 0，即 $\int_c^c f(x)dx = 0$，其中 $c \in [a, b]$.	根據定積分的定義
(2) 當定積分的上限與下限互換時，其定積分值互為相反數，即 $a \le b$ 時，$\int_b^a f(x)dx = -\int_a^b f(x)dx$.	根據定積分的定義
(3) 對任意 $c \in [a, b]$，$f(x)$ 在 $[a, c]$ 及 $[c, b]$ 上亦為可積分，且 $\int_a^b f(x)dx = \int_a^c f(x)dx + \int_c^b f(x)dx$.	
(4) 對任意 $k \in R$，$kf(x)$ 在 $[a, b]$ 上亦為可積分，且 $\int_a^b kf(x)dx = k\int_a^b f(x)dx$.	
(5) $f(x) + g(x)$ 在 $[a, b]$ 上亦為可積分，且 $\int_a^b [f(x) + g(x)]dx = \int_a^b f(x)dx + \int_a^b g(x)dx$.	

註：性質 (4) 中，$k = -1$，可推得 $\int_a^b f(x)dx = -\int_a^b [-f(x)]dx$，因此當 $f(x) \le 0$ 時，$\int_a^b f(x)dx$ 表 f 的圖形與 $x = a, x = b, y = 0$ 所圍區域面積的負值．

例題 4

已知 $\int_1^3 x^2 dx = \dfrac{26}{3}$, $\int_3^5 x^2 dx = \dfrac{98}{3}$,試求：

(1) $\int_3^1 x^2 dx$.

(2) $\int_1^5 x^2 dx$.

(3) $\int_1^5 3x^2 dx$.

 (1) $\int_3^1 x^2 dx = -\int_1^3 x^2 dx = -\dfrac{26}{3}$.

(2) $\int_1^5 x^2 dx = \int_1^3 x^2 dx + \int_3^5 x^2 dx = \dfrac{26}{3} + \dfrac{98}{3} = \dfrac{124}{3}$.

(3) $\int_1^5 3x^2 dx = 3\int_1^5 x^2 dx = 3 \times \dfrac{124}{3} = 124$.

例題 5

已知 $\int_1^3 x^2 dx = \dfrac{26}{3}$, $\int_1^3 x dx = 4$, $\int_1^3 1 dx = 2$,求 $\int_1^3 (x^2 - 4x + 3) dx$.

 $\int_1^3 (x^2 - 4x + 3) dx = \int_1^3 x^2 dx - 4\int_1^3 x dx + 3\int_1^3 1 dx$

$\qquad = \dfrac{26}{3} - 4 \cdot 4 + 3 \cdot 2$

$\qquad = \dfrac{-4}{3}$.

例題 **6**

函數 f 的圖形是由一個半圓及四個線段所組合而成（如下圖），試求：

(1) $\int_{-2}^{2} f(x)dx$.

(2) $\int_{2}^{4} f(x)dx$.

(3) $\int_{4}^{6} f(x)dx$.

(4) $\int_{-2}^{6} f(x)dx$.

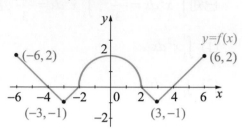

解 (1) 由於 $\int_{-2}^{2} f(x)dx$ 表示半圓的面積，

所以 $\int_{-2}^{2} f(x)dx = \dfrac{1}{2} \cdot \pi \cdot 2^2 = 2\pi$.

(2) 由於 $\int_{2}^{4} f(x)dx$ 表三角形面積，

所以 $\int_{2}^{4} f(x)dx = -\int_{2}^{4} [-f(x)]dx$

$\qquad = -(\dfrac{1}{2} \times 2 \times 1) = -1$.

(3) 由於 $\int_{4}^{6} f(x)dx$ 表三角形面積，

所以 $\int_{4}^{6} f(x)dx = \dfrac{1}{2} \times 2 \times 2 = 2$.

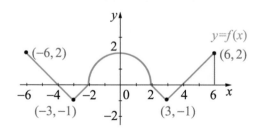

(4) $\int_{-2}^{6} f(x)dx = \int_{-2}^{2} f(x)dx + \int_{2}^{4} f(x)dx + \int_{4}^{6} f(x)dx$

$\qquad = 2\pi + (-1) + 2 = 2\pi + 1$.

習題

一、基礎題：

1. 設 $a > 0$，試求：

   (1) $\displaystyle\int_0^a x\,dx$. 　　 (2) $\displaystyle\int_{-a}^0 x\,dx$.

2. 設 $a > 0$，試求：

   (1) 試以定積分表示 $f(x) = x^2$ 的圖形與直線 $x = -a$, $x = a$, $y = 0$ 所圍出的面積．

   (2) 試以定積分表示 $f(x) = x^3$ 的圖形與直線 $x = -a$, $x = a$, $y = 0$ 所圍出的面積．

3. 試根據定積分的意義，求下列各項的值．

   (1) $\displaystyle\int_1^3 5\,dx$. 　　 (2) $\displaystyle\int_0^3 (x+2)\,dx$. 　　 (3) $\displaystyle\int_{-2}^2 \sqrt{4-x^2}\,dx$.

4. 設 $\displaystyle\int_{-1}^1 f(x)\,dx = 3$, $\displaystyle\int_1^4 f(x)\,dx = -2$, $\displaystyle\int_{-1}^1 g(x)\,dx = 7$ ，試求下列各式的值．

   (1) $\displaystyle\int_{-1}^4 f(x)\,dx$. 　　 (2) $\displaystyle\int_4^{-1} f(x)\,dx$. 　　 (3) $\displaystyle\int_{-1}^1 [2f(x)+3g(x)]\,dx$.

5. 試根據例題 6 的圖形，求下列各積分值．

   (1) $\displaystyle\int_0^2 f(x)\,dx$. 　　 (2) $\displaystyle\int_0^6 f(x)\,dx$. 　　 (3) $\displaystyle\int_{-6}^6 f(x)\,dx$.

6. 函數 f 的圖形如右圖，是由三個線段和一個半圓所構成．試求下列各積分值．

   (1) $\displaystyle\int_{-2}^2 f(x)\,dx$.

   (2) $\displaystyle\int_2^6 f(x)\,dx$.

   (3) $\displaystyle\int_{-6}^6 f(x)\,dx$.

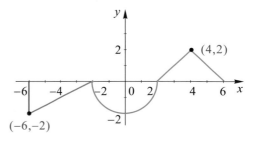

二、進階題：

1. 求拋物線 $y = x^2 + 1$ 與直線 $x = 0$，$x = 2$，$y = 0$ 所圍成的區域面積時，我們考慮 $[0 , 2]$ 區間的 n 等分割，然後分別以各分割區間的左端點函數值與右端點函數值為長條矩形的高，求得各長條矩形面積的下和 L_n 與上和 U_n.

   (1) 試求 L_n 與 U_n.

   (2) 欲使 $U_n - L_n < \dfrac{1}{100}$ ，則 n 的最小值為何？

   (3) 求此區域面積．

2. 試以定積分表示.

(1) $f(x) = 4 - x^2$ 的圖形與直線 $x = -2$, $x = 2$, $y = 0$ 所圍出的面積.

(2) $f(x) = -x^3$ 的圖形與直線 $x = -2$, $x = 2$, $y = 0$ 所圍出的面積.

3. 試根據函數 f 的圖形, 求其積分值.

(1) $\int_{-2}^{4} (\frac{x}{2} - 3) dx$.　　　(2) $\int_{-4}^{0} \sqrt{16 - x^2}\, dx$.　　　(3) $\int_{-2}^{1} |x|\, dx$.

Ans

一、基礎題：

1. (1) $\dfrac{a^2}{2}$.　　　　　　　　　(2) $-\dfrac{a^2}{2}$.

2. (1) $\int_{-a}^{a} x^2 dx$.　　　　　　(2) $\int_{-a}^{0} (-x^3) dx + \int_{0}^{a} x^3 dx$.

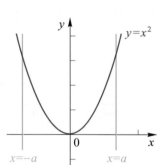
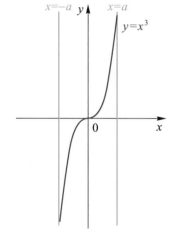

3. (1) 10.　　　(2) $\dfrac{21}{2}$.　　　(3) 2π.

4. (1) 1.　　　(2) -1.　　　(3) 27.

5. (1) π.　　　(2) $\pi + 1$.　　　(3) $2\pi + 2$.

6. (1) -2π.　　　(2) 4.　　　(3) -2π.

二、進階題：

1. (1) $L_n = \dfrac{14}{3} - \dfrac{4}{n} + \dfrac{4}{3n^2}$, $U_n = \dfrac{14}{3} + \dfrac{4}{n} + \dfrac{4}{3n^2}$.

   (2) 801. (3) $\dfrac{14}{3}$.

2. (1) $\displaystyle\int_{-2}^{2}(4-x^2)dx$.

   (2) $\displaystyle\int_{-2}^{0}(-x^3)dx + \int_{0}^{2}x^3\,dx$.

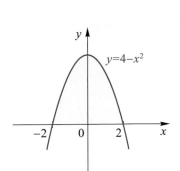

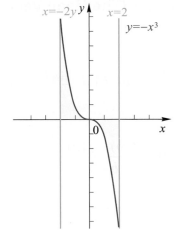

3. (1) -15.

   (2) 4π.

   (3) $\dfrac{5}{2}$.

5-4 微積分基本定理 (The Fundamental Theorem of Calculus)

一、微積分基本定理

了解反導函數的意義後,接著我們介紹微積分基本定理,此定理分別由生頓及萊布尼茲所發現.此定理的證明需要底下的微分均值定理與積分均值定理.

(一) 微分均值定理 (The Mean Value Theorem)

> **定理 5-1:微分均值定理**
>
> 若 f 在閉區間 $[a, b]$ 上連續,且 f 在開區間 (a, b) 可微分,則存在 $c \in (a, b)$ 使得
>
> $$f'(c) = \frac{f(b) - f(a)}{b - a}$$

由微分均值定理可得下述結果.

設 f 在某一區間上的任意點均可微分,且其導數 $f'(x)$ 均為 0, 則 f 在此區間上為一常數函數.

證 對於區間上的任意兩點 x_1, x_2, 且 $x_1 < x_2$, 則 f 在閉區間 $[x_1, x_2]$ 上連續,且 f 在開區間 (x_1, x_2) 可微分,則由微分均值定理即已知可知:存在 $c \in (x_1, x_2)$ 使得

$$\frac{f(x_2) - f(x_1)}{x_2 - x_1} = f'(c) = 0 \text{ , 所以 } f(x_2) - f(x_1) = 0, \text{ 即 } f(x_2) = f(x_1),$$

故知 f 在此區間上為一常數函數.

(二) 積分均值定理 (The Mean Value Theorem For Integrals)

> **定理 5-2：積分均值定理**
>
> 若 f 在閉區間 $[a, b]$ 上連續 $, a < b$, 則存在 $c \in (a, b)$ 使得
>
> $$f(c) = \frac{1}{b-a}\int_a^b f(x)dx$$

證 (1) f 在閉區間 $[a, b]$ 上是常數函數時 , 則 $f(x) = k, \forall x \in [a, b]$,

$\Rightarrow \int_a^b f(x)dx = k(b-a) = f(c)(b-a)$ $, \forall a \in [a, b]$.

(2) f 在閉區間 $[a, b]$ 上不是常數函數時 , 令 M, m 分別表 f 在閉區間 $[a, b]$ 上的最大值與最小值 , 則 $m \le f(x) \le M, \forall x \in [a, b]$,

$\Rightarrow \int_a^b m\,dx \le \int_a^b f(x)dx \le \int_a^b M\,dx$,

得 $m(b-a) \le \int_a^b f(x)dx \le M(b-a)$,

所以 $m \le \frac{1}{b-a}\int_a^b f(x)dx \le M$,

由中間值定理知：存在 $c \in [a, b]$, 使得 $f(c) = \frac{1}{b-a}\int_a^b f(x)dx$.

微積分基本定理共有兩個部分 , 敘述如下：

> **定理 5-3：微積分基本定理**
>
> 1. 設 f 在閉區間 $[a, b]$ 上連續 , 若對任意 $x \in [a, b]$ 定義 $G(x) = \int_a^x f(t)dt$,
>   則當 $a < x < b$ 時 , $G'(x) = f(x)$.
> 2. 設 f 在閉區間 $[a, b]$ 上連續 , 且 F 為 f 在 $[a, b]$ 的一個反導函數 ,
>   則 $\int_a^b f(x)dx = F(b) - F(a)$.

證 (1) 對任意 $x \in (a, b)$

$$\frac{G(x+h) - G(x)}{h} = \frac{1}{h}(\int_a^{x+h} f(t)dt - \int_a^x f(t)dt) = \frac{1}{h}\int_x^{x+h} f(t)dt$$

由積分均值定理知,

當 $h > 0$ 時, 存在 $c \in [x, x+h]$, 使得 $f(c) = \frac{1}{(x+h)-x}\int_x^{x+h} f(x)dx$,

(或當 $h < 0$ 時, 存在 $c \in [x, x+h]$, 使得 $f(c) = \frac{1}{x-(x+h)}\int_{x+h}^x f(x)dx$),

所以 $\frac{1}{h}\int_x^{x+h} f(x)dx = f(c)$, 因為設 f 在閉區間 $[a, b]$ 上連續,

所以 $\lim_{h \to 0} f(c) = f(x)$,

故得 $G'(x) = \lim_{h \to 0}\frac{G(x+h) - G(x)}{h} = \lim_{h \to 0}\frac{1}{h}\int_x^{x+h} f(t)dt = \lim_{h \to 0} f(c) = f(x)$.

(2) 因為 F 為 f 在 $[a, b]$ 的一個反導函數, 而 $G(x)$ 亦為 f 在 $[a, b]$ 的一個反導函數,

所以 $G'(x) = F'(x) = f(x)$, 所以 $(G(x) - F(x))' = G'(x) - F'(x) = 0$,

所以 $G(x) - F(x) = c$ (常數), 所以 $G(x) = F(x) + c$, 故得

$$\int_a^b f(x)dx = G(b) - G(a) = (F(b)+c) - (F(a)+c) = F(b) - F(a) .$$

對此定理, 我們再進一步說明如下:

1. 知道函數的一反導函數, 就可以用此反導函數來求定積分.

   例如: $f(x) = x^2$ 的一反導函數為 $F(x) = \frac{1}{3}x^3$, 則

   $$\int_1^3 x^2 dx = F(3) - F(1) = \frac{3^3}{3} - \frac{1^3}{3} = \frac{26}{3} .$$

2. 為了方便, 我們通常將 $F(b) - F(a)$ 記為 $F(x)\Big|_a^b$ 或 $[F(x)]_a^b$, 即

   $$\int_a^b f(x)dx = F(x)\Big|_a^b = F(b) - F(a)$$

   例如: $\int_1^5 3x^2 dx = x^3\Big|_1^5 = 5^3 - 1^3 = 124$.

3. 若 $F(x)$ 為 $f(x)$ 之一反導函數，則 $F(x)$ 的反導函數必為 $F(x) + c$ (c 為常數) 的形式．

且　　$\int_a^b f(x)dx = [F(x)+c]\Big|_a^b = [F(b)+c] - [F(a)+c] = F(b) - F(a)$ ，

所以求定積分 $\int_a^b f(x)dx$ 時，其反導函數取 $F(x)$ 或 $F(x) + c$ 是一樣的．

例如： $\int_1^5 3x^2 dx = [x^3 + c]\Big|_1^5 = (5^3 + c) - (1^3 + c) = 5^3 - 1^3 = 124$ ．

 例題 1

試利用微積分基本定理，求下列各式．

(1) $\dfrac{d}{dx}\displaystyle\int_1^x \cos t\, dt$ ．　(2) $\dfrac{d}{dx}\displaystyle\int_0^x \dfrac{2}{1+t^2}\, dt$ ．　(3) $\dfrac{d}{dx}\displaystyle\int_x^2 5t\sin t\, dt$ ．　(4) $\dfrac{d}{dx}\displaystyle\int_1^{x^3+1} \sin t\, dt$ ．

解　(1) $\dfrac{d}{dx}\displaystyle\int_1^x \cos t\, dt = \cos x$ ．

(2) $\dfrac{d}{dx}\displaystyle\int_0^x \dfrac{2}{1+t^2}\, dt = \dfrac{2}{1+x^2}$ ．

(3) $\dfrac{d}{dx}\displaystyle\int_x^2 5t\sin t\, dt = \dfrac{d}{dx}\left(-\displaystyle\int_2^x 5t\sin t\, dt\right) = -\dfrac{d}{dx}\displaystyle\int_2^x 5t\sin t\, dt = -5x\sin x$ ．

(4) 令 $y = \displaystyle\int_1^{x^3+1} \sin t\, dt$ ， $u = x^3 + 1$ ，則

$$\dfrac{d}{dx}\int_1^{x^3+1} \sin t\, dt = \dfrac{dy}{dx} = \dfrac{dy}{du} \cdot \dfrac{du}{dx}$$

$$= \left(\dfrac{d}{du}\int_1^u \sin t\, dt\right) \cdot \dfrac{du}{dx}$$

$$= (\sin u) \cdot (3x^2)$$

$$= 3x^2 \sin(x^3 + 1)$$

1. $\dfrac{d}{dx}\displaystyle\int_a^x f(t)dt = f(x)$ ．

2. $\dfrac{dy}{dx} = \dfrac{dy}{du}\dfrac{du}{dx}$ ．

例題 2

試利用微積分基本定理，求下列各定積分.

(1) $\int_1^3 1dx$.　(2) $\int_1^3 xdx$.　(3) $\int_1^3 x^2 dx$.　(4) $\int_1^3 (x^2-4x+3)dx$.

解 (1) $\int_1^3 1dx = x\Big|_1^3 = 3-1 = 2$.

(2) $\int_1^3 xdx = \dfrac{x^2}{2}\Big|_1^3 = \dfrac{9}{2}-\dfrac{1}{2} = 4$.

(3) $\int_1^3 x^2 dx = \dfrac{x^3}{3}\Big|_1^3 = \dfrac{27}{3}-\dfrac{1}{3} = \dfrac{26}{3}$.

> 1.　$\int_a^b 1dx$ 也可寫為 $\int_a^b dx$.
>
> 2.　x^n 的一反導函數為 $\dfrac{x^{n+1}}{n+1}$.

(4) $\int_1^3 (x^2-4x+3)dx = \int_1^3 x^2 dx - 4\int_1^3 xdx + 3\int_1^3 dx = \dfrac{26}{3}-4\times 4+3\times 2 = -\dfrac{4}{3}$.

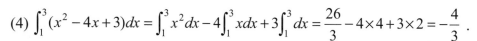 **例題 3**

試利用微積分基本定理，求下列各定積分.

(1) $\int_0^\pi \sin xdx$.　(2) $\int_0^{\frac{\pi}{3}} \sec x\tan xdx$.　(3) $\int_1^4 (\dfrac{3}{2}\sqrt{x}-\dfrac{4}{x^2})dx$.　(4) $\int_1^e \dfrac{1}{x}dx$.

解 (1) $\int_0^\pi \sin xdx = -\cos x\Big|_0^\pi = (-\cos \pi)-(-\cos 0) = 1+1 = 2$.

(2) $\int_0^{\frac{\pi}{3}} \sec x\tan xdx = \sec x\Big|_0^{\frac{\pi}{3}} = \sec \dfrac{\pi}{3}-\sec 0 = 2-1 = 1$.

(3) $\int_1^4 (\dfrac{3}{2}\sqrt{x}-\dfrac{4}{x^2})dx = (x^{\frac{3}{2}}+4x^{-1})\Big|_1^4 = (4^{\frac{3}{2}}+\dfrac{4}{4})-(1^{\frac{3}{2}}+4) = 8+1-5 = 4$.

(4) $\int_1^e \dfrac{1}{x}dx = \ln x\Big|_1^e = \ln e - \ln 1 = 1-0 = 1$.

例題 **4**

(1) 試求 $y = f(x) = x^3$ 的圖形與直線 $x = 0, x = 1, y = 0$ 所圍出的區域之面積.

(2) 試求 $y = f(x) = x^3$ 的圖形與直線 $x = -1, x = 0, y = 0$ 所圍出的區域之面積.

(3) 試求 $y = f(x) = x^3$ 的圖形與直線 $x = -1, x = 1, y = 0$ 所圍出的區域之面積.

解 (1) $x \in [0, 1]$, $f(x) = x^3 \geq 0$,
所以所求面積為

$$\int_0^1 x^3 dx = \frac{1}{4} x^4 \Big|_0^1 = \frac{1}{4}(1-0) = \frac{1}{4} .$$

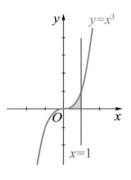

(2) $x \in [-1, 0]$, $f(x) = x^3 \leq 0$,
所以所求面積為

$$-\int_{-1}^0 x^3 dx = -\frac{1}{4} x^4 \Big|_{-1}^0$$
$$= -\frac{1}{4}[0 - (-1)^4] = \frac{1}{4} .$$

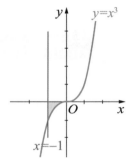

(3) 由於 $x \in [-1, 0]$, $f(x) = x^3 \leq 0$
且 $x \in [0, 1]$, $f(x) = x^3 \geq 0$,
所以所求面積為

$$-\int_{-1}^0 x^3 dx + \int_0^1 x^3 dx = \frac{1}{4} + \frac{1}{4} = \frac{1}{2} .$$

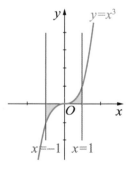

註：定積分 $\int_{-1}^1 x^3 dx = \int_{-1}^0 x^3 dx + \int_0^1 x^3 dx = (-\frac{1}{4}) + \frac{1}{4} = 0$ ，並非本題的面積值.

右圖黃色區域是由拋物線 $y = 6 - x - x^2$ 與 x 軸所圍成的，試求此區域的面積.

解 令 $y = 6 - x - x^2 = 0$, 得 $(x + 3)(x - 2) = 0$,
所以拋物線與 x 軸交於 $(-3, 0), (2, 0)$.

故所求面積為 $\displaystyle\int_{-3}^{2}(6 - x - x^2)dx$

$$= \left(6x - \frac{x^2}{2} - \frac{1}{3}x^3\right)\Big|_{-3}^{2}$$

$$= (12 - 2 - \frac{8}{3}) - (-18 - \frac{9}{2} + \frac{27}{3}) = \frac{125}{6}.$$

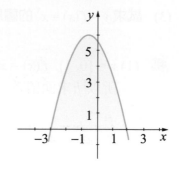

試求 $y = \sin x$ 與 x 軸及 $x = 0$, $x = \frac{2}{3}\pi$ 所圍成的區域之面積.

解 所求區域的面積

$$= \int_{0}^{\frac{2\pi}{3}} \sin x\, dx = (-\cos x)\Big|_{0}^{\frac{2\pi}{3}}$$

$$= (-\cos\frac{2\pi}{3}) - (-\cos 0)$$

$$= \frac{1}{2} + 1$$

$$= \frac{3}{2}.$$

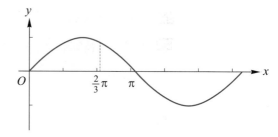

習 題

一、基礎題：

1. 試利用微積分基本定理，求下列各式．

    (1) $\dfrac{d}{dx}\displaystyle\int_0^x (3t^2+2)dt$ ．
    (2) $\dfrac{d}{dx}\displaystyle\int_3^x \cos 2t\,dt$ ．

    (3) $\dfrac{d}{dx}\displaystyle\int_1^x t\ln t\,dt$ ．
    (4) $\dfrac{d}{dx}\displaystyle\int_0^x \dfrac{t}{1+t^2}dt$ ．

2. 試利用微積分基本定理，求下列各定積分．

    (1) $\displaystyle\int_{-2}^2 3dx$ ．
    (2) $\displaystyle\int_{-2}^2 x\,dx$ ．

    (3) $\displaystyle\int_{-2}^2 x^2\,dx$ ．
    (4) $\displaystyle\int_{-2}^2 x^3\,dx$ ．

    (5) $\displaystyle\int_0^2 (3x^2-2x+1)dx$ ．
    (6) $\displaystyle\int_{-2}^0 (x-4)^2\,dx$ ．

3. 函數 $f(x)=x^3-3x^2+2x$ 的圖形如右所示，試求

    (1) 圖形與 x 軸所圍成的區域面積．

    (2) 定積分 $\displaystyle\int_0^2 f(x)dx$ 的值．

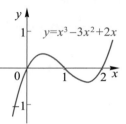

4. 右圖黃色區域是由拋物線 $y=2x^2-8x+6$ 與 x 軸所圍成的區域，試求此區域的面積．

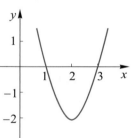

5. 試利用微積分基本定理，求下列各定積分．

    (1) $\displaystyle\int_0^{\frac{\pi}{4}} \tan^2 x\,dx$ ．
    (2) $\displaystyle\int_{\frac{\pi}{4}}^{\frac{\pi}{3}} \dfrac{1}{1-\cos x}dx$ ．

6. 試求下列各定積分的值．

    (1) $\displaystyle\int_0^{\ln 5} e^x\,dx$ ．
    (2) $\displaystyle\int_0^2 \dfrac{2x}{1+x^2}dx$ ．

7. 已知 $f(x)=3x^2+2x(\displaystyle\int_1^2 f(x)dx)+1$ 為一多項式，試求 $f(x)$．

二、進階題：

1. (1) 求 $\displaystyle\lim_{n\to\infty}\sum_{k=1}^n \dfrac{1}{n}(1+\dfrac{k}{n})^3$ 的值．

    (2) 求 $\displaystyle\lim_{n\to\infty}\dfrac{1}{n}\sum_{k=1}^n \sqrt{1+\dfrac{k}{n}}$ 的值．

2. 多項式函數 $y = f(x)$ 在 $x < 1$ 時恆滿足 $f(x) = -8x^3 + 33x^2 - 18x + \int_0^x f(t)dt$，試求 $f(x)$.

3. 試判別 $\displaystyle\lim_{n \to \infty} \frac{n(1^3 + 2^3 + \cdots + n^3)}{(1^4 + 2^4 + \cdots + n^4)}$ 之值是否存在. 若是，請寫出它的極限值.

4. (1) 令 $y = \displaystyle\int_{1+x^2}^{3} \frac{1}{2 + e^t} dt$，試求 $\dfrac{dy}{dx} = ?$

   (2) 令 $y = \displaystyle\int_{1}^{x^2} \cos t\, dt$，試求 $\dfrac{dy}{dx} = ?$

   (3) 已知 $\displaystyle\int_{1}^{x^2} f(t)dt = \sin \pi x$，試求 $f(1) = ?$

Ans

一、基礎題：

1. (1) $3x^2 + 2$.　　(2) $\cos 2x$.　(3) $x \ln x$.　(4) $\dfrac{x}{1+x^2}$.

2. (1) 12.　　(2) 0.　　(3) $\dfrac{16}{3}$.　　(4) 0.

   (5) 6.　　(6) $\dfrac{152}{3}$.

3. (1) $\dfrac{1}{2}$.　　(2) 0.

4. $\dfrac{8}{3}$.

5. (1) $1 - \dfrac{\pi}{4}$.　　(2) $1 + \sqrt{2} - \sqrt{3}$.

6. (1) 4.　　(2) $\ln 5$.

7. $f(x) = 3x^2 - 8x + 1$

二、進階題：

1. (1) $\dfrac{15}{4}$.　　(2) $\dfrac{2}{3}(2\sqrt{2} - 1)$.

2. $f(x) = 24x^2 - 18x$.　3. 存在，$\dfrac{5}{4}$

4. (1) $-\dfrac{2x}{2 + e^{1+x^2}}$.　　(2) $2x \cos x^2$.　　(3) $-\dfrac{\pi}{2}$ or $\dfrac{\pi}{2}$.

5-5 不定積分與變數代換法
(Indefinite Integrals and The Substitution Rule)

一、變數代換法

變數代換是將原積分式適當以 u 及 du 改寫，比較容易處理複雜的積分函數．變數代換的技巧是使用 Leibniz 之記號，令 $u = g(x)$, 則 $du = g'(x)dx$, 可將積分 $\int f(g(x))g'(x)dx$ 寫成 $\int f(u)du$, 先求 $f(u)$ 的一反導函數 $F(u)$ 得 $\int f(u)du = F(u) + c$, 再將 $u = g(x)$ 代入 $F(u) + c$, 即得 $\int f(g(x))g'(x)dx = F(g(x)) + c$.

 例題 **1**

試求 $\int \sqrt{3x+2}\,dx$.

解 令 $u = 3x + 2$, 則 $du = 3dx$. 以 $\sqrt{3x+2} = \sqrt{u}$ 及 $dx = \dfrac{1}{3}du$ 代入 $\int \sqrt{3x+2}\,dx$,

得 $\int \sqrt{3x+2}\,dx = \int \sqrt{u}\,(\dfrac{1}{3}du) = \dfrac{1}{3}\int \sqrt{u}\,du = \dfrac{1}{3}\int u^{\frac{1}{2}}\,du$

$= \dfrac{1}{3}(\dfrac{2}{3}u^{\frac{3}{2}}) + c = \dfrac{2}{9}(3x+2)^{\frac{3}{2}} + c$.

 例題 **2**

試求 $\int x\sqrt{3x+2}\,dx$.

解 令 $u = 3x + 2$, 則 $du = 3dx$,

且 $x = \dfrac{u-2}{3}$.

以 $\sqrt{3x+2} = \sqrt{u}$, $x = \dfrac{u-2}{3}$ 及 $dx = \dfrac{1}{3}du$, 代入 $\int x\sqrt{3x+2}\,dx$, 得

$$\int x\sqrt{3x+2}\,dx = \int \frac{u-2}{3}\sqrt{u}\left(\frac{1}{3}du\right) = \frac{1}{9}\int (u^{\frac{3}{2}}-2u^{\frac{1}{2}})du$$

$$= \frac{1}{9}\left[\frac{2}{5}u^{\frac{5}{2}}-2\left(\frac{2}{3}u^{\frac{3}{2}}\right)\right]+c$$

$$= \frac{2}{45}(3x+2)^{\frac{5}{2}}-\frac{4}{27}(3x+2)^{\frac{3}{2}}+c \ .$$

 例題 3

試求 $\int \tan^3 2x \sec^2 2x\,dx$.

 令 $u = \tan 2x$, 則 $du = (\sec^2 2x)(2)dx = 2(\sec^2 2x)dx$.

以 $\tan^3 2x = u^3$, 及 $(\sec^2 2x)dx = \frac{1}{2}du$, 代入 $\int \tan^3 2x \sec^2 2x\,dx$, 得

$$\int \tan^3 2x \sec^2 2x\,dx = \int u^3 \left(\frac{1}{2}du\right) = \frac{1}{2}\int u^3 du$$

$$= \frac{1}{2}\left(\frac{1}{4}u^4\right)+c$$

$$= \frac{1}{8}\tan^4 2x + c \ .$$

變數代換的原則

1. 適當選取 $u = g(x)$, 通常會選取一個合成函數的內部函數 .
2. 計算 $du = g'(x)dx$.
3. 把將被積分的函數以 u 表示 .
4. 以 u 為變數作不定積分 .
5. 將 u 以 $g(x)$ 代回 .
6. 將答案以微分驗算 .

二、奇函數與偶函數

定義

設 $f : A \to R$ 爲一實數函數 (其中 $A \subset R$)

1. 若 $x \in A$, $f(-x) = f(x)$ 恆成立 , 則稱 f 爲一偶函數 .

2. 若 $x \in A$, $f(-x) = -f(x)$ 恆成立 , 則稱 f 爲一奇函數 .

定理 5-4 :

1. 設 f 爲定義於閉區間 $[-a, a]$ 的奇函數 , 則 $\int_{-a}^{a} f(x)dx = 0$.

2. 設 f 爲定義於閉區間 $[-a, a]$ 的偶函數 , 則 $\int_{-a}^{a} f(x)dx = 2\int_{0}^{a} f(x)dx$.

證 令 $u = -x \Rightarrow du = -dx.$

(1) $\int_{-a}^{0} f(x)dx = \int_{a}^{0} f(-u)(-du) = -\int_{0}^{a} -f(u)(-du) = -\int_{0}^{a} f(u)du = -\int_{0}^{a} f(x)dx$

所以 $\int_{-a}^{a} f(x)dx = \int_{-a}^{0} f(x)dx + \int_{0}^{a} f(x)dx = -\int_{0}^{a} f(x)dx + \int_{0}^{a} f(x)dx = 0$.

(2) $\int_{-a}^{0} f(x)dx = \int_{a}^{0} f(-u)(-du) = -\int_{a}^{0} -f(u)du = \int_{0}^{a} f(x)dx$

所以 $\int_{-a}^{a} f(x)dx = \int_{-a}^{0} f(x)dx + \int_{0}^{a} f(x)dx = \int_{0}^{a} f(x)dx + \int_{0}^{a} f(x)dx = 2\int_{0}^{a} f(x)dx$.

例題 4

設 $\int_{0}^{1} f(x)dx = 5$,

(1) 若 f 爲偶函數 , 試求 $\int_{-1}^{0} f(x)dx$.

(2) 若 f 爲奇函數 , 試求 $\int_{-1}^{0} f(x)dx$.

解 令 $u = -x$, 則 $x = -u, dx = -du$, 得 $\int_{-1}^{0} f(x)dx = \int_{1}^{0} f(-u)(-du) = \int_{0}^{1} f(-u)du$.

(1) f 為偶函數，則 $\int_{-1}^{0} f(x)dx = \int_{0}^{1} f(-u)du = \int_{0}^{1} f(u)du = \int_{0}^{1} f(x)dx = 5$.

(2) f 為奇函數，則 $\int_{-1}^{0} f(x)dx = \int_{0}^{1} f(-u)du = -\int_{0}^{1} f(u)du = -\int_{0}^{1} f(x)dx = -5$.

 例題 5

試求 $\int_{-2}^{2} (x^5 + 2x^3 + 3x + 2)dx$.

解 $\int_{-2}^{2} (x^5 + 2x^3 + 3x + 2)dx = \int_{-2}^{2} (x^5 + 2x^3 + 3x)dx + \int_{-2}^{2} 2dx = 0 + (2x\Big|_{-2}^{2}) = 8$.

 例題 6

試求 $\int_{-\frac{\pi}{2}}^{\frac{\pi}{2}} (\sin x + \tan x + \cos x)dx$.

解 $\int_{-\frac{\pi}{2}}^{\frac{\pi}{2}} (\sin x + \tan x + \cos x)dx = \int_{-\frac{\pi}{2}}^{\frac{\pi}{2}} (\sin x + \tan x)dx + \int_{-\frac{\pi}{2}}^{\frac{\pi}{2}} \cos x dx = 0 + 2\int_{0}^{\frac{\pi}{2}} \cos x dx$

$$= 2(\sin x\Big|_{0}^{\frac{\pi}{2}}) = 2(1 - 0) = 2$$.

三、對數函數與積分

由對數函數的微分規則：$\dfrac{d}{dx}(\ln |x|) = \dfrac{1}{x}$ 及 $\dfrac{d}{dx}(\ln |f(x)|) = \dfrac{f'(x)}{f(x)}$，可以得到對應的積分規則，

$$\int \frac{1}{x}dx = \ln|x| + c \ \text{及} \int \frac{f'(x)}{f(x)}dx = \ln|f(x)| + c .$$

寫成定理如下：

定理 5-5：積分的對數規則

設 $f(x)$ 為 x 的可微分函數，則

1. $\int \frac{1}{x}dx = \ln|x| + c$.

2. $\int \frac{f'(x)}{f(x)}dx = \ln|f(x)| + c$.

 例題 7

試求 $\int \frac{2}{x}dx$.

 解　$\int \frac{2}{x}dx = 2\int \frac{1}{x}dx = 2\ln|x| + c = \ln x^2 + c$.

 例題 8

試求 $\int \frac{1}{3x+2}dx$.

解　令 $f(x) = 3x + 2$，則 $f'(x) = 3$，

得 $\int \frac{1}{3x+2}dx = \frac{1}{3}\int \frac{3}{3x+2}dx = \frac{1}{3}\int \frac{f'(x)}{f(x)}dx$

$= \frac{1}{3}\ln|f(x)| + c = \frac{1}{3}\ln|3x+2| + c$.

例題 9

試求函數 $y = \dfrac{x}{x^2+3}$ 的圖形與直線 $x = 2$ 和 x 軸所圍封閉區域的面積.

解 因為函數 $y = \dfrac{x}{x^2+3}$ 的圖形如右:

所以函數 $y = \dfrac{x}{x^2+3}$ 的圖形與

直線 $x = 2$ 和 x 軸所圍封閉區

域的面積是定積分

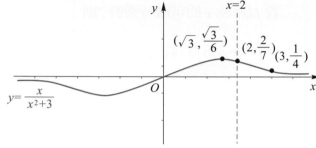

$\displaystyle\int_0^2 \dfrac{x}{x^2+3}\,dx$.

令 $f(x) = x^2 + 3$, 則 $f'(x) = 2x$, 則

$$\int_0^2 \frac{x}{x^2+3}\,dx = \frac{1}{2}\int_0^2 \frac{2x}{x^2+3}\,dx = \frac{1}{2}\int_0^2 \frac{f'(x)}{f(x)}\,dx = \frac{1}{2}(\ln|f(x)|)\Big|_0^2$$

$$= \frac{1}{2}(\ln|x^2+3|)\Big|_0^2 = \frac{1}{2}(\ln 7 - \ln 3) .$$

四、對數的另一種定義

我們定義自然對數如下.

定義

$\ln x = \displaystyle\int_1^x \dfrac{1}{t}\,dt$, $x > 0$.

由定積分的意義可知:

1. 當 $x > 1$ 時, $\ln x$ 表從 $t = 1$ 到 $t = x$ 曲線 $y = \dfrac{1}{t}$

   下的面積 (如圖 5-6 之黃色區域).

2. 當 $0 < x < 1$ 時, $\ln x$ 表從 $t = x$ 到 $t = 1$ 曲線

   $y = \dfrac{1}{t}$ 下的面積 (如圖 5-6 之綠色區域) 的

   (-1) 倍.

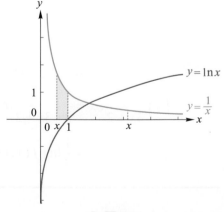

▲ 圖 5-6

3. $\ln 1 = \int_1^1 \frac{1}{t} dt = 0$.

4. 使 $\int_1^x \frac{1}{t} dt = 1$ 之 x 值以 e 表示，即 $\ln e = 1$.

定理 5-6：

對於任意正數 x, $\dfrac{d}{dx} \ln x = \dfrac{1}{x}$.

證 由自然對數定義及微積分基本定理 (1) 得 $\dfrac{d}{dx} \ln x = \dfrac{d}{dx} \int_1^x \frac{1}{t} dt = \dfrac{1}{x}$.

由連鎖律 $\dfrac{dy}{dx} = \dfrac{dy}{du} \cdot \dfrac{du}{dx}$, 可得

$$\frac{d}{dx} \ln f(x) = \frac{d}{df(x)} \ln f(x) \cdot \frac{df(x)}{dx} = \frac{1}{f(x)} \cdot f'(x) = \frac{f'(x)}{f(x)} .$$

例如：

(1) 對於任意非零實數 a, $\dfrac{d}{dx} \ln ax = \dfrac{1}{ax} \cdot \dfrac{d}{dx}(ax) = \dfrac{1}{ax} \cdot a = \dfrac{1}{x}$.

(2) $\dfrac{d}{dx} \ln(x^2 + 3) = \dfrac{1}{x^2 + 3} \cdot \dfrac{d}{dx}(x^2 + 3) = \dfrac{1}{x^2 + 3} \cdot 2x = \dfrac{2x}{x^2 + 3}$.

因為 $\ln$ 為 $\mathbb{R}^+$（正實數集合）對應至 $\mathbb{R}$（實數集合）的遞增函數，所以為一對一函數，所以有反函數 $\ln^{-1} x$, 是一 $\mathbb{R}$（實數集合）對應至 $\mathbb{R}^+$（正實數集合）的遞增函數，我們定義 $e^x = \ln^{-1} x$（其中 x 為任意實數）。

定理 5-7：

$$\frac{de^x}{dx} = e^x .$$

證 因為 $\ln e^x = \ln(\ln^{-1} x) = x$,

得 $\dfrac{d}{dx} \ln e^x = \dfrac{d}{dx} x$,

所以 $\dfrac{\dfrac{d}{dx} e^x}{e^x} = 1$, 故知 $\dfrac{d}{dx} e^x = e^x$.

習題

一、基礎題：

1. 試求下列不定積分

    (1) $\displaystyle\int (x^3+2x+1)^2(3x^2+2)\,dx$.   (2) $\displaystyle\int 3\cos 3x\,dx$.   (3) $\displaystyle\int x^2\sqrt{x^3+2}\,dx$.

2. 試求下列不定積分

    (1) $\displaystyle\int \frac{3x^2}{x^3+3}\,dx$.   (2) $\displaystyle\int \frac{\sec^2 x}{\tan x}\,dx$.   (3) $\displaystyle\int \frac{5}{2x+3}\,dx$.

    (4) $\displaystyle\int \frac{x+1}{x^2+2x+3}\,dx$.   (5) $\displaystyle\int \frac{x^2+x+1}{x^2+1}\,dx$.   (6) $\displaystyle\int \frac{2x}{(x+1)^2}\,dx$.

3. 試求下列定積分的值 .

    (1) $\displaystyle\int_2^4 \frac{3x^2}{x^3+3}\,dx$.   (2) $\displaystyle\int_{\frac{\pi}{4}}^{\frac{\pi}{3}} \frac{\sec^2 x}{\tan x}\,dx$.   (3) $\displaystyle\int_0^3 \frac{5}{2x+3}\,dx$

    (4) $\displaystyle\int_1^3 \frac{x+1}{x^2+2x+3}\,dx$.   (5) $\displaystyle\int_0^1 \frac{x^2+x+1}{x^2+1}\,dx$.   (6) $\displaystyle\int_1^4 \frac{2x}{(x+1)^2}\,dx$

4. 試求下列定積分的值 .

    (1) $\displaystyle\int_{-1}^1 [2\cos^2(x-\frac{\pi}{4})-1]\,dx$.   (2) $\displaystyle\int_{-\frac{\pi}{6}}^{\frac{\pi}{6}} [8\cos^3 x-6\cos x+4]\,dx$.

5. 試求函數 $y=\dfrac{1}{x}$ 的圖形與直線 $x=1$ 及直線 $x=3$ 和 x 軸所圍封閉區域的面積 .

二、進階題：

1. 試求下列定積分的值 .

    (1) $\displaystyle\int_0^{\sqrt[3]{\ln 5}} e^{-x^3+2\ln x}\,dx$.   (2) $\displaystyle\int_0^{\ln 3} \frac{e^x-e^{-x}}{e^x+e^{-x}}\,dx$.

2. 試求定積分 $\displaystyle\int_0^{\frac{\pi}{8}} \sec^4 2x\,dx$ 的值 .

Ans

一、基礎題：

1. (1) $\dfrac{1}{3}(x^3 + 2x + 1)^3 + c$.　　(2) $\sin 3x + c$.　　(3) $\dfrac{2}{9}(x^3 + 2)^{\frac{3}{2}} + c$.

2. (1) $\ln|x^3 + 3| + c$.　　(2) $\ln|\tan x| + c$.　　(3) $\dfrac{5}{2}\ln|2x + 3| + c$.

   (4) $\dfrac{1}{2}\ln(x^2 + 2x + 3) + c$.　　(5) $x + \dfrac{1}{2}\ln(x^2 + 1) + c$.

   (6) $2\ln|x + 1| + \dfrac{2}{x + 1} + c$.

3. (1) $\ln(\dfrac{67}{11})$.　　(2) $\ln\sqrt{3}$.　　(3) $\dfrac{5}{2}\ln 3$.

   (4) $\dfrac{1}{2}\ln 3$.　　(5) $1 + \dfrac{1}{2}\ln 2$.　　(6) $2\ln(\dfrac{5}{2}) - \dfrac{3}{5}$.

4. (1) $\displaystyle\int_{-1}^{1} \sin 2x\, dx = 0$.　　(2) $\dfrac{4}{3} + \dfrac{4\pi}{3}$ . .

5. $\ln 3$.

二、進階題：

1. (1) $\dfrac{4}{15}$.　　(2) $\ln\dfrac{5}{3}$.

2. $\dfrac{2}{3}$.

06
Chapter

積分的應用
APPLICATIONS OF INTEGRATION

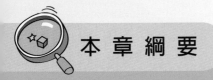 本 章 綱 要

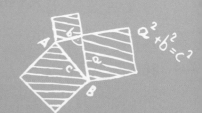

本章將以積分來說明如何求一區域的面積、物體的體積、表面積及曲線長度等，進而說明在物理學上的一些應用．

 6-1 平面區域的面積 **(Area of a Plane Region)**

由前面定積分的定義，我們知道：

曲線下的面積

若函數 $y = f(x)$ 在 $[a, b]$ 區間連續，且 $f(x) \geq 0$ ($x \in [a, b]$)，則由 $y = f(x)$、x 軸、$x = a$ 以及 $x = b$ 所圍成區域的面積為

$$\int_a^b f(x)dx$$

如下圖所示：

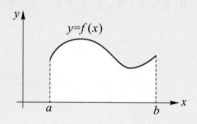

考慮圖 6-1 之三個圖：

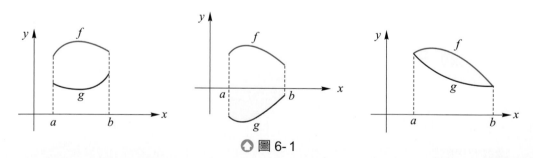

⬆ 圖 6-1

顯然，此三種情形在每一 $x \in [a, b]$ 中，$f(x) \geq g(x)$，而陰影區域的面積皆為

$$\int_a^b f(x)dx - \int_a^b g(x)dx$$

一般而言 , 我們有如下的結論 :

兩曲線之間區域的面積

設 f 和 g 在 $[a, b]$ 區間連續 , 且 $f(x) \geq g(x)$, 則 f 的圖形 、 g 的圖形 、 $x = a$ 及 $x = b$ 所圍成區域的面積爲

$$\int_a^b \left[f(x) - g(x) \right] dx$$

 例題 1

求以圖形 $y = x^2 + 1$ 、 $y = -x$ 、 $x = 0$ 及 $x = 1$ 所圍成區域的面積 .

解 所圍成區域的面積爲

$$\int_0^1 [(x^2 + 1) - (-x)] dx = \int_0^1 (x^2 + x + 1) dx$$

$$= \left[\frac{x^3}{3} + \frac{x^2}{2} + x \right]_0^1$$

$$= \frac{1}{3} + \frac{1}{2} + 1 = \frac{11}{6}$$

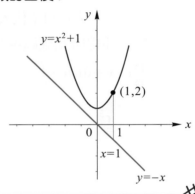

 例題 2

試求 $y = 2 - x^2$ 與 $y = x$ 所圍成區域的面積 .

解 首先 , 求此兩曲線的交點

$$\begin{cases} y = 2 - x^2 \\ y = x \end{cases}$$

$$\Rightarrow 2 - x^2 = x \Rightarrow x^2 + x - 2 = 0 \Rightarrow x = 1 \text{ 或 } x = -2$$

所以兩曲線所圍成區域的面積爲

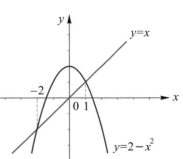

$$\int_{-2}^1 \left[(2 - x^2) - x \right] dx = \int_{-2}^1 (-x^2 - x + 2) dx$$

$$= \left[-\frac{x^3}{3} - \frac{x^2}{2} + 2x \right]_{-2}^1 = \left(-\frac{1}{3} - \frac{1}{2} + 2 \right) - \left(\frac{8}{3} - 2 - 4 \right) = \frac{9}{2} .$$

 例題 3

試求曲線 $y=\sqrt{x}$ 、x 軸及直線 $y=x-2$ 所圍成區域的面積．

解 方法一：

先求 $y=\sqrt{x}$ 與 $y=x-2$ 的軸交點

$$\begin{cases} y=\sqrt{x} \\ y=x-2 \end{cases}$$

$\therefore \sqrt{x}=x-2 \Rightarrow x=x^2-4x+4$

$\Rightarrow x^2-5x+4=0$

$\Rightarrow x=4$ 或 $x=1$（代入不合）

所以曲線所圍成區域的面積為

$\int_0^2 (\sqrt{x}-0)\,dx + \int_2^4 [\sqrt{x}-(x-2)]\,dx$

$= \left[\frac{2}{3}x^{\frac{3}{2}} \right]_0^2 + \left[\frac{2}{3}x^{\frac{3}{2}} - \frac{x^2}{2} + 2x \right]_2^4$

$= (\frac{2}{3}\cdot 2^{\frac{3}{2}}) + \frac{2}{3}\cdot 4^{\frac{3}{2}} - \frac{16}{2} + 8 - (\frac{2}{3}\cdot 2^{\frac{3}{2}} - \frac{4}{2} + 4)$

$= \frac{10}{3}$ ．

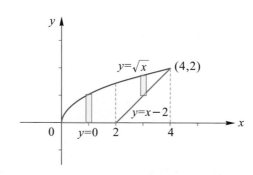

方法二：

當 $y \in [0, 2]$ 時，$y + 2$ 不小於 y^2

所以面積為 $\int_0^2 (y + 2 - y^2)\, dy = \left[\dfrac{y^2}{2} + 2y - \dfrac{y^3}{3} \right]_0^2 = \dfrac{10}{3}$.

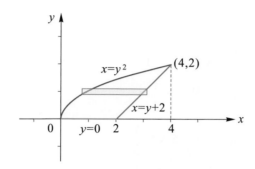

方法三：

所求面積可看成 $y = \sqrt{x}$ 、$x = 4$ 與 x 軸所圍成區域的面積減去三角形的面積

即 $\int_0^4 \sqrt{x}\, dx - \dfrac{1}{2} \cdot 2 \cdot 2 = \left[\dfrac{2}{3} x^{\frac{3}{2}} \right]_0^4 - 2 = \dfrac{16}{3} - 2 = \dfrac{10}{3}$.

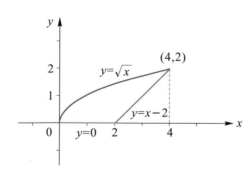

習 題

一、基礎題：

試求下列各題曲線所圍成區域的面積

1. $y = x^2 + 2x + 1$ 及 $y = 2x + 5$.

2. $y = (x-1)^3$ 及 $y = x - 1$.

3. $y = \sin x$ 、 $y = \cos x$ 、 $x = \dfrac{\pi}{4}$ 及 $x = \dfrac{5\pi}{4}$.

4. $y = \sin x$ 、 $y = \cos x$ 、 $x = 0$ 及 $x = \dfrac{\pi}{2}$.

5. $f(x) = 2\sin x$ 及 $g(x) = \tan x,\ -\dfrac{\pi}{3} \le x \le \dfrac{\pi}{3}$.

二、進階題：

1. 求曲線 $y = 3x^3 - x^2 - 10x$ 與曲線 $y = -x^2 + 2x$ 所圍成區域的面積.

2. 曲線 $y = x^4 - 2x^2 + 1$ 與曲線 $y = 1 - x^2$ 交於三點，而求兩曲線所圍成的面積時，只需要一個積分即可求出，請問原因為何？

Ans

一、基礎題：

1. $\dfrac{62}{3}$.

2. $\dfrac{1}{2}$.

3. $2\sqrt{2}$.

4. $2(\sqrt{2} - 1)$.

5. $2(1 - \ln 2) \approx 0.614$.

二、進階題：

1. 24.

2. 面積 $= \dfrac{4}{15}$，說明略.

6-2 物體的體積 (Volume of a solid)

本節中, 我們將以定積分來求一立體的體積.

一、切薄片法

如圖 6-2, 一立體 S 的橫截面 $A(x)$ 是一個平面與 S 相交的平面區域.

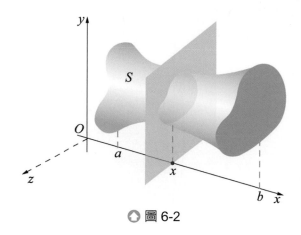

⬆ 圖 6-2

設 $P = \{a = x_0, x_1, x_2, \cdots, x_n = b\}$ 為 $[a, b]$ 的一分割, 且 $\Delta x_k = x_k - x_{k-1}$, 每一區間長度均相等, 若薄片 S_k 的體積為 V_k, 則

$$V_k = A(x_k) \cdot \Delta x_k$$

所以

$$V \approx \sum_{k=1}^{n} V_k = \sum_{k=1}^{n} A(x_k) \Delta X_k$$

則

$$V = \lim_{\|P\| \to 0} \sum_{k=1}^{n} A(x_k) \Delta X_k = \int_a^b A(x)dx$$

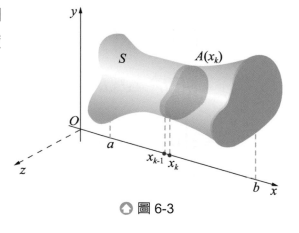

⬆ 圖 6-3

因此, 我們有如下的定義:

定義

設一立體介於平面 $x = a$ 與 $x = b$ 之間, 且其橫截面為 $A(x)$, 則其體積為

$$\int_a^b A(x)dx$$

例題 1

試證：一半徑為 r 的球體體積為 $\dfrac{4}{3}\pi r^3$.

證 如圖所示 , 我們將球心置於原點 , 則垂直於 x 軸的平面與球體所截為一圓形區域 , 其半徑為 $y=\sqrt{r^2-x^2}$

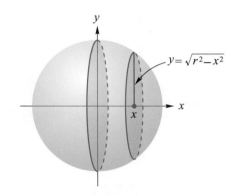

$$y=\sqrt{r^2-x^2}$$

所以 , 球體的體積 V 為

$$V=\int_{-r}^{r}A(x)dx=\int_{-r}^{r}\pi(\sqrt{r^2-x^2})^2\,dx$$

$$=\pi\int_{-r}^{r}(r^2-x^2)dx=\pi\left[r^2x-\frac{x^3}{3}\right]_{-r}^{r}$$

$$=\pi\left[(r^3-\frac{r^3}{3})-(-r^3+\frac{r^3}{3})\right]$$

$$=\frac{4}{3}\pi r^3 .$$

註：球體的體積 $=\dfrac{4}{3}\pi$ (半徑)^3.

 **例題 2**

試求高為 h 且底是邊長為 a 的正方形的正四角錐 (Pyramid) 的體積 .

解 如下圖所示 , 我們將正四角錐底的中心置於原點

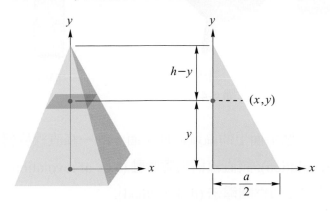

$$\frac{x}{\frac{a}{2}} = \frac{h-y}{h}$$

$$x = \frac{a}{2h}(h-y)$$

則正四角錐的橫截面在 $(x. y)$ 點為一正方形 , 其邊長為 $2x$

所以橫截面的面積為

$$A(x) = 2x \cdot 2x = 4x^2 = \frac{a^2}{h^2}(h-y)^2$$

故正四角錐的體積 V 為

$$V = \int_0^h A(y)dy = \int_0^h \frac{a^2}{h^2}(h-y)^2 \, dy$$

$$= -\frac{a^2}{3h^2}\Big[(h-y)^3\Big]_0^h = -\frac{a^2}{3h^2}\Big[0-h^3\Big]$$

$$= \frac{1}{3}a^2 \cdot h .$$

註：正四角錐的體積 $= \dfrac{1}{3} \times$ 底面積 $\times$ 高 .

在日常生活中，我們常常看到許多物體，如圖 6-4 中的輪軸、漏斗、酒瓶，都可看成是**旋轉體**。

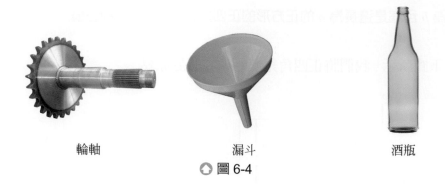

| 輪軸 | 漏斗 | 酒瓶 |

⬆ 圖 6-4

像上面所表示的物體，是一個平面上的區域繞此平面上的一條直線旋轉，所得到的立體稱為**旋轉體** (solid of revolution)，該直線稱為**旋轉軸** (axis of revolution)。現在，我們介紹求旋轉體體積的一種方法，稱為**圓盤法** (disk method)。

二、圓盤法

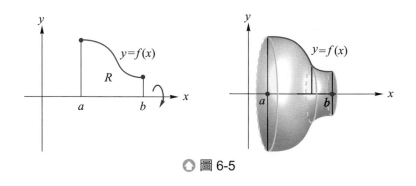

⬆ 圖 6-5

如圖 6-5，設函數 f 在 $[a, b]$ 區間連續，則由 $y = f(x)$、$x = a$、$x = b$ 及 x 軸所形成的區域 R 繞 x 軸旋轉的體積 (顯然橫截面為圓形區域)，因此，此旋轉體的體積 V 為

$$V = \int_a^b \pi \left[f(x) \right]^2 dx$$

 例題 **3**

設 R 為 $y = \sqrt{x}$ 、$x = 1$ 、$x = 4$ 及 x 軸所圍成的區域 , 試求 R 繞 x 軸所形成立體的體積 .

解 所求旋轉體的體積 V 為

$$V = \int_1^4 \pi (\sqrt{x})^2 \, dx = \int_1^4 \pi x \, dx$$

$$= \left[\frac{\pi x^2}{2} \right]_1^4 = \frac{16\pi}{2} - \frac{\pi}{2} = \frac{15\pi}{2} \, .$$

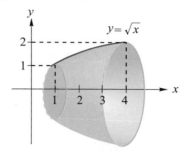

 例題 **4**

設 R 為 $y = \sec x$ 及 $y = \sqrt{2}$, $-\dfrac{\pi}{4} \leq x \leq \dfrac{\pi}{4}$ 所圍成的區域 , 試求 R 繞 x 軸旋轉所形成立體的體積 .

解

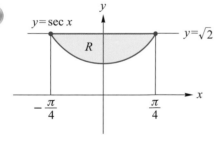

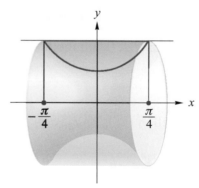

R 區域的圖形如左上圖 , 所求的體積

$$V = \int_{-\frac{\pi}{4}}^{\frac{\pi}{4}} \pi (\sqrt{2})^2 \, dx - \int_{-\frac{\pi}{4}}^{\frac{\pi}{4}} \pi (\sec x)^2 \, dx = \pi \int_{-\frac{\pi}{4}}^{\frac{\pi}{4}} 2 \, dx - \pi \int_{-\frac{\pi}{4}}^{\frac{\pi}{4}} \sec^2 x \, dx$$

$$= \pi \left[2x - \tan x \right]_{-\frac{\pi}{4}}^{\frac{\pi}{4}} = \pi \left[(\frac{\pi}{2} - 1) - (-\frac{\pi}{2} + 1) \right] = \pi (\pi - 2).$$

 例題 5

設 R 為圖形 $x = e^{-y^2}$ 、x 軸及 $y = 1$ 所圍成的區域,試求 R 繞 x 軸旋轉所得旋轉體的體積.

解

$$\begin{cases} y = 1 \\ x = e^{-y^2} \end{cases} \Rightarrow x = e^{-1} \Rightarrow 交點 \ (e^{-1},\ 1)$$

$$\begin{cases} y = 0 \\ x = e^{-y^2} \end{cases} \Rightarrow x = e^0 = 1 \Rightarrow 交點 \ (1,\ 0)$$

則所求的體積為

$$V = \int_0^{e^{-1}} \pi \cdot 1^2 \cdot dx + \int_{e^{-1}}^1 \pi \cdot y^2 dx$$

$$= \pi [e^{-1}] + \pi \int_{e^{-1}}^1 (-\ln x) dx.$$

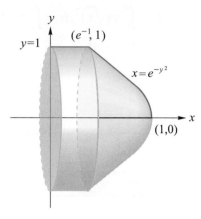

截至目前,我們對上式之 $\int_{e^{-1}}^1 (-\ln x) dx$ 仍然無法求得出來,因此我們將介紹另一種求旋轉體的方法—**圓柱殼法** (shell method).

三、圓柱殼法

設一圓柱殼 (Shell) 有外半徑 r_2 、內半徑 r_1 及高 h, 如圖 6-6, 則此圓柱殼的體積為

$$V = \pi\, r_2^2 \cdot h - \pi\, r_1^2 \cdot h$$

$$= \pi\, (r_2^2 - r_1^2) \cdot h$$

$$= \pi\, (r_2 + r_1)(r_2 - r_1) \cdot h$$

$$= 2\pi \cdot \frac{r_2 + r_1}{2} \cdot h(r_2 - r_1)$$

$$= 2\pi \cdot (\text{平均半徑}) \times (\text{高})(\text{厚度})$$

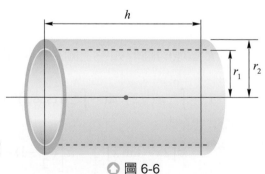

● 圖 6-6

如圖 6-7, 設 R 為 $x = g(y) \geq 0$ 與 $x = 0$ 、$y = c$ 及 $y = d$ 所圍成的區域, 且 S 為 R 繞 x 軸旋轉所成的立體. 設 $P = \{ c = y_0, y_1, y_2, \cdots, y_n = d \}$ 為 $[c, d]$ 的分割, 若 ΔV_k 表示一厚度為 Δy_k 的圓柱殼, 則 S 的體積 V 近似於圓柱殼體積的和

即
$$\Delta V_k = 2\pi \cdot (\text{平均半徑}) \times (\text{高度}) \times (\text{厚度})$$
$$= 2\pi \cdot r_k(y_k) \cdot h(y_k)\Delta y_k$$

即
$$V = \lim_{\|P\| \to 0} \sum_{k=1}^{n} 2\pi \cdot r(y_k)h(y_k) \cdot \Delta y_k$$
$$= 2\pi \int_c^d r(y)h(y)dy$$

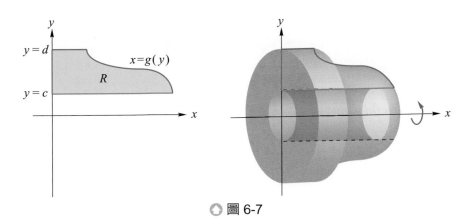

⬆ 圖 6-7

同理, 若一區域繞 y 軸旋轉所成的立體, 亦有類似的結果, 我們可得結論如下：

圓柱殼法

以圓柱殼法求體積的公式如下：

以水平線為旋轉軸的體積	以鉛直線為旋轉軸的體積
$V = 2\pi \int_c^d r(y)h(y)dy$	$V = 2\pi \int_a^b r(x)h(x)dx$

例題 6

設 R 為圖形 $x = e^{-y^2}$ 、x 軸及 $y = 1$ 所圍成的區域,試求 R 繞 x 軸旋轉所得旋轉體的體積.

 解

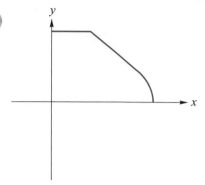

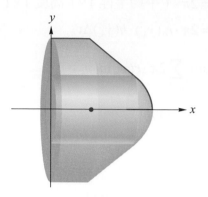

以圓柱殼法求體積為

$$V = 2\pi \int_c^d r(y)h(y)dy$$

$$= 2\pi \int_0^1 ye^{-y^2} dy$$

$$= 2\pi \int_0^1 ye^{-y^2} dy$$

$$= -\pi \left[e^{-y^2} \right]_0^1$$

$$= -\pi \left[e^{-1} - 1 \right]$$

$$= \pi(1 - \frac{1}{e}) \left[\approx 1.986 \right].$$

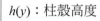
$r(y)$:柱殼半徑
$h(y)$:柱殼高度

設 R 為 $y=x$ 與 $y=x^2$ 圖形所圍成的區域，試求 R 繞 y 軸旋轉所得旋轉體的體積．

解 (1) 圓盤法：

$$V = \pi \left[\int_0^1 (\sqrt{y})^2 \, dy - \int_0^1 y^2 \, dy \right]$$

$$= \pi \left[\frac{y^2}{2} - \frac{y^3}{3} \right]_0^1$$

$$= \pi \left(\frac{1}{2} - \frac{1}{3} \right)$$

$$= \frac{\pi}{6}.$$

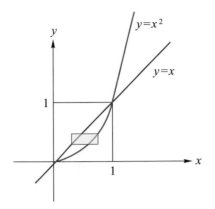

(2) 圓柱殼法：

$$V = \int_0^1 2\pi x(x - x^2) \, dx$$

$$= 2\pi \int_0^1 (x^2 - x^3) \, dx$$

$$= 2\pi \left[\frac{x^3}{3} - \frac{x^4}{4} \right]_0^1$$

$$= 2\pi \cdot \left(\frac{1}{3} - \frac{1}{4} \right)$$

$$= \frac{\pi}{6}.$$

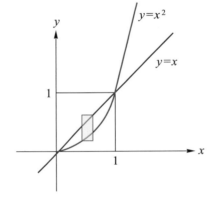

一、基礎題：

1. 設 R 爲在 xy 平面上，由 $y = 1 - \dfrac{x^2}{4}$ 、x 軸及 y 軸所圍成的區域，若一立體是以 R 爲底且其橫截面爲垂直 x 軸的正方形區域的立體 (如圖 (b))，試求此立體的體積．

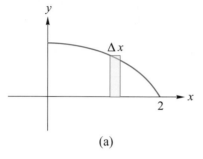

(a)

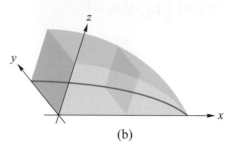

(b)

2. 設一立體的底爲 $y = \sin x$ (其中 $0 \le x \le \pi$) 與 x 軸所圍成的一平面區域，若此橫截面爲垂直 x 軸的正三角型區域，試求此立體的體積．

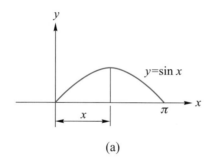

(a)

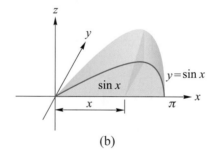

(b)

3. 設 R 爲 $y = \sqrt{x}$ 與直線 $y = 2$ 、$x = 0$ 所圍成的區域，試求以 R 繞下列直線所形成立體的體積．

   (1) x 軸．　(2) y 軸．　(3) $y = 2$.　(4) $x = 4$.

4. 下列兩小題中，試求陰影區域繞所標示軸所圍成的體積．

   (1) x 軸．　　　　　　　　　(2) $x = 1$.

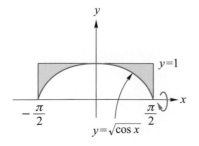

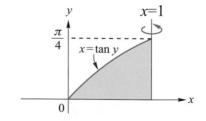

5. 設 R 為 $y = x^2 + 1$ 、 $y = -x + 1$ 及 $x = 1$ 所圍成的區域，且 S 為 R 繞 y 軸旋轉所成的立體，試以圓盤法及圓柱殼法求 S 的體積．

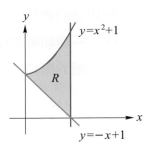

6. 設 R 為 $x = y - y^3$ 及 y 軸所圍成在第一象限的區域，試求 R 繞下列直線旋轉所成的立體．

(1) x 軸．

(2) $y = 1$．

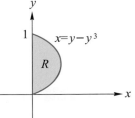

7. 設 R 為 $x = y - y^3$ 、 $x = 1$ 及 $y = 1$ 所圍成的區域，試求 R 繞下列直線旋轉所成立體的體積．

(1) x 軸．   (2) y 軸．

(3) $x = 1$．   (4) $y = 1$．

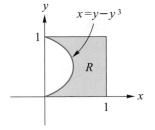

8. 令 $f(x) = \begin{cases} \dfrac{\sin x}{x}, & 0 < x \le \pi \\ 1, & x = 0 \end{cases}$

(1) 試證：$x \cdot f(x) = \sin x, 0 \le x \le \pi$．

(2) 設 R 為 $y = f(x)$ 、 $x = 0$ 及 $y = 0$ 所圍成區域，試求 R 繞 y 軸旋轉所成立體的體積．

二、進階題：

1. 設 R 為橢圓 $\dfrac{x^2}{a^2} + \dfrac{y^2}{b^2} = 1$ (其中 $a > b > 0$) 在第一象限內所圍成的區域，試以圓柱殼法求 R 繞 x 軸旋轉所得旋轉體的體積．

2. 下列二式積分相等，試分別以幾何來解釋．

(1) $\pi \displaystyle\int_1^5 (x-1)dx = 2\pi \int_0^2 y \left[5 - (y^2 + 1) \right] dy$．

(2) $\pi \displaystyle\int_0^2 \left[16 - (2y)^2 \right] dy = 2\pi \int_0^4 x(\frac{x}{2}) dx$．

3. 甜甜圈的體積

(1) 一甜甜圈是由一圓區域 $x^2 + y^2 = 1$ 繞直線 $x = 2$ 旋轉所成的立體 , 試求此甜甜圈的體積 .

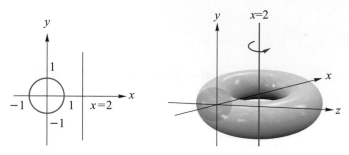

(2) 設題 (1) 中之圓區域為 $x^2 + y^2 = r^2$ 繞直線 $x = R$ 旋轉 $(r < R)$, 則此甜甜圈的體積為何 ?

Ans

一、基礎題 :

1. $\dfrac{16}{15}$.

2. $\dfrac{\sqrt{3}}{8}\pi \ (\approx 0.68)$.

3. (1) 8π. (2) $\dfrac{32\pi}{5}$. (3) $\dfrac{8\pi}{3}$. (4) $\dfrac{224\pi}{15}$.

4. (1) $\pi^2 - 2\pi$. (2) $\dfrac{\pi^2}{2} - \pi$.

5. (1) $\dfrac{7\pi}{6}$. (2) $\dfrac{7\pi}{6}$.

6. (1) $\dfrac{4\pi}{15}$. (2) $\dfrac{7\pi}{30}$.

7. (1) $\dfrac{11\pi}{15}$. (2) $\dfrac{97\pi}{105}$. (3) $\dfrac{121\pi}{210}$. (4) $\dfrac{23\pi}{30}$.

8. (1) 略 . (2) 4π.

二、進階題 :

1. $\dfrac{2\pi ab^2}{3}$.

2. (1) 及 (2) 以圓盤法及圓柱殼法去解釋 .

3. (1) $4\pi^2$. (2) $2\pi^2 r^2 R$.

6-3 弧長及旋轉曲面
(Arc Length and Surface of Revolution)

本節主要目的是用積分來求曲線的長度及立體的表面積.

一、弧長

在日常生活中, 如何求曲線的長度是有必要的, 本節即是要以積分來求曲線的長度. 設 $y = f(x)$ 爲在 $[a, b]$ 區間的函數, 若 f' 連續, 則此函數的圖形爲一平滑曲線(smooth curve), 現在, 我們說明曲線長度的求法如下:

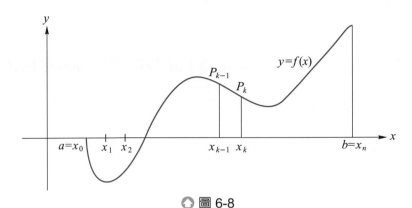

○ 圖 6-8

如圖 6-8 : 設 f 爲 $[a, b]$ 的平滑曲線, 令一分割 P 如下:

$$P = \{a = x_0, x_1, x_2, \cdots, x_{k-1}, x_k, \cdots, x_n = b\}$$

爲一分割, 其中

$$\Delta x_k = x_k - x_{k-1}$$

令 $P_k(x_k, y_k)$ 爲曲點 $y = f(x)$ 上的點, 且 P_{k-1}, P_k 兩點的弧長爲 L_k

則　　　$L_k \approx \overline{P_{k-1}P_k} = \sqrt{(x_k - x_{k-1})^2 + (y_k - y_{k-1})^2} = \sqrt{(\Delta x_k)^2 + (\Delta y_k)^2}$

由均值定理可知, 有一 $c_k \in [x_{k-1}, x_k]$, 使得

$$f(x_k) - f(x_{k-1}) = f'(c_k)(x_k - x_{k-1})$$

所以

$$L_k \approx \sqrt{(\Delta x_k)^2 + (f'(c_k))^2 (\Delta x_k)^2} = \sqrt{1 + (f'(c_k))^2}\ \Delta x_k$$

當 $n \to \infty$ 時，則 $y = f(x)$ 的曲線長 L 為

$$L = \lim_{\|P\| \to 0} \sum_{k=1}^{n} \sqrt{1 + (f'(c_k))^2} \cdot \Delta x_k = \int_a^b \sqrt{1 + (f'(x))^2} \, dx$$

故我們有結論如下：

曲線的長度

設 f 為在 $[a, b]$ 區間的平滑曲線，則 $y = f(x)$ 在 $[a, b]$ 的長度為

$$L = \int_a^b \sqrt{1 + (f'(x))^2} \, dx = \int_a^b \sqrt{1 + (\frac{dy}{dx})^2} \, dx$$

註：同理，設函數 g 定義 $x = g(y)$，在 $[c, d]$ 為平滑曲線，則 $x = g(y)$ 在 $[c, d]$ 的長度 L 為

$$L = \int_c^d \sqrt{1 + (g'(y))^2} \, dy = \int_c^d \sqrt{1 + (\frac{dx}{dy})^2} \, dy$$

 例題 1

試以距離公式及積分之弧長公式求 $(0, 0)$ 到 $(8, 15)$ 兩點的距離.

解 (1) 距離公式 $d = \sqrt{(8-0)^2 + (15-0)^2} = \sqrt{64 + 225} = \sqrt{289} = 17$

(2) 經 $(0, 0)$ 與 $(8, 15)$ 兩點之直線函數為

$$y = \frac{15}{8} x \Rightarrow y' = \frac{15}{8}$$

$\therefore (0, 0)$ 到 $(8, 15)$ 的弧長為

$$L = \int_0^8 \sqrt{1 + (\frac{15}{8})^2} = \frac{1}{8} \int_0^8 \sqrt{8^2 + 15^2} \, dx = \frac{1}{8} \int_0^8 17 dx$$

$$= \frac{1}{8} \cdot [17x]_0^8 = \frac{1}{8} [17 \cdot 8 - 0] = 17.$$

例題 2

試求下列各函數曲線的弧長

(1) $y = x^{\frac{3}{2}}$, $x \in [0, 5]$.

(2) $x = \frac{1}{3}(y^2 + 2)^{\frac{3}{2}}$, $0 \le y \le 4$.

解 (1) $\frac{dy}{dx} = \frac{3}{2} x^{\frac{1}{2}} \Rightarrow 1+(\frac{dy}{dx})^2 = 1+\frac{9}{4}x$

所以此曲線的弧長為

$$L = \int_0^5 \sqrt{1+(\frac{dy}{dx})^2}\ dx = \int_0^5 \sqrt{1+\frac{9}{4}x}\ dx = \frac{1}{2}\int_0^5 \sqrt{4+9x}\ dx$$

$$= \frac{1}{2}\int_4^{49} u^{\frac{1}{2}} \cdot \frac{1}{9} du$$

$$= \frac{1}{18}\int_4^{49} u^{\frac{1}{2}} du$$

$$= \frac{1}{18} \cdot \frac{2}{3} \left[u^{\frac{3}{2}} \right]_4^{49}$$

$$= \frac{1}{27}\left[7^3 - 2^3 \right]$$

$$= \frac{335}{27}.$$

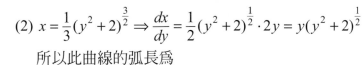

$u = 4 + 9x \Rightarrow du = 9dx$
$x : 0 \rightarrow 5$
$u : 4 \rightarrow 49$

(2) $x = \frac{1}{3}(y^2 + 2)^{\frac{3}{2}} \Rightarrow \frac{dx}{dy} = \frac{1}{2}(y^2+2)^{\frac{1}{2}} \cdot 2y = y(y^2+2)^{\frac{1}{2}}$

所以此曲線的弧長為

$$L = \int_0^4 \sqrt{1+y^2(y^2+2)}\ dy = \int_0^4 \sqrt{1+y^4+2y^2}\ dy = \int_0^4 (1+y^2)dy$$

$$= \left[y + \frac{y^3}{3} \right]_0^4 = 4 + \frac{64}{3} = \frac{76}{3}.$$

二、旋轉曲面的表面積

在一平面上，一平滑曲線繞一直線旋轉，可產生一旋轉體，如圖 6-9(a) 所示，本節即要求此旋轉曲面的表面積.

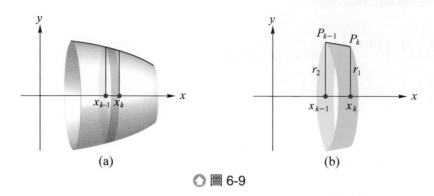

◆ 圖 6-9

首先，我們先求 $[x_{k-1}, x_k]$ 所形成旋轉曲面的表面積 A_k，如圖 6-9(b) 所示，則

$$A_k = 2\pi(\frac{r_1 + r_2}{2}) \cdot l = 2\pi \cdot (\text{平均半徑}) \times (\text{斜高})$$

現在，令 $y = f(x)$, $a \le x \le b$ 且 $P = \{a = x_0, x_1, x_2, \cdots, x_n = b\}$ 為 $[a, b]$ 的一分割，且旋轉軸為 x 軸，如圖 6-10.

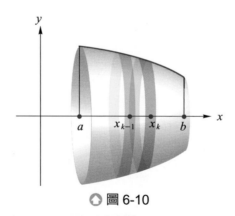

◆ 圖 6-10

所以　　$A_k = 2\pi \cdot \dfrac{f(x_{k-1}) + f(x_k)}{2} \cdot \sqrt{(\Delta x_k)^2 + (\Delta y_k)^2}$

$= \pi \left[f(x_{k-1}) + f(x_k) \right] \cdot \sqrt{1 + (f'(c_k))^2} \cdot \Delta x_k$, $c_k \in [x_{k-1}, x_k]$

得旋轉曲面的表面積 A

$$A = \lim_{\|P\| \to 0} \sum_{k=1}^{n} A_k = \lim_{n \to \infty} \sum_{k=1}^{n} \pi \left[f(x_{k-1}) + f(x_k) \right] \cdot \sqrt{1 + (f'(c_k))^2} \, \Delta x_k$$

$$= \lim_{\|P\| \to 0} \sum_{k=1}^{n} 2\pi \, f(x_k^*) \cdot \sqrt{1 + (f'(c_k))^2} \, \Delta x_k \quad , \ x_k^* \in [x_{k-1}, x_k]$$

$$= 2\pi \int_a^b f(x) \sqrt{1 + (f'(x))^2} \, dx$$

因此 , 我們有如下的結論 :

> ### 旋轉曲面的面積
>
> 設 f 在 $[a, b]$ 區間的平滑曲線且 $f(x) \geq 0$, 則曲線 $y = f(x)$ 在 $x = a$ 與 $x = b$ 間 , 對 x 軸旋轉所成曲面的面積為
>
> $$A = \int_a^b 2\pi f(x) \sqrt{1 + (f'(x))^2} \, dx$$

若仿照上式 , $x = g(y) \geq 0$ 在 $[c, d]$ 區間為平滑曲線, 則此曲線繞 y 軸旋轉所成曲面的面積 A 為

$$A = \int_c^d 2\pi x \cdot \sqrt{1 + (\frac{dx}{dy})^2} \, dy = \int_c^d 2\pi g(y) \sqrt{1 + (g'(y))^2} \, dy$$

 例題 3

(1) 線段 $y = 1 - x, 0 \leq x \leq 1$ 旋轉 y 軸產生一圓錐 , 試求圓錐的表面積 .

(2) 試求曲線 $y = \sqrt{x}$, $\dfrac{3}{4} \leq x \leq \dfrac{15}{4}$ 繞 x 軸旋轉所成曲面的表面積 .

解 (1) 因為 $y = 1 - x, 0 \leq x \leq 1$,

所以 $x = 1 - y, 0 \leq y \leq 1$

則 $\dfrac{dx}{dy} = -1 \Rightarrow (\dfrac{dx}{dy})^2 = 1$

則圓錐的表面積 A 為

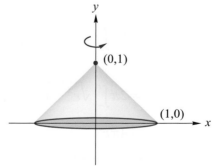

$$A = \int_0^1 2\pi\, x\sqrt{1+1}\,dy = \int_0^1 2\pi(1-y)\cdot\sqrt{2}\,dy = 2\sqrt{2}\,\pi\int_0^1(1-y)dy$$

$$= 2\sqrt{2}\pi\left[y - \frac{y^2}{2}\right]_0^1 = \sqrt{2}\pi$$

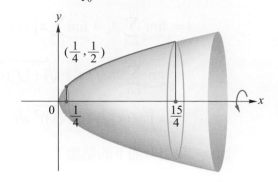

(2) 因為 $y = \sqrt{x}$,

則 $\dfrac{dy}{dx} = \dfrac{1}{2}x^{-\frac{1}{2}} = \dfrac{1}{2\sqrt{x}}$

$\Rightarrow (\dfrac{dy}{dx})^2 = \dfrac{1}{4x}$

所以 $A = \int_{\frac{3}{4}}^{\frac{15}{4}} 2\pi\cdot\sqrt{x}\cdot\sqrt{1+\dfrac{1}{4x}}\,dx = 2\pi\int_{\frac{3}{4}}^{\frac{15}{4}}\sqrt{x}\cdot\sqrt{1+\dfrac{1}{4x}}\,dx$

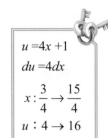

$$= \pi\int_{\frac{3}{4}}^{\frac{15}{4}}\sqrt{4x+1}\,dx = \pi\int_4^{16} u^{\frac{1}{2}}\cdot\frac{1}{4}du = \frac{\pi}{4}\int_4^{16} u^{\frac{1}{2}}du$$

$$u = 4x+1$$
$$du = 4dx$$
$$x : \frac{3}{4} \to \frac{15}{4}$$
$$u : 4 \to 16$$

$$= \frac{\pi}{4}\left[\frac{2}{3}u^{\frac{3}{2}}\right]_4^{16} = \frac{\pi}{6}[64-8] = \frac{28\pi}{3}.$$

 例題 4

試求半徑為 r 的球表面積.

解 設 $y = f(x) = \sqrt{r^2 - x^2}$, $-r \le x \le r$

則球的表面積可看成上式曲線(上半圓)

繞 x 軸旋轉所成旋轉曲面的面積 A

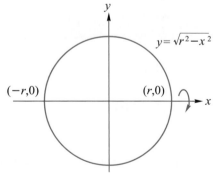

$$A = \int_{-r}^{r} 2\pi\cdot f(x)\sqrt{1+(f'(x))^2}\,dx$$

$$= 2\pi\int_{-r}^{r}\sqrt{r^2-x^2}\cdot\sqrt{1+(\frac{-x}{\sqrt{r^2-x^2}})^2}\,dx$$

$$= 2\pi\int_{-r}^{r}\sqrt{r^2-x^2}\cdot\sqrt{\frac{r^2}{r^2-x^2}}\,dx = 2\pi\int_{-r}^{r} r\,dx = 2\pi r\left[x\right]_{-r}^{r}$$

$$= 4\pi r^2.$$

一、基礎題：

1. 試求下列各曲線的弧長

(1) $y = \frac{1}{3}(x^2 + 2)^{\frac{3}{2}}$ 從 $x = 0$ 到 $x = 3$.

(2) $x = \frac{y^3}{3} + \frac{1}{4y}$ 從 $y = 1$ 到 $y = 3$.

(3) $y = \frac{x^3}{3} + x^2 + x + \frac{1}{4x+4}$, $0 \leq x \leq 4$.

(4) $x = \int_0^y \sqrt{\sec^4 t - 1}\, dt$, $-\frac{\pi}{4} \leq y \leq \frac{\pi}{4}$.

(5) $y = \int_0^x \sqrt{\cos 2t}\, dt$, $0 \leq x \leq \frac{\pi}{4}$.

2. 試求滿足下列條件的曲線函數

(1) $L = \int_1^4 \sqrt{1 + \frac{1}{4x}}\, dx$, 經過 $(1, 1)$.

(2) $L = \int_1^2 \sqrt{1 + \frac{1}{y^4}}\, dy$, 經過 $(0, 1)$.

3. (1) 試求曲線 $y = 2\sqrt{x}$, $1 \leq x \leq 2$, 繞 x 軸旋轉所成旋轉曲面的面積.
   (2) 試求曲線 $y = x^2$, $0 \leq x \leq \sqrt{2}$, 繞 y 軸旋轉所成旋轉曲面的面積.

二、進階題：

1. 設 $y = \left(\frac{x}{2}\right)^{\frac{2}{3}}$

(1) 試求 $\frac{dy}{dx} = $? 試問 $\left.\frac{dy}{dx}\right|_{x=0} = $?

(2) 試求 $y = \left(\frac{x}{2}\right)^{\frac{2}{3}}$ 從 $x = 0$ 到 $x = 2$ 的弧長.

2. 試解釋下列之等式

$$\int_1^e \sqrt{1 + \frac{1}{x^2}}\, dx = \int_0^1 \sqrt{1 + e^{2x}}\, dx$$

Ans

一、基礎題：

1. (1) 12. (2) $\dfrac{53}{6}$. (3) $\dfrac{53}{6}$. (4) 2. (5) 1.

2. (1) $y = \sqrt{x}$. (2) $y = \dfrac{1}{1-x}$.

3. (1) $\dfrac{8\pi}{3}(3\sqrt{3} - 2\sqrt{2})$. (2) $\dfrac{13\pi}{3} \, (\approx 13.614)$

二、進階題：

1. (1) $\dfrac{1}{3}\left(\dfrac{2}{x}\right)^{\frac{1}{3}}$ ，不存在 . (2) $\dfrac{2}{27}(10\sqrt{10} - 1)$.

2. 略 .

6-4 功 (Work)

在物理學上我們知道：若一物體受到一固定力 F 的作用，在此施力的方向移動一段距離 d，則此力對此物的功 W 為

$$W = Fd$$

通常功的單位為 "呎 - 磅" (foot-pound) 或者牛頓 - 米 (newton-meter) 來表示．

然而，一般力量不是固定不變的，而是隨時會改變的．因此，假設有一隨著連續變化的力 $F(x)$ 作用於一直線前進的物體，從 $x = a$ 到 $x = b$，令 $P = \{ a = x_0, x_1, x_2, \cdots, x_n = b \}$ 為 $[a, b]$ 的分割，如圖 6-11.

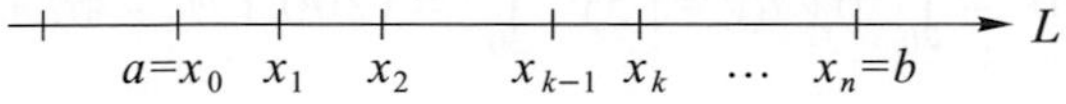

● 圖 6-11

則 x_{k-1} 到 x_k 對物體所作的功 ΔW_k 為

$$\Delta W_k = F(c_k)\Delta x_k, c_k \in [x_{k-1}, x_k]$$

所以由 a 到 b 對物體所作的功 W 為

$$W \approx \sum_{k=1}^{n} \Delta W_k = \sum_{k=1}^{n} F(c_k)\Delta x_k$$

即 $\qquad W = \lim_{\|P\| \to 0} \sum_{k=1}^{n} F(c_k)\Delta x_k = \int_a^b F(x)\, dx$ ．

我們結論如下：

> **變動力所作的功**
>
> 若一連續變化力 $F(x)$ 施於一物體，則此力對物體自 $x = a$ 移至 $x = b$ 所作的功為
>
> $$W = \int_a^b F(x)dx$$

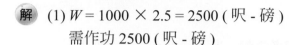

(1) 若一千斤頂以 1000 磅的力移動一物體 2.5 呎，則所作的功為何？

(2) 若有一條 20 呎密度 6 磅／呎的鐵鍊，今將鐵鍊的一端吊起 20 呎的高度（即此鍊拉直），試問需作功若干？

解 (1) $W = 1000 \times 2.5 = 2500$（呎 - 磅）

需作功 2500（呎 - 磅）

(2) 將 20 分解成 Δy 個區間，

在此區間所承受的力 ΔF 為

$\Delta F = (6$ 磅／呎 $) \cdot ($ 長度 $) = 6 \cdot \Delta y$

所需的功為 $W = \int_0^{20} 6y\, dy = \left[3y^2 \right]_0^{20} = 1200$（呎 - 磅）.

設半徑為 5 呎且高為 9 呎的圓柱槽，內裝有三分之二的橄欖油，且橄欖油的重量密度為 56 lb/ft³，試問將所有橄欖油抽到頂端所需的功是多少？

解 設 $P = \{ c = y_0 = 0, y_1, y_2, \cdots, y_n = d = 9 \}$

為 $[0, 9]$ 的一分割

則 Δy_k 薄片層的重量為密度乘其體積而得

所以第 k 層半徑為 5 且高度為 Δy_k 的圓柱移

動所需的力為

$56 \cdot (\pi r^2 \cdot \Delta y_k) = 56 \cdot 25\pi \cdot \Delta y_k$

故所需的功 W 為

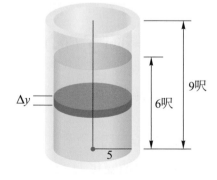

$$W = \int_0^6 56 \cdot 25 \cdot \pi \cdot (9 - y)dy = 1400\pi \int_0^6 (9 - y)dy = 1400\pi \left[9y - \frac{y^2}{2} \right]_0^6$$

$$= 1400\pi [54 - 18] = 50400\pi \text{（呎 - 磅）}.$$

由物理學上,我們知道虎克定律 (Hooke's law) 的意義如下:

虎克定律

　　將一彈簧拉長或壓縮與它自然長度的距離 x 單位所需的力 $f(x)$ 成正比,即 $f(x) = kx$, 其中 k 為一常數.

註: k 通常稱為彈簧常數 (spring constant).

 例題 3

一條彈簧的自然長度為 10 吋, 設一 800 磅的力使此彈簧伸長 4 吋, 則

(1) 試求彈簧常數.

(2) 將此彈簧拉至 12 吋時, 需多少功?

(3) 若有一力為 1600 磅作用於此彈簧, 則可使此彈簧伸長多少吋?

解 (1) 設拉長此彈簧 x 吋所需的力為 $f(x)$, 由虎克定律得 $f(x) = kx$
　　　　 由已知:$800 = k \cdot 4$,
　　　　 即 $k = 200$ (彈簧常數)

　　 (2) 由 (1), $f(x) = 200x$, $W = \int_0^2 200x\,dx = [100x^2]_0^2 = 400$
　　　　 所以需作用於此彈簧的功為 400 (吋 - 磅)

　　 (3) 由已知:$1600 = 200x \Rightarrow x = 8$
　　　　 所以此力為 1600 磅時, 可使彈簧伸長 8 吋.

習 題

一、基礎題：

1. 設一彈簧的自然長度為 1 公尺，若一 24N（牛頓）的力使得此彈簧伸長至總長為 1.8 公尺．

    (1) 試求彈簧常數

    (2) 將此彈簧從自然長度再拉長 2 公尺，求所需的功

2. 設有一半徑為 10 呎且高為 30 呎的圓柱水槽，若此水槽裝有一半的水，且水的密度為 62.4 (lb/ft³)，則需要多少功才可將所有水抽到水槽的頂端？

3. 設每呎重 12 磅的 60 呎長鐵鍊用滑輪吊著（如右圖），若現在將鐵鍊全部捲到滑輪上，試問需作多少功？

60呎

二、進階題：

1. 設一直立圓錐桶裝滿水，其高為 10 呎且頂圓的半徑為 4 呎（如右圖），若水的密度為 62.4 (lb/ft³)，試問需多少功才能將所有水抽到水槽的頂端？

2. 設一重 4 噸的火箭裝有 50 噸的燃料，若燃料每垂直上升 1000 公尺就燃燒 3 噸的燃料，試問火箭上升 6000 呎所作的功為何？

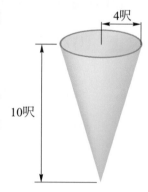

4呎

10呎

Ans

一、基礎題：

    1. (1) 30.   (2) 60（牛頓 - 公尺）.

    2. 2106000π.

    3. 21600（呎 - 磅）

二、進階題：

    1. 約 26.138（呎 - 磅）.

    2. 270000（呎 - 噸）.

07

Chapter

積分的技巧
TECHNIQUES OF INTEGRATION

本 章 綱 要

於第五章，我們利用微積分基本定理及代換法來求積分，本章將再學習其他積分技巧，解決各種不同函數的積分問題．

 7-1 分部積分法 (Integration by Parts)

我們觀察下列型式的積分

$$\int x\cos x dx \ , \ \int x^2 \sin x dx \ , \ \int \ln x dx \ , \ \int e^x \sin x dx$$

截至目前所學，應無法求得上列各函數之積分．首先，我們來看下面的定理．

定理 7-1：分部積分法

若 $u(x)$, $v(x)$ 的導函數都連續，則

$$\int u dv = uv - \int v du$$

證 因為 $\dfrac{d}{dx}\big[u(x)v(x)\big] = u(x) \cdot \dfrac{dv(x)}{dx} + v(x) \cdot \dfrac{du(x)}{dx}$

所以 $u(x) \cdot \dfrac{dv(x)}{dx} = \dfrac{d}{dx}\big[u(x) \cdot v(x)\big] - v(x) \cdot \dfrac{du(x)}{dx}$

我們將上式的左右兩邊同時積分得

$$\int u(x) \cdot \dfrac{dv(x)}{dx} \cdot dx = u(x) \cdot v(x) - \int v(x) \cdot \dfrac{du(x)}{dx} \cdot dx$$

即 $\quad \int u dv = uv - \int v du$

例題 1

試求 $\int xe^x dx$．

解 使用分部積分法，預先把積分寫成 $\int u dv$ 的形式，下面是幾個可能的寫法

$$\int \underbrace{(x)}_{u}\underbrace{(e^x dx)}_{dv} \ , \ \int \underbrace{e^x}_{u}\underbrace{(x dx)}_{dv} \ , \ \int \underbrace{1}_{u} \cdot \underbrace{(xe^x dx)}_{dv} \ , \ \int \underbrace{xe^x}_{u} \cdot \underbrace{dx}_{dv} \ 等$$

我們選擇第一種方法運算如下：

令 $u = x, dv = e^x dx$, 則 $du = dx, v = e^x$

所以 $\int \underset{u}{x} \underset{dv}{e^x dx} = \underset{u}{x} \cdot \underset{v}{e^x} - \int \underset{v}{e^x} \underset{du}{dx} = x \cdot e^x - e^x + c$

其他三種情形，我們並無法順利將積分求出，因此只能採第一種方式．

＃

註：顯然 $\dfrac{d}{dx}(xe^x - e^x + c) = xe^x$．

 例題 2

試求 $\int x \cos x dx$ ．

解 令 $u = x, dv = \cos x dx,$
則 $du = dx, v = \sin x$

所以 $\int \underset{u}{x} \cdot \underset{dv}{\cos x dx} = \underset{u}{x} \underset{v}{\sin x} - \int \underset{v}{\sin x} \underset{du}{dx}$

$$= x \sin x + \cos x + c.$$

＃

註：其他 u 、v 的選擇法，並不容易求得答案．

 例題 3

試求 $\int e^x \sin x dx$ ．

解 令 $u = e^x, dv = \sin x dx$
則 $du = e^x dx, v = -\cos x$

所以 $\int \underset{u}{e^x} \underset{dv}{\sin x dx} = \underset{u}{e^x} \cdot \underset{v}{(-\cos x)} - \int \underset{v}{(-\cos x)} \underset{du}{e^x \cdot dx}$

$$= -e^x \cos x + \int e^x \cos x dx$$

又 $\underbrace{\int e^x}_{u} \underbrace{\cos x \, dx}_{dv} = \underbrace{e^x}_{u} \cdot \underbrace{\sin x}_{v} - \int \underbrace{\sin x}_{v} \cdot \underbrace{e^x \, dx}_{du}$

因此 $\int e^x \sin x \, dx = -e^x \cos x + e^x \cdot \sin x - \int e^x \sin x \, dx$ → 此式爲所求的積分

即 $2\int e^x \sin x \, dx = -e^x \cos x + e^x \sin x + c$

故 $\int e^x \sin x \, dx = \dfrac{1}{2}\left[-e^x \cos x + e^x \sin x \right] + c$.

 例題 4

試求下列積分

(1) $\int \ln x \, dx$.

(2) $\int x^2 \ln x \, dx$.

解 (1) 令 $u = \ln x$, $dv = dx$, 則 $du = \dfrac{1}{x} dx$, $v = x$

所以 $\int \ln x \, dx = \ln x \cdot x - \int x \cdot \dfrac{1}{x} dx$

$= x \ln x - \int 1 \cdot dx$

$= x \ln x - x + c.$

 去掉積分因子 $\ln x$.

(2) 令 $u = \ln x$, $dv = x^2 dx$, 則 $du = \dfrac{1}{x} dx$, $v = \dfrac{1}{3}x^3$

所以 $\int x^2 \ln x \, dx = \int \ln x \cdot x^2 dx = \ln x \cdot \dfrac{1}{3}x^3 - \int \dfrac{1}{3}x^3 \cdot \dfrac{1}{x} dx$

$= \dfrac{1}{3}x^3 \cdot \ln x - \dfrac{1}{3}\int x^2 dx$

$= \dfrac{x^3}{3} \ln x - \dfrac{1}{9}x^3 + c$.

試求 $y = xe^{-x}$ 、x 軸、$x = 0$ 以及 $x = 3$ 所圍成的面積.

解 所求的面積為 $\int_0^3 xe^{-x}dx$

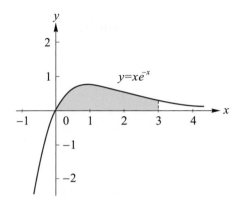

令 $u = x, dv = e^{-x}dx$

則 $du = dx, v = -e^{-x}$

所以 $\int xe^{-x}dx = x \cdot (-e^{-x}) - \int (-e^{-x})dx$

$$= -xe^{-x} + \int e^{-x}dx$$

$$= -xe^{-x} - e^{-x} + c$$

故 $\int_0^3 xe^{-x}dx = \left[-xe^{-x} - e^{-x} \right]_0^3 = -3e^{-3} - e^{-3} - (0 - e^0)$

$$= -3e^{-3} - e^{-3} + 1 = 1 - 4e^{-3}.$$

習題

一、基礎題：

求下列各式的積分

1. $\int x^2 \cos x\, dx$.

2. $\int x^3 \ln x\, dx$.

3. $\int x \sin 3x\, dx$.

4. $\int x e^{-4x}\, dx$.

5. $\int t \ln(t+1)\, dt$.

6. $\int_0^\pi x \sin 2x\, dx$.

7. $\int_1^2 \sqrt{x}\, \ln x\, dx$.

二、進階題：

1. $\int \dfrac{x e^{2x}}{(2x+1)^2}\, dx$.

2. 考慮 $\int f(x)g(x)\, dx$ 的積分中，若 $f(x)$ 可重複微分至 0，且 $g(x)$ 可重複積分，則可使用列表方式求出答案．

例如：我們可以部分積分法求出

$$\int x^2 e^x\, dx = x^2 e^x - 2x e^x + 2e^x + c$$

令 $f(x) = x^2$，$g(x) = e^x$，

我們列表如右：

可得 $\int x^2 e^x\, dx = x^2 e^x - 2x e^x + 2e^x + c$

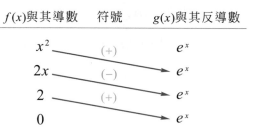

試求下列各式積分：

(1) $\int x^3 \sin x\, dx$.

(2) $\int x^3 \cos 2x\, dx$.

3. 設一區域 R 為 $y = \ln x$、$y = 0$ 以及 $x = e$ 所圍成的面積

(1) 試求區域 R 的面積．

(2) 試求以區域 R 繞 x 軸旋轉所成之立體的體積．

(3) 試求以區域 R 繞 y 軸旋轉所成之立體的體積．

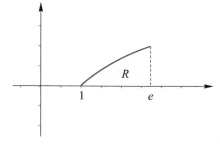

Ans

一、基礎題：

1. $x^2 \sin x + 2x \cos x - 2 \sin x + c$.

2. $\dfrac{1}{16} x^4 (4 \ln x - 1) + c$.

3. $-\dfrac{x}{3} \cos 3x + \dfrac{1}{9} \sin 3x + c$.

4. $-\dfrac{x}{4} e^{-4x} - \dfrac{1}{16} e^{-4x} + c$.

5. $\dfrac{1}{4} \Big[2(t^2 - 1) \ln | t + 1 | - t^2 + 2t \Big] + c$.

6. $-\dfrac{\pi}{2}$.

7. $\dfrac{4}{3} \sqrt{2} \ln 2 - \dfrac{8}{9} \sqrt{2} + \dfrac{4}{9}$ (≈ 0.494).

二、進階題：

1. $\dfrac{-xe^{2x}}{2(2x + 1)} + \dfrac{e^{2x}}{4} + c$.

2. (1) $-x^3 \cos x + 3x^2 \sin x + 6x \cos x - 6 \sin x + c$.

    (2) $\dfrac{1}{8} (4x^3 \sin 2x + 6x^2 \cos 2x - 6x \sin 2x - 3 \cos 2x) + c$.

3. (1) 1.   (2) $\pi(e - 2)$ (≈ 2.257).   (3) $\dfrac{(e^2 + 1)\pi}{2}$ (≈ 2.097).

7-2 三角函數的積分 **(Trigonometric Integrals)**

本節中，我們將學習求出如下列型式的積分

$$\int \sin^m x \cos^n x\,dx \;,\; \int \sec^m x \tan^n x\,dx \;,\; \int \sin mx \cos nx\,dx \qquad 等$$

其中 m 、 n 為非負整數

1. **$\int \sin^m x \cos^n x\,dx$ 型**

   (1) 設 m 為正奇數，令 $m = 2k + 1$

   則 $\int \sin^m x \cos^n x\,dx = \int \sin^{2k} x \cos^n x\,(\boldsymbol{\sin x\,dx})$

   $$= -\int (1 - \cos^2 x)^k \cos^n x (-\sin x)\,dx \longrightarrow \quad 令 u = \cos x$$

   $$= -\int (1 - u^2)^k \cdot u^n\,du \;.$$

   (2) 設 n 為正奇數，令 $n = 2k + 1$

   則 $\int \sin^m x \cos^{2k+1} x\,dx = \int \sin^m x \cos^{2k} x \quad (\boldsymbol{\cos x\,dx}) \longrightarrow \quad 令 u = \sin x$

   $$= \int u^m \cdot u^{2k} \cdot du \;.$$

   (3) 設 m 、 n 均為偶數

   令 $\sin^2 x = \dfrac{1 - \cos 2x}{2}$ ， $\cos^2 x = \dfrac{1 + \cos 2x}{2}$

   再解之．

 例題 1

試求 $\int \sin^3 x \cos x\,dx$ ．

解 解法一：

令 $u = \cos x$

則 $\int \sin^3 x \cdot \cos x\,dx = \int \sin^2 x \cdot \cos x\,(\sin x\,dx) = -\int \sin^2 x \cdot \cos x(-\sin x\,dx)$

$$= -\int (1 - \cos^2 x) \cdot \cos x(-\sin x\,dx) = -\int (1 - u^2)\,u\,du$$

$$= -\int (u - u^3)\,du = \int (u^3 - u)\,du$$

$$= \frac{u^4}{4} - \frac{u^2}{2} + c = \frac{\cos^4 x}{4} - \frac{\cos^2 x}{2} + c \;.$$

解法二：
令 $u = \sin x$

則 $\displaystyle\int \sin^3 x \cdot \cos x\, dx = \int u^3\, du = \frac{u^4}{4} + c = \frac{\sin^4 x}{4} + c$.

 例題 2

試求 $\displaystyle\int \sin^2 x \cdot \cos^3 x\, dx$.

解 令 $u = \sin x$

則 $\displaystyle\int \sin^2 x \cdot \cos^3 x\, dx = \int \sin^2 x \cdot \cos^2 x\, (\cos x\, dx)$

$\displaystyle\qquad\qquad = \int \sin^2 x (1 - \sin^2 x)(\cos x\, dx)$

$\displaystyle\qquad\qquad = \int u^2 (1 - u^2)\, du = \int (u^2 - u^4)\, du$

$\displaystyle\qquad\qquad = \frac{u^3}{3} - \frac{u^5}{5} + c = \frac{\sin^3 x}{3} - \frac{\sin^5 x}{5} + c$.

 例題 3

試求 $\displaystyle\int \sin^2 x \cdot \cos^2 x\, dx$.

解 $\displaystyle\int \sin^2 x \cdot \cos^2 x\, dx = \int \left(\frac{1 - \cos 2x}{2} \cdot \frac{1 + \cos 2x}{2} \right) dx$

$\displaystyle\qquad = \frac{1}{4} \int (1 - \cos^2 2x)\, dx = \frac{1}{4} \int \left(1 - \frac{1 + \cos 4x}{2} \right) dx$

$\displaystyle\qquad = \frac{1}{4} \int \left(\frac{1 - \cos 4x}{2} \right) dx = \frac{1}{8} \int (1 - \cos 4x)\, dx$

$\displaystyle\qquad = \frac{1}{8} \left(x - \frac{1}{4} \sin 4x \right) + c$

$\displaystyle\qquad = \frac{x}{8} - \frac{1}{32} \sin 4x + c$.

 例題 **4**

試求 $\int_0^{\frac{\pi}{4}} \sqrt{1+\cos 4x}\ dx$.

解
$$\int_0^{\frac{\pi}{4}} \sqrt{1+\cos 4x}\ dx = \int_0^{\frac{\pi}{4}} \sqrt{1+2\cos^2 2x -1}\ dx$$

$$= \int_0^{\frac{\pi}{4}} \sqrt{2\cos^2 2x}\ dx$$

$$= \int_0^{\frac{\pi}{4}} \sqrt{2}\ \cos 2x\ dx$$

$$= \frac{\sqrt{2}}{2}\Big[\sin 2x\Big]_0^{\frac{\pi}{4}}$$

$$= \frac{\sqrt{2}}{2}(1-0) = \frac{\sqrt{2}}{2}.$$

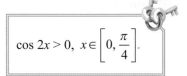

$\cos 2\theta = 2\cos^2\theta - 1$

$\cos 2x > 0,\ x \in \left[0, \dfrac{\pi}{4}\right]$.

2. $\displaystyle\int \sec^m x\ \tan^n x\,dx$ 型 $(m \geq 1,\ n \geq 1)$

  (1) 設 m 爲偶數, 令 $m = 2k,\ k \in \mathbb{N} \rightarrow$ 令 $u = \tan x$

    則 $\displaystyle\int \sec^{2k} x\ \tan^n x\,dx = \int (\sec^2 x)^{k-1} \tan^n x(\sec^2 x)dx$

$$= \int (1+\tan^2 x)^{k-1} \tan^n x(\sec^2 x)dx$$

$$= \int (1+u^2)^{k-1} u^n du$$

  (2) 設 n 爲奇數, 令 $n = 2k+1,\ k \in \mathbb{N} \cup \{0\} \rightarrow$ 令 $u = \sec x$

    則 $\displaystyle\int \sec^m x\ \tan^{2k+1} x\,dx = \int \sec^{m-1} x \cdot \tan^{2k} x(\sec x \tan x)dx$

$$= \int \sec^{m-1} x(\sec^2 x -1)^k (\sec x \tan x)dx$$

$$= \int u^{m-1}(u^2 -1)^k\,du$$

例題 5

試求 $\int \sec^4 x \tan^3 x \, dx$.

解 令 $u = \tan x$, 則 $du = \sec^2 x \, dx$

所以 $\int \sec^4 x \tan^3 x \, dx = \int \sec^2 x \tan^3 x (\sec^2 x) \, dx$

$$= \int (1 + \tan^2 x) \tan^3 x (\sec^2 x) \, dx$$

$$= \int (1 + u^2) u^3 \, du$$

$$= \int (u^5 + u^3) \, du$$

$$= \frac{u^6}{6} + \frac{u^4}{4} + c$$

$$= \frac{\tan^6 x}{6} + \frac{\tan^4 x}{4} + c.$$

 例題 6

試求 $\int_0^{\frac{\pi}{3}} \tan x \sec^5 x \, dx$.

解 令 $u = \sec x$,

所以 $\int \tan x \sec^5 x \, dx = \int \sec^4 x (\tan x \sec x) \, dx$

$$= \int u^4 \, du = \frac{u^5}{5} + c = \frac{\sec^5 x}{5} + c$$

故 $\int_0^{\frac{\pi}{3}} \tan x \sec^5 x \, dx = \left[\frac{\sec^5 x}{5} \right]_0^{\frac{\pi}{3}} = \frac{2^5}{5} - \frac{1}{5} = \frac{31}{5}.$

3. $\int \sin mx \cos nx \, dx$, $\int \sin mx \sin nx \, dx$, $\int \cos mx \cos nx \, dx$ 型

可利用下列公式解 (參閱 P51 的積化和差)

(1) $\sin mx \cdot \cos nx = \dfrac{1}{2}\left[\sin(m-n)x + \sin(m+n)x\right]$.

(2) $\sin mx \cdot \sin nx = \dfrac{1}{2}\left[\cos(m-n)x - \cos(m+n)x\right]$.

(3) $\cos mx \cdot \cos nx = \dfrac{1}{2}\left[\cos(m-n)x + \cos(m+n)x\right]$.

 例題 7

試求 $\int \sin 5x \cos 3x \, dx$.

解 $\displaystyle \int \sin 5x \cdot \cos 3x \, dx = \frac{1}{2}\int \left[\sin 2x + \sin 8x\right] dx$

$\displaystyle \qquad = \frac{-1}{4}\cos 2x - \frac{1}{16}\cos 8x + c.$

習 題

一、基礎題：

試求下列各題的積分

1. $\int \sin^3 x \cdot \cos^2 x\, dx$.

2. $\int \sin^7 2x \cdot \cos 2x\, dx$.

3. $\int \sin^3 2x \cdot \sqrt{\cos 2x}\, dx$.

4. $\int x \sin^2 x\, dx$.

5. $\int \tan^2 x \cdot \sec^4 x\, dx$.

6. $\int \sec^6 4x \cdot \tan 4x\, dx$.

7. $\int \tan^3 3x\, dx$.

8. $\int \sin \theta \cdot \sin 3\theta\, d\theta$.

9. $\int_{-\pi}^{\pi} \sin^2 x\, dx$.

10. $\int_0^{\frac{\pi}{4}} 6 \tan^3 x\, dx$.

11. $\int_0^{\frac{\pi}{2}} \dfrac{\cos \theta}{1 + \sin \theta}\, d\theta$.

12. $\int_{-\frac{\pi}{2}}^{\frac{\pi}{2}} 3 \cos^3 x\, dx$.

13. $\int_{-\pi}^{\pi} \sin 5x \cdot \cos 3x\, dx$.

二、進階題：

1. (1) 試證：$\int \sec x\, dx = \ln |\sec x + \tan x| + c$.

 (2) 試求 $\int \sec^3 x\, dx$.

2. 以下我們對 Wallis 公式之探討：

 在 $\int \cos^n x\, dx$ 中令 $u = \cos^{n-1} x,\ dv = \cos x\, dx$

 則　$du = -(n-1)\cos^{n-2} x \sin x\, dx,\ v = \sin x$

 所以 $\int \cos^n x\, dx = \cos^{n-1} x \cdot \sin x + (n-1) \int \cos^{n-2} x \cdot \sin^2 x\, dx$

 $$= \cos^{n-1} x \cdot \sin x + (n-1) \int \cos^{n-2} x (1 - \cos^2 x)\, dx$$

 $$= \cos^{n-1} x \cdot \sin x + (n-1) \int \cos^{n-2} x\, dx - (n-1) \int \cos^n x\, dx$$

 即　$n \int \cos^n x\, dx = \cos^{n-1} x \cdot \sin x + (n-1) \int \cos^{n-2} x\, dx$

 $$\Rightarrow \int \cos^n x\, dx = \frac{1}{n} \cos^{n-1} x \cdot \sin x + \frac{n-1}{n} \int \cos^{n-2} x\, dx$$

(a) 當 n 為奇數且 $n \geq 3$

$$\int_0^{\frac{\pi}{2}} \cos^n x \, dx = \left[\frac{1}{n} \cos^{n-1} x \cdot \sin x \right]_0^{\frac{\pi}{2}} + \frac{n-1}{n} \int_0^{\frac{\pi}{2}} \cos^{n-2} x \, dx$$

$$= \frac{n-1}{n} \left\{ \left[\frac{\cos^{n-3} x \cdot \sin x}{n-2} \right]_0^{\frac{\pi}{2}} + \frac{n-3}{n-2} \int_0^{\frac{\pi}{2}} \cos^{n-4} x \, dx \right\}$$

$$= \frac{n-1}{n} \cdot \frac{n-3}{n-2} \left\{ \left[\frac{\cos^{n-5} x \cdot \sin x}{n-4} \right]_0^{\frac{\pi}{2}} + \frac{n-5}{n-4} \int_0^{\frac{\pi}{2}} \cos^{n-6} x \, dx \right\}$$

$$= \frac{n-1}{n} \cdot \frac{n-3}{n-2} \cdot \frac{n-5}{n-4} \int_0^{\frac{\pi}{2}} \cos^{n-6} x \, dx = \frac{n-1}{n} \cdot \frac{n-3}{n-2} \cdot \frac{n-5}{n-4} \cdots \int_0^{\frac{\pi}{2}} \cos x \, dx$$

$$= \frac{n-1}{n} \cdot \frac{n-3}{n-2} \cdot \frac{n-5}{n-4} \cdots \left[\sin x \right]_0^{\frac{\pi}{2}} = \frac{n-1}{n} \cdot \frac{n-3}{n-2} \cdot \frac{n-5}{n-4} \cdots 1$$

$$= 1 \cdot \frac{2}{3} \cdot \frac{4}{5} \cdot \frac{6}{7} \cdots \frac{n-1}{n} \quad (\text{反過來寫})$$

(b) 當 n 為偶數且 $n \geq 2$

$$\int_0^{\frac{\pi}{2}} \cos^n x \, dx = \frac{n-1}{n} \cdot \frac{n-2}{n-1} \cdot \frac{n-3}{n-2} \cdots \int_0^{\frac{\pi}{2}} \cos^2 x \, dx$$

$$= \frac{n-1}{n} \cdot \frac{n-2}{n-1} \cdot \frac{n-3}{n-2} \cdots \left[\frac{x}{2} + \frac{1}{4} \sin 2x \right]_0^{\frac{\pi}{2}} = \frac{n-1}{n} \cdot \frac{n-2}{n-1} \cdot \frac{n-3}{n-2} \cdots \frac{3}{4} \cdot \frac{\pi}{4}$$

$$= \left(\frac{\pi}{2} \cdot \frac{1}{2} \right) \cdot \frac{3}{4} \cdot \frac{5}{6} \cdots \frac{n-1}{n} = \frac{1}{2} \cdot \frac{3}{4} \cdot \frac{5}{6} \cdots \frac{n-1}{n} \cdot \frac{\pi}{2}$$

故可得結論如下：

Wallis 公式

1. 設 n 是大於 1 的奇數，則

$$\int_0^{\frac{\pi}{2}} \cos^n x \, dx = \frac{2}{3} \cdot \frac{4}{5} \cdot \frac{6}{7} \cdots \frac{n-1}{n}$$

2. 設 n 是大於 0 的偶數，則

$$\int_0^{\frac{\pi}{2}} \cos^n x \, dx = \frac{1}{2} \cdot \frac{3}{4} \cdot \frac{5}{6} \cdots \frac{n-1}{n} \cdot \frac{\pi}{2}$$

同理，Wallis 公式中，將 $\cos^n x$ 以 $\sin^n x$ 代換，公式仍然成立．

(1) 試證 $\int_0^{\frac{\pi}{2}} \cos^n x\, dx = \int_0^{\frac{\pi}{2}} \sin^n x\, dx$（提示：令 $x = \frac{\pi}{2} - y$）

(2) 試以 Wallis 公式求下列積分：

① $\int_0^{\frac{\pi}{2}} \cos^3 x\, dx$ ．   ② $\int_0^{\frac{\pi}{2}} \cos^7 x\, dx$ ．   ③ $\int_0^{\frac{\pi}{2}} \cos^{10} x\, dx$ ．

④ $\int_0^{\frac{\pi}{2}} \sin^5 x\, dx$ ．   ⑤ $\int_0^{\frac{\pi}{2}} \sin^8 x\, dx$ ．

Ans

一、基礎題：

1. $-\dfrac{\cos^3 x}{3} + \dfrac{\cos^5 x}{5} + c$ ．   2. $\dfrac{1}{16}\sin^8 2x + c$ ．

3. $-\dfrac{1}{3}(\cos 2x)^{\frac{3}{2}} + \dfrac{1}{7}(\cos 2x)^{\frac{7}{2}} + c$.   4. $\dfrac{1}{8}(2x^2 - 2x\sin 2x - \cos 2x) + c$ ．

5. $\dfrac{\tan^5 x}{5} + \dfrac{\tan^3 x}{3} + c$ ．   6. $\dfrac{\sec^6 4x}{24} + c$ ．

7. $\dfrac{1}{6}\tan^2 3x + \dfrac{1}{3}\ln|\cos 3x| + c$ ．   8. $\dfrac{1}{8}(2\sin 2\theta - \sin 4\theta) + c$ ．

9. π .   10. $3(1 - \ln 2)$.

11. $\ln 2$.   12. 4 .

13. 0 .

二、進階題：

1. (1) 略．

   (2) $\dfrac{1}{2}[\sec x \cdot \tan x + \ln|\tan x + \sec x|] + c$ ．

2. (1) 略．

   (2) ① $\dfrac{2}{3}$ ． ② $\dfrac{16}{35}$ ． ③ $\dfrac{63}{512}\pi$ ． ④ $\dfrac{8}{15}$ ． ⑤ $\dfrac{35\pi}{256}$ ．

7-3 三角代換法 **(Trigonometric Substitution)**

本節主要目的是求下列積分因子為根號型式的積分

$$\int \sqrt{a^2 - x^2}\, dx \; , \; \int \sqrt{a^2 + x^2}\, dx \; , \; \int \sqrt{x^2 - a^2}\, dx$$

此類題目最主要是要消除根號, 我們常常使用下列恆等式

$$\sin^2 \theta + \cos^2 \theta = 1$$

與

$$1 + \tan^2 \theta = \sec^2 \theta$$

整理如下:

三角代換法 $(a > 0)$		
積分因子	代換法	結果
$\sqrt{a^2 - x^2}$	$x = a \sin \theta, \; -\dfrac{\pi}{2} \le \theta \le \dfrac{\pi}{2}$	$a \cos \theta$
$\sqrt{a^2 + x^2}$	$x = a \tan \theta, \; -\dfrac{\pi}{2} < \theta < \dfrac{\pi}{2}$	$a \sec \theta$
$\sqrt{x^2 - a^2}$	$x = a \sec \theta, \; 0 \le \theta \le \pi, \; 且 \; \theta \ne \dfrac{\pi}{2}$	$\pm a \tan \theta$

註: θ 的取法與反三角函數的取法相同.

現在, 我們來做下列例題:

 例題 1

試求 $\int \sqrt{9 - x^2}\, dx$.

解 令 $x = 3\sin\theta$, $-\dfrac{\pi}{2} \le \theta \le \dfrac{\pi}{2}$,則 $dx = 3\cos\theta\, d\theta$

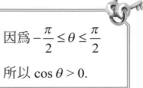

所以 $\int \sqrt{9 - 9\sin^2\theta} \cdot 3\cos\theta\, d\theta$

$\quad = \int 3\,|\cos\theta| \cdot 3\cos\theta\, d\theta = 9\int \cos^2\theta\, d\theta$

$\quad = 9\int \dfrac{1 + \cos 2\theta}{2}\, d\theta = \dfrac{9}{2}\left[\theta + \dfrac{1}{2}\sin 2\theta\right] + c$

$\quad = \dfrac{9}{2}\left[\theta + \sin\theta \cdot \cos\theta\right] + c = \dfrac{9}{2}\left[\sin^{-1}\dfrac{x}{3} + \dfrac{x}{3} \cdot \dfrac{\sqrt{9 - x^2}}{3}\right] + c$

$\quad = \dfrac{9}{2}\left[\sin^{-1}\dfrac{x}{3} + \dfrac{x}{9}\sqrt{9 - x^2} + c\right] = \dfrac{9}{2}\sin^{-1}\dfrac{x}{3} + \dfrac{x}{2}\sqrt{9 - x^2} + c$

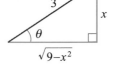

 例題 2

試求 $\int \dfrac{dx}{(x^2 + 1)^{\frac{3}{2}}}$.

解 設 $x = \tan\theta$, $-\dfrac{\pi}{2} < \theta < \dfrac{\pi}{2}$,則 $dx = \sec^2\theta\, d\theta$

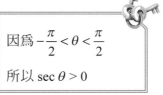

所以 $\int \dfrac{dx}{(x^2 + 1)^{\frac{3}{2}}} = \int \dfrac{\sec^2\theta\, d\theta}{|\sec\theta|^3} = \int \dfrac{\sec^2\theta}{\sec^3\theta}\, d\theta$

$\quad = \int \dfrac{1}{\sec\theta}\, d\theta = \int \cos\theta\, d\theta = \sin\theta + c$

$\quad = \dfrac{x}{\sqrt{1 + x^2}} + c$

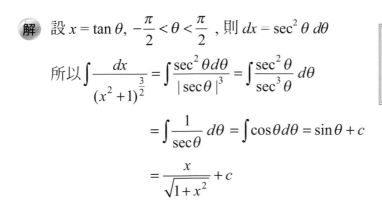

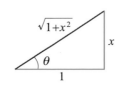

例題 3

試求 $\displaystyle\int \frac{dx}{\sqrt{25x^2-4}}$ ， $x > \dfrac{2}{5}$.

解 令 $x = \dfrac{2}{5}\sec\theta$ ， $0 < \theta < \dfrac{\pi}{2}$ ，

則 $dx = \dfrac{2}{5}\sec\theta\tan\theta\,d\theta$

所以 $\displaystyle\int \frac{dx}{\sqrt{25x^2-4}} = \int \frac{\dfrac{2}{5}\sec\theta\tan\theta\,d\theta}{2\,|\tan\theta|}$

$\qquad\qquad = \dfrac{1}{5}\displaystyle\int \sec\theta\,d\theta$

$\qquad\qquad = \dfrac{1}{5}\displaystyle\int \sec\theta \cdot \dfrac{\sec\theta+\tan\theta}{\sec\theta+\tan\theta}\,d\theta$

$\qquad\qquad = \dfrac{1}{5}\displaystyle\int \dfrac{\sec^2\theta+\sec\theta\tan\theta}{\sec\theta+\tan\theta}\,d\theta \quad\rightarrow\quad$ 令 $u = \sec\theta+\tan\theta$

$\qquad\qquad = \dfrac{1}{5}\displaystyle\int \dfrac{du}{u}$

$\qquad\qquad = \dfrac{1}{5}\ln|u|+c$

$\qquad\qquad = \dfrac{1}{5}\ln|\sec\theta+\tan\theta|+c$

$\qquad\qquad = \dfrac{1}{5}\ln\left|\dfrac{5x}{2}+\dfrac{\sqrt{25x^2-4}}{2}\right|+c$

$\qquad\qquad = \dfrac{1}{5}(\ln|5x+\sqrt{25x^2-4}|-\ln 2)+c.$

因為 $0 < \theta < \dfrac{\pi}{2}$
所以 $\tan\theta > 0$

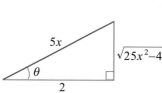

 例題 **4**

試求 $\int_0^1 \dfrac{x}{\sqrt{3-2x-x^2}}\,dx$.

解 $\int \dfrac{x}{\sqrt{3-2x-x^2}}\,dx = \int \dfrac{x}{\sqrt{4-(x+1)^2}}\,dx$

令 $x+1 = 2\sin\theta$, $-\dfrac{\pi}{2} \le \theta \le \dfrac{\pi}{2}$,

則 $dx = 2\cos\theta\,d\theta$

所以 $\displaystyle\int_0^1 \dfrac{x}{\sqrt{3-2x-x^2}}\,dx = \int_0^1 \dfrac{x}{\sqrt{4-(x+1)^2}}\,dx$

$$= \int_{\frac{\pi}{6}}^{\frac{\pi}{2}} \dfrac{2\sin\theta - 1}{2|\cos\theta|} \cdot 2\cos\theta\,d\theta$$

$$= \int_{\frac{\pi}{6}}^{\frac{\pi}{2}} \dfrac{2\sin\theta - 1}{2\cos\theta} \cdot 2\cos\theta\,d\theta$$

$$= \int_{\frac{\pi}{6}}^{\frac{\pi}{2}} (2\sin\theta - 1)\,d\theta = \left[-2\cos\theta - \theta\right]_{\frac{\pi}{6}}^{\frac{\pi}{2}}$$

$$= -\left[(0 + \dfrac{\pi}{2}) - (\sqrt{3} + \dfrac{\pi}{6})\right]$$

$$= -(\dfrac{\pi}{2} - \sqrt{3} - \dfrac{\pi}{6})$$

$$= \sqrt{3} - \dfrac{\pi}{3} .$$

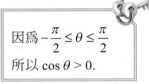
當 $x : 0 \to 1$
則 $\theta : \dfrac{\pi}{6} \to \dfrac{\pi}{2}$.

因為 $-\dfrac{\pi}{2} \le \theta \le \dfrac{\pi}{2}$
所以 $\cos\theta > 0$.

習題

試求下列各式的積分

1. $\int \dfrac{1}{\sqrt{25+x^2}}\,dx$.

2. $\int \dfrac{dx}{\sqrt{4x^2-49}}$, $x > \dfrac{7}{2}$.

3. $\int \dfrac{8dx}{x^2\sqrt{4-x^2}}$.

4. $\int_0^{\frac{3}{2}} \dfrac{dx}{\sqrt{9-x^2}}$.

5. $\int_0^{\frac{\sqrt{3}}{2}} \dfrac{4x^2\,dx}{\left(1-x^2\right)^{\frac{3}{2}}}$.

二、進階題：

1. 試利用下列三種方法求 $\int x^3\sqrt{1-x^2}\,dx$

   (1) 分部積分法 .

   (2) 變數代換法 .

   (3) 三角代換法 .

2. 求函數 $f(x)=\dfrac{1}{2}x^2$ 從 $x=0$ 到 $x=1$ 的弧長 .

Ans

一、基礎題：

1. $\ln\left|\dfrac{\sqrt{25+x^2}}{5}+\dfrac{x}{5}\right|+c$.

2. $\dfrac{1}{2}\ln\left|\dfrac{2x}{7}+\dfrac{\sqrt{4x^2-49}}{7}\right|+c$.

3. $\dfrac{\pm 2\sqrt{4-x^2}}{x}+c$.

4. $\dfrac{\pi}{6}$.

5. $4\sqrt{3}-\dfrac{4\pi}{3}$.

二、進階題：

1. $-\dfrac{1}{3}\left(1-x^2\right)^{\frac{3}{2}}+\dfrac{1}{5}\left(1-x^2\right)^{\frac{5}{2}}+c$.

2. $\dfrac{1}{2}\left[\sqrt{2}+\ln\left(\sqrt{2}+1\right)\right]$ (≈ 1.148).

7-4 部分分式法 (Partial Fractions Method)

我們知道,若 $P(x)$, $Q(x)$ 為兩多項式,其中 $Q(x) \neq 0$,則 $\dfrac{P(x)}{Q(x)}$ 稱為**有理函數** (rational function),當 deg $P(x)$ < deg $Q(x)$ 時,稱此有理函數為**真分式** (proper rational function),否則稱此有理函數為**假分式** (improper rational function). 本節中,我們將學習有理函數的積分.

理論上,由於實係數多項式的方程式,若有複數根 $p + qi$,則其必有 $p - qi$ 的根,所以**實係數多項式必可分解為實係數一次因式與實係數二次質因式的乘積**,即 $(px + q)$ 與 $(ax^2 + bx + c)$ 兩類型的乘積.

例如:

$$Q(x) = x^5 - x^3 + x^2 - 1 = x^3(x^2 - 1) + (x^2 - 1) = (x^2 - 1)(x^3 + 1)$$
$$= (x + 1)(x - 1)(x + 1)(x^2 - x + 1) = (x - 1)(x + 1)^2(x^2 - x + 1)$$

若 $P(x)$ 為一元四次多項式,我們可將真分式 $\dfrac{P(x)}{Q(x)}$ 表示成

$$\frac{A}{x - 1} + \frac{B}{(x + 1)} + \frac{C}{(x + 1)^2} + \frac{Dx + E}{x^2 - x + 1}$$

即稱 $\dfrac{A}{x - 1} + \dfrac{B}{(x + 1)} + \dfrac{C}{(x + 1)^2} + \dfrac{Dx + E}{x^2 - x + 1}$ 為 $\dfrac{P(x)}{Q(x)}$ 為部分分式的分解. 一般規則如下:

設 $\dfrac{P(x)}{Q(x)}$ 為真分式

1. 設 $Q(x)$ 有因式 $(x - r)^m$,且 $(m \geq 1)$ 為最高次 (即 $(x - r)^{m+1} \nmid Q(x)$)
   則部分分式包含下列各項

   $$\frac{A_1}{(x - r)} + \frac{A_2}{(x - r)^2} + \cdots + \frac{A_m}{(x - r)^m}$$, $A_1, A_2, \cdots, A_m$ 為常數

2. 設 $Q(x)$ 有質因式 $(x^2 + px + q)^n$,且 $(n \geq 1)$ 為最高次 (即 $(x^2 + px + q)^{n+1} \nmid Q(x)$)
   則部分分式包含下列各項

   $$\frac{B_1 x + C_1}{(x^2 + px + q)} + \frac{B_2 x + C_2}{(x^2 + px + q)^2} + \cdots + \frac{B_n x + C_n}{(x^2 + px + q)^n}$$

   其中 $B_1, B_2, \cdots, B_n$ 及 $C_1, C_2, \cdots, C_n$ 為常數.

例題 1

試求 $\displaystyle\int \frac{x+1}{(x-1)(x-2)(x-3)}dx$.

解 設 $\displaystyle\frac{x+1}{(x-1)(x-2)(x-3)} = \frac{A}{x-1} + \frac{B}{x-2} + \frac{C}{x-3}$

則 $x+1 = A(x-2)(x-3) + B(x-1)(x-3) + C(x-1)(x-2)$

(1) 令 $x = 1$

$$2 = A(1-2)(1-3)$$

$$\Rightarrow A = \frac{2}{(1-2)(1-3)}$$

$$= \frac{2}{(-1)(-2)} = 1$$

積分分子中，令 $x = 1$

$$A = \frac{1+1}{\boxed{x-1}\,(1-2)(1-3)} = 1.$$

(2) 令 $x = 2$

$$3 = B(2-1)(2-3)$$

$$\Rightarrow B = \frac{3}{(2-1)(2-3)} = \frac{3}{1\cdot(-1)}$$

$$= -3$$

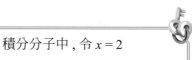
積分分子中，令 $x = 2$

$$B = \frac{2+1}{(2-1)\,\boxed{x-2}\,(2-3)} = -3.$$

(3) 令 $x = 3$

$$4 = C(3-1)(3-2)$$

$$\Rightarrow C = \frac{4}{(3-1)(3-2)} = \frac{4}{2\cdot1} = 2$$

積分分子中，令 $x = 3$

$$C = \frac{4}{(3-1)(3-2)\,\boxed{x-3}} = 2.$$

所以 $\displaystyle\int \frac{x+1}{(x-1)(x-2)(x-3)}dx$

$$= \int\left(\frac{1}{x-1} - \frac{3}{x-2} + \frac{2}{x-3}\right)dx$$

$$= \ln|x-1| - 3\ln|x-2| + 2\ln|x-3| + c.$$

 例題 **2**

試求 $\int \dfrac{x^2+4}{(x+1)^3} dx$.

解 設 $\dfrac{x^2+4}{(x+1)^3} = \dfrac{A}{(x+1)} + \dfrac{B}{(x+1)^2} + \dfrac{C}{(x+1)^3}$

則 $x^2 + 4 = A(x+1)^2 + B(x+1) + C$

$\qquad\qquad = A(x^2 + 2x + 1) + B(x+1) + C$

$\qquad\qquad = Ax^2 + (2A+B)x + (A+B+C)$

所以 $\begin{cases} A = 1 \\ 2A + B = 0 \\ A + B + C = 4 \end{cases} \Rightarrow \begin{cases} A = 1 \\ B = -2 \\ C = 5 \end{cases}$

故 $\int \dfrac{x^2+4}{(x+1)^3} dx = \int [\dfrac{1}{x+1} - \dfrac{2}{(x+1)^2} + \dfrac{5}{(x+1)^3}] dx$

$\qquad\qquad = \ln|x+1| + 2(x+1)^{-1} - \dfrac{5}{2}(x+1)^{-2} + c$.

註：求 A 、B 、C 亦可如下的求法：

於 $x^2 + 4 = A(x+1)^2 + B(x+1) + C$ 中

(1) 令 $x = -1$　$5 = C$

(2) 令 $x = 0$　　$4 = A + B + C$

(3) 令 $x = 1$　　$5 = 4A + 2B + C$

$\therefore \begin{cases} A + B = -1 \\ 4A + 2B = 0 \end{cases} \Rightarrow \begin{cases} A + B = -1 \\ 2A + B = 0 \end{cases} \Rightarrow A = 1, B = -2.$

例題 3

試求 $\int \dfrac{2x^3 + x}{(x^2 - 2)^2}\,dx$.

解 設 $\dfrac{2x^3 + x}{(x^2 - 2)^2} = \dfrac{Ax + B}{x^2 - 2} + \dfrac{Cx + D}{(x^2 - 2)^2}$

則 $2x^3 + x = (Ax + B)(x^2 - 2) + (Cx + D)$

$\qquad = Ax^3 + Bx^2 - 2Ax - 2B + Cx + D$

$\qquad = Ax^3 + Bx^2 + (-2A + C)x + (-2B + D)$

所以 $\begin{cases} A = 2 \\ B = 0 \\ -2A + C = 1 \\ -2B + D = 0 \end{cases}$

得 $\begin{cases} A = 2 \\ B = 0 \\ C = 5 \\ D = 0 \end{cases}$

故 $\displaystyle\int \dfrac{2x^3 + x}{(x^2 - 2)^2}\,dx = \int \left(\dfrac{2x}{x^2 - 2} + \dfrac{5x}{(x^2 - 2)^2} \right)dx$

$\qquad = \displaystyle\int \left(\dfrac{2x}{x^2 - 2} \right)dx + \dfrac{5}{2}\int \dfrac{2x}{(x^2 - 2)^2}\,dx$

$\qquad = \ln|x^2 - 2| - \dfrac{5}{2}(x^2 - 2)^{-1} + c$.

 例題 4

試求 $\int \dfrac{x^5 + 4x^3 - x^2 + x - 1}{x^2(x^2+1)}\,dx$.

解 積分因子為假分式，我們由長除法知

$$
\begin{array}{r}
x \\
x^4+x^2\ \overline{)\ x^5+\ 0\ +\ 4x^3-\ x^2+\ x\ -\ 1} \\
\underline{x^5+\ 0\ +\ x^3\qquad\qquad} \\
3x^3-\ x^2+\ x\ -\ 1
\end{array}
$$

所以 $\dfrac{x^5 + 4x^3 - x^2 + x - 1}{x^2(x^2+1)} = x + \dfrac{3x^3 - x^2 + x - 1}{x^2(x^2+1)}$

設 $\dfrac{3x^3 - x^2 + x - 1}{x^2(x^2+1)} = \dfrac{A}{x} + \dfrac{B}{x^2} + \dfrac{Cx+D}{x^2+1}$

則 $3x^3 - x^2 + x - 1 = Ax(x^2+1) + B(x^2+1) + (Cx+D)x^2$

$\qquad\qquad = (A+C)x^3 + (B+D)x^2 + Ax + B$

所以 $\begin{cases} A+C=3 \\ B+D=-1 \\ A=1 \\ B=-1 \end{cases} \Rightarrow \begin{cases} A=1 \\ B=-1 \\ C=2 \\ D=0 \end{cases}$

故 $\int \dfrac{x^5 + 4x^3 - x^2 + x - 1}{x^2(x^2+1)}\,dx = \int(x + \dfrac{1}{x} + \dfrac{-1}{x^2} + \dfrac{2x}{x^2+1})\,dx$

$\qquad\qquad = \dfrac{x^2}{2} + \ln|x| + \dfrac{1}{x} + \ln(x^2+1) + c$.

一、基礎題：

試求下列各式的積分

1. $\int \dfrac{x+4}{x^2+5x-6}dx$.

2. $\int_4^8 \dfrac{y}{y^2-2y-3}dy$.

3. $\int_0^1 \dfrac{x^3}{x^2+2x+1}dx$.

4. $\int \dfrac{x^2}{x^4-1}dx$.

5. $\int_1^{\sqrt{3}} \dfrac{3x^2+x+4}{x^3+x}dx$.

6. $\int \dfrac{2x^3-4x-8}{(x^2-x)(x^2+4)}dx$.

二、進階題：

1. 求 $\int \dfrac{2t+2}{(t^2+1)(t-1)^3}dt$.

2. 求 $\int \dfrac{e^x}{e^{2x}-1}dx$.

3. 求 $\int \dfrac{\sec^2\theta}{\tan^3\theta-\tan^2\theta}d\theta$.

4. 求 $\int \dfrac{1}{\sqrt{x}-\sqrt[3]{x}}dx$ ，（提示：令 $u=x^{\frac{1}{6}}$）.

Ans

一、基礎題：

1. $\dfrac{2}{7}\ln|x+6|+\dfrac{5}{7}\ln|x-1|+c$.

2. $\dfrac{\ln 15}{2}$.

3. $3\ln 2-2$.

4. $\dfrac{1}{4}\ln\left|\dfrac{x-1}{x+1}\right|+\dfrac{1}{2}\tan^{-1}x+c$.

5. $\ln(\dfrac{9}{\sqrt{2}})+\dfrac{\pi}{12}$.

6. $2\ln|x|-2\ln|x-1|+\ln(x^2+4)+2\tan^{-1}\dfrac{x}{2}+c$.

二、進階題：

1. $\tan^{-1}t+(t-1)^{-1}-(t-1)^{-2}+c$.

2. $\dfrac{1}{2}\ln\left|\dfrac{e^x-1}{e^x+1}\right|+c$.

3. $-\ln|\tan\theta|+\dfrac{1}{\tan\theta}+\ln|\tan\theta-1|+c$.

4. $2\sqrt{x}+3x^{\frac{1}{3}}+6x^{\frac{1}{6}}+6\ln|x^{\frac{1}{6}}-1|+c$.

7-5 參數方程式的積分
(Integration of Parametric Equations)

本節我們將平面的曲線表成參數方程式,再對參數方程式做積分

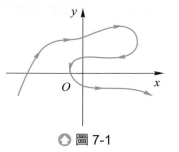

● 圖 7-1

一、平面曲線的參數方程式

如圖 7-1, 曲線不可能寫成 $y = f(x)$ 或 $x = g(y)$ 的方程式形式, 因此以 $x = f(t), y = g(t)$ 的方式表示.

我們定義**參數曲線** (Parametric curve) 如下:

定義 (參數曲線)

設 $x = f(t)$ 及 $y = g(t)$ 為變數 t 的連續函數 ($t \in \mathbb{R}$), 則

1. $x = f(t), y = g(t)$ 稱為 t 的參數方程式, 其中 t 稱為參數.

2. 點 $(f(t), g(t))$ 所成集合的曲線稱為參數曲線.

 例題 1

設一質點依參數方程式 $x = t^2, y = t + 2, t \in \mathbb{R}$ 移動, 試描繪其圖形.

t	-3	-2	-1	0	1	2	3
(x, y)	$(9, -1)$	$(4, 0)$	$(1, 1)$	$(0, 2)$	$(1, 3)$	$(4, 4)$	$(9, 5)$

經描點再以平滑曲線連接, 其圖形如右:

其實, 我們於參數方程式中, 消去 t

$$x = t^2 = (y - 2)^2,$$

即 $(y - 2)^2 = x$

則以直角坐標系去畫圖, 亦可容易描出圖形.

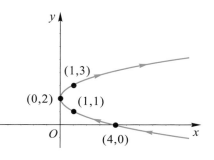

例題 2

試繪出下列參數方程式的圖形

(1) $\begin{cases} x = 1 + t \\ y = 2 - 3t \end{cases}$, $t \in \mathbb{R}$.

(2) $\begin{cases} x = \cos t \\ y = \sin t \end{cases}$, $t \in [0, \pi]$.

(3) $\begin{cases} x = \cos t \\ y = \sin t \end{cases}$, $t \in [0, 4\pi]$.

(4) $\begin{cases} x = t^2 \\ y = \dfrac{1}{3} t^3 \end{cases}$, $t \in \mathbb{R}$.

解 (1) $\begin{cases} x = 1 + t \\ y = 2 - 3t \end{cases} \Rightarrow \begin{cases} t = x - 1 \\ t = -\dfrac{y-2}{3} \end{cases}$

$$x - 1 = -\frac{y-2}{3} \Rightarrow 3x - 3 = -(y-2)$$
$$\Rightarrow 3x + y - 5 = 0$$

故圖形為一直線

① 當 $t = 0$, $(x, y) = (1, 2)$

② 當 $t = 1$, $(x, y) = (2, -1)$

所以圖形如右.

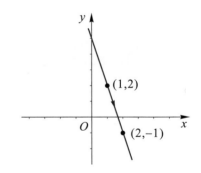

(2) $\begin{cases} x = \cos t \\ y = \sin t \end{cases} \Rightarrow x^2 + y^2 = 1$

因為 $t \in [0, \pi] \Rightarrow -1 \le x \le 1$, $0 \le y \le 1$

所以圖形為半圓如右.

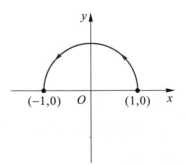

(3) $\begin{cases} x = \cos t \\ y = \sin t \end{cases} \Rightarrow x^2 + y^2 = 1$

因為 $t \in [0, 4\pi] \Rightarrow -1 \le x \le 1, -1 \le y \le 1$

所以其圖形為圓如右，但此圓畫了兩次．

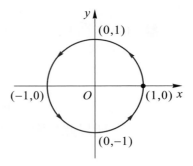

(4) $\begin{cases} x = t^2 \\ y = \dfrac{1}{3} t^3 \end{cases}, t \in \mathbb{R} \Rightarrow \sqrt{x} = \sqrt[3]{3y}$，並非我們熟悉的方程式，我們描點如下：

t	$t = -3$	$t = -2$	$t = -1$	$t = 0$	$t = 1$	$t = 2$	$t = 3$
(x, y)	$(9, -9)$	$(4, -\dfrac{8}{3})$	$(1, -\dfrac{1}{3})$	$(0, 0)$	$(1, \dfrac{1}{3})$	$(4, \dfrac{8}{3})$	$(9, 9)$

顯然此圖形對稱 x 軸，描點如下圖：

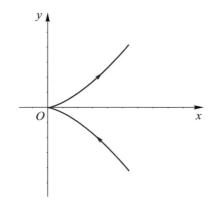

例題 3

已知一雙曲線的一支方程式為 $C : x^2 - y^2 = 4, x > 0$

(1) 試證：$x = t + \dfrac{1}{t}$ ，$y = t - \dfrac{1}{t}$ ，$t > 0$ 表示與 C 為同一條曲線．

(2) 試寫出曲線 C 二個不同的參數方程式．

(1) 因為 $x^2 - y^2 = (t + \dfrac{1}{t})^2 - (t - \dfrac{1}{t})^2$

$$= t^2 + 2 + \frac{1}{t^2} - (t^2 - 2 + \frac{1}{t^2})$$

$$= 4, \ t > 0$$

所以此參數方程式與 $x^2 - y^2 = 4$

表示相同的曲線 (雙曲線的一支)

(2) 另寫出兩個不同的參數方程式如下：

① $x = 2 \sec t,\ y = 2 \tan t,\ -\dfrac{\pi}{2} < t < \dfrac{\pi}{2}$.

② $x = \sqrt{t^2 + 4}$, $y = t,\ -\infty < t < \infty$.

註：一曲線的參數方程式表示法不只一種 .

 例題 4

擺線的參數方程式

設一半徑為 a 的圓輪沿著一直線滾動 , 則此圓輪上的固定點 P 所經過的路線 (為一曲線), 此曲線我們稱為擺線 (Cycloid), 試求擺線的參數方程式 .

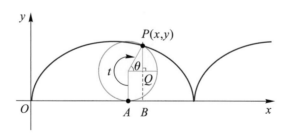

由於 $\overline{OA} = $ 弧長 $\overarc{AP} = at$, 令 $\theta = \dfrac{3}{2}\pi - t$

所以 $\begin{cases} x = \overline{OA} + \overline{AB} = at + a\cos\theta = at + a\cos\left(\dfrac{3\pi}{2} - t\right) \\ y = \overline{PB} = \overline{PQ} + \overline{QB} = a\sin\theta + a = a\sin\left(\dfrac{3\pi}{2} - t\right) + a \end{cases}$

即 $\begin{cases} x = at - a\sin t = a(t - \sin t) \\ y = a - a\cos t = a(1 - \cos t) \end{cases}$.

二、參數方程式的積分

接下來將介紹以參數方程式來求曲線的斜率、長度與面積.

(一) 參數方程式圖形的切線與面積

設一平滑曲線 C 的方程式為 $C : \begin{cases} x = f(t) \\ y = g(t) \end{cases}$ ，則由連鎖律可得

$$\frac{dy}{dt} = \frac{dy}{dx} \cdot \frac{dx}{dt}$$

所以當 $\dfrac{dx}{dt} \neq 0$ 時， $\dfrac{dy}{dx} = \dfrac{\dfrac{dy}{dt}}{\dfrac{dx}{dt}}$ ．

 例題 5

設一曲線 $C : \begin{cases} x = \sec t \\ y = \tan t \end{cases}$ ， $-\dfrac{\pi}{2} < t < \dfrac{\pi}{2}$ ，

試求經過點 $(\sqrt{2}, -1)$ 的切線方程式.

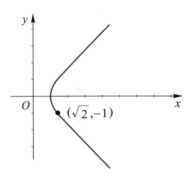

解 當 $t = -\dfrac{\pi}{4}$ 時，表此曲線 C 上之點 $(\sqrt{2}, -1)$

因為 $\dfrac{dy}{dx} = \dfrac{\dfrac{dy}{dt}}{\dfrac{dx}{dt}} = \dfrac{\sec^2 t}{\sec t \tan t} = \dfrac{\sec t}{\tan t}$

所以 $\dfrac{dy}{dx}\bigg|_{(\sqrt{2}, -1)} = \dfrac{\sec t}{\tan t}\bigg|_{t=-\frac{\pi}{4}} = -\sqrt{2}$

故切線方程式為 $\dfrac{y+1}{x-\sqrt{2}} = -\sqrt{2}$ ，即 $y = -\sqrt{2}x + 1$ ．

例題 6

試求橢圓 $\dfrac{x^2}{a^2} + \dfrac{y^2}{b^2} = 1$ $(a > b > 0)$ 的面積.

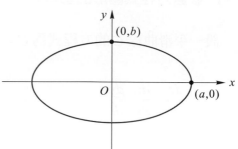

解 設橢圓的參數方程式為

$x = a\cos\theta, y = b\sin\theta$, $0 \le \theta \le 2\pi$

則橢圓的面積 A 為

$$A = 4\int_0^a y\,dx = 4\int_{\frac{\pi}{2}}^0 b\sin\theta(-a\sin\theta)\,d\theta$$

$$= 4ab\int_0^{\frac{\pi}{2}} \sin^2\theta\,d\theta = 2ab\int_0^{\frac{\pi}{2}} 2\sin^2\theta\,d\theta$$

$$= 2ab\int_0^{\frac{\pi}{2}} [1 - \cos 2\theta]\,d\theta = 2ab\left[\theta - \frac{1}{2}\sin 2\theta\right]_0^{\frac{\pi}{2}}$$

$$= 2ab\left[(\frac{\pi}{2} - 0) - (0 - 0)\right] = \pi ab$$

註：(1) 顯然，用 $A = 4\int_0^a y\,dx = 4\int_0^a b\sqrt{(1 - \dfrac{x^2}{a^2})}\,dx$ 來求其面積較複雜.

(2) 若 $b = a$, 則圓面積為 πa^2.

(二) 參數方程式圖形的弧長

令平滑曲線 C 的參數方程式為

$$C : \begin{cases} x = f(t) \\ y = g(t) \end{cases}, t \in [a, b]$$

設 $P = \{a = x_0, x_1, x_2, \cdots, x_{n-1}, x_n = b\}$ 為 $[a, b]$ 的一分割，
則其中 $[x_{k-1}, x_k]$ 之曲線長 ΔL_K 為

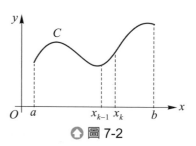

◎ 圖 7-2

$$\Delta L_K \approx \sqrt{[f(t_k) - f(t_{k-1})]^2 + [g(t_k) - g(t_{k-1})]^2}$$

$$= \sqrt{[f'(c_k)(t_k - t_{k-1})]^2 + [g'(d_k)(t_k - t_{k-1})]^2} \ , c_k, d_k \in [t_{k-1}, t_k]$$

$$= \sqrt{(f'(c_k))^2 + (g'(d_k))^2} \ \Delta t_k \ , \Delta t_k = t_k - t_{k-1}$$

均值定理.

所以當 $n \to \infty$ 時

$$L = \lim_{\|P\| \to 0} \sum_{k=1}^{n} \Delta L_K = \lim_{n \to \infty} \sum_{K=1}^{n} \sqrt{(f'(c_k))^2 + (g'(d_k))^2} \ \Delta t_k$$

$$= \int_a^b \sqrt{(f'(t))^2 + (g'(t))^2} \ dt$$

所以我們結論如下：

> **定理 7-2：參數方程式的弧長**
>
> 設平滑曲線的參數方程式為
>
> $$C : \begin{cases} x = f(t) \\ y = g(t) \end{cases}, t \in [a, b]$$
>
> 則 C 曲線的長度 L 為
>
> $$L = \int_a^b \sqrt{(f'(t))^2 + (g'(t))^2} \ dt$$

 例題 7

試求下列各題曲線的長度

(1) $x = 3t + 5, y = 4 - t, t \in [-1, 3]$.

(2) $x = t^2, \ y = \dfrac{1}{3}t^3, \ 0 \le t \le \sqrt{5}$.

解 (1) $\begin{cases} x = 3t + 5 \\ y = 4 - t \end{cases} \Rightarrow \begin{cases} \dfrac{dx}{dt} = 3 \\ \dfrac{dy}{dt} = -1 \end{cases}$

所以曲線之長度爲

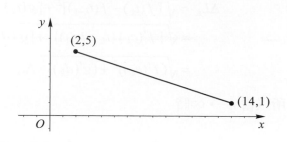

$L = \displaystyle\int_{-1}^{3} \sqrt{(\dfrac{dx}{dt})^2 + (\dfrac{dy}{dt})^2}\ dt$

$= \displaystyle\int_{-1}^{3} \sqrt{9 + 1}\ dt$

$= \left[\sqrt{10}\ t \right]_{-1}^{3}$

$= \sqrt{10} \cdot (3 - (-1))$

$= 4\sqrt{10}$

(2) $\begin{cases} x = t^2 \\ y = \dfrac{1}{3} t^3 \end{cases} \Rightarrow \begin{cases} \dfrac{dx}{dt} = 2t \\ \dfrac{dy}{dt} = t^2 \end{cases}$

所以曲線從 $t = 0$ 到 $t = \sqrt{5}$ 時
所對應的弧長爲

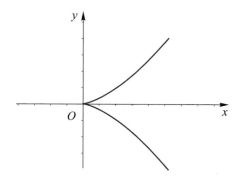

$L = \displaystyle\int_{0}^{\sqrt{5}} \sqrt{4t^2 + t^4}\ dt$

$= \displaystyle\int_{0}^{\sqrt{5}} t\sqrt{4 + t^2}\ dt$

$= \dfrac{1}{2} \displaystyle\int_{4}^{9} u^{\frac{1}{2}} du = \dfrac{1}{2} \cdot \dfrac{2}{3} u^{\frac{3}{2}} \Big|_{4}^{9}$

$= \dfrac{1}{3} [27 - 8]$

$= \dfrac{19}{3}$.

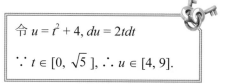

令 $u = t^2 + 4$, $du = 2tdt$

$\because t \in [0, \sqrt{5}\,]$, $\therefore u \in [4, 9]$.

註：在 (1) 中的 L 爲 $(2, 5)$ 與 $(14, 1)$ 兩點的線段長度，

即 $L = \sqrt{(14 - 2)^2 + (1 - 5)^2} = \sqrt{12^2 + 4^2} = \sqrt{160} = 4\sqrt{10}$.

 **例題 8**

試求圓 $x^2 + y^2 = r^2 \ (r > 0)$ 的圓周長．

解 設此圓的參數方程式為

$x = r \cos \theta, y = r \sin \theta, 0 \le \theta \le 2\pi$

則 $\dfrac{dx}{d\theta} = -r \sin \theta$ ， $\dfrac{dy}{d\theta} = r \cos \theta$

所以此圓的圓周長 L 為

$$L = \int_0^{2\pi} \sqrt{(\frac{dx}{d\theta})^2 + (\frac{dy}{d\theta})^2} \ d\theta = \int_0^{2\pi} \sqrt{r^2 \sin^2 \theta + r^2 \cos^2 \theta} \ d\theta$$

$$= \int_0^{2\pi} r \, d\theta = r[\theta]_0^{2\pi} = 2\pi r \ .$$

(三) 旋轉體的表面積

前面已有旋轉體表面積求法公式，我們只須將弧長代換成參數形式，可得旋轉體表面積，形式如下：

定理 7-3：旋轉曲面的表面積

設一平滑曲線 $x = f(t), y = g(t), t \in [a, b]$，則

1. 此曲線繞 x 軸旋轉所成曲面的表面積為

$$A = 2\pi \int_a^b g(t) \sqrt{(\frac{dx}{dt})^2 + (\frac{dy}{dt})^2} \ dt$$

2. 此曲線繞 y 軸旋轉所成曲面的表面積為

$$A = 2\pi \int_a^b f(t) \sqrt{(\frac{dx}{dt})^2 + (\frac{dy}{dt})^2} \ dt$$

例題 9

試求半徑為 r 的球之表面積.

解 球的表面積 A 可視為半圓 $x = r\cos\theta, y = r\sin\theta, 0 \le \theta \le \pi$
繞 x 軸旋轉所成的曲面

所以 $A = 2\pi \int_0^\pi r\sin\theta \sqrt{(\dfrac{dx}{d\theta})^2 + (\dfrac{dy}{d\theta})^2}\ d\theta$

$\qquad = 2\pi \int_0^\pi r\sin\theta \sqrt{(-r\sin\theta)^2 + (r\cos\theta)^2}\ d\theta$

$\qquad = 2\pi r \int_0^\pi \sin\theta \cdot r\, d\theta.$

$\qquad = -2\pi r^2 [\cos\theta]_0^\pi.$

$\qquad = 2\pi r^2 [(-1) - 1]$

$\qquad = 4\pi r^2.$

習題

一、基礎題：

將 1 ～ 6 題中的參數方程式化為直角坐標方程式，其中 a、b 均不為 0 的常數.

1. $\begin{cases} x = 1 + 2t \\ y = 2 - t \end{cases}$, $t \in \mathbb{R}$.

2. $\begin{cases} x = a\cos\theta \\ y = b\sin\theta \end{cases}$, $\theta \in [0, 2\pi]$.

3. $\begin{cases} x = a\sec t \\ y = b\tan t \end{cases}$, $t \in [0, 2\pi]$ 且 $t \neq \dfrac{\pi}{2}$, $t \neq \dfrac{3\pi}{2}$.

4. $\begin{cases} x = t \\ y = \sqrt{1 - t^2} \end{cases}$, $t \in [-1, 0]$.

5. $\begin{cases} x = \sec^2\theta - 1 \\ y = \tan\theta \end{cases}$, $\theta \in \left[-\dfrac{\pi}{2}, \dfrac{\pi}{2} \right]$.

6. $\begin{cases} x = a\cos^3\theta \\ y = a\sin^3\theta \end{cases}$, $\theta \in \mathbb{R}$.

7. 在一平面上，設一質點從 $(a, 0)$ 沿著橢圓 $\dfrac{x^2}{a^2} + \dfrac{y^2}{b^2} = 1$ 移動，試求在下列條件下，寫出一對應的參數方程式

   (1) 以順時針方向移動一圈 .

   (2) 以逆時針方向移動一圈 .

   (3) 以順時針方向移動二圈 .

   (4) 以逆時針方向移動二圈 .

   於 8 ～ 10 題中，依其題意，試求曲線的參數方程式

8. 經過 $(3, -2)$ 及 $(4, 1)$ 的線段 .

9. 拋物線 $y = x^2 + 2x$ 的左半部曲線 .

10. 如下圖, 從 $(1, 0)$ 依順時針方向沿 $(x - 2)^2 + y^2 = 1$ 移動, 試求此曲線的參數方程式, 並以 θ 為其參數.

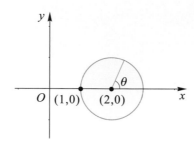

在 11 ～ 12 題中, 試求在已知點的切線方程式

11. $x = 2 - \cos \theta$, $y = 3 + 2 \sin \theta$, 點 $(2, 5)$.

12. $x = t^2 - 4$, $y = t^2 - 2t$, 點 $(-3, 3)$.

在 13 ～ 15 題中, 試求曲線在已知區間的弧長

13. $x = t^2$, $y = \dfrac{1}{3} t^3$, $[-\sqrt{5}, \sqrt{5}]$.

14. $x = e^{-t} \cos t$, $y = e^{-t} \sin t$, $\left[0, \dfrac{\pi}{2} \right]$.

15. $x = \cos \theta$, $y = \theta + \sin \theta$, $[0, \pi]$.

在 16 ～ 17 題中, 試求曲線在區間內的面積

16. $x = a \cos$, $y = b \sin \theta$, $0 \leq \theta \leq 2\pi$.

17. $x = t^2$, $y = t^6$, $0 \leq t \leq 1$.

在 18 ～ 20 題中, 試求曲線繞給予直線旋轉所成立體的表面積

18. $x = 2t$, $y = 3t$, $\theta \leq t \leq 3$, x 軸.

19. $x = \dfrac{1}{3} t^3$, $y = t + 1$, $1 \leq t \leq 2$, y 軸

20. $x = a \cos^3 \theta$, $y = a \sin^3 \theta (a > 0)$, $0 \leq \theta \leq \pi$, x 軸.

二、進階題：

1. 內擺線 (Hypocycloid)

設一半徑為 b 的圓在一圓 $x^2 + y^2 = a^2$ 的圓內滾動 (其中 $b < a$), 且 P 為滾動圓上的一固定點, 其開始的位置為 $A(a, 0)$, 如下圖所示：

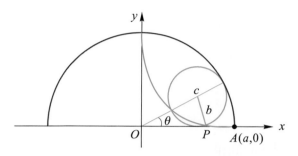

(1) 若 θ 是由 x 軸正方向到 O 與滾動圓心交線的交角, 試證：

P 點所經過的曲線的參數方程式為

$$\begin{cases} x = (a-b)\cos\theta + b\cos\dfrac{a-b}{b}\theta \\ y = (a-b)\sin\theta - b\sin\dfrac{a-b}{b}\theta \end{cases}, 0 \leq \theta \leq 2\pi.$$

(2) 若 (1) 中的 $b = \dfrac{a}{4}$, 試證：

$$\begin{cases} x = a\cos^3\theta \\ y = a\sin^3\theta \end{cases}, 0 \leq \theta \leq 2\pi.$$

2. 外擺線 (Epicycloid)

若上題動圓在圓外滾動, 如圖所示
則固定點 P 所經過的路徑 (曲線), 稱此曲線
為外擺線, 試證：
外擺線的方程式為

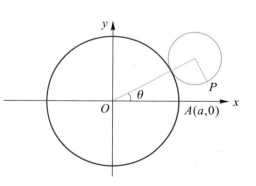

$$\begin{cases} x = (a+b)\cos\theta - b\cos(\dfrac{a+b}{b})\theta \\ y = (a+b)\sin\theta - b\sin(\dfrac{a+b}{b})\theta \end{cases}, 0 \leq \theta \leq 2\pi.$$

3. 已知擺線的參數方程式為

$$\begin{cases} x = a(t - \sin t) \\ y = a(1 - \cos t) \end{cases}, t \in \mathbb{R}$$

(1) 試求 t 從 0 到 2π 間擺線與 x 軸所夾的面積.

(2) 試求 t 從 0 到 2π 間擺線的長度.

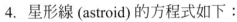

4. 星形線 (astroid) 的方程式如下：

$$x^{\frac{2}{3}} + y^{\frac{2}{3}} = a^{\frac{2}{3}}, a > 0$$

(1) 試求星形線之周長.

(2) 試求星形線所圍成的面積.

一、基礎題：

1. $x + 2y = 5$.

2. $\dfrac{x^2}{a^2} + \dfrac{y^2}{b^2} = 1$.

3. $\dfrac{x^2}{a^2} - \dfrac{y^2}{b^2} = 1$.

4. $y = \sqrt{1 - x^2}$, $-1 \le x \le 0$.

5. $x = y^2$.

6. $x^{\frac{2}{3}} + y^{\frac{2}{3}} = a^{\frac{2}{3}}$.

7. (1) $\begin{cases} x = a\sin t \\ y = b\cos t \end{cases}, \dfrac{\pi}{2} \le t \le \dfrac{5\pi}{2}$.

(2) $\begin{cases} x = a\cos t \\ y = b\sin t \end{cases}, 0 \le t \le 2\pi$.

(3) $\begin{cases} x = a\sin t \\ y = b\cos t \end{cases}, \dfrac{\pi}{2} \le t \le \dfrac{9\pi}{2}$.

(4) $\begin{cases} x = a\cos t \\ y = b\sin t \end{cases}, 0 \le t \le 4\pi$.

8. $\begin{cases} x = 3 + t \\ y = -2 + 3t \end{cases}, 0 \le t \le 1$.

9. $\begin{cases} x = t \\ y = t^2 + 2t \end{cases}, t \le -1$.

10. $\begin{cases} x = 2 + \cos\theta \\ y = \sin\theta \end{cases}, 0 \le \theta \le 2\pi$.

11. $y = 5$.

12. $y = 2x + 9$.

13. $\dfrac{38}{3}$.

14. $\sqrt{2}[-e^{-\frac{\pi}{2}} + 1]$.

15. 4.

16. πab.

17. $\dfrac{1}{4}$.

18. $27\sqrt{13}\,\pi$.

19. $\dfrac{\pi}{9}[17^{\frac{3}{2}} - 2^{\frac{3}{2}}]$.

20. $\dfrac{12\pi}{5}a^2$.

二、進階題：

1. (1) 略 .　　(2) 略 .

2. 略 .

3. (1) $3a^2\pi$.　　(2) $8a$.

4. (1) $6a$.　　(2) $\dfrac{3\pi a^2}{8}$.

7-6 數值積分 **(Numerical Integration)**

我們在求定積分 $\int_a^b f(x)dx$ 時，最主要的就是求 $f(x)$ 的反導數，但我們常常發現它的反導數相當難求，甚至無法求出，例如 $\int_0^{\frac{\pi}{2}} \sin x^2 dx$，$\int_0^1 \sqrt{1+x^4}\ dx$，$\int_0^1 e^{-x^2}\ dx$，… 等，雖然應用前面積分的技巧，都無法簡易的求出來，故我們退而求其次，利用函數的數值代入求其近似值．本節介紹兩種方法：**梯形法則** (trapezoid rule) 及**辛普森法則** (Simpson's rule)．

一、梯形法則

設 f 為在 $[a, b]$ 的連續函數，且 $P = \{x_0 = a, x_1, x_2, \cdots, x_n = b\}$ 為 $[a, b]$ 的一個等分割（即每一區間為 $\Delta x = \dfrac{b-a}{n}$），因為定積分為黎曼和的極限，即

$$\int_a^b f(x)dx = \lim_{n \to \infty} \sum_{i=1}^{n} f(x_i)\Delta x$$

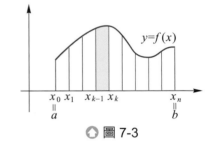

⬆ 圖 7-3

所以我們可以 $\displaystyle\sum_{i=1}^{n} f(x_i)\Delta x$ 來求 $\displaystyle\int_a^b f(x)dx$ 的近似值

考慮圖 7-3．

於子區間 $[x_{k-1}, x_k]$，$y = f(x)$ 曲線下的面積，利用梯形面積公式可得

$$A_k = \frac{f(x_{k-1}) + f(x_k)}{2} \cdot \Delta x$$

則此 n 塊梯形面積為

$$\begin{aligned}
\sum_{k=1}^{n} A_k &= \frac{\Delta x}{2} \cdot \sum_{k=1}^{n} [f(x_{k-1}) + f(x_k)] \\
&= \frac{\Delta x}{2} \{[f(x_0) + f(x_1)] + [f(x_1) + f(x_2)] + \cdots + [f(x_{n-1}) + f(x_n)]\} \\
&= \frac{\Delta x}{2} \left\{ f(x_0) + 2\sum_{k=1}^{n-1} f(x_k) + f(x_n) \right\}
\end{aligned}$$

故我們可得梯形法則如下：

> **定理 7-4：梯形法則**
>
> 設 f 在 $[a, b]$ 區間連續，且 $P = \{a = x_0, x_1, \cdots, x_n = b\}$ 為一 n 等分割，則
>
> $$\int_a^b f(x)dx \approx T_n = \frac{\Delta x}{2}\left\{f(a) + 2\left[\sum_{k=1}^{n-1} f(x_k)\right] + f(b)\right\}，其中 \Delta x = \frac{b-a}{n}$$

 例題 1

利用梯形法則，當 $n = 4$ 時，試估計 $\int_0^2 x^3 dx$ 之近似值．

解 令 $P = \left\{0, \dfrac{1}{2}, 1, \dfrac{3}{2}, 2\right\}$，$\Delta x = \dfrac{2-0}{4} = \dfrac{1}{2}$

$f(x) = x^3$

k	0	1	2	3	4
x_k	0	$\dfrac{1}{2}$	1	$\dfrac{3}{2}$	2
$f(x_k)$	0	$\dfrac{1}{8}$	1	$\dfrac{27}{8}$	8

則 $T_4 = \dfrac{\frac{1}{2}}{2}\left\{f(0) + 2\left[f(\tfrac{1}{2}) + f(1) + f(\tfrac{3}{2})\right] + f(2)\right\}$

$= \dfrac{1}{4}\left\{0 + 2\left[\dfrac{1}{8} + 1 + \dfrac{27}{8}\right] + 8\right\}$

$= \dfrac{1}{4} \cdot 17 = 4.25$

因為 $\int_0^2 x^3 dx = \left[\dfrac{x^4}{4}\right]_0^2 = 4$，即所求估計值與真確值的誤差為 0.25．

　　梯形法則是以函數下之梯形面積來逼近其積分，若改取曲線上三點，形成一拋物線，以拋物線下之面積來估計原函數之面積，我們討論如下．

二、辛普森法則

1. 如圖 7-4：設 $A(-h, y_0), B(0, y_1), C(h, y_2)$ 為拋物線 $y = ax^2 + bx + c$ 的三點
   則拋物線下的面積為

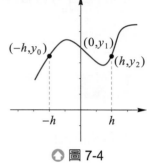

◎ 圖 7-4

$$\int_{-h}^{h} (ax^2 + bx + c)dx$$

$$= \left[\frac{a}{3}x^3 + \frac{b}{2}x^2 + cx \right]_{-h}^{h}$$

$$= (\frac{a}{3}h^3 + \frac{b}{2}h^2 + c \cdot h) - (-\frac{a}{3}h^3 + \frac{1}{2}bh - ch)$$

$$= \frac{2a}{3}h^3 + 2ch = \frac{h}{3}(2ah^2 + 6c)$$

因為 $(-h, y_0), (0, y_1), (h, y_2)$ 在曲線上

所以 $\begin{cases} y_0 = ah^2 - bh + c \cdots\cdots(1) \\ y_1 = c \qquad\qquad \cdots\cdots(2) \\ y_2 = ah^2 + bh + c \cdots\cdots(3) \end{cases}$

$(1) + (3)$：$y_0 + y_2 = 2ah^2 + 2c$

$y_1 = c$

即　　　　$y_0 + y_2 - 2y_1 = 2ah^2$

即　　　　$2ah^2 + 6c = y_0 + y_2 + 4y_1$

故　　　　$\int_{-h}^{h} (ax^2 + bx + c)dx = \frac{h}{3}(y_0 + 4y_1 + y_2)$．

2. 設 f 在 $[a, b]$ 區間連續，且 $P = \{ a = x_0, x_1, x_2, \cdots, x_n = b \}$ 為 $[a, b]$ 的一個 n 等分割，則由 1 可得：

$$\int_{x_{k-1}}^{x_{k+1}} f(x)dx = \frac{\Delta x}{3}[f(x_{k-1}) + 4f(x_k) + f(x_{k+1})]$$

所以

$$\int_a^b f(x)dx$$

$$= \frac{\Delta x}{3}[f(x_0) + 4f(x_1) + f(x_2)] + [f(x_2) + 4f(x_3) + f(x_4)]$$

$$+ [f(x_4) + 4f(x_5) + f(x_6)] + \cdots + [f(x_{n-2}) + 4f(x_{n-1}) + f(x_n)]$$

$$= \frac{\Delta x}{3}[f(x_0) + 4f(x_1) + 2f(x_2) + 4f(x_3) + 2f(x_4) + \cdots + 4f(x_{n-1}) + f(x_n)]$$

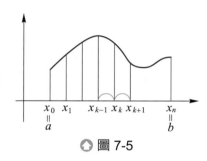

⬆ 圖 7-5

故我們可得辛普森法則 (或稱拋物線法則) 如下：

定理 7-5：辛普森法則

設 f 在 $[a, b]$ 區間連續 , 且 $P = \{a = x_0, x_1, x_2, \cdots, x_n = b\}$ 為 $[a, b]$ 的一 n 等分割 , 則

$$\int_a^b f(x)\, dx$$

$$\approx \frac{\Delta x}{3}\{f(x_0) + 4f(x_1) + 2f(x_2) + 4f(x_3) + 2f(x_4) + \cdots + 4f(x_{n-1}) + f(x_n)\}$$

其中 $\Delta x = \dfrac{b-a}{n}$, (n 為偶數).

例題 2

利用辛普森法則，當 $n = 4$ 時，試估計 $\int_0^2 x^3 dx$ 之近似值.

解 令 $P = \left\{0, \dfrac{1}{2}, 1, \dfrac{3}{2}, 2\right\}$ 為 $[0, 2]$ 之一分割，且 $\Delta x = \dfrac{1}{2}$

$f(x) = x^3$

k	0	1	2	3	4
x_k	0	$\dfrac{1}{2}$	1	$\dfrac{3}{2}$	2
$f(x_k)$	0	$\dfrac{1}{8}$	1	$\dfrac{27}{8}$	8

則 $S_4 = \dfrac{\frac{1}{2}}{3}\left\{f(0) + 4f\left(\dfrac{1}{2}\right) + 2f(1) + 4 \cdot f\left(\dfrac{3}{2}\right) + f(2)\right\}$

$= \dfrac{1}{6}\left\{0 + \dfrac{1}{2} + 2 + \dfrac{27}{2} + 8\right\} = \dfrac{1}{6}\{24\} = 4$

因為 $\int_0^2 x^3 dx = 4$，則 S_4 與真確值之誤差為 0.

在日常生活中，當資料的次數分布圖呈現中間較高，且左右對稱的鐘型時，我們就稱這組資料呈現 **常態分布**.

而 常 態 分 布 的 機 率 密 度 函 數 為

$f(x) = \dfrac{1}{\sqrt{2\pi}\,\sigma} e^{-\frac{(x-\mu)^2}{2\sigma^2}}$，$x \in \mathbb{R}$，其中 μ 為

平均數，σ 為標準差，圖 7-6 即為常態分布圖，其資料數值分布在各範圍內所佔的比率如右：

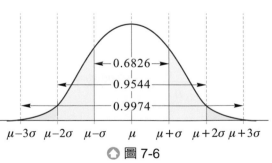

◆ 圖 7-6

當我們把數據標準化之後，得平均數 $\mu = 0$, 標準差 $\sigma = 1$, 如此一來，常態分布的機率密度函數便可改寫爲 $f(x) = \dfrac{1}{\sqrt{2\pi}} e^{-\frac{x^2}{2}}$.

然而，微積分中各種方法皆無法求得 $\displaystyle\int_{-k}^{k} \dfrac{1}{\sqrt{2\pi}} e^{-\frac{x^2}{2}} dx$ 之值，故我們試著以數值積分來求其近似值.

 例題 3

利用梯形法及辛普森法，令 $n = 4$ 時，試估計 $\dfrac{1}{\sqrt{2\pi}} \displaystyle\int_{-k}^{k} e^{-\frac{x^2}{2}} dx$ $(k = 1, 2, 3)$ 的近似值.

解 令 $f(x) = e^{-\frac{x^2}{2}}$, 求 $\dfrac{1}{\sqrt{2\pi}} \displaystyle\int_{0}^{k} e^{-\frac{x^2}{2}} dx$

(1) $k = 1$, 求 $\dfrac{1}{\sqrt{2\pi}} \displaystyle\int_{0}^{1} e^{-\frac{x^2}{2}} dx$

由於 $n = 4$, 取 $P = \left\{ 0, \dfrac{1}{4}, \dfrac{2}{4}, \dfrac{3}{4}, \dfrac{4}{4} = 1 \right\}$, $\Delta x = \dfrac{1}{4}$

k	0	1	2	3	4
x_k	0	$\dfrac{1}{4}$	$\dfrac{2}{4}$	$\dfrac{3}{4}$	1
$f(x_k)$	e^0 (1)	$e^{-\frac{1}{32}}$ (0.9692)	$e^{-\frac{1}{8}}$ (0.8825)	$e^{-\frac{9}{32}}$ (0.7548)	$e^{-\frac{1}{2}}$ (0.6065)

所以 $T = \dfrac{\frac{1}{4}}{2} \left\{ f(0) + 2\left[f(\dfrac{1}{4}) + f(\dfrac{2}{4}) + f(\dfrac{3}{4}) \right] + f(1) \right\}$

$= \dfrac{1}{8} \left\{ 1 + 2[0.9692 + 0.8825 + 0.7548] + 0.6065 \right\} = 0.8524$

即　$T_4 = \dfrac{1}{\sqrt{2\pi}} T = 0.3402$, (其中 $\dfrac{1}{\sqrt{2\pi}} \approx 0.3990$)

故　$\int_{-1}^{1} \frac{1}{\sqrt{2\pi}} e^{-\frac{x^2}{2}} dx = 0.6804$,

同理 $S_4 = \frac{1}{\sqrt{2\pi}} S = \frac{1}{\sqrt{2\pi}} \cdot \frac{\frac{1}{4}}{3} \{ f(0) + 4f(\frac{1}{4}) + 2f(\frac{2}{4}) + 4f(\frac{3}{4}) + f(1) \} = 0.3414$

故　$\int_{-1}^{1} \frac{1}{\sqrt{2\pi}} e^{-\frac{x^2}{2}} dx = 0.6828.$

(2) $k = 2$, 求 $\frac{1}{\sqrt{2\pi}} \int_0^2 e^{-\frac{x^2}{2}} dx$

由於 $n = 4$, 取 $P = \{0, \frac{2}{4}, \frac{4}{4} = 1, \frac{6}{4}, \frac{8}{4} = 2\}$, $\Delta x = \frac{1}{2}$

k	0	1	2	3	4
x_k	0	$\frac{1}{2}$	1	$\frac{3}{2}$	2
$f(x_k)$	e^0 (1)	$e^{-\frac{1}{8}}$ (0.8825)	$e^{-\frac{1}{2}}$ (0.6065)	$e^{-\frac{9}{8}}$ (0.3249)	e^{-2} (0.1353)

所以 $T_4 = \frac{1}{\sqrt{2\pi}} \cdot \frac{\frac{1}{2}}{2} \{ f(0) + 2[f(\frac{1}{2}) + f(1) + f(\frac{3}{2})] + f(2) \}$

$\qquad = \frac{1}{\sqrt{2\pi}} (1.1907) = 0.4751$

故　$\int_{-2}^{2} \frac{1}{\sqrt{2\pi}} e^{-\frac{x^2}{2}} dx = 0.9502$

同理 $S_4 = \frac{1}{\sqrt{2\pi}} \cdot \frac{\frac{1}{2}}{3} \{ f(0) + 4f(\frac{1}{2}) + 2f(1) + 4f(\frac{3}{2}) + f(2) \}$

$\qquad = \frac{1}{\sqrt{2\pi}} (1.1962) = 0.4773$

故　$\int_{-2}^{2} \frac{1}{\sqrt{2\pi}} e^{-\frac{x^2}{2}} dx = 0.9546$.

(3) $k = 3$, 求 $\dfrac{1}{\sqrt{2\pi}} \displaystyle\int_0^3 e^{-\frac{x^2}{2}}\, dx$

由於 $n = 4$,

取 $P = \left\{ 0, \dfrac{3}{4}, \dfrac{6}{4}, \dfrac{9}{4}, \dfrac{12}{4} = 3 \right\}$, $\Delta x = \dfrac{3}{4}$

k	0	1	2	3	4
x_k	0	$\dfrac{3}{4}$	$\dfrac{3}{2}$	$\dfrac{9}{4}$	2
$f(x_k)$	e^0 (1)	$e^{-\frac{3}{32}}$ (0.7548)	$e^{-\frac{9}{8}}$ (0.3247)	$e^{-\frac{81}{32}}$ (0.0796)	8

所以 $T_4 = \dfrac{1}{\sqrt{2\pi}} \cdot \dfrac{\frac{3}{4}}{2} \{ f(0) + 2[f(\tfrac{3}{4}) + f(\tfrac{3}{2}) + f(\tfrac{9}{4})] + f(2) \}$

$\qquad = \dfrac{1}{\sqrt{2\pi}} \cdot (1.2485) = 0.4981$

故 $\displaystyle\int_{-3}^3 \dfrac{1}{\sqrt{2\pi}} e^{-\frac{x^2}{2}}\, dx = 0.9962$

同理 $S_4 = \dfrac{1}{\sqrt{2\pi}} \cdot \dfrac{\frac{3}{4}}{3} \{ f(0) + 4f(\tfrac{3}{4}) + 2f(\tfrac{3}{2}) + 4f(\tfrac{9}{4}) + f(2) \}$

$\qquad = \dfrac{1}{\sqrt{2\pi}} (1.2496) = 0.4986$

故 $\displaystyle\int_{-3}^3 \dfrac{1}{\sqrt{2\pi}} e^{-\frac{x^2}{2}}\, dx = 0.9972$.

既然，前兩種方法求出的值可能都是近似值，所以知道它的誤差相當重要，我們敘述誤差公式如下：

定理 7-6：

1. 設 f 在 $[a, b]$ 區間連續，且 $|f''(x)| \leq M\,(M > 0),\, x \in [a, b]$

   由梯形法則所求 $\int_a^b f(x)dx$ 的誤差 E_T

   則 $|E_T| \leq \dfrac{(b-a)^3}{12n^2}\,[\,\max|f''(x)|\,]\,,\, x \in [a, b]$

2. 設 f 在 $[a, b]$ 區間連續，且 $|f^{(4)}(x)| \leq M\,(M > 0),\, x \in [a, b]$

   若由辛普森法則所求 $\int_a^b f(x)dx$ 的誤差 E_S

   則 $|E_S| \leq \dfrac{(b-a)^5}{180n^4}\,[\max|f^{(4)}(x)|]\,,\, x \in [a, b]$

註：(1) 例題 1 中，$f''(x) = 6x,\, [x \in [a, b]]$

   則 $M = \max|f''(x)| = 12$

   所以誤差 $|E_T| \leq \dfrac{8}{12 \cdot 16} \cdot 12 = \dfrac{1}{2}$

   (2) 例題 2 中，$f^{(4)}(x) = 0,\, x \in [0, 2]$

   則 $M = \max|f^{(4)}(x)| = 0$

   所以誤差 E_S 為 0，即所求的值為真確值．

   (3) 若積分因子為小於或等於三次的多項式，則以辛普森法求得的值為真確值．

 例題 4

(1) 令 $n = 4$，試以梯形法則及辛普森法則求 $\int_1^2 \dfrac{1}{x}dx$ 的近似值．

(2) 試求誤差 $|E_T|,\, |E_S|$．

(3) 若欲使 $\int_1^2 \dfrac{1}{x}dx$ 的近似值所產生的誤差絕對值小於 0.0002，則梯形法則與辛普森法則之 n 應取多少？

解 (1) 設 $P = \{1, \dfrac{5}{4}, \dfrac{3}{2}, \dfrac{7}{4}, 2\}$ 爲 $[1, 2]$ 之一等分割

$$f(x) = \frac{1}{x}$$

k	0	1	2	3	4
x_k	1	$\dfrac{5}{4}$	$\dfrac{3}{2}$	$\dfrac{7}{4}$	2
$f(x_k)$	1	$\dfrac{4}{5}$	$\dfrac{2}{3}$	$\dfrac{4}{7}$	$\dfrac{1}{2}$

① 梯形法則求 $\displaystyle\int_1^2 \frac{1}{x} dx$

$$T = \frac{\Delta x}{2}\{f(1) + 2[f(\frac{5}{4}) + f(\frac{3}{2}) + f(\frac{7}{4})] + f(2)\}$$

$$= \frac{\frac{1}{4}}{2}\left\{1 + 2\left[\frac{4}{5} + \frac{2}{3} + \frac{4}{7}\right] + \frac{1}{2}\right\}$$

$$= \frac{1}{8}\left\{\frac{3}{2} + \left[\frac{8}{5} + \frac{4}{3} + \frac{8}{7}\right]\right\}$$

$$= \frac{3}{16} + \frac{1}{5} + \frac{1}{6} + \frac{1}{7} \approx 0.1875 + 0.2 + 0.1667 + 0.1429$$

$$= 0.6971.$$

② 辛普森法則求 $\displaystyle\int_1^2 \frac{1}{x} dx$

$$S = \frac{\Delta x}{3}\{f(1) + 4f(\frac{5}{4}) + 2f(\frac{3}{2}) + 4f(\frac{7}{4}) + f(2)\}$$

$$= \frac{\frac{1}{4}}{3}\left\{1 + 4 \cdot \frac{4}{5} + 2 \cdot \frac{2}{3} + 4 \cdot \frac{4}{7} + \frac{1}{2}\right\}$$

$$= \frac{1}{12}\left\{\frac{3}{2} + \frac{16}{5} + \frac{4}{3} + \frac{16}{7}\right\}$$

$$\approx 0.6933.$$

(2)　$f(x) = \dfrac{1}{x}$ ，則 $f'(x) = -x^{-2}, f''(x) = 2x^{-3}$

$$f'''(x) = -6x^{-4}, f^{(4)}(x) = 24x^{-5}$$

因為 $x \in [1, 2]$, 則 $|f''(x)| = \left|\dfrac{2}{x^3}\right| \le 2$

$$|f^4(x)| = \left|\dfrac{24}{x^5}\right| \le 24$$

所以 $|E_T| \le \dfrac{(b-a)^3}{12n^2} \cdot \max|f''(x)| = \dfrac{1}{12 \cdot 4^2} \cdot 2 = \dfrac{1}{96} \approx 0.0104$

$$|E_S| \le \dfrac{(b-a)^5}{180 \cdot n^4} \cdot \max|f^{(4)}(x)| = \dfrac{1}{180 \cdot 4^4} \cdot 24 = \dfrac{1}{1920} \approx 0.0005 \ .$$

(3) ① 梯形法則

因為 $|E_T| \le \dfrac{1}{12 \cdot n^2} \cdot 2 = \dfrac{1}{6n^2} \le 0.0002 = \dfrac{1}{5000}$

$$n^2 \ge \dfrac{5000}{6} = \dfrac{2500}{3}$$

$$n \ge \sqrt{\dfrac{2500}{3}} = \dfrac{50}{\sqrt{3}} = 28.87$$

所以取 $n = 29$, 就可使求得的近似值達到要求 .

② 辛普森法則

因為 $|E_S| \le \dfrac{1}{180 \cdot n^4} \cdot 24 \le 0.0002 = \dfrac{1}{5000}$

$$n^4 \ge \dfrac{4 \cdot 500}{3} = \dfrac{2000}{3}$$

$$n \ge \sqrt[4]{\dfrac{2000}{3}} \approx 5.1$$

所以取 $n = 6$, 就可使求得的近似值達到要求 .

習 題

一、基礎題：

1. 以梯形法及辛普森法對指定的 n, 試求下列積分的近似值, 此近似值以四捨五入取四位小數, 並求真確值.

(1) $\int_1^3 x^3\,dx$, $n = 6$. (2) $\int_0^1 \dfrac{2}{(x+2)^2}\,dx$, $n = 4$.

(3) $\int_0^2 x\sqrt{x^2+1}\,dx$, $n = 4$.

2. 取 $n = 4$, 分別以梯形法及辛普森法求下列積分的誤差

(1) $\int_1^3 2x^3\,dx$, $n = 4$. (2) $\int_0^1 \dfrac{1}{x+1}\,dx$, $n = 4$.

(3) $\int_0^\pi \cos x\,dx$.

二、進階題：

1. (1) 試證 $\pi = \int_0^1 \dfrac{4}{1+x^2}\,dx$.

(2) 當 $n = 4$, 試以辛普森法求 π 的近似值.

2. 若以辛普森法求 $\int_0^2 \dfrac{1}{\sqrt{x+1}}\,dx$ 的近似值, 使其誤差不超過 0.001, 試求最小的 n 及其近似值.

Ans

一、基礎題：

1. (1) $T \approx 20.2222$, $S \approx 20.0000$, 真確值 $= 20$.

(2) $T \approx 0.3352$, $S \approx 0.3334$, 真確值 $= \dfrac{1}{3}$.

(3) $T \approx 3.457$, $S \approx 3.392$, 真確值 $= 3.393$.

2. (1) $|E_T| \le 1.5$, $|E_S| = 0$. (2) $|E_T| \le 0.01$, $|E_S| \le 0.0005$.

(3) $|E_T| \le 0.1615$, $|E_S| \le 0.006641$.

二、進階題：

1. (1) 略. (2) 3.1416.

2. 取 $n = 6$ 時近似值為 1.46421.

08 Chapter

無窮級數與泰勒級數
INFINITE SERIES AND TAYLOR SERIES

本 章 綱 要

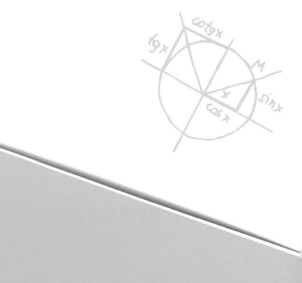

8-1 泰勒多項式 **(Taylor Polynomials)**

　　從前面的章節中，我們發現多項式函數是相對容易掌握的，不管是計算在某一點的函數值，或是計算導數或積分，我們都可以很快地得到答案．這讓我們興起是否可以使用多項式來代替其它函數．

　　首先觀察一個 n 階多項式 $P_n(x)$ 如下（在 c 點展開）：

$$P_n(x) = a_0 + a_1(x-c) + a_2(x-c)^2 + a_3(x-c)^3 + \cdots + a_n(x-c)^n$$

重複微分後得到

$$P_n'(x) = a_1 + 2a_2(x-c) + 3a_3(x-c)^2 + \cdots + na_n(x-c)^{n-1}$$

$$P_n''(x) = 2a_2 + 6a_3(x-c) + \cdots + n(n-1)a_n(x-c)^{n-2}$$

$$P_n'''(x) = 6a_3 + \cdots + n(n-1)(n-2)a_n(x-c)^{n-3}$$

$$\vdots$$

$$P_n^{(n)}(x) = n(n-1)\cdots(2)(1)a_n = n!a_n$$

如果說多項式 $P_n(x)$ 在 c 點靠近函數 $f(x)$，那麼至少它們的 n 階導數在 c 點會相同，即

$$f^{(0)}(c) = f(c) = a_0$$

$$f'(c) = a_1 \Leftrightarrow a_1 = \frac{f'(c)}{1!}$$

$$f''(c) = 2a_2 \Leftrightarrow a_2 = \frac{f''(c)}{2!}$$

$$\vdots$$

$$f^{(n)}(c) = n!a_n \Leftrightarrow a_n = \frac{f^{(n)}(c)}{n!}$$

　　因此我們有如下定義：

定義

如果 $f(x)$ 在 c 點的 n 階導數都存在，則多項式

$$P_n(x) = f(c) + \frac{f'(c)}{1!}(x-c) + \frac{f''(c)}{2!}(x-c)^2 + \cdots + \frac{f^{(n)}(c)}{n!}(x-c)^n$$

稱為 $f(x)$ 在 c 點的 n 次**泰勒 (Taylor) 多項式**；如果取 $c = 0$, 則

$$P_n(x) = f(0) + \frac{f'(0)}{1!}x + \frac{f''(0)}{2!}x^2 + \cdots + \frac{f^{(n)}(0)}{n!}x^n$$

稱為 $f(x)$ 的 n 次**馬克勞林 (Maclaurin) 多項式**.

 例題 1

設 $f(x) = e^x$, 試求 $f(x)$ 的 n 次 $(n = 1, 2, 3)$ **馬克勞林多項式**, 並畫其圖形.

解 由於 n 次馬克勞林多項式為

$$P_n(x) = f(0) + \frac{f'(0)}{1!}x + \frac{f''(0)}{2!}x^2 + \frac{f'''(0)}{3!}x^3 + \cdots + \frac{f^{(n)}(0)}{n!}x^n$$

又　$f'(x) = f''(x) = f'''(x) = e^x$

$f'(0) = f''(0) = f'''(0) = e^0 = 1$

所以 $P_1(x) = 1 + \dfrac{f'(0)}{1!}x = 1 + x$

$P_2(x) = 1 + \dfrac{f'(0)}{1!}x + \dfrac{f''(0)}{2!}x^2$

$\qquad = 1 + x + \dfrac{x^2}{2}$

$P_3(x) = 1 + \dfrac{f'(0)}{1!}x + \dfrac{f''(0)}{2!}x^2 + \dfrac{f'''(0)}{3!}x^3$

$\qquad = 1 + x + \dfrac{x^2}{2} + \dfrac{x^3}{6}$

其對應的圖形如下：

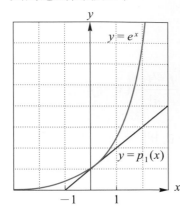 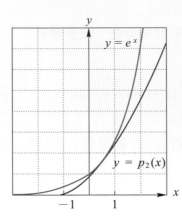 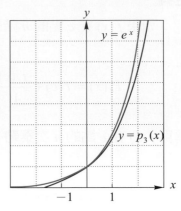

例題 **2**

(1) 試求 $f(x) = x^3 - 2x^2 - 5x - 1$ 在 $x = 3$ 的三次泰勒多項式．

(2) 試求 $f(x)$ 在 $x = 3$ 的 n 次泰勒多項式 $P_n(x)$, $n \geq 4$.

解 (1) 由於 $f(x) = x^3 - 2x^2 - 5x - 1$

所以 $f'(x) = 3x^2 - 4x - 5$, $f'(3) = 10$

$f''(x) = 6x - 4$, $\qquad f''(3) = 14$

$f'''(x) = 6$, $\qquad\quad f'''(3) = 6$

故 $f(x)$ 在 $x = 3$ 的三次泰勒多項式為

$$P_3(x) = f(3) + \frac{f'(3)}{1!}(x - 3) + \frac{f''(3)}{2!}(x - 3)^2 + \frac{f'''(3)}{3!}(x - 3)^3$$

$$= -7 + 10(x - 3) + 7(x - 3)^2 + (x - 3)^3.$$

(2) 因為 $f^{(4)}(x) = f^{(5)}(x) = \cdots = 0$

故 $P_n(x) = P_3(x), n \geq 4.$

$P_3(x)$ 與 $f(x)$ 表同一多項式，
只是形式不同而已．

例題 3

(1) 試求 $f(x) = \sqrt{x}$ 在 $x = 1$ 的二次泰勒多項式.

(2) 試估計 $\sqrt{1.02}$ 的近似值.

解 (1) 由於 $f(x) = x^{\frac{1}{2}}$

所以 $f'(x) = \dfrac{1}{2} x^{-\frac{1}{2}}$, $f''(x) = -\dfrac{1}{4} x^{-\frac{3}{2}}$

$f'(1) = \dfrac{1}{2}$, $\qquad f''(1) = -\dfrac{1}{4}$

故 $f(x) = \sqrt{x}$ 在 $x = 1$ 的二次泰勒多項式為

$$P_2(x) = f(1) + \frac{f'(1)}{1!}(x-1) + \frac{f''(1)}{2!}(x-1)^2$$

$$= 1 + \frac{1}{2}(x-1) - \frac{1}{8}(x-1)^2$$

(2) 由 (1) 得

$$\sqrt{1.02} \approx P_2(1.02) = 1 + \frac{1}{2}(1.02-1) - \frac{1}{8}(1.02-1)^2$$

$$= 1 + \frac{1}{2}(0.02) - \frac{1}{8}(0.02)^2$$

$$= 1 + 0.01 - 0.00005$$

$$= 1.00995.$$

習　題

一、基礎題：

　　　於 1～3 題中，試求 $f(x)$ 在 $x = a$ 的三次泰勒多項式

1. $f(x) = \sin x$, 　　$a = 0$.

2. $f(x) = 5e^{2x}$, 　　$a = 0$.

3. $f(x) = \dfrac{1}{5 - x}$, $a = 4$.

　　　於 4～6 題，試求 $f(x)$ 在 $x = c$ 的近似值

4. $f(x) = \sin x$, 　$c = 0.01$.

5. $f(x) = 5e^{2x}$, 　$c = 0.02$.

6. $f(x) = \dfrac{1}{5 - x}$, $c = 4.02$.

7. (1)　試求 $f(x) = x^4 + x + 1$ 在 $x = 2$ 的四次泰勒多項式 $P_4(x)$.

　　(2)　試求 $f(1.999)$ 之值準確到小數點第三位.

8. 設 $f(x) = 3 - (x - 1) + \dfrac{3}{2!}(x - 1)^2 - \dfrac{5}{3!}(x - 1)^3 + \dfrac{1}{4!}(x - 1)^4$，試求 $f''(1)$、$f'''(1)$、$f^{(4)}(1)$.

二、進階題：

泰勒多項式（含餘式項）的公式 (The Remainder Formula)

　　　設函數 $f(x)$ 在包含 a 的區間之 $(n + 1)$ 階導函數均存在，則

$$f(x) = P_n(x) + R_n(x)$$

其中 $P_n(x)$ 為 n 次泰勒多項式

$$R_n(x) = \frac{f^{(n+1)}(c)}{(n+1)!}(x - a)^{n+1} , c \in \text{Int}\,(a, x).$$

註：$\text{Int}\,(a, x)$ 表 a 與 x 兩數區間的內點.

1. 試證：

   若 $|f^{(n+1)}(c)| \leq M, c \in \text{Int}(a, x)$, 則 $|P_n(x) - f(x)| \leq \dfrac{M}{(n+1)!}|x - a|^{n+1}$ (誤差公式).

2. 設 $f(x) = \cos x$.

   (1) 試寫出 $f(x)$ 在 $x = 0$ 的三次泰勒多項式.

   (2) 試以誤差公式估計 $\cos(0.12)$ 的近似值.

Ans

一、基礎題：

1. $x - \dfrac{1}{6}x^3$.

2. $5 + 10x + 10x^2 + \dfrac{20}{3}x^3$.

3. $1 + (x - 4) + (x - 4)^2 + (x - 4)^3$.

4. 0.0099997.

5. 5.204053.

6. 1.020408.

7. (1) $P_4(x) = 19 + 33(x - 2) + 24(x - 2)^2 + 8(x - 2)^3 + (x - 2)^4$.

   (2) 18.672.

8. $f''(1) = 3$, $f'''(1) = -5$, $f^{(4)}(1) = 1$.

二、進階題：

1. 略 .

2. (1) $P_3(x) = 1 - \dfrac{1}{2}x^2$.

   (2) $\cos(0.12)$ 的值為 0.94, 其誤差不會超過 6.84×10^{-6}.

8-2 無窮數列與無窮級數 (Infinite Sequences and Infinite Series)

一、無窮數列

首先,我們看下面一個例子:

將一公尺長的繩子剪去一半,剩下的繩子再剪去其一半,若一直重複「剪去一半」的步驟,則繩子長度的變化如圖 8-1 所示:

依繩子長度的變化順序記錄成一列數:

$$1, \frac{1}{2}, \frac{1}{4}, \frac{1}{8}, \frac{1}{16}, \frac{1}{32}, \frac{1}{64}, \cdots$$

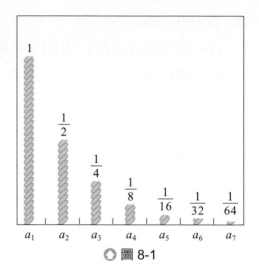

⬆ 圖 8-1

像上面的例子中,依一定次序排成一列數叫做數列,我們定義如下:

> **定義**
>
> 一數列 $a_1, a_2, a_3, \cdots, a_n, \cdots$ 為定義於正整數的實數值函數,即
>
> $$f: n \to a_n, n \in \mathbb{N}$$
>
> 若此數列的個數有限,我們稱有限數列,若為無限個,我們稱無窮數列,其中 a_1 稱為首項,a_n 稱為一般項.

註:定義中的數列常以 $\{a_n\}_{n=1}^{\infty}$ (或 $\{a_n\}$) 表示,

即 $\{a_n\}: a_1, a_2, a_3, \cdots, a_n, \cdots$.

例如:$\{a_n\}: 1, \frac{1}{2}, \frac{1}{4}, \frac{1}{8}, \frac{1}{16}, \frac{1}{64}, \cdots$ 的數列中,$a_n = \frac{1}{2^{n-1}}$,$n \in \mathbb{N}$.

通常,在一些數列中,我們都會問當 $n \to \infty$ 時,a_n 會趨近一固定數嗎?現在定義數列的極限如下:

定義 (數列的極限)

給定一無窮數列 $\{a_n\}$, 我們說 $\{a_n\}$ 收斂到一實數 L, 記為 $\lim\limits_{n\to\infty} a_n = L$, 其意義為：

對於任一正數 $\varepsilon > 0$, 存在一正整數 N, 使得當 $n > N$ 時 , $|a_n - L| < \varepsilon$

設 $f(x)$ 為一實數值的函數且 $a_n = f(n)$, 則 $\{a_n\}$ 為一數列 , **當** $\lim\limits_{x\to\infty} f(x) = L$ (即當 $x \in \mathbb{R}$ 且 x 很大時, 實數函數 $f(x)$ 收斂到 L), **顯然可知** $\lim\limits_{n\to\infty} a_n = L$ (即 $n \in \mathbb{N}$ 且 n 很大時, 實數函數 $f(n)$ 收斂到 L), 故我們可應用函數的極限性質來求數列的極限 .

 例題 1

試求下列各級數的極限

(1) $\left\{\dfrac{1}{n}\right\}$. (2) $\left\{\dfrac{2n^3-1}{n^3+1}\right\}$. (3) $\left\{\dfrac{\sin n}{n}\right\}$. (4) $\left\{\dfrac{\ln n}{n}\right\}$.

解 (1) 由於 $\lim\limits_{x\to\infty} \dfrac{1}{x} = 0$, 故 $\lim\limits_{n\to\infty} \dfrac{1}{n} = 0$

即 $\left\{\dfrac{1}{n}\right\}$: $1, \dfrac{1}{2}, \dfrac{1}{3}, \cdots, \dfrac{1}{n}, \cdots$ 的極限為 0.

(2) $\lim\limits_{x\to\infty} \dfrac{2x^3-1}{x^3+1} = \lim\limits_{x\to\infty} \dfrac{2-\dfrac{1}{x^3}}{1+\dfrac{1}{x^3}} = \dfrac{\lim\limits_{x\to\infty}\left(2-\dfrac{1}{x^3}\right)}{\lim\limits_{x\to\infty}\left(1+\dfrac{1}{x^3}\right)} = \dfrac{2}{1} = 2$, 故 $\lim\limits_{n\to\infty} \dfrac{2n^3-1}{n^3+1} = 2$.

(3) 因為 $-\dfrac{1}{x} \le \dfrac{\sin n}{x} \le \dfrac{1}{x}$, 所以由夾擠定理,

可知 $\lim\limits_{x\to\infty} \dfrac{\sin x}{x} = 0$, 所以 $\lim\limits_{n\to\infty} \dfrac{\sin n}{n} = 0$.

(4) $\lim\limits_{x\to\infty} \dfrac{\ln x}{x} = \lim\limits_{x\to\infty} \dfrac{\dfrac{1}{x}}{1} = 0$ (羅必達法則)

所以 $\lim\limits_{n\to\infty} \dfrac{\ln n}{n} = 0$.

註：我們可直接以 n 代 x, 例如 (2) 的作法如下：

$$\lim_{n\to\infty}\frac{2n^3-1}{n^3+1}=\lim_{n\to\infty}\frac{2-\frac{1}{n^3}}{1+\frac{1}{n^3}}=\frac{\lim_{n\to\infty}(2-\frac{1}{n^3})}{\lim_{n\to\infty}(1+\frac{1}{n^3})}=\frac{2-0}{1+0}=2 \ .$$

二、無窮級數

數學上，我們以 $\sum$（讀作 Sigma）來簡化一長串「連加」的寫法，即

$$\sum_{k=1}^{n}a_k \text{ 表示 } a_1+a_2+a_3+\cdots+a_n$$

$$\sum_{k=1}^{\infty}a_k \text{ 表示 } a_1+a_2+a_3+\cdots+a_n+\cdots$$

現在，我們定義無窮極數的收斂如下：

定義 (無窮級數的收斂)

給定無窮極數 $\sum_{k=1}^{\infty}a_k=a_1+a_2+\cdots+a_n+\cdots$ ，當它的部分和

$S_n=\sum_{k=1}^{n}a_k=a_1+a_2+\cdots+a_n$ 收斂時，我們稱 $\sum_{k=1}^{\infty}a_k$ 收斂，否則我們稱 $\sum_{k=1}^{\infty}a_k$ 發散 .

註： (1)顯然有限級數 $\sum_{k=1}^{n}a_k$ 一定收斂 (即有限級數有和).

(2)無窮級數若收斂，即表示其部份和數列收斂 (即可求出其和).

(3)設 $\sum_{k=1}^{\infty}a_k$ 收斂，則 $\lim_{n\to\infty}S_n=S$ 存在

所以 $\lim_{n\to\infty}a_n=\lim_{n\to\infty}(S_n-S_{n-1})=\lim_{n\to\infty}S_n-\lim_{n\to\infty}S_{n-1}=0$

即 $\lim_{n\to\infty}a_n=0$

定理 8-1：

故若 $\lim\limits_{n\to\infty} a_n \neq 0$，則 $\sum\limits_{k=1}^{\infty} a_k$ 發散．

 例題 2

試判斷下列級數是否收斂或發散

(1) $\sum\limits_{n=1}^{\infty} \dfrac{n}{n+1} = \dfrac{1}{2} + \dfrac{2}{3} + \dfrac{3}{4} + \cdots + \dfrac{n}{n+1} + \cdots$．

(2) $\sum\limits_{n=1}^{\infty} (-1)^{n+1} = 1 - 1 + 1 - 1 + \cdots + (-1)^{n+1} + \cdots$．

(3) $\sum\limits_{k=1}^{\infty} \dfrac{1}{k(k+1)} = \dfrac{1}{1\cdot 2} + \dfrac{1}{2\cdot 3} + \cdots + \dfrac{1}{k(k+1)} + \cdots$．

解 (1) 因為 $\lim\limits_{n\to\infty} a_n = \lim\limits_{n\to\infty} \dfrac{n}{n+1} = 1 \neq 0$，所以 $\sum\limits_{n=1}^{\infty} \dfrac{n}{n+1}$ 發散．

(2) 因為 $\lim\limits_{n\to\infty}(-1)^{n+1} = \begin{cases} 1 \,, & n \text{ 為奇數} \\ -1 \,, & n \text{ 為偶數} \end{cases}$

所以 $\sum\limits_{n=1}^{\infty} (-1)^{n+1}$ 發散．

(3) 因為 $\lim\limits_{n\to\infty} \dfrac{1}{n(n+1)} = 0$，因此此級數可能收斂

而 $S_n = \sum\limits_{k=1}^{n} \dfrac{1}{k(k+1)} = \sum\limits_{k=1}^{n}\left(\dfrac{1}{k} - \dfrac{1}{k+1}\right) = 1 - \dfrac{1}{n+1}$

即 $\lim\limits_{n\to\infty} S_n = \lim\limits_{n\to\infty}\left(1 - \dfrac{1}{n+1}\right) = 1$

故 $\sum\limits_{k=1}^{\infty} \dfrac{1}{k(k+1)}$ 收斂．

例題 **3**

等比級數 $\displaystyle\sum_{n=1}^{\infty} ar^{n-1} = a + ar + ar^2 + \cdots + ar^{n-1} + \cdots$ 中, 若 $a \neq 0$,

試證：(1) 若 $|r| < 1$, 則 $\displaystyle\sum_{n=1}^{\infty} ar^{n-1} = \dfrac{a}{1-r}$ (收斂).

(2) 若 $|r| \geq 1$, 則 $\displaystyle\sum_{n=1}^{\infty} ar^{n-1}$ 發散 .

證 令 $S_n = a + ar + ar^2 + \cdots + ar^{n-1}$

$rS_n = ar + ar^2 + \cdots + ar^{n-1} + ar^n$

則 $S_n - rS_n = a - ar^n$

即 $S_n = \dfrac{a(1-r^n)}{1-r}$

$= \dfrac{a}{1-r} - \dfrac{ar^n}{1-r}, (r \neq 0)$

所以 $\displaystyle\lim_{n\to\infty} S_n = \begin{cases} \dfrac{a}{1-r} & , |r| < 1 \\ \text{發散} & , |r| > 1 \end{cases}$

(1) 當 $r = 1$, $S_n = na$, 則 $\displaystyle\lim_{n\to\infty} S_n$ 發散 .

(2) 當 $r = -1$, $S_n = a$ or 0, 不是固定數 , 即 $\displaystyle\lim_{n\to\infty} S_n$ 發散 .

故 $\displaystyle\sum ar^{n-1} = \begin{cases} \dfrac{a}{1-r} & , |r| < 1 \\ \text{發散} & , |r| \geq 1 \end{cases}$

例題 **4**

試問下列級數是否收斂，若是收斂試求其和

(1) $\sum_{n=1}^{\infty}(\frac{1}{3})^{n-1}$.

(2) $\sum_{n=1}^{\infty}2^{n-1}$.

(3) $\sum_{n=1}^{\infty}(\frac{5}{2^n}+\frac{(-1)^n}{5^n})$.

解 (1) $\sum_{n=1}^{\infty}(\frac{1}{3})^{n-1}=\dfrac{1}{1-\dfrac{1}{3}}=\dfrac{3}{2}$（公比為 $\dfrac{1}{3}$），故本級數收斂且其和為 $\dfrac{3}{2}$.

(2) $\sum_{n=1}^{\infty}2^{n-1}$ 為公比為 2 的等比級數，故此級數發散 .

(3) $\sum_{n=1}^{\infty}(\frac{5}{2^n}+\frac{(-1)^n}{5^n})=\sum_{n=1}^{\infty}\frac{5}{2^n}+\sum_{n=1}^{\infty}\frac{(-1)^n}{5^n}$

$=\dfrac{\dfrac{5}{2}}{1-\dfrac{1}{2}}+\dfrac{-\dfrac{1}{5}}{1-(-\dfrac{1}{5})}$

$=\dfrac{\dfrac{5}{2}}{\dfrac{1}{2}}+\dfrac{-\dfrac{1}{5}}{\dfrac{6}{5}}$

$=5-\dfrac{1}{6}$

$=\dfrac{29}{6}$

故此級數收斂且其和為 $\dfrac{29}{6}$.

例題 5

試將下列循環小數化為有理數

(1) $0.\overline{23}$． (2) $1.24\overline{123}$．

解 (1) $0.\overline{23} = 0.232323\cdots = \dfrac{23}{10^2} + \dfrac{23}{10^4} + \cdots$

$\qquad = \dfrac{23}{10^2}(1 + \dfrac{1}{10^2} + \dfrac{1}{10^4} + \cdots)$

$\qquad = \dfrac{23}{10^2} \cdot \dfrac{1}{1 - \dfrac{1}{10^2}}$

$\qquad = \dfrac{23}{100} \cdot \dfrac{100}{99} = \dfrac{23}{99}$．

(2) $1.24\overline{123} = 1.24 + 0.00123123123\cdots$

$\qquad = 1.24 + \dfrac{123}{10^5} + \dfrac{123}{10^8} + \cdots$

$\qquad = \dfrac{124}{100} + \dfrac{123}{10^5}(1 + \dfrac{1}{10^3} + \dfrac{1}{10^6} + \cdots)$

$\qquad = \dfrac{124}{100} + \dfrac{123}{10^5} \cdot \dfrac{1}{1 - \dfrac{1}{10^3}}$

$\qquad = \dfrac{124}{100} + \dfrac{123}{10^5} \cdot \dfrac{10^3}{999}$

$\qquad = \dfrac{124}{100} + \dfrac{123}{99900}$

$\qquad = \dfrac{123999}{99900} = \dfrac{41333}{33300}$．

註：由於循環小數均可寫成公比小於 1 的等比級數之和，而和為有理數，**故循環小數為有理數**．

習 題

一、基礎題：

在 1～6 題中的數列何者收斂？何者發散？若收斂試求其值．

1. $\left\{\dfrac{1}{n}\right\}_{n=1}^{\infty}$ ．

2. $\left\{\dfrac{n^2}{n+5}\right\}$ ．

3. $\left\{\dfrac{1+(-1)^n}{n}\right\}$ ．

4. $\left\{\dfrac{n-1}{n}-\dfrac{n}{n-1}\right\}$, $n \geq 2$.

5. $\left\{n\sin\dfrac{1}{n}\right\}$ ．

6. $\left\{\dfrac{3^n}{3n+100}\right\}$ ．

在 7～12 題中的級數何者收斂？何者發散？若收斂試求其和．

7. $\displaystyle\sum_{n=1}^{\infty}\dfrac{1}{3^{n-1}}$ ．

8. $\displaystyle\sum_{n=1}^{\infty}\dfrac{2}{n(n+3)}$ ．

9. $\displaystyle\sum_{n=1}^{\infty}\dfrac{n+5}{5n+10}$ ．

10. $\displaystyle\sum_{n=1}^{\infty}\cos n\pi$ ．

11. $\displaystyle\sum_{n=1}^{\infty}(\tan n-\tan(n-1))$ ．

12. $\displaystyle\sum_{n=0}^{\infty}\left(\dfrac{5}{2^n}-\dfrac{1}{3^n}\right)$ ．

在 13～14 題，化下列循環小數為有理數．

13. $0.\overline{81}$ ．

14. $0.3\overline{75}$ ．

二、進階題：

1. 設數列的第 n 項 $a_n=\left(\dfrac{n+1}{n-1}\right)^n$ ．試問 $\{a_n\}$ 是否收斂？若收斂試求其極限值．

2. 費氏數列 (Fibonacci Sequence) 定義如下：

$$a_1=a_2=1,\ a_{n+2}=a_n+a_{n+1}.$$

(1) 試證： $\dfrac{1}{a_{n+1}\,a_{n+3}}=\dfrac{1}{a_{n+1}\,a_{n+2}}-\dfrac{1}{a_{n+2}\,a_{n+3}}$ ．

(2) 試證： $\displaystyle\sum_{n=0}^{\infty}\dfrac{1}{a_{n+1}\,a_{n+3}}=1$ ．

Ans

一、基礎題：

1. 收斂到 0.
2. 發散 .

3. 收斂到 0.
4. 收斂到 0.

5. 收斂到 1.
6. 發散 .

7. 收斂到 $\dfrac{3}{2}$.
8. 收斂到 $\dfrac{11}{6}$.

9. 發散 .
10. 發散 .

11. 發散 .
12. 收斂到 $\dfrac{17}{2}$.

13. $\dfrac{81}{99}$.
14. $\dfrac{186}{495}$.

二、進階題：

1. 收斂到 e^2.

2. (1) 略 . (2) 略 .

8-3　正項級數與交錯級數 (Positive-term Series and Alternating Series)

　　由於無窮級數若發散，則該級數無法求和，因此，此級數只是形式表示法，不具任何意義，所以判斷無窮級數的收斂相當重要．本節將介紹各種級數的檢驗法來驗證級數是否收斂．

一、正項級數

　　我們說每一項都是正的級數稱為**正項級數**，而每一函數值都是正的函數稱為**正值函數**．

　　現在，我們介紹正項級數收斂的一些判別法．由於其證明較為繁煩，我們僅敘述這些檢驗法，其證明放於附錄．

定理 8-2：積分檢驗法 (The Integral Test)

　　若正值函數 $f(x)$ 是一連續且遞減的函數 $(x \geq 1)$

　　令 $a_n = f(n)$, 則

　　無窮級數 $\displaystyle\sum_{n=1}^{\infty} a_n$ 與積分 $\displaystyle\int_1^{\infty} f(x)dx$ 同時收斂或同時發散．

註：一級數的形式為 $\displaystyle\sum_{n=1}^{\infty} \frac{1}{n^p} = \frac{1}{1^p} + \frac{1}{2^p} + \cdots + \frac{1}{n^p} + \cdots$ ，我們稱為 p 級數．

　　p 級數有一重要性質，敘述如下：

定理 8-3：p 級數

　　p 級數　　$\displaystyle\sum_{n=1}^{\infty} \frac{1}{n^p} = \frac{1}{1^p} + \frac{1}{2^p} + \frac{1}{3^p} + \cdots + \frac{1}{n^p} + \cdots$

1. 當 $p > 1$, 則 p 級數收斂．
2. 當 $0 < p \leq 1$, 則 p 級數發散．

例題 1

試判斷下列級數何者收斂？何者發散？

(1) $\displaystyle\sum_{n=1}^{\infty}\frac{1}{n}=1+\frac{1}{2}+\frac{1}{3}+\cdots+\frac{1}{n}+\cdots$.

(2) $\displaystyle\sum_{n=1}^{\infty}\frac{1}{n^2}=1+\frac{1}{2^2}+\frac{1}{3^2}+\cdots+\frac{1}{n^2}+\cdots$.

解 (1) p 級數中 $p=1$，所以 $\displaystyle\sum_{n=1}^{\infty}\frac{1}{n}$ 發散 .

(2) p 級數中 $p=2$，所以 $\displaystyle\sum_{n=1}^{\infty}\frac{1}{n^2}$ 收斂 .

定理 8-4：極限比較檢驗法 (Limit Comparison Test)

設 $\displaystyle\sum_{n=1}^{\infty}a_n$ 與 $\displaystyle\sum_{n=1}^{\infty}b_n$ 為兩正項級數，且 $\displaystyle\lim_{n\to\infty}\frac{a_n}{b_n}=L$ ，則

1. 若 $0<L<\infty$, 則 $\sum a_n$ 與 $\sum b_n$ 同時收斂或同時發散 .
2. 若 $L=0$, 且 $\sum b_n$ 收斂 , 則 $\sum a_n$ 收斂 .
3. 若 $L=\infty$, 且 $\sum b_n$ 發散 , 則 $\sum a_n$ 發散 .

 例題 2

試判斷下列級數何者收斂？何者發散？

(1) $\displaystyle\sum\frac{3\sqrt{n}}{n^2+100}$.   (2) $\displaystyle\sum\frac{1}{3^n-1}$.   (3) $\displaystyle\sum_{n=2}^{\infty}\frac{3+n\ln n}{n^2+6}$.   (4) $\displaystyle\sum\sin\frac{1}{n}$.

解 (1) 取 $b_n=\dfrac{\sqrt{n}}{n^2}=\dfrac{1}{n^{\frac{3}{2}}}$

$$\lim_{n \to \infty} \frac{\dfrac{3\sqrt{n}}{n^2 + 100}}{\dfrac{1}{n^{\frac{3}{2}}}} = \lim_{n \to \infty} \frac{3\sqrt{n}}{n^2 + 100} \cdot n^{\frac{3}{2}} = \lim_{n \to \infty} \frac{3n^2}{n^2 + 100} = 3 < \infty$$

由於 $\sum \dfrac{1}{n^{\frac{3}{2}}}$ 收斂，則 $\sum \dfrac{\sqrt{n}}{n^2 + 100}$ 收斂．

(2) 取 $b_n = \dfrac{1}{3^n}$

$$\lim_{n \to \infty} \frac{\dfrac{1}{3^n - 1}}{\dfrac{1}{3^n}} = \lim_{n \to \infty} \frac{3^n}{3^n - 1} = 1$$

由於 $\sum \dfrac{1}{3^n}$ 收斂，所以 $\sum \dfrac{1}{3^{n-1}}$ 收斂．

(3) 取 $b_n = \dfrac{1}{n}$

$$\lim_{n \to \infty} \frac{\dfrac{3 + n \ln n}{n^2 + 6}}{\dfrac{1}{n}} = \lim_{n \to \infty} \frac{3n + n^2 \ln n}{n^2 + 6} = \lim_{n \to \infty} \frac{3 + \ln n}{1 + \dfrac{6}{n^2}} = \infty$$

由於 $\sum \dfrac{1}{n}$ 發散，

所以 $\sum \dfrac{3 + n \ln n}{n^2 + 6}$ 發散．

(4) 取 $b_n = \dfrac{1}{n}$

$$\lim_{n \to \infty} \frac{\sin \dfrac{1}{n}}{\dfrac{1}{n}} = \lim_{\theta \to 0} \frac{\sin \theta}{\theta} = 1 \ (\ 令 \ \theta = \dfrac{1}{n}\ )$$

由於 $\sum \dfrac{1}{n}$ 發散，

所以 $\sum \sin \dfrac{1}{n}$ 發散．

二、交錯級數

下列兩級數的形式：

$$\sum_{n=1}^{\infty}\frac{(-1)^{n+1}}{n}=1-\frac{1}{2}+\frac{1}{3}-\frac{1}{4}+\cdots$$

$$\sum_{n=1}^{\infty}(-1)^{n}\frac{1}{2^{n}}=-\frac{1}{2}+\frac{1}{4}-\frac{1}{8}+\cdots$$

我們稱此種正負交錯出現的級數為交錯級數，其中 $\sum_{n=1}^{\infty}(-1)^{n+1}\frac{1}{n}=1-\frac{1}{2}+\frac{1}{3}+\cdots$ 稱為交錯的調和級數．

定理 8-5：交錯級數檢驗法 (The Alternating Series Test)

設 $\sum_{n=1}^{\infty}a_{n}$ 為正項級數，若

1. $a_{n}\geq a_{n+1}$，$n>M$ (M 為一正整數)．

2. $\lim_{n\to\infty}a_{n}=0$

則 $\sum_{n=1}^{\infty}(-1)^{n+1}a_{n}$ 收斂 (或 $\sum_{n=1}^{\infty}(-1)^{n}a_{n}$ 收斂)．

 例題 3

試判斷下列級數何者收斂？何者發散？

(1) $\sum_{n=1}^{\infty}(-1)^{n+1}\frac{1}{n}$ ． (2) $\sum(-1)^{n+1}\frac{1}{n^{2}}$ ． (3) $\sum_{n=1}^{\infty}(-1)^{n+1}\frac{\ln n}{n}$ ．

解 (1) 因為 $\frac{1}{n}>\frac{1}{n+1}$，$n\in\mathbb{N}$，且 $\lim_{n\to\infty}\frac{1}{n}=0$

所以 $\lim_{n\to\infty}(-1)^{n+1}\frac{1}{n}$ 收斂．

$\sum\frac{1}{n}$ 發散．

(2) 因為 $\frac{1}{n^{2}}>\frac{1}{(n+1)^{2}}$，$n\in\mathbb{N}$，且 $\lim_{n\to\infty}\frac{1}{n^{2}}=0$

$\sum\frac{1}{n^{2}}$ 收斂．

所以 $\lim\limits_{n\to\infty}(-1)^{n+1}\dfrac{1}{n^2}$ 收斂 .

(3) 令 $f(x)=\dfrac{\ln x}{x}$, 則 $f'(x)=\dfrac{x\cdot\dfrac{1}{x}-\ln x}{x^2}=\dfrac{1-\ln x}{x^2}<0$, $(x>e)$

所以 f 為遞減函數且 $\lim\limits_{x\to\infty}\dfrac{\ln x}{x}=\lim\limits_{x\to\infty}\dfrac{\dfrac{1}{x}}{1}=0$.

令 $a_n=f(n)=\dfrac{\ln n}{n}$, 由交錯級數檢驗法知 $\sum\limits_{n=1}^{\infty}(-1)^{n+1}\dfrac{\ln n}{n}$ 收斂 .

定理 8-6：比值檢驗法 (The Ratio Test)

設 $\sum a_n\ (a_n\neq 0)$ 為一級數 , 且 $\lim\limits_{n\to\infty}\left|\dfrac{a_{n+1}}{a_n}\right|=L$, 則

1. 若 $L<1$, 則 $\sum a_n$ 收斂 .
2. 若 $L>1$, 則 $\sum a_n$ 發散 .
3. 若 $L=1$, 本檢驗法失效 .

註：$\sum\limits_{n=1}^{\infty}\dfrac{1}{n}$ 中 , $\lim\limits_{n\to\infty}\left|\dfrac{a_{n+1}}{a_n}\right|=\lim\limits_{n\to\infty}\dfrac{\dfrac{1}{n+1}}{\dfrac{1}{n}}=\lim\limits_{n\to\infty}\dfrac{n}{n+1}=1$

$\sum\limits_{n=1}^{\infty}\dfrac{1}{n^2}$ 中 , $\lim\limits_{n\to\infty}\left|\dfrac{a_{n+1}}{a_n}\right|=\lim\limits_{n\to\infty}\dfrac{\dfrac{1}{(n+1)^2}}{\dfrac{1}{n^2}}=\lim\limits_{n\to\infty}\dfrac{n^2}{(n+1)^2}=1$

因為兩級數之 $\lim\limits_{n\to\infty}\dfrac{a_{n+1}}{a_n}=1$, 但 $\sum\dfrac{1}{n}$ 發散 , $\sum\dfrac{1}{n^2}$ 收斂 , 即可知比值檢驗法在 $L=1$ 時 , 不能作為檢驗的方法 .

例題 4

試判斷下列級數何者收斂？何者發散？

(1) $\displaystyle\sum_{n=0}^{\infty}\frac{3^n+10}{5^n}$. (2) $\displaystyle\sum_{n=1}^{\infty}\frac{2^n}{n!}$. (3) $\displaystyle\sum_{n=1}^{\infty}n!e^{-n}$. (4) $\displaystyle\sum_{n=1}^{\infty}\frac{(2n)!}{n!n!}$. (5) $\displaystyle\sum_{n=1}^{\infty}(-1)^n\frac{\sqrt{n}}{n+2}$.

解 (1) $\left|\dfrac{a_{n+1}}{a_n}\right|=\dfrac{\dfrac{3^{n+1}+10}{5^{n+1}}}{\dfrac{3^n+10}{5^n}}=\dfrac{3^{n+1}+10}{5^{n+1}}\cdot\dfrac{5^n}{3^n+10}$

$\qquad\qquad =\dfrac{3^{n+1}+10}{5(3^n+10)}=\dfrac{3+\dfrac{10}{3^n}}{5(1+\dfrac{10}{3^n})}\to\dfrac{3}{5}$ ，當 $n\to\infty$

所以 $\displaystyle\sum_{n=0}^{\infty}\frac{3^n+10}{5^n}$ 收斂 .

(2) $\left|\dfrac{a_{n+1}}{a_n}\right|=\dfrac{2^{n+1}}{(n+1)!}\cdot\dfrac{n!}{2^n}=\dfrac{2}{n+1}\to 0$ ，當 $n\to\infty$

所以 $\displaystyle\sum_{n=1}^{\infty}\frac{2^n}{n!}$ 收斂 .

(3) $\left|\dfrac{a_{n+1}}{a_n}\right|=\dfrac{(n+1)!}{e^{n+1}}\cdot\dfrac{e^n}{n!}=\dfrac{n+1}{e}\to\infty$ ，當 $n\to\infty$

所以 $\displaystyle\sum n!e^{-n}$ 發散 .

(4) $\left|\dfrac{a_{n+1}}{a_n}\right|=\dfrac{(2n+2)!}{(n+1)!(n+1)!}\cdot\dfrac{n!n!}{(2n)!}=\dfrac{(2n+2)(2n+1)}{(n+1)(n+1)}\to 4$ ，當 $n\to\infty$

所以 $\displaystyle\sum_{n=1}^{\infty}\frac{(2n)!}{n!n!}$ 發散 .

(5) $\left|\dfrac{a_{n+1}}{a_n}\right|=\dfrac{\sqrt{n+1}}{n+3}\cdot\dfrac{n+2}{\sqrt{n}}=\sqrt{\dfrac{n+1}{n}}\cdot\dfrac{n+2}{n+3}\to 1$ ，當 $n\to\infty$

由比值檢驗法，此級數無法判斷是否收斂，但由交錯級數檢驗法可知此級數收斂 .

一、基礎題：

在 1 ～ 22 題中級數何者收斂？何者發散？

1. $\sum 3^n$.

2. $\sum \dfrac{3}{n}$.

3. $\sum \dfrac{4}{n^2}$.

4. $\sum \dfrac{n^2}{n^2+100}$.

5. $\sum \dfrac{\ln n}{n^2}$.

6. $\sum \dfrac{n+2}{n+1}$.

7. $\sum \dfrac{3}{\sqrt{n^\pi}}$.

8. $\sum \dfrac{\sqrt{n}}{n^2+1}$.

9. $\sum \tan \dfrac{1}{n}$.

10. $\sum \dfrac{n+3}{n(n^2+4)}$.

11. $\sum \dfrac{(-1)^n(8n^2+7)}{n^2+5}$.

12. $\sum \dfrac{(2n)!}{n^5}$.

13. $\sum \dfrac{e^n}{n!}$.

14. $\sum \dfrac{n^3}{4^n}$.

15. $\sum \dfrac{(-1)^n(5n-1)}{4n+1}$.

16. $\sum \dfrac{(-1)^n}{\ln(n+1)}$.

17. $\sum \cos n\pi$.

18. $\sum \dfrac{1}{n} \cos n\pi$.

19. $\sum \dfrac{3}{n(n+3)}$.

20. $1 + \dfrac{1\cdot 2}{1\cdot 3} + \dfrac{1\cdot 2\cdot 3}{1\cdot 3\cdot 5} + \dfrac{1\cdot 2\cdot 3\cdot 4}{1\cdot 3\cdot 5\cdot 7} + \cdots$

21. $a_1 = \dfrac{1}{5}$, $a_{n+1} = \dfrac{\cos n+1}{n} a_n$.

22. $a_1 = \dfrac{1}{2}$, $a_{n+1} = (1+\dfrac{1}{n})a_n$.

23. 試決定 x 的值，使下列級數收斂

(1) $\displaystyle\sum_{n=0}^{\infty} (\dfrac{x}{3})^n$.

(2) $\displaystyle\sum_{n=1}^{\infty} \dfrac{(-1)^n(x+1)^n}{n}$.

Ans

一、基礎題：

1. 發散． 2. 發散． 3. 收斂． 4. 發散． 5. 收斂．

6. 發散． 7. 收斂． 8. 收斂． 9. 發散． 10. 收斂．

11. 發散． 12. 發散． 13. 收斂． 14. 收斂． 15. 發散．

16. 收斂． 17. 發散． 18. 收斂． 19. 收斂． 20. 收斂．

21. 收斂． 22. 發散．

23. (1) $-3 < x < 3$． (2) $-2 < x \leq 0$．

8-4 冪級數與泰勒級數
(Power Series and Taylor Series)

前面的無窮級數中，其各項均為常數，在本節我們將研究如下形式的無窮級數：

$$\sum_{n=0}^{\infty} a_n(x-c)^n = a_0 + a_1(x-c) + a_2(x-c)^2 + \cdots + a_n(x-c)^n + \cdots,$$

其中 x 為一變數 .

一、冪級數

首先我們定義**冪級數**如下：

> **定義 (冪級數)**
>
> 若 $a_0, a_1, \cdots, a_n$ 為實數 , x 為一變數 , 則下列形式
>
> $$\sum_{n=0}^{\infty} a_n x^n = a_0 + a_1 x + a_2 x^2 + \cdots + a_n x^n + \cdots$$
>
> 稱為 x 的冪級數 , 其中 $a_i\ (i=0, \cdots, n)$ 稱為其係數 , 而形式如
>
> $$\sum_{n=0}^{\infty} a_n(x-c)^n = a_0 + a_1(x-c) + a_2(x-c)^2 + \cdots + a_n(x-c)^n + \cdots$$
>
> 稱為以 $x=c$ 為中心的冪級數 , 其中 c 為一常數 .

因此 ,

1. $\displaystyle\sum_{n=0}^{\infty} \frac{x^n}{n!} = 1 + x + \frac{x^2}{2!} + \frac{x^3}{3!} + \cdots$ 為 x 的冪級數 .

2. $\displaystyle\sum_{n=0}^{\infty} (-1)^n (x-1)^n = 1 - (x-1) + (x-1)^2 + \cdots$ 為以 $x=1$ 為中心的冪級數 .

既然冪級數為一無窮級數，因此，基本問題就是此冪級數是否有意義，即此冪級數在 x 為何值時，此冪級數是否收斂？現在，我們來討論這個問題。

下列級數中, x 為何值時, 級數為收斂?

(1) $\displaystyle\sum_{n=0}^{\infty} x^n$. (2) $\displaystyle\sum_{n=0}^{\infty} \frac{x^n}{n!}$.

解 (1) 令 $a_n = x^n$, 則 $\displaystyle\lim_{n \to \infty} \left| \frac{a_{n+1}}{a_n} \right| = \lim_{n \to \infty} \left| \frac{x^{n+1}}{x^n} \right| = \lim_{n \to \infty} |x| = |x|$

由比值檢驗法, 當 $|x| < 1$ 時此級數收斂

又當 $x = 1$ 時, $\displaystyle\sum_{n=0}^{\infty} 1$, 發散

當 $x = -1$ 時, $\displaystyle\sum_{n=0}^{\infty} (-1)^n$, 發散

故當 $x \in (-1, 1)$ 時, 此級數收斂.

(2) 令 $a_n = \dfrac{x^n}{n!}$

則 $\displaystyle\lim_{n \to \infty} \left| \frac{a_{n+1}}{a_n} \right| = \lim_{n \to \infty} \left| \frac{x^{n+1}}{(n+1)!} \cdot \frac{n!}{x^n} \right| = \lim_{n \to \infty} \frac{1}{n+1} \cdot |x| = 0 < 1$

即不論 x 為任何實數, $\displaystyle\sum_{n=0}^{\infty} \frac{x^n}{n!}$ 都收斂.

其實, 在一冪級數 $\sum a_n (x-c)^n$ 的收斂情況只能有下列三種情況:

1. 存在一正實數 R, 在 $|x-c| < R$ 時, 級數 $\sum a_n (x-c)^n$ 收斂

   在 $|x-c| > R$ 時, 級數 $\sum a_n (x-c)^n$ 發散

   在 $|x-c| = R$ 時, 可能收斂也可能發散.

2. 級數對任何實數 x 均收斂 ($R = \infty$)

3. 級數僅在 $x = c$ 時收斂 ($R = 0$).

註:前述的 R 我們稱為級數的**收斂半徑** (radius of convergence), 收斂的範圍稱為**收斂區間** (interval of convergence).

 例題 2

試求下列級數的收斂區間與收斂半徑.

(1) $\displaystyle\sum_{n=1}^{\infty}\frac{x^{n+1}}{n(n+1)}$. (2) $\displaystyle\sum_{n=1}^{\infty}\frac{x^n}{n}$. (3) $\displaystyle\sum_{n=1}^{\infty}n!(x-2)^n$.

解 (1) 令 $a_n=\dfrac{x^{n+1}}{n(n+1)}$,

$$\lim_{n\to\infty}\left|\frac{a_{n+1}}{a_n}\right|=\lim_{n\to\infty}\left|\frac{x^{n+2}}{(n+1)(n+2)}\cdot\frac{n(n+1)}{x^{n+1}}\right|=\lim_{n\to\infty}\frac{n}{n+2}|x|=|x|<1$$

由比值檢驗法知 , 當 $|x|<1$ 時原級數收斂

又當 $x=1,\ \displaystyle\sum_{n=1}^{\infty}\frac{1}{n(n+1)}$, 收斂

當 $x=-1,\ \displaystyle\sum_{n=-1}\frac{(-1)^{n+1}}{n(n+1)}$, 收斂

故收斂區間為 $[-1,1]$, 收斂半徑為 1.

(2) 令 $a_n=\dfrac{x^n}{n}$

$$\lim_{n\to\infty}\left|\frac{a_{n+1}}{a_n}\right|=\lim_{n\to\infty}\left|\frac{x^{n+1}}{n+1}\cdot\frac{n}{x^n}\right|=\lim_{n\to\infty}\frac{n}{n+1}|x|=|x|<1$$

由比值檢驗法知 , 當 $|x|<1$ 時原級數收斂

又當 $x=1,\ \displaystyle\sum_{n=1}^{\infty}\frac{1}{n}$, 發散

當 $x=-1,\ \displaystyle\sum_{n=1}^{\infty}\frac{(-1)^n}{n}$, 收斂

故收斂區間為 $[-1,1)$, 收斂半徑為 1.

(3) 令 $a_n=n!(x-2)^n$

$$\lim_{n\to\infty}\left|\frac{a_{n+1}}{a_n}\right|=\lim_{n\to\infty}\left|\frac{(n+1)!(x-2)^{n+1}}{n!(x-2)^n}\right|=\lim_{n\to\infty}(n+1)\cdot|x-2|=\infty\ (x\neq2)$$

故知僅 $x=2$ 時 , 此級數收斂 .

即收斂半徑為 0 (僅有一點 $x=2$ 收斂).

二、泰勒級數

本節將介紹泰勒級數及一些函數與泰勒級數的關係，數學家及科學家都廣泛的使用泰勒級數值來估計一函數的值，首先，我們定義泰勒級數如下：

定義

設 f 在包含 c 區間的各階導數都存在，則下式

$$\sum_{k=0}^{\infty} \frac{f^{(k)}(c)}{k!}(x-c)^k = f(c) + \frac{f'(c)}{1!}(x-c) + \frac{f''(c)}{2!}(x-c)^2 + \cdots + \frac{f^{(n)}(c)}{n!}(x-c)^n + \cdots$$

稱為 f 在 $x = c$ 點的**泰勒級數** (Taylor Series)

而　$$\sum_{k=0}^{\infty} \frac{f^{(k)}(0)}{k!}x^k = f(0) + \frac{f'(0)}{1!}x + \frac{f''(c)}{2!}x^2 + \cdots + \frac{f^{(n)}(c)}{n!}x^n + \cdots$$

稱為 f 在 $x = 0$ 的**馬克勞林級數** (Maclaurin Series).

 **例題 3**

試求 $f(x) = e^x$ 的馬克勞林級數.

解　$\because f(x) = e^x$

所以 $f'(x) = f''(x) = f'''(x) = \cdots = f^{(n)}(x) = e^x$

即　$f'(0) = f''(0) = f'''(0) = \cdots f^{(n)}(0) = 1$

故 e^x 的馬克勞林級數為

$$\sum_{k=0}^{\infty} \frac{1}{k!}x^k = 1 + x + \frac{1}{2!}x^2 + \frac{1}{3!}x^3 + \cdots + \frac{1}{n!}x^n + \cdots$$

 例題 **4**

試求 $f(x) = \ln x$ 在 $x = 1$ 的泰勒級數．

解 因為 $f(x) = \ln x$ $\qquad$ $f(1) = 0$

$$f'(x) = \frac{1}{x} \qquad\qquad f'(1) = 1$$

$$f''(x) = -x^{-2} = \frac{-1}{x^2} \qquad f''(1) = -1$$

$$f'''(x) = 2x^{-3} = \frac{2!}{x^3} \qquad f'''(1) = 2$$

$$f^{(4)}(x) = -3 \cdot 2x^{-4} = -\frac{3!}{x^4} \qquad f^{(4)}(1) = -6$$

$$\vdots \qquad\qquad\qquad\qquad \vdots$$

所以 $\ln x$ 在 $x = 1$ 的泰勒多項式為

$$\sum_{k=0}^{\infty} \frac{f^{(k)}(1)}{k!}(x-1)^k = 0 + (x-1) - \frac{1}{2}(x-1)^2 + \frac{1}{3}(x-1)^3 - \frac{1}{4}(x-1)^4 + \cdots$$

$$+ (-1)^{n+1} \frac{(n-1)!}{n!}(x-1)^n + \cdots$$

由於泰勒級數為冪級數，因此，在其收斂區間內一定收斂，我們給如下之定義：

定義

　　一個函數 $f(x)$ 在點 c 的任何階導函數都存在，且在點 c 的泰勒級數收斂，則存在泰勒級數的收斂區間 I，使得 $f(x) = P(x)$，$x \in I$

其中 $\qquad P(x) = \sum_{n=0}^{\infty} \frac{f^{(n)}(c)}{n!}(x-c)^n$

我們稱 $P(x)$ 為 $f(x)$ 在點 c 的**泰勒級數展開式**．

例題 5

試求下列 $f(x)$ 在 $x = c$ 泰勒級數的展開式

(1) $\dfrac{1}{x}$, $c = 1$.

(2) $\sin x$, $c = 0$.

解 (1) 設 $f(x) = \dfrac{1}{x}$ $f(1) = 1$

則 $f'(x) = -x^{-2}$ $f'(1) = -1$

   $f''(x) = 2x^{-3}$ $f''(1) = 2!$

   $f'''(x) = -3!x^{-4}$ $f'''(1) = -3!$

   $f^{(4)}(x) = 4!x^{-5}$ $f^{(4)}(1) = 4!$

     $\vdots$ $\vdots$

  $f^{(n)}(x) = (-1)^n n! x^{-n-1}$ $f^{(n)}(1) = (-1)^n n!$

     $\vdots$ $\vdots$

所以 $\dfrac{1}{x}$ 在 $x = 1$ 的泰勒級數為

$$\sum_{n=0}^{\infty} \frac{f^{(n)}(1)}{n!}(x-1)^n = f(1) + \frac{f'(1)}{1}(x-1) + \frac{f''(1)}{2!}(x-1)^2 + \cdots$$

$$+ \frac{f^{(n)}(1)}{n!}(x-1)^n + \cdots$$

$$= 1 - (x-1) + (x-1)^2 - (x-1)^3 + \cdots + (-1)^n(x-1)^n + \cdots$$

現在求此級數的收斂區間

$$\lim_{n\to\infty}\left|\frac{a_{n+1}}{a_n}\right| = \lim_{n\to\infty}\left|\frac{(x-1)^{n+1}}{(x-1)^n}\right| = \lim_{n\to\infty}|x-1| = |x-1| < 1$$

所以在 $0 < x < 2$ 時，此級數收斂

又 $x = 0$ 時，$\displaystyle\sum_{n=1}^{\infty}(-1)^n(-1)^n = \sum_{n=1}^{\infty}1$ ，發散

$x = 2$ 時，$\displaystyle\sum_{n=1}^{\infty}(-1)^n \cdot 1^n = \sum_{n=1}^{\infty}(-1)^n$ ，發散

故 $\dfrac{1}{x}$ 在 $x = 1$ 的泰勒級數展開式爲

$$\frac{1}{x} = 1 - (x-1) + (x-1)^2 - (x-1)^3 + (x-1)^4 + \cdots + (-1)^n (x-1)^n + \cdots$$

其中 $0 < x < 2$.

(2) 設 $f(x) = \sin x \qquad f(0) = 0$

$f'(x) = \cos x \qquad f'(0) = 1$

$f''(x) = -\sin x \qquad f''(0) = 0$

$f'''(x) = -\cos x \qquad f'''(0) = -1$

$f^{(4)}(x) = \sin x \qquad f^{(4)}(0) = 0$

$\qquad\qquad \vdots \qquad\qquad\qquad \vdots$

微分值依

$1, 0, -1, 0, 1, 0, -1, 0, \cdots$ 而變.

所以 $\sin x$ 在 $x = 0$ 的泰勒級數爲

$$\sum_{n=0}^{\infty} \frac{f^{(n)}(0)}{n!} x^n = f(0) + \frac{f'(0)}{1!} x + \frac{f''(0)}{2!} x^2 + \frac{f'''(0)}{3!} x^3 + \frac{f^{(4)}(0)}{4!} x^4 + \cdots$$

$$= x - \frac{x^3}{3!} + \frac{x^5}{5!} - \frac{x^7}{7!} + \cdots + \frac{(-1)^n x^{2n+1}}{(2n+1)!} + \cdots$$

現在求此級數的收斂區間

$$\lim_{n \to \infty} \left| \frac{a_{n+1}}{a_n} \right| = \lim_{n \to \infty} \left| \frac{x^{2n+3}}{(2n+3)!} \cdot \frac{(2n+1)!}{x^{2n+1}} \right| = \lim_{n \to \infty} \frac{1}{(2n+3)(2n+2)} |x^2| = 0$$

即收斂區間爲 $(-\infty, \infty)$

故 $\sin x$ 在 $x = 0$ 的泰勒級數展開式爲

$$\sin x = x - \frac{x^3}{3!} + \frac{x^5}{5!} - \frac{x^7}{7!} + \cdots + (-1)^n \frac{x^{2n+1}}{(2n+1)!} + \cdots$$

其中 $-\infty < x < \infty$.

現在 , 僅將一些基本函數對應的泰勒展開式列表如下 :

函數	收斂區間
$\dfrac{1}{x} = 1 - (x-1) + (x-1)^2 - (x-1)^3 + \cdots + (-1)^n (x-1)^n + \cdots$	$(0, 2)$
$\dfrac{1}{1-x} = 1 + x + x^2 + \cdots + x^n + \cdots$	$(-1, 1)$
$\ln x = (x-1) - \dfrac{(x-1)^2}{2} + \dfrac{(x-1)^3}{3} + \dfrac{(x-1)^4}{4} + \cdots + \dfrac{(-1)^{n-1}(x-1)^n}{n} + \cdots$	$(0, 2]$
$e^x = 1 + x + \dfrac{x^2}{2!} + \dfrac{x^3}{3!} + \cdots + \dfrac{x^n}{n!} + \cdots$	$(-\infty, \infty)$
$\sin x = x - \dfrac{x^3}{3!} + \dfrac{x^5}{5!} - \dfrac{x^7}{7!} + \cdots + \dfrac{(-1)^n x^{2n+1}}{(2n+1)!} + \cdots$	$(-\infty, \infty)$
$\cos x = 1 - \dfrac{x^2}{2!} + \dfrac{x^4}{4!} - \dfrac{x^6}{6!} + \cdots + \dfrac{(-1)^n x^{2n}}{(2n)!} + \cdots$	$(-\infty, \infty)$
$\tan^{-1} x = x - \dfrac{x^3}{3} + \dfrac{x^5}{5} - \dfrac{x^7}{7} + \cdots + \dfrac{(-1)^n x^{2n+1}}{2n+1} + \cdots$	$[-1, 1]$

例題 6

(1) 試證 : $\ln (1-x) = -x - \dfrac{1}{2}x^2 - \dfrac{1}{3}x^3 - \dfrac{1}{4}x^4 - \cdots$, $-1 \le x < 1$.

(2) 試求 $\ln (1.1)$ 的近似值準確至小數點第三位 .

解 (1) 令 $f(x) = \ln (1-x)$ $\qquad\qquad f(0) = 0$

$\qquad\quad f'(x) = \dfrac{-1}{(1-x)} = -(1-x)^{-1} \qquad f'(0) = -1$

$\qquad\quad f''(x) = \dfrac{1}{(1-x)^2} = -(1-x)^{-2} \qquad f''(0) = -1$

$\qquad\quad f'''(x) = -2\,(1-x)^{-3} \qquad\qquad\quad f'''(0) = -2$

$\qquad\qquad\qquad\vdots \qquad\qquad\qquad\qquad\qquad\quad \vdots$

所以 $\ln(1-x)$ 在 $x=0$ 的泰勒級數為

$$\sum_{n=0}^{\infty} \frac{f^{(n)}(0)}{n!} x^n = f(0) + \frac{f'(0)}{1!}x + \frac{f''(0)}{2!}x^2 + \frac{f'''(0)}{3!}x^3 + \cdots$$

$$= -x - \frac{1}{2}x^2 - \frac{1}{3}x^3 - \frac{1}{4}x^4 - \cdots - \frac{1}{n}x^n - \cdots$$

現在求此級數的收斂區間

$$\lim_{n\to\infty}\left|\frac{a_{n+1}}{a_n}\right| = \lim_{n\to\infty}\left|\frac{x^{n+1}}{n+1}\cdot\frac{n}{x^n}\right| = \lim_{n\to\infty}\frac{n}{n+1}|x| = |x| < 1$$

又 $x=1$ 時，$\sum_{n=1}^{\infty}(-\frac{1}{n})$ 發散

$x=-1$ 時，$\sum_{n=1}^{\infty}(-\frac{1}{n})(-1)^n$ 收斂

故在 $x \in [-1, 1)$ 時

$$\ln(1-x) = -x - \frac{1}{2}x^2 - \frac{1}{3}x^3 - \frac{1}{4}x^4 - \cdots - \frac{1}{n}x^n - \cdots$$

(2) 由 (1) 令 $x=-0.1$ 代入

$$\ln(1.1) = 0.1 - \frac{1}{2}(0.1)^2 + \frac{1}{3}(0.1)^3 - \frac{1}{4}(0.1)^4 \cdots$$

$$= 0.1 - 0.005 + \frac{1}{3}(0.001) - \frac{1}{4}(0.0001) \cdots$$

$$= 0.1 - 0.005 + 0.00033 - 0.000025 \cdots \approx 0.095305.$$

所以 $\ln(1.1)$ 的近似值為 0.095.

一、基礎題：

在 1～6 題中，試決定下列級數是否收斂？若收斂，試求其收斂區間

1. $\displaystyle\sum_{n=0}^{\infty}(x+5)^n$.

2. $\displaystyle\sum_{n=0}^{\infty}(-1)^n(4x+1)^n$.

3. $\displaystyle\sum_{n=1}^{\infty}\frac{(-1)^n\cdot 3^{2n}(x-2)^n}{3n}$.

4. $\displaystyle\sum_{n=0}^{\infty}n!x^n$.

5. $\displaystyle\sum_{n=0}^{\infty}\frac{1+2+\cdots+n}{1^2+2^2+\cdots+n^2}x^n$.

6. $\displaystyle\sum_{n=0}^{\infty}(\ln x)^n$.

在 7～9 題中，試寫出下列級數的馬克勞林級數

7. $\dfrac{1}{1+x}$.

8. $\sin(-x)$.

9. x^4-2x^3-5x+4.

在 10～11 題中，試求下列級數在 $x=c$ 的泰勒級數展開式

10. $\cos x, c=0$.

11. $\dfrac{1}{1-x}$, $c=0$.

二、進階題：

有關冪級數的微分及積分有如下的定理：

設冪級數 $f(x)=\displaystyle\sum_{n=0}^{\infty}a_n(x-c)^n$ 的收斂半徑 R, 則

1. $f'(x)=\displaystyle\sum_{n=1}^{\infty}na_n(x-c)^{n-1}$, $x\in(c-R,c+R)$

2. $\displaystyle\int f(x)\,dx=c+\sum_{n=0}^{\infty}a_n\cdot\frac{(x-c)^{n+1}}{n+1}$, $x\in(c-R,c+R)$

利用此定理，試作下列題目

1. 試求 $\tan^{-1}x$ 在 $x=0$ 的泰勒展開式 .

2. (1) 試求 e^x 在 $x=0$ 的泰勒展開式 .

   (2) 試求 $e^{-\frac{x^2}{2}}$ 在 $x=0$ 的泰勒展開式 .

(3) 試求 $\dfrac{1}{\sqrt{2\pi}}\displaystyle\int_0^1 e^{-\frac{x^2}{2}}\,dx$ 的近似值.

(4) 試求 $\dfrac{1}{\sqrt{2\pi}}\displaystyle\int_{-1}^1 e^{-\frac{x^2}{2}}\,dx$ 的近似值.

Ans

一、基礎題：

1. 收斂, 收斂區間為 $(-6,-4)$.

2. 收斂, 收斂區間為 $(-\dfrac{1}{2},0]$.

3. 收斂, 收斂區間為 $(\dfrac{17}{9},\dfrac{19}{9}]$.

4. $x=0$ 時級數收斂, 收斂區間為 0.

5. 收斂, 收斂區間為 $[-1,1)$.

6. 收斂, 收斂區間為 (e^{-1},e).

7. $1-x+x^2-x^3+x^4+\cdots+(-1)^n x^n+\cdots$.

8. $\displaystyle\sum_{n=0}^{\infty}\dfrac{(-1)^{n+1}\cdot x^{2n+1}}{(2n+1)!}$.

9. $4-5x-2x^3+x^4$.

10. $\cos x=1-\dfrac{x^2}{2!}+\dfrac{x^4}{4!}\cdots=\displaystyle\sum_{n=0}^{\infty}\dfrac{(-1)^n x^{2n}}{(2n)!}$, $-\infty<x<\infty$.

11. $\dfrac{1}{1-x}=1+x+x^2+\cdots+x^n+\cdots$, $-1<x<1$.

二、進階題：

1. $\tan^{-1}x=x-\dfrac{x^3}{3}+\dfrac{x^5}{5}-\cdots$ $-1\le x\le 1$.

2. (1) $e^x=1+x+\dfrac{x^2}{2!}+\cdots+\dfrac{x^n}{n!}+\cdots$, $-\infty<x<\infty$.

   (2) $e^{-\frac{x^2}{2}}=1+(-\dfrac{x^2}{2})+\dfrac{1}{2!}(-\dfrac{x^2}{2})^2+\cdots+\dfrac{(-1)^n}{n!}\cdot\dfrac{x^{2n}}{2^n}+\cdots$.

   (3) 0.3412.

   (4) 0.6824.

09
Chapter

偏導數
PARTIAL DERIVATIVES

本章綱要

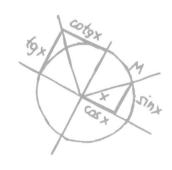

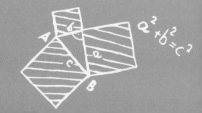

到目前為止，我們只介紹單一自變數函數的微分、積分及其應用．但在很多的問題上，卻會碰到多個自變數．例如：中油每週的油價，主要由杜拜(70%)、布蘭特(30%)當週原油平均價格及匯率來決定．氣溫亦隨時間、地點而改變．圓柱體的體積 $V(r, h)$ 為底 (圓) 面積 πr^2 與高 h 的乘積．像這樣由多個獨立變數所決定的函數稱為**多變數函數**．本章將介紹多變數函數的極限與微分，特別是兩變數或三變數函數，下一章則介紹積分．

9-1　多變數函數 (Functions of Several Variables)

本節將介紹多變數函數並討論其圖形．

一、函數、定義域與值域

> **定義**
>
> 　　設 D 為 $\mathbb{R}^n$ 空間中的非空子集合．從 D 到 $\mathbb{R}$ 的**實數值函數** (real-valued function) f 為一對應法則，即對於 D 中的每一個點 $P(x_1, x_2, \cdots, x_n)$ 給予唯一的實數 w, 稱為函數 f 在點 P 的**函數值**，記為
>
> $$w = f(x_1, x_2, \cdots, x_n)$$
>
> D 稱為函數 f 的**定義域** (domain), 所有函數值 w 所成的集合稱為函數 f 的**值域** (range). f 稱為 n 個**獨立變數** (independent variables) $x_1, x_2, \cdots, x_n$ 的函數．

上述為一般多變數函數的定義，本書將以 $n = 2$ 或 3 為主．並記為 $z = f(x, y)$ 或 $w = f(x, y, z)$.

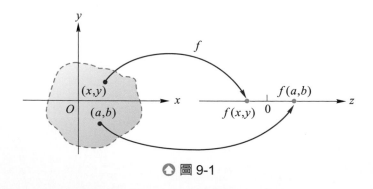

● 圖 9-1

　　由於我們只考慮實數值函數，因此當給出一函數時，除有特別的限定外，其定義域為所有使該函數有意義的點所成的集合，即排除會產生複數值或使分母為零之類的點．

 例題 1

試找出下列函數的定義域與值域．

(1) $z = f(x, y) = \sqrt{xy}$ ．

(2) $z = g(x, y) = \dfrac{1}{xy}$ ．

(3) $z = h(x, y) = \ln(xy)$．

 解

函數	定義域	值域
$z = f(x, y) = \sqrt{xy}$	$xy \geq 0$ 第一、三象限與兩坐標軸	$[0, \infty)$
$z = g(x, y) = \dfrac{1}{xy}$	$xy \neq 0$ xy 平面去掉兩坐標軸	$(-\infty, 0) \cup (0, \infty)$
$z = h(x, y) = \ln(xy)$	$xy > 0$ 第一、三象限	$(-\infty, \infty) = \mathbb{R}$

 例題 2

試找出下列函數的定義域與值域．

(1) $w = f(x, y, z) = \sqrt{x^2 + y^2 - z^2}$ ．

(2) $w = g(x, y, z) = \dfrac{1}{x^2 + y^2 - z^2}$ ．

(3) $w = h(x, y, z) = x \ln yz$．

解

函數	定義域	值域
$w = f(x, y, z) = \sqrt{x^2 + y^2 - z^2}$	$x^2 + y^2 \quad z^2 \geq 0$	$[0, \infty)$
$w = g(x, y, z) = \dfrac{1}{x^2 + y^2 - z^2}$	$x^2 + y^2 \quad z^2 \neq 0$	$\mathbb{R} \backslash \{0\}$
$w = h(x, y, z) = x \ln yz$	$yz > 0$	$\mathbb{R}$

　　函數的定義域，除上述一般規則外，有時函數會定義在某特定的集合．此特定的集合即為該函數的定義域．

　　例：$f(x, y) = \sqrt{x^2 + y^2}$ 的定義域為整個平面，但
$g(x, y) = \sqrt{x^2 + y^2}$：$D = \{(x, y) \mid x < 0, y > 0\} \to \mathbb{R}$ 的定義域 D 則為第二象限．

二、等高線、函數圖形（曲面）

定義

　　給一函數 $z = f(x, y)$：$D \to \mathbb{R}$，則在 D 中，所有滿足 $f(x, y) = c$ 的點 (x, y) 所成的集合，稱為函數 f 的**等高線** (level curve). 所有 $(x, y, f(x, y))$, $(x, y) \in D$, 所成的集合稱為函數 f 的**圖形** (graph), 也稱為**曲面** (surface) $z = f(x, y)$.

 例題 3

給一函數 $f(x, y) = 64 - x^2 - y^2$.

(1) 畫出 f 的函數圖形．

(2) 畫出等高線 $f(x, y) = 0$, $f(x, y) = 39$ 與 $f(x, y) = 28$.

解

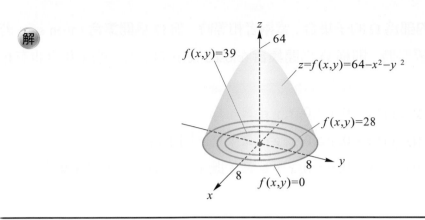

三、內部、邊界、開集與閉集

對於定義在閉區間 $[a, b]$ 上的單變數連續函數必有絕對極大值與絕對極小值.若將閉區間 $[a, b]$ 改為開區間 (a, b) 則此性質並不成立.顯然的,此性質的成立與閉區間 $[a, b]$ 的性質有關.類似地,由於兩變數函數的定義域為平面上的子集合,因此,對於平面集合性質的了解,也有助於瞭解函數的性質.

首先,介紹符號

$$D(P_0, r) = \{(x, y) \mid \sqrt{(x - x_0)^2 + (y - y_0)^2} < r, x, y \in \mathbb{R}\}$$

表以 $P_0(x_0, y_0)$ 為圓心半徑為 $r > 0$ 的**圓盤** (disk).

定義

設 Ω 為 $\mathbb{R}^2$ 平面的子集合,$P_0(x_0, y_0)$ 為 $\mathbb{R}^2$ 中的點.若可找到一個以 P_0 為中心半徑為 $r > 0$ 的圓盤使得 $D(P_0, r) \subset \Omega$,則稱 P_0 為 Ω 的**內點** (interior point).若對每一個 $r > 0$,圓盤 $D(P_0, r)$ 都含有 Ω 內和 Ω 外的點時,則稱 P_0 為 Ω 的**邊界點** (boundary point).所有 Ω 的內點所成的集合稱為 Ω 的**內部** (interior).所有 Ω 的邊界點所成的集合稱為 Ω 的**邊界** (boundary).

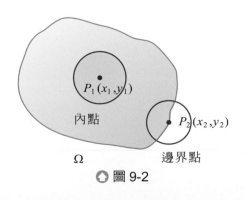

◆ 圖 9-2

一般而言, Ω 的**內部**為 Ω 的子集合. 當兩者相等時, 稱 Ω 為**開集合** (open set). 若 Ω 包含了它的所有邊界點時, 則稱 Ω 為**閉集合** (closed set). 對於 $\mathbb{R}^3$ 的子集合也有相同的定義.

例如: 集合 $D_1 = \{(x, y) \mid x > 0, y > 0, x, y \in \mathbb{R}\}$ 為一開集合.

$D_2 = \{(x, y) \mid x \geq 0, y \geq 0, x, y \in \mathbb{R}\}$ 為一閉集合.

$D_3 = \{(x, y) \mid x \geq 0, y > 0, x, y \in \mathbb{R}\}$ 既不是開集合也不是閉集合.

定義

若存在一以原點 O 為圓心的圓盤 $D(O, r)$, $r > 0$ 使得 $\Omega \subset D(O, r)$, 則稱 Ω 為**有界集** (bounded set). 如果 Ω 不是有界集, 則稱 Ω 為**無界集** (unbounded set).

例如: $\Omega = \{(x, y) \mid |x| \leq 1, |y| \leq 1, x, y \in \mathbb{R}\}$ 為有界集, 但

$\Omega = \{(x, y) \mid x > 0, y > 0, x, y \in \mathbb{R}\}$ 則為無界集.

 例題 4

找出下列函數的定義域及定義域所對應之區域圖形, 並說明該區域是否為有界集、無界集、開集合或閉集合.

(1) $f(x, y) = \ln(xy - x + y - 1)$. (2) $f(x, y) = \sqrt{16 - x^2 - y^2}$.

解 (1) $f(x, y) = \ln(xy - x + y - 1)$ 的定義域為

$D = \{(x, y) \mid xy - x + y - 1 > 0\}$

$\because xy - x + y - 1 = (x + 1)(y - 1)$

$\therefore D$ 的圖形如右圖, 為一無界開集.

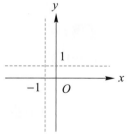

(2) $f(x, y) = \sqrt{16 - x^2 - y^2}$ 的定義域為

$D = \{(x, y) \mid x^2 + y^2 \leq 16\}$

D 為一有界閉集.

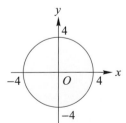

習 題

一、基礎題：

1. 給一函數 $f(x, y) = \cos(xy)$, 求下列函數值.

   (1) $f(2, 0)$.   (2) $f(4, \dfrac{\pi}{12})$.   (3) $f(3, \dfrac{\pi}{6})$.

2. 求下列函數的定義域與值域.

   (1) $f(x, y) = \dfrac{2xy}{x^2 + y^2 - 1}$.   (2) $f(x, y) = \sqrt{x^2 + y^2 - 4}$.

   (3) $f(x, y) = \sin(xy)$.   (4) $f(x, y, z) = \sqrt{x - y} + \ln z$.

3. 找出下列函數的定義域及定義域所對應之區域圖形, 並說明該定義域是否為有界集, 無界集, 開集合或閉集合.

   (1) $f(x, y) = \sqrt{y + 2x - 4}$.   (2) $f(x, y) = \dfrac{(x - 1)(y + 2)}{(y - 2x)(y - x^2)}$.

4. 找出下列函數的定義域及定義域所對應之區域圖形, 並說明該定義域是否為有界集, 無界集, 開集合或閉集合.

   (1) $f(x, y) = \sqrt{(x^2 - 9)(y^2 - 4)}$.   (2) $f(x, y) = \dfrac{1}{\ln(9 - x^2 - y^2)}$.

   (3) $f(x, y) = \cos^{-1}(y - x)$.

二、進階題：

1. 試畫函數 $f(x, y) = x + y$ 的圖形和等高線 $f(x, y) = c$, $c = -2, -1, 0, 1, 2$.

2. 試畫函數 $f(x, y) = \sqrt{x^2 + y^2}$ 的圖形和等高線 $f(x, y) = c$, $c = 0, 1, 2$.

Ans

一、基礎題：

1. (1) 1.   (2) $\dfrac{1}{2}$.   (3) 0.

2. 定義域：

   (1) $\{(x, y) \mid x^2 + y^2 \neq 1\}$.   (2) $\{(x, y) \mid x^2 + y^2 \geq 4\}$.   (3) $\mathbb{R}^2$.

   (4) $\{(x, y, z) \mid x \geq y, z > 0\}$.

   值域：

   (1) $\mathbb{R}$.   (2) $\{z \mid z \geq 0\}$.   (3) $\{z \mid -1 \leq z \leq 1\} = [-1, 1]$.   (4) $\mathbb{R}$.

3. (1) $\{(x, y) \mid y + 2x \geq 4\}$, 無界閉集合 .

   (2) $\{(x, y) \mid y \neq 2x, y \neq x^2\}$, 無界開集合 .

4. (1) $\{(x, y) \mid x^2 \geq 9, y^2 \geq 4\} \cup \{(x, y) \mid x^2 \leq 9, y^2 \leq 4\}$, 無界閉集合 .

   (2) $\{(x, y) \mid x^2 + y^2 < 9, x^2 + y^2 \neq 8\}$, 有界開集合 .

   (3) $\{(x, y) \mid -1 \leq y - x \leq 1\}$, 無界閉集合 .

二、進階題：

1.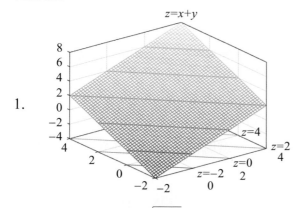

2.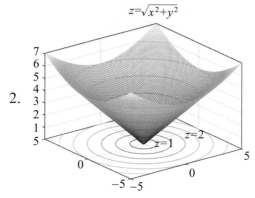

9-2 極限與連續 (Limits and Continuity)

本節將介紹平面上函數的極限與連續, 其定義與單變數函數的定義相似. 但由於在平面上逼近一個點有非常多不同的方式, 不像在直線上, 是以該點左右兩個方向為主—左極限與右極限. 因此, 平面上函數的極限與連續也變得較複雜.

定義

設 D 為平面 $\mathbb{R}^2$ 上的非空開集合, f 為定義在 D 上的一個函數, $P(x, y)$ 為 D 中的點, 但 $P_0(x_0, y_0)$ 則不一定在 D 中. 如果 $P(x, y)$ 逼近 $P_0(x_0, y_0)$ 時, 函數值 $f(x, y)$ 會逼近 L, 我們稱函數 f 在 $P_0(x_0, y_0)$ 的 **極限值** (limit) 為 L. 即對任意正數 $\varepsilon > 0$ 都可找到另一正數 $\delta > 0$ 使得對定義域 D 中每一個在 $P_0(x_0, y_0)$ 附近的點 $P(x, y)$, $0 < \sqrt{(x-x_0)^2 + (y-y_0)^2} < \delta$, 其函數值 $f(x, y)$ 都在 L 附近, $|f(x, y) - L| < \varepsilon$.

記為 $\displaystyle\lim_{(x, y) \to (x_0, y_0)} f(x, y) = L$.

若 $P_0(x_0, y_0)$ 在 D 中且極限值 L 與函數值 $f(x_0, y_0)$ 相等時, $L = f(x_0, y_0)$, 則稱函數 f 在 $P_0(x_0, y_0)$ **連續** (continuous). 若函數 f 在定義域 D 中的每一個點都連續, 則稱 f 為 **連續函數** (continuous function).

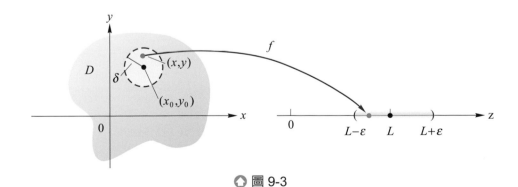

◆ 圖 9-3

例題 1

試依極限的定義，說明 $\displaystyle\lim_{(x,\,y)\to(0,\,0)}\frac{2x^2 y}{x^2 + y^2}=0$.

解 因為 $(x,\,y)\neq(0,\,0)$ 且 $x^2 \leq x^2 + y^2$，則 $\dfrac{x^2}{x^2+y^2}\leq 1$

$$\left|\frac{2x^2 y}{x^2+y^2}\right|\leq 2\,|\,y\,|=2\sqrt{y^2}\leq 2\sqrt{x^2+y^2}$$

所以，對任意 $\varepsilon>0$ 取 $\delta=\dfrac{\varepsilon}{2}$ 時，則當 $0<\sqrt{x^2+y^2}<\delta$ 時，

$$\left|\frac{2x^2 y}{x^2+y^2}-0\right|\leq 2\,|\,y\,|=2\sqrt{y^2}\leq 2\sqrt{x^2+y^2}<2\cdot\delta=2\cdot\frac{\varepsilon}{2}=\varepsilon$$

因此，$\displaystyle\lim_{(x,\,y)\to(0,\,0)}\frac{2x^2 y}{x^2+y^2}=0$.

底下介紹極限的一些性質，這些性質與單變數函數相同 .

定理 9-1 :

設 $\displaystyle\lim_{(x,\,y)\to(x_0,\,y_0)}f(x,\,y)=L$ ，$\displaystyle\lim_{(x,\,y)\to(x_0,\,y_0)}g(x,\,y)=M$ ，且 $k\in\mathbb{R}$ 為一常數，則

1. $\displaystyle\lim_{(x,\,y)\to(x_0,\,y_0)}(f(x,\,y)+g(x,\,y))=L+M$.

2. $\displaystyle\lim_{(x,\,y)\to(x_0,\,y_0)}(f(x,\,y)-g(x,\,y))=L-M$.

3. $\displaystyle\lim_{(x,\,y)\to(x_0,\,y_0)}kf(x,\,y)=kL$.

4. $\displaystyle\lim_{(x,\,y)\to(x_0,\,y_0)}(f(x,\,y)\cdot g(x,\,y))=L\cdot M$.

5. $\displaystyle\lim_{(x,\,y)\to(x_0,\,y_0)}\frac{f(x,\,y)}{g(x,\,y)}=\frac{L}{M}$ ，$M\neq 0$.

6. $\displaystyle\lim_{(x,\,y)\to(x_0,\,y_0)}[f(x,\,y)]^n=L^n$ ，n 為正整數 .

7. $\displaystyle\lim_{(x,\,y)\to(x_0,\,y_0)}\sqrt[n]{f(x,\,y)}=\sqrt[n]{L}$ ，n 為正整數，若 n 為偶數時，則設 $L>0$.

例題 2

求 (1) $\displaystyle \lim_{(x,\,y)\to(0,\,0)} \frac{2x^2 - y^3 + 3}{x^2 + y^2 + 2}$. (2) $\displaystyle \lim_{(x,\,y)\to(1,\,-1)} \sqrt{x^2 + y^2 + 2}$.

解 (1) 因為 $\displaystyle \lim_{(x,\,y)\to(0,\,0)} (2x^2 - y^3 + 3) = 2 \cdot 0^2 - 0^3 + 3 = 3$

$\displaystyle \lim_{(x,\,y)\to(0,\,0)} x^2 + y^2 + 2 = 0^2 + 0^2 + 2 = 2$

所以 $\displaystyle \lim_{(x,\,y)\to(0,\,0)} \frac{2x^2 - y^3 + 3}{x^2 + y^2 + 2} = \frac{3}{2}$.

(2) $\displaystyle \lim_{(x,\,y)\to(1,\,-1)} \sqrt{x^2 + y^2 + 2} = \sqrt{(1)^2 + (-1)^2 + 2} = \sqrt{4} = 2$.

 例題 3

求 $\displaystyle \lim_{(x,\,y)\to(0,\,0)} \frac{xy - y^2}{\sqrt{x} + \sqrt{y}}$.

解 $\displaystyle \lim_{(x,\,y)\to(0,\,0)} \frac{xy - y^2}{\sqrt{x} + \sqrt{y}} = \lim_{(x,\,y)\to(0,\,0)} \frac{(x-y)y(\sqrt{x} - \sqrt{y})}{(\sqrt{x} - \sqrt{y})(\sqrt{x} - \sqrt{y})}$

$\displaystyle \qquad = \lim_{(x,\,y)\to(0,\,0)} \frac{(x-y)y(\sqrt{x} - \sqrt{y})}{x - y}$

$\displaystyle \qquad = \lim_{(x,\,y)\to(0,\,0)} y(\sqrt{x} - \sqrt{y}) = 0.$

　　根據極限的定義，函數在某一點的極限若存在，表示只要與該點夠接近時，其函數值與極限值亦會非常接近．並未限制以何種路徑來逼近該點．因此，當要說明在某一點的極限不存在時，則只需找出兩種不同逼近該點的路徑，但其值並不相等即可．

 例題 **4**

試證：函數 $f(x, y) = \dfrac{xy}{x^2 + y^2}$ 在原點 $(0, 0)$ 的極限不存在．

解 考慮沿著通過原點 $(0, 0)$ 的直線 $y = mx$，$m \neq 0$ 的極限，

$$\lim_{\substack{(x, y) \to (0, 0) \\ y = mx}} f(x, y) = \lim_{\substack{(x, y) \to (0, 0) \\ y = mx}} \frac{xy}{x^2 + y^2} = \lim_{x \to 0} \frac{x(mx)}{x^2 + (mx)^2}$$

$$= \lim_{x \to 0} \frac{mx^2}{x^2 + m^2 x^2} = \frac{m}{1 + m^2} \ .$$

上述結果表示，對於不同的 m，即 $f(x, y)$ 沿著通過原點 $(0, 0)$ 的不同直線，其

極限值並不相同，例如：沿著 $m = 1$ 的直線，其極限值為 $\dfrac{1}{2}$．沿著 $m = 2$ 的直線，

其極限值為 $\dfrac{2}{5}$．所以，函數 f 在原點 $(0, 0)$ 的極限不存在．

 例題 **5**

試證：函數 $f(x, y) = \dfrac{2xy^2}{x^2 + y^4}$ 在原點 $(0, 0)$ 的極限不存在．

解 考慮沿著通過原點 $(0, 0)$ 的直線 $y = mx$，$m \neq 0$ 的極限，

$$\lim_{\substack{(x, y) \to (0, 0) \\ y = mx}} f(x, y) = \lim_{\substack{(x, y) \to (0, 0) \\ y = mx}} \frac{2xy^2}{x^2 + y^4} = \lim_{x \to 0} \frac{2x(mx)^2}{x^2 + (mx)^4}$$

$$= \lim_{x \to 0} \frac{2m^2 x^3}{x^2 + m^4 x^4} = \lim_{x \to 0} \frac{2m^2 x}{1 + m^4 x^2} = 0$$

另考慮沿著通過原點 $(0, 0)$ 的拋物線 $x = y^2$ 的極限

$$\lim_{\substack{(x, y) \to (0, 0) \\ x = y^2}} f(x, y) = \lim_{\substack{(x, y) \to (0, 0) \\ x = y^2}} \frac{2xy^2}{x^2 + y^4} = \lim_{y \to 0} \frac{2y^2 y^2}{(y^2)^2 + y^4} = 1$$

由上述結果，可知函數 f 在原點 $(0, 0)$ 的極限不存在．

 例題 6

說明函數 $f(x, y) = \begin{cases} \dfrac{2x^2 y}{x^2 + y^2} & , (x, y) \neq (0, 0) \\ 0 & , (x, y) = (0, 0) \end{cases}$ **在原點 $(0, 0)$ 連續.**

 由例 1 知, 函數 f 在原點 $(0, 0)$ 的極限值

$$\lim_{(x, y) \to (0, 0)} \frac{2x^2 y}{x^2 + y^2} = 0$$

與函數 f 在原點 $(0, 0)$ 的函數值相等. 所以, 函數 f 在原點 $(0, 0)$ 連續.

 例題 7

給一函數 $f(x, y) = \begin{cases} \dfrac{x - y - x^2 + y^2}{x + y} & , (x, y) \neq (0, 0) \\ 0 & , (x, y) = (0, 0) \end{cases}$ **試計算** $\lim\limits_{x \to 0}(\lim\limits_{y \to 0} f(x, y))$ **與**

$\lim\limits_{y \to 0}(\lim\limits_{x \to 0} f(x, y))$.

 $\lim\limits_{x \to 0}(\lim\limits_{y \to 0} \dfrac{x - y - x^2 + y^2}{x + y}) = \lim\limits_{x \to 0} \dfrac{x - x^2}{x} = \lim\limits_{x \to 0}(1 - x) = 1$

$\lim\limits_{y \to 0}(\lim\limits_{x \to 0} \dfrac{x - y - x^2 + y^2}{x + y}) = \lim\limits_{y \to 0} \dfrac{-y + y^2}{y} = \lim\limits_{y \to 0}(-1 + y) = -1$

註：此例題說明不可隨意交換求極限的順序.

定理 9-2：

　　若函數 f 在點 (x_0, y_0) 連續, g 為單變數函數且在 $f(x_0, y_0)$ 連續, 則合成函數 $h = g \circ f$ 在 (x_0, y_0) 連續.

例題 8

試說明 $h(x, y) = \sin(x^2 + xy + y^2)$ **為平面上的連續函數.**

解 由於 $f(x, y) = x^2 + xy + y^2$ 與 $g(x) = \sin x$ 皆為連續函數,
因此, 其合成函數 $h(x, y) = \sin(x^2 + xy + y^2)$ 亦為連續函數.

定理 9-3:三明治定理

若在以 $P_0(x_0, y_0)$ 為圓心, 半徑為 r 的圓盤 $D(P_0, r)$ 內任一點 $P(x, y)$ 恆有

$$g(x, y) \leq f(x, y) \leq h(x, y)$$

且 $\displaystyle\lim_{(x, y) \to (x_0, y_0)} g(x, y) = \lim_{(x, y) \to (x_0, y_0)} h(x, y) = \ell$

則 $\displaystyle\lim_{(x, y) \to (x_0, y_0)} f(x, y) = \ell$.

例題 9

試說明 $\displaystyle\lim_{(x, y) \to (0, 0)} y \cos(\frac{1}{x}) = 0$.

解 因為 $-1 \leq \cos(\frac{1}{x}) \leq 1$, 且

(1) $y > 0, \ -y \leq y \cos(\frac{1}{x}) \leq y$.

(2) $y < 0, \ -y \geq y \cos(\frac{1}{x}) \geq y$.

$\displaystyle\lim_{(x, y) \to (0, 0)} (-y) = \lim_{(x, y) \to (0, 0)} y = 0$

所以 $\displaystyle\lim_{(x, y) \to (0, 0)} y \cos(\frac{1}{x}) = 0$.

習 題

一、基礎題：

1. 試求下列極限.

(1) $\lim\limits_{(x,\,y)\to(0,\,0)}\dfrac{x^2-y^2+3}{x^2+y^2+1}$.

(2) $\lim\limits_{(x,\,y)\to(1,\,1)}\dfrac{x+y}{\sqrt{x^2-y^2+1}}$.

(3) $\lim\limits_{(x,\,y)\to(0,\,0)}\dfrac{e^x\sin y}{y}$.

(4) $\lim\limits_{(x,\,y)\to(0,\,\pi/2)}\dfrac{\cos x-1}{x-\sin y}$.

(5) $\lim\limits_{(x,\,y)\to(1,\,1)}\ln\dfrac{x+y}{\sqrt{x^2+y^2}}$.

(6) $\lim\limits_{(x,\,y,\,z)\to(1,\,2,\,3)}(\dfrac{1}{x}+\dfrac{1}{y}+\dfrac{1}{z})$.

2. 試求下列極限.

(1) $\lim\limits_{\substack{(x,\,y)\to(0,\,0)\\ x\neq y}}\dfrac{x^2-2xy+y^2}{x-y}$.

(2) $\lim\limits_{\substack{(x,\,y)\to(1,\,4)\\ x+2y\neq9}}\dfrac{x+2y-9}{\sqrt{x+2y}-3}$.

3. 試說明下列函數在何處連續.

(1) $f(x,\,y)=\dfrac{x+y}{2+\sin x}$.

(2) $f(x,\,y)=\dfrac{x}{1+y^2}$.

(3) $f(x,\,y)=\dfrac{x+y}{x^2-4x+3}$.

(4) $f(x,\,y,\,z)=\ln(xyz)$.

(5) $f(x,\,y,\,z)=\sqrt{x^2+y^2+z^2-1}$.

4. 說明 $\lim\limits_{(x,\,y)\to(0,\,0)}x\sin(\dfrac{1}{y})=0$.

二、進階題：

1. 求 $\lim\limits_{(x,y)\to(0,0)}\dfrac{\sin(x^2+y^2)}{x^2+y^2}$.

2. 試說明 $f(x,\,y)=\dfrac{x+y}{x^2+y}$ 在點 $(1,-1)$ 的極限不存在

   (提示：考慮沿著 $x=1$ 與 $y=-1$ 的直線的極限值是否相等？).

3. 說明 $f(x,\,y)=\dfrac{2x^3y}{x^6+y^2}$ 在原點 $(0,\,0)$ 的極限不存在.

Ans

一、基礎題：

1. (1) 3. (2) 2. (3) 1. (4) 0. (5) $\dfrac{1}{2}\ln 2$. (6) $\dfrac{11}{6}$.

2. (1) 0. (2) 6.

3. (1) $\mathbb{R}^2$. (2) $\mathbb{R}^2$. (3) $\{(x,y)\mid x\neq 1,\, x\neq 3\}$. (4) $\{(x,y,z)\mid xyz>0\}$.

 (5) $\{(x,y,z)\mid x^2+y^2+z^2\geq 1\}$.

4. 略.

二、進階題：

1. 1.

2. 略.

3. 略.

9-3　偏導數 (Partial Derivatives)

　　對一個多變數函數,除了一個變數外,將其餘變數都固定下來,此時多變數函數可視為一單變數函數,因此,可依單變數求導數的方式,求此多變數函數對此變數的導數,稱為函數的**偏導數** (partial derivatives). 底下,介紹兩變數函數的偏導數.

一、一階偏導數

> **定義**
>
> 　　設 (x_0, y_0) 為函數 $f(x, y)$ 定義域中的點,則
>
> 1. $f(x, y)$ 在 (x_0, y_0) **對 x 的偏導數** (partial derivative) 為
>
> $$\left.\frac{\partial f}{\partial x}\right|_{(x_0, y_0)} = \lim_{h \to 0} \frac{f(x_0 + h, y_0) - f(x_0, y_0)}{h} \text{ 如果極限存在 .}$$
>
> 2. $f(x, y)$ 在 (x_0, y_0) **對 y 的偏導數** (partial derivative) 為
>
> $$\left.\frac{\partial f}{\partial y}\right|_{(x_0, y_0)} = \lim_{h \to 0} \frac{f(x_0, y_0 + h) - f(x_0, y_0)}{h} \text{ 如果極限存在 .}$$

　　我們也會用 $f_x(x_0, y_0)$ 來表示 $\left.\dfrac{\partial f}{\partial x}\right|_{(x_0, y_0)}$, $f_y(x_0, y_0)$ 來表示 $\left.\dfrac{\partial f}{\partial y}\right|_{(x_0, y_0)}$.

 例題 1

若 $f(x, y) = x^2 + xy + y^2$, **試根據偏導數定義** , 求 $\left.\dfrac{\partial f}{\partial x}\right|_{(1, 0)}$ 和 $\left.\dfrac{\partial f}{\partial y}\right|_{(1, 0)}$.

解 根據定義

$$\left.\frac{\partial f}{\partial x}\right|_{(1, 0)} = \lim_{h \to 0} \frac{f(1+h, 0) - f(1, 0)}{h} = \lim_{h \to 0} \frac{[(1+h)^2 + (1+h) \cdot 0 + 0^2] - (1^2 + 1 \cdot 0 + 0^2)}{h}$$

$$= \lim_{h \to 0} \frac{2h + h^2}{h} = 2$$

$$\left.\frac{\partial f}{\partial y}\right|_{(1,0)} = \lim_{h \to 0} \frac{f(1, 0+h) - f(1, 0)}{h} = \lim_{h \to 0} \frac{[1^2 + 1 \cdot h + h^2] - (1^2 + 1 \cdot 0 + 0^2)}{h}$$

$$= \lim_{h \to 0} \frac{h + h^2}{h} = 1.$$

除依定義計算偏導數外，亦可依求單變數函數的導數的方式，求偏導數．

 例題 2

若 $f(x, y) = x^2 + xy + y^2$, 求 $\left.\dfrac{\partial f}{\partial x}\right|_{(1,0)}$ 和 $\left.\dfrac{\partial f}{\partial y}\right|_{(1,0)}$.

解
$$\left.\frac{\partial f}{\partial x}\right|_{(1,0)} = \left.\frac{\partial}{\partial x}(x^2 + xy + y^2)\right|_{(1,0)} = 2x + y\big|_{(1,0)} = 2.$$

$$\left.\frac{\partial f}{\partial y}\right|_{(1,0)} = \left.\frac{\partial}{\partial y}(x^2 + xy + y^2)\right|_{(1,0)} = x + 2y\big|_{(1,0)} = 1.$$

 例題 3

若 $f(x, y) = x \sin(xy)$, 求 $\dfrac{\partial f}{\partial x}$ 和 $\dfrac{\partial f}{\partial y}$.

解
$$\frac{\partial f}{\partial x} = \frac{\partial}{\partial x}(x \sin(xy)) = \frac{\partial x}{\partial x}(\sin xy) + x \frac{\partial}{\partial x}(\sin xy) = \sin(xy) + x \cos(xy)\frac{\partial}{\partial x}(xy)$$

$$= \sin(xy) + xy \cos(xy)$$

$$\frac{\partial f}{\partial y} = \frac{\partial}{\partial y}(x \sin(xy)) = x \frac{\partial}{\partial y}(\sin xy) = x \cos(xy)\frac{\partial}{\partial y}(xy)$$

$$= x^2 \cos(xy).$$

例題 4

若 $f(x, y) = e^x \ln(x^2 + y^2)$, 求 $\dfrac{\partial f}{\partial x}$ 與 $\dfrac{\partial f}{\partial y}$.

解 $\dfrac{\partial f}{\partial x} = \dfrac{\partial}{\partial x}(e^x \ln(x^2 + y^2)) = (\dfrac{\partial}{\partial x}e^x)\ln(x^2 + y^2) + e^x \dfrac{\partial}{\partial x}\ln(x^2 + y^2)$

$\qquad = e^x \ln(x^2 + y^2) + \dfrac{2xe^x}{x^2 + y^2}$

$\dfrac{\partial f}{\partial y} = \dfrac{\partial}{\partial y}(e^x \ln(x^2 + y^2))$

$\qquad = e^x \dfrac{\partial}{\partial y}(\ln(x^2 + y^2))$

$\qquad = \dfrac{2ye^x}{x^2 + y^2}.$

我們亦可仿單變數函數的隱微分, 求多變數函數的隱微分.

 例題 5

若 z 為獨立變數 x 與 y 的函數且 $xz - \ln z = \sin(2x + 3y)$, 求 $\dfrac{\partial z}{\partial x}$, $\dfrac{\partial z}{\partial y}$.

解 (1) $\dfrac{\partial}{\partial x}(xz - \ln z) = \dfrac{\partial}{\partial x}\sin(2x + 3y)$

$\qquad z + x\dfrac{\partial z}{\partial x} - \dfrac{1}{z}\dfrac{\partial z}{\partial x} = 2\cos(2x + 3y)$

$\qquad z + (x - \dfrac{1}{z})\dfrac{\partial z}{\partial x} = 2\cos(2x + 3y)$

$\qquad \dfrac{\partial z}{\partial x} = \dfrac{2\cos(2x + 3y) - z}{x - \dfrac{1}{z}} = \dfrac{2z\cos(2x + 3y) - z^2}{xz - 1}.$

(2) $\dfrac{\partial}{\partial y}(xz - \ln z) = \dfrac{\partial}{\partial y}\sin(2x + 3y)$

$x\dfrac{\partial z}{\partial y} - \dfrac{1}{z}\dfrac{\partial z}{\partial y} = 3\cos(2x + 3y)$

$\dfrac{\partial z}{\partial y} = \dfrac{3\cos(2x + 3y)}{x - \dfrac{1}{z}} = \dfrac{3z\cos(2x + 3y)}{zx - 1}$.

 例題 6

若 $f(x, y, z) = y\sin(x^2 + y^2 + z^2)$, 求 $\dfrac{\partial f}{\partial x}$, $\dfrac{\partial f}{\partial y}$, $\dfrac{\partial f}{\partial z}$.

解
$\dfrac{\partial}{\partial x}f(x, y, z) = \dfrac{\partial}{\partial x}\Big[y\sin(x^2 + y^2 + z^2)\Big]$

$\qquad = y\cdot\cos(x^2 + y^2 + z^2)\cdot 2x$

$\qquad = 2xy\cos(x^2 + y^2 + z^2).$

$\dfrac{\partial}{\partial y}f(x, y, z) = \dfrac{\partial}{\partial y}\Big[y\sin(x^2 + y^2 + z^2)\Big]$

$\qquad = 1\cdot\sin(x^2 + y^2 + z^2) + y\cdot\cos(x^2 + y^2 + z^2)\cdot 2y$

$\qquad = \sin(x^2 + y^2 + z^2) + 2y^2\cos(x^2 + y^2 + z^2).$

$\dfrac{\partial}{\partial z}f(x, y, z) = \dfrac{\partial}{\partial z}\Big[y\sin(x^2 + y^2 + z^2)\Big]$

$\qquad = y\cdot\cos(x^2 + y^2 + z^2)\cdot 2z$

$\qquad = 2yz\cos(x^2 + y^2 + z^2).$

　　對單變數函數，若在某一點的導數存在，則在該點亦連續．但此性質對於偏導數存在時並不成立．

例題 **7**

設 $f(x, y) = \begin{cases} 0, & xy \neq 0 \\ 1, & xy = 0 \end{cases}$,

(1) 求當 (x, y) 沿著直線 $y = 2x$ 逼近原點 $(0, 0)$ 時 , 函數 $f(x, y)$ 的極限 .

(2) 證明 $f(x, y)$ 在原點 $(0,0)$ 不連續 .

(3) 求在原點 $(0, 0)$ 的偏導數 $\dfrac{\partial f}{\partial x}$ 和 $\dfrac{\partial f}{\partial y}$.

解 (1) $\displaystyle\lim_{\substack{(x, y)\to(0, 0) \\ y=2x}} f(x, y) = \lim_{\substack{(x, y)\to(0, 0) \\ y=2x}} 0 = 0$

(2) 由 (1) 知 $\displaystyle\lim_{\substack{(x, y)\to(0, 0) \\ y=2x}} f(x, y) = 0 \neq f(0, 0) = 1$,

所以 , $f(x, x)$ 在原點 $(0, 0)$ 不連續 .

(3) 由偏導數的定義

$$\left.\frac{\partial f}{\partial x}\right|_{(0, 0)} = \lim_{h\to 0} \frac{f(0+h, 0) - f(0, 0)}{h} = \lim_{h\to 0} \frac{f(h, 0) - f(0, 0)}{h} = \lim_{h\to 0} \frac{1-1}{h} = 0$$

$$\left.\frac{\partial f}{\partial y}\right|_{(0, 0)} = \lim_{h\to 0} \frac{f(0, 0+h) - f(0, 0)}{h} = \lim_{h\to 0} \frac{f(0, h) - f(0, 0)}{h} = \lim_{h\to 0} \frac{1-1}{h} = 0$$

二、高階偏導數

對於偏導數 , 亦可求高階的偏導數或混合型的偏導數 .

$$\frac{\partial^2 f}{\partial x^2} = \frac{\partial}{\partial x}(\frac{\partial f}{\partial x}) = f_{xx} \ , \ \frac{\partial^2 f}{\partial y^2} = \frac{\partial}{\partial y}(\frac{\partial f}{\partial y}) = f_{yy}, \cdots$$

$$\frac{\partial^2 f}{\partial x\partial y} = \frac{\partial}{\partial x}(\frac{\partial f}{\partial y}) = f_{yx} \ , \ \frac{\partial^2 f}{\partial y\partial x} = \frac{\partial}{\partial y}(\frac{\partial f}{\partial x}) = f_{xy}, \cdots$$

例題 8

若 $f(x, y) = x^2 + xy - y^2$，求 $\dfrac{\partial^2 f}{\partial x^2}$，$\dfrac{\partial^2 f}{\partial y^2}$，$\dfrac{\partial^2 f}{\partial y \partial x}$ 與 $\dfrac{\partial^2 f}{\partial x \partial y}$．

解　$\dfrac{\partial f}{\partial x} = 2x + y$，$\dfrac{\partial f}{\partial y} = x - 2y$

$\dfrac{\partial^2 f}{\partial x^2} = \dfrac{\partial}{\partial x}(\dfrac{\partial f}{\partial x}) = \dfrac{\partial}{\partial x}(2x + y) = 2$

$\dfrac{\partial^2 f}{\partial y^2} = \dfrac{\partial}{\partial y}(\dfrac{\partial f}{\partial y}) = \dfrac{\partial}{\partial y}(x - 2y) = -2$

$\dfrac{\partial^2 f}{\partial y \partial x} = \dfrac{\partial}{\partial y}(\dfrac{\partial f}{\partial x}) = \dfrac{\partial}{\partial y}(2x + y) = 1$

$\dfrac{\partial^2 f}{\partial x \partial y} = \dfrac{\partial}{\partial x}(\dfrac{\partial f}{\partial y}) = \dfrac{\partial}{\partial x}(x - 2y) = 1$．

例題 9

若 $f(x, y) = \begin{cases} \dfrac{xy(x^2 - y^2)}{x^2 + y^2} & , (x, y) \neq (0, 0) \\ 0 & , (x, y) = (0, 0) \end{cases}$，求 $\dfrac{\partial^2 f}{\partial x \partial y}(0, 0)$ 與 $\dfrac{\partial^2 f}{\partial y \partial x}(0, 0)$．

解　(1) $\dfrac{\partial^2 f}{\partial y \partial x}(0, 0) = \dfrac{\partial}{\partial y}\left[\dfrac{\partial f}{\partial x}\right](0, 0)$

① 因為當 $(x, y) \neq (0, 0)$

$\dfrac{\partial f}{\partial x}(x, y) = \dfrac{\partial}{\partial x}\left[\dfrac{xy(x^2 - y^2)}{x^2 + y^2}\right]$

$= \dfrac{[y(x^2 - y^2) + xy(2x)](x^2 + y^2) - xy(x^2 - y^2)(2x)}{(x^2 + y^2)^2}$

$= \dfrac{y(x^4 + 4x^2 y^2 - y^4)}{(x^2 + y^2)^2}$

所以 $\dfrac{\partial f}{\partial x}(0, y) = -y$.

② 另 $\quad \dfrac{\partial f}{\partial x}(0, 0) = \lim\limits_{h \to 0} \dfrac{f(h, 0) - f(0, 0)}{h} = \lim\limits_{h \to 0} \dfrac{\dfrac{h \cdot 0 \cdot (h^2 - 0^2)}{h^2 + 0^2} - 0}{h}$

$$= \lim\limits_{h \to 0} \dfrac{0 - 0}{h^3} = 0$$

所以 $\dfrac{\partial^2 f}{\partial y \partial x}(0, 0) = \dfrac{\partial}{\partial y}\left[\dfrac{\partial f}{\partial x}\right](0, 0) = \lim\limits_{h \to 0} \dfrac{f_x(0, h) - f_x(0, 0)}{h} = \lim\limits_{h \to 0} \dfrac{-h - 0}{h} = -1$.

(2) $\dfrac{\partial^2 f}{\partial x \partial y}(0, 0) = \dfrac{\partial}{\partial x}\left[\dfrac{\partial f}{\partial y}\right](0, 0)$

① 因為當 $(x, y) \neq (0, 0)$

$$\dfrac{\partial f}{\partial y}(x, y) = \dfrac{\partial}{\partial y}\left[\dfrac{xy(x^2 - y^2)}{x^2 + y^2}\right]$$

$$= \dfrac{[x(x^2 - y^2) + xy(-2y)](x^2 + y^2) - xy(x^2 - y^2)(2y)}{(x^2 + y^2)^2}$$

$$= \dfrac{x(x^4 - 4x^2 y^2 - y^4)}{(x^2 + y^2)^2}$$

所以 $\dfrac{\partial f}{\partial y}(x, 0) = x$.

② 另 $\quad \dfrac{\partial f}{\partial y}(0, 0) = \lim\limits_{h \to 0} \dfrac{f(0, h) - f(0, 0)}{h} = \lim\limits_{h \to 0} \dfrac{\dfrac{0 \cdot h \cdot (0^2 - h^2)}{0^2 + h^2} - 0}{h}$

$$= \lim\limits_{h \to 0} \dfrac{0 - 0}{h^3} = 0$$

所以 $\dfrac{\partial^2 f}{\partial x \partial y}(0, 0) = \dfrac{\partial}{\partial x}\left[\dfrac{\partial f}{\partial y}\right](0, 0) = \lim\limits_{h \to 0} \dfrac{f_y(h, 0) - f_y(0, 0)}{h} = \lim\limits_{h \to 0} \dfrac{h - 0}{h} = 1$

因此 $\dfrac{\partial^2 f}{\partial x \partial y}(0, 0) = 1 \neq -1 = \dfrac{\partial^2 f}{\partial y \partial x}(0, 0)$.

注意上例中 $\dfrac{\partial^2 f}{\partial y \partial x}(0, 0) = -1 \neq \dfrac{\partial^2 f}{\partial x \partial y}(0, 0) = 1$. 何時兩者才會相等呢？

定理 9-4：

給定義在平面上某一開區域 D 的函數 $f(x, y)$, (a, b) 為 D 中的任一點. 若函數 f 及其偏導數 f_x, f_y, f_{xy}, f_{yx} 在 (a, b) 都連續, 則 $f_{xy}(a, b) = f_{yx}(a, b)$.

對於多變數函數 $f: D \to \mathbb{R}$, $D \subset \mathbb{R}^n$, $n \geq 2$ 在一個點 P_0 可微分, 我們**無法**仿照單變數函數 $y = f(x)$ 在 $x = x_0$ 可微分的定義, 即在 $x = x_0$ 導數存在的方式來定義.

$$f'(x_0) = \lim_{\Delta x \to 0} \frac{f(x_0 + \Delta x) - f(x_0)}{\Delta x} = \lim_{x \to x_0} \frac{f(x) - f(x_0)}{x - x_0}$$

因為我們將面臨純量 (實數) 除以 ($\mathbb{R}^n$) 向量或分母為點與點相減的問題. 但可將上述單變數函數 $y = f(x)$ 在 $x = x_0$ 可微分的定義, 根據極限的定義展開.

對每一個 $\varepsilon > 0$ 都存在一個 $\delta > 0$ 使得

$$當 \, |\Delta x| < \delta \, 時, \, \left| \frac{f(x_0 + \Delta x) - f(x_0)}{\Delta x} - f'(x_0) \right| < \varepsilon$$

或　　　　$|f(x_0 + \Delta x) - f(x_0) - f'(x_0)\Delta x| < \varepsilon |\Delta x|$

因此, 單變數函數 $y = f(x)$ 在 $x = x_0$ 可微分時, 函數 f 在 x_0 與 $x_0 + \Delta x$ 的函數值的差距 $\Delta y = f(x_0 + \Delta x) - f(x_0)$ 可表示為

$$\Delta y = f'(x_0)\Delta x + \varepsilon_1 \Delta x$$

其中, 當 $\Delta x \to 0$ 時, $\varepsilon_1 \to 0$.

對於兩個變數的函數 $z = f(x, y)$ 亦有類似的定義.

定義

如果 $f_x(x_0, y_0)$ 與 $f_y(x_0, y_0)$ 都存在且函數 f 在 (x_0, y_0) 與 $(x_0 + \Delta x, y_0 + \Delta y)$ 函數值的差距 $\Delta z = f(x_0 + \Delta x, y_0 + \Delta y) - f(x_0, y_0)$ 可表示為

$$\Delta z = f_x(x_0, y_0)\Delta x + f_y(x_0, y_0)\Delta y + \varepsilon_1 \Delta x + \varepsilon_2 \Delta y$$

其中, 當 $\Delta x, \Delta y \to 0$ 時, $\varepsilon_1, \varepsilon_2 \to 0$, 則稱函數 f 在 (x_0, y_0) **可微分** (differentiable).

 例題 **10**

試說明函數 $f(x, y) = x^2 + y^2$ 在 $(0, 0)$ 可微分 .

解 因為 $f(x, y) = x^2 + y^2$, $f_x(x, y) = 2x$, $f_y(x, y) = 2y$

所以 $f_x(0, 0) = 0$, $f_y(0, 0) = 0$

$$\Delta z = f(\Delta x, \Delta y) - f(0, 0) = (\Delta x)^2 + (\Delta y)^2$$

$$= 0 + 0 + (\Delta x)\Delta x + (\Delta y)\Delta y$$

$$= f_x(0, 0)\Delta x + f_y(0, 0)\Delta y + \varepsilon_1 \Delta x + \varepsilon_2 \Delta y$$

取 $\varepsilon_1 = \Delta x$, $\varepsilon_2 = \Delta y$

則當 $\Delta x \to 0$, $\Delta y \to 0$ 時 , $\varepsilon_1 = \Delta x$, $\varepsilon_2 = \Delta y \to 0$

所以函數 $f(x, y) = x^2 + y^2$ 在 $(0, 0)$ 可微分 .

在例題 7, 函數 f 在 $(0, 0)$ 的偏導數 $f_x(0, 0)$, $f_y(0, 0)$ 都存在 , 但函數 f 在 $(0, 0)$ 並不連續 , 但是對可微分函數則有下列結果 .

定理 9-5：

若函數 $f(x, y)$ 在 (x_0, y_0) 可微分 , 則函數 f 在 (x_0, y_0) 連續 .

習 題

1. 若 $f(x, y) = 1 - 2x + 3y$, 試根據偏導數定義, 求 $\left.\dfrac{\partial f}{\partial x}\right|_{(1,2)}$ 和 $\left.\dfrac{\partial f}{\partial y}\right|_{(1,2)}$.

2. 求下列函數的偏導數 $\dfrac{\partial f}{\partial x}$ 與 $\dfrac{\partial f}{\partial y}$.

   (1) $f(x, y) = x^2 + 3xy + y^2 + 6$.

   (2) $f(x, y) = \sqrt{x^2 + y^2 + 1}$.

   (3) $f(x, y) = \dfrac{2xy}{x^2 + y^2}$.

   (4) $f(x, y) = e^{xy}$.

   (5) $f(x, y) = e^{xy} \ln x$.

   (6) $f(x, y) = \sin(xy)$.

3. 求下列函數的偏導數 $\dfrac{\partial^2 f}{\partial x^2}$, $\dfrac{\partial^2 f}{\partial y^2}$, $\dfrac{\partial^2 f}{\partial x \partial y}$ 與 $\dfrac{\partial^2 f}{\partial y \partial x}$.

   (1) $f(x, y) = x^2 + 3xy + y^2 + 6$.   (2) $f(x, y) = \sin(xy)$.   (3) $f(x, y) = e^x \ln y + e^y \ln x$.

4. 設函數 $z = z(x, y)$ 由方程式 $2xy + z^3y - xz = 0$ 所定義,

   (1) 求 $\dfrac{\partial z}{\partial x}$ 在 $(-1, 1, 1)$ 的值 .

   (2) 求 $\dfrac{\partial z}{\partial y}$ 在 $(2, \dfrac{2}{5}, 1)$ 的值 .

1. 試說明函數 $f(x, y) = x^2 + y^2$ 在 $(1, 1)$ 可微分 .

2. $f(x, y) = \begin{cases} \dfrac{x^2 y}{x^4 + y^2}, & (x, y) \neq (0, 0) \\ 0, & (x, y) = (0, 0) \end{cases}$, 試說明 $f_x(0, 0)$, $f_y(0, 0)$ 都存在 , 但 f 在 $(0, 0)$ 不可微分 .

Ans

一、基礎題：

1. $-2, 3$.

2. (1) $\dfrac{\partial f}{\partial x} = 2x + 3y$, $\dfrac{\partial f}{\partial y} = 3x + 2y$.

  (2) $\dfrac{\partial f}{\partial x} = \dfrac{x}{\sqrt{x^2 + y^2 + 1}}$, $\dfrac{\partial f}{\partial y} = \dfrac{y}{\sqrt{x^2 + y^2 + 1}}$.

  (3) $\dfrac{\partial f}{\partial x} = \dfrac{2y^3 - 2x^2 y}{(x^2 + y^2)^2}$, $\dfrac{\partial f}{\partial y} = \dfrac{2x^3 - 2xy^2}{(x^2 + y^2)^2}$.

  (4) $\dfrac{\partial f}{\partial x} = ye^{xy}$, $\dfrac{\partial f}{\partial y} = xe^{xy}$.

  (5) $\dfrac{\partial f}{\partial x} = ye^{xy} \ln x + \dfrac{e^{xy}}{x}$, $\dfrac{\partial f}{\partial y} = xe^{xy} \ln x$.

  (6) $\dfrac{\partial f}{\partial x} = y\cos(xy)$, $\dfrac{\partial f}{\partial y} = x\cos(xy)$.

3. (1) $\dfrac{\partial^2 f}{\partial x^2} = 2$, $\dfrac{\partial^2 f}{\partial y^2} = 2$, $\dfrac{\partial^2 f}{\partial x \partial y} = 3$, $\dfrac{\partial^2 f}{\partial y \partial x} = 3$.

  (2) $\dfrac{\partial^2 f}{\partial x^2} = -y^2 \sin(xy)$, $\dfrac{\partial^2 f}{\partial y^2} = -x^2 \sin(xy)$, $\dfrac{\partial^2 f}{\partial x \partial y} = \cos(xy) - xy\sin(xy)$,

  $\dfrac{\partial^2 f}{\partial y \partial x} = \cos(xy) - xy\sin(xy)$.

  (3) $\dfrac{\partial^2 f}{\partial x^2} = e^x \ln y - \dfrac{1}{x^2} e^y$, $\dfrac{\partial^2 f}{\partial y^2} = e^y \ln x - \dfrac{1}{y^2} e^x$, $\dfrac{\partial^2 f}{\partial x \partial y} = \dfrac{1}{y} e^x + \dfrac{1}{x} e^y$,

  $\dfrac{\partial^2 f}{\partial y \partial x} = \dfrac{e^x}{y} + \dfrac{1}{x} e^y$.

4. (1) $-\dfrac{1}{4}$.   (2) $\dfrac{25}{4}$.

二、進階題：

1. 略 .

2. 略 .

9-4　連鎖律 (Chain Rule)

　　對於單變數函數，求其合成函數的導數，我們有連鎖律，對於多變數函數的合成函數，亦有類似的結果，本節將介紹多變數函數的連鎖律.

定理 9-6：

　　如果 $z = f(x, y)$ 為可微分函數，且 $x = x(t)$, $y = y(t)$ 亦為 t 的可微分函數，則 $z = f(x(t), y(t))$ 為 t 的可微分函數且

$$\frac{dz}{dt} = f_x(x(t), y(t)) \cdot x'(t) + f_y(x(t), y(t)) \cdot y'(t)$$

或

$$\frac{dz}{dt} = \frac{\partial f}{\partial x}\frac{dx}{dt} + \frac{\partial f}{\partial y}\frac{dy}{dt}.$$

例題　1

如果 $z = \ln(x^2 + y^2)$, **且** $x = \cos t, y = \sin t$, **試求** $\dfrac{dz}{dt}$.

解　$\dfrac{dz}{dt} = \dfrac{\partial z}{\partial x}\dfrac{dx}{dt} + \dfrac{\partial z}{\partial y}\dfrac{dy}{dt}$

　　　　$= \dfrac{2x}{x^2 + y^2}(-\sin t) + \dfrac{2y}{x^2 + y^2}(\cos t)$

　　　　$= 2\cos t\,(-\sin t) + 2\sin t \cdot \cos t$

　　　　$= 0.$

註：$z = \ln(x^2 + y^2) = \ln(\cos^2 t + \sin^2 t) = \ln(1) = 0 \Rightarrow \dfrac{dz}{dt} = 0$.

定理 9-7：

如果 $w = f(x, y, z)$ 爲可微分函數，且 $x = x(t), y = y(t), z = z(t)$ 亦爲 t 的可微分函數，則 $w = f(x(t), y(t), z(t))$ 爲 t 的可微分函數且

$$\frac{dw}{dt} = f_x(x(t), y(t), z(t)) \cdot x'(t) + f_y(x(t), y(t), z(t)) \cdot y'(t) + f_z(x(t), y(t), z(t)) \cdot z'(t)$$

或

$$\frac{dw}{dt} = \frac{\partial f}{\partial x}\frac{dx}{dt} + \frac{\partial f}{\partial y}\frac{dy}{dt} + \frac{\partial f}{\partial z}\frac{dz}{dt} .$$

 例題 2

如果 $w = x + yz,$ 且 $x = \cos t, y = \sin t, z = t,$ 試求 $\dfrac{dw}{dt}$.

解
$$\frac{dw}{dt} = \frac{\partial w}{\partial x}\frac{dx}{dt} + \frac{\partial w}{\partial y}\frac{dy}{dt} + \frac{\partial w}{\partial z}\frac{dz}{dt} = 1 \cdot (-\sin t) + z(\cos t) + y \cdot 1$$
$$= -\sin t + t \cos t + \sin t = t \cos t.$$

註：$w = x + yz = \cos t + t \sin t \Rightarrow \dfrac{dw}{dt} = -\sin t + \sin t + t \cos t = t \cos t$.

定理 9-8：

如果 $w = f(x, y, z)$ 爲可微分函數，且 $x = x(r, s), y = y(r, s), z = z(r, s)$ 亦爲 r, s 的可微分函數，則

$$\frac{\partial w}{\partial r} = \frac{\partial w}{\partial x}\frac{\partial x}{\partial r} + \frac{\partial w}{\partial y}\frac{\partial y}{\partial r} + \frac{\partial w}{\partial z}\frac{\partial z}{\partial r}$$

且

$$\frac{\partial w}{\partial s} = \frac{\partial w}{\partial x}\frac{\partial x}{\partial s} + \frac{\partial w}{\partial y}\frac{\partial y}{\partial s} + \frac{\partial w}{\partial z}\frac{\partial z}{\partial s} .$$

例題 3

如果 $w = (x + y + z)^2$, 且 $x = r - s, y = r + s, z = rs$, 試求 $\dfrac{\partial w}{\partial r}$ 與 $\dfrac{\partial w}{\partial s}$.

解

$$\frac{\partial w}{\partial r} = \frac{\partial w}{\partial x}\frac{\partial x}{\partial r} + \frac{\partial w}{\partial y}\frac{\partial y}{\partial r} + \frac{\partial w}{\partial z}\frac{\partial z}{\partial r}$$

$$= 2(x + y + z) + 2(x + y + z) + 2(x + y + z)(s)$$

$$= 2(x + y + z)\,(1 + 1 + s)$$

$$= 2[(r - s) + (r + s) + rs](1 + 1 + s)$$

$$= 2(2r + rs)(2 + s) = 2r(2 + s)^2 .$$

$$\frac{\partial w}{\partial s} = \frac{\partial w}{\partial x}\frac{\partial x}{\partial s} + \frac{\partial w}{\partial y}\frac{\partial y}{\partial s} + \frac{\partial w}{\partial z}\frac{\partial z}{\partial s}$$

$$= 2(x + y + z)(-1) + 2(x + y + z)(+1) + 2(x + y + z)(r)$$

$$= 2(x + y + z)(-1 + 1 + r)$$

$$= 2[(r - s) + (r + s) + rs] \cdot r$$

$$= 2(2r + rs)r = 2r^2(2 + s) .$$

定理 9-9 :

　　設 $F(x, y)$ 為一可微分函數 , y 為 x 的可微分函數且滿足 $F(x, y) = 0$. 則在 $F_y \neq 0$ 的點 , $\dfrac{dy}{dx} = -\dfrac{F_x}{F_y}$.

 因為 $F(x, y) = 0$,

則　　$F_x + F_y \dfrac{dy}{dx} = 0$

所以 $\dfrac{dy}{dx} = -\dfrac{F_x}{F_y}$.

 例題 **4**

給一方程式 $y^2 - x^3 - \cos xy = 0$, **試計算** $\dfrac{dy}{dx}$.

解 令 $F(x, y) = y^2 - x^3 - \cos xy$,

則 $F_y = 2y + x \sin xy$,

$F_x = -3x^2 + y \sin xy$

$$\frac{dy}{dx} = -\frac{F_x}{F_y}$$

$$= -\frac{-3x^2 + y \sin xy}{2y + x \sin xy} = \frac{3x^2 - y \sin xy}{2y + x \sin xy} .$$

註：利用隱函數微分

$$2y \frac{dy}{dx} - 3x^2 + \sin(xy)[y + x \frac{dy}{dx}] = 0 \Rightarrow \frac{dy}{dx} = \frac{3x^2 - y \sin(xy)}{2y + x \sin(xy)} .$$

定理 9-10：

　　設 $F(x, y, z)$ 爲一可微分函數 , z 爲 x, y 的可微分函數且滿足 $F(x, y, z) = 0$. 則在 $F_z \neq 0$ 的點 , $\dfrac{\partial z}{\partial x} = -\dfrac{F_x}{F_z}, \dfrac{\partial z}{\partial y} = -\dfrac{F_y}{F_z}$.

證 因爲　　$F(x, y, z) = 0$

$$F_x + F_z \frac{\partial z}{\partial x} = 0 ,$$

所以　　$\dfrac{\partial z}{\partial x} = -\dfrac{F_x}{F_z}$

同樣地 , $\dfrac{\partial z}{\partial y} = -\dfrac{F_y}{F_z}$.

例題 5

如果 $y^3 + z^2 - xe^{yz} + z\cos y = 0$, 試計算 $\dfrac{\partial z}{\partial x}$, $\dfrac{\partial z}{\partial y}$ 在 $(0, 0, 0)$ 的值.

解 令 $F(x, y, z) = y^3 + z^2 - xe^{yz} + z\cos y$,

則 $F_x = -e^{yz}$, $F_y = 3y^2 - xze^{yz} - z\sin y$,

$F_z = 2z - xye^{yz} + \cos y$

$$\frac{\partial z}{\partial x} = -\frac{F_x}{F_z} = -\frac{-e^{yz}}{2z - xye^{yz} + \cos y} = \frac{e^{yz}}{2z - xye^{yz} + \cos y} \ ,$$

$$\left.\frac{\partial z}{\partial x}\right|_{(0,0,0)} = 1$$

$$\frac{\partial z}{\partial y} = -\frac{F_y}{F_z} = -\frac{3y^2 - xze^{yz} - z\sin y}{2z - xye^{yz} + \cos y} \ ,$$

$$\left.\frac{\partial z}{\partial y}\right|_{(0,0,0)} = 0 \ .$$

註：依隱函數微分 (1) $2z\dfrac{\partial z}{\partial x} - e^{yz} - xe^{yz}y\dfrac{\partial z}{\partial x} + \dfrac{\partial z}{\partial x}\cos y = 0$

$$\frac{\partial z}{\partial x}(2z - xye^{yz} + \cos y) = e^{yz}$$

$$\frac{\partial z}{\partial x} = \frac{e^{yz}}{2z - xye^{yz} + \cos y}$$

$$\left.\frac{\partial z}{\partial x}\right|_{(0,0,0)} = \frac{1}{1} = 1$$

(2) $3y^2 + 2z\dfrac{\partial z}{\partial y} - xe^{yz}(z + y\dfrac{\partial z}{\partial y}) + \dfrac{\partial z}{\partial y}\cos y - z\sin y = 0$

$$\frac{\partial z}{\partial y}(2z - xye^{yz} + \cos y) = z\sin y + xze^{yz} - 3y^2$$

$$\frac{\partial z}{\partial y} = \frac{z\sin y + xze^{yz} - 3y^2}{2z - xye^{yz} + \cos y}$$

$$\left.\frac{\partial z}{\partial y}\right|_{(0,0,0)} = \frac{0}{0 - 0 + 1} = 0 \ .$$

一、基礎題：

1. 設 $z = x^3 + y^3$, $x = \cos t$, $y = \sin t$

   (1) 試求 $\dfrac{dz}{dt}$.　　　　　　　　(2) 試求 $\dfrac{dz}{dt}$ 在 $t = \dfrac{\pi}{2}$ 的值 .

2. 設 $z = x^2 - y^2$, $x = \sin t - \cos t$, $y = \sin t + \cos t$.

   (1) 試求 $\dfrac{dz}{dt}$.　　　　　　　　(2) 試求 $\dfrac{dz}{dt}$ 在 $t = 0$ 的值 .

3. 設 $w = x^2 - y^2 - z^2$, $x = \sin t - \cos t$, $y = \sin t + \cos t$, $z = t^2$.

   (1) 試求 $\dfrac{dw}{dt}$.　　　　　　　　(2) 試求 $\dfrac{dw}{dt}$ 在 $t = 0$ 的值 .

4. $z^2 + xy + yz + y^2 - 4 = 0$, 試求 $\dfrac{\partial z}{\partial x}$ 與 $\dfrac{\partial z}{\partial y}$ 在 $(1, 1, 1)$ 的值 .

5. 如果 $z = \ln(x^2 + y^2)$, 且 $x = r - s$, $y = r + s$, 試求 $\dfrac{\partial z}{\partial r}$ 與 $\dfrac{\partial z}{\partial s}$.

6. 如果 $z = x^2 + y^2$, 且 $x = \sin(r + s)$, $y = \cos(r - s)$, 試求 $\dfrac{\partial z}{\partial r}$ 與 $\dfrac{\partial z}{\partial s}$.

二、進階題：

1. 在平面上, 直角坐標 (x, y) 與極坐標 (r, θ) 的關係：$x = r \cos \theta$, $y = r \sin \theta$, 設 $w = f(x, y)$ 為一可微分函數 . 試證

   (1) $\dfrac{\partial w}{\partial r} = f_x \cos \theta + f_y \sin \theta$, $\dfrac{1}{r} \dfrac{\partial w}{\partial \theta} = -f_x \sin \theta + f_y \cos \theta$.

   (2) $(f_x)^2 + (f_y)^2 = \left(\dfrac{\partial w}{\partial r}\right)^2 + \dfrac{1}{r^2} \left(\dfrac{\partial w}{\partial \theta}\right)^2$.

2. 設 $w = f(u, v)$ 滿足 $f_{uu} + f_{vv} = 0$, 若 $u(x, y) = \dfrac{x^2 - y^2}{2}$, $v(x, y) = xy$ 試證 $w_{xx} + w_{yy} = 0$.

Ans

一、基礎題：

1. (1) $\dfrac{dz}{dt} = -3\cos^2 t \sin t + 3\sin^2 t \cos t$.　　(2) 0.

2. (1) $\dfrac{dz}{dt} = 4(\sin^2 t - \cos^2 t)$.　　(2) -4.

3. (1) $\dfrac{dz}{dt} = 4(\sin^2 t - \cos^2 t - t^3)$.　　(2) -4.

4. $\left.\dfrac{\partial z}{\partial x}\right|_{(1,1,1)} = -\dfrac{1}{3}$, $\left.\dfrac{\partial z}{\partial y}\right|_{(1,1,1)} = -\dfrac{4}{3}$.

5. $\dfrac{\partial z}{\partial r} = \dfrac{2r}{r^2 + s^2}$, $\dfrac{\partial z}{\partial s} = \dfrac{2s}{r^2 + s^2}$.

6. $\dfrac{\partial z}{\partial r} = \sin 2(r+s) - \sin 2(r-s)$, $\dfrac{\partial z}{\partial s} = \sin 2(r+s) + \sin 2(r-s)$.

二、進階題：

1. (1) 略 .　　(2) 略 .

2. 略 .

9-5　方向導數 (Directional Derivatives)

對於一個函數 $z = f(x, y)$ 在某個點 $P(x_0, y_0)$ 的偏導數 $f_x(x_0, y_0)$，可視為函數 f 在 P 點沿著 x 軸或單位向量 $\vec{i} = (1, 0)$ 方向的導數，而偏導數 $f_y(x_0, y_0)$，則可視為函數 f 在 P 點沿著 y 軸或單位向量 $\vec{j} = (0, 1)$ 方向的導數．我們可將此概念，擴大為函數 f 在 P 點沿著通過 P 點的任一直線 (方向) 的導數，稱為**方向導數** (directional derivative).

定義

設 $\vec{u} = (u_1, u_2)$ 為一單位向量，則函數 $z = f(x, y)$ 在點 $P_0(x_0, y_0)$ 沿著 $\vec{u}$ 方向的**方向導數**為

$$\left(\frac{df}{ds}\right)_{\vec{u}, P_0} = \lim_{s \to 0} \frac{f(x_0 + su_1, y_0 + su_2) - f(x_0, y_0)}{s}$$

如果極限存在．$\left(\dfrac{df}{ds}\right)_{\vec{u}, P_0}$ 亦記為 $(D_{\vec{u}} f)_{P_0}$．

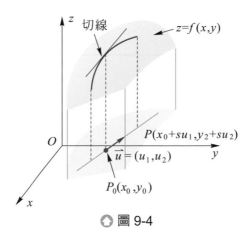

○ 圖 9-4

 例題 1

試根據方向導數的定義，求函數 $f(x, y) = xy + y^2$ 在 $P_0(1, 1)$ 沿著單位向量 $\vec{u} = (\frac{1}{2}, \frac{\sqrt{3}}{2})$ 的方向導數．

解 根據定義，

$$\left(\frac{df}{ds}\right)_{\vec{u},P_0} = \lim_{s \to 0} \frac{f(x_0+su_1, y_0+su_2) - f(x_0, y_0)}{s}$$

$$= \lim_{s \to 0} \frac{f(1+\frac{1}{2}s, 1+\frac{\sqrt{3}}{2}s) - f(1,1)}{s}$$

$$= \lim_{s \to 0} \frac{(1+\frac{1}{2}s)(1+\frac{\sqrt{3}}{2}s) + (1+\frac{\sqrt{3}}{2}s)^2 - (1\cdot 1 + 1^2)}{s}$$

$$= \lim_{s \to 0} \frac{1+\frac{1}{2}s+\frac{\sqrt{3}}{2}s+\frac{\sqrt{3}}{4}s^2 + 1 + \sqrt{3}s + \frac{3}{4}s^2 - 2}{s}$$

$$= \lim_{s \to 0} \frac{\frac{1}{2}s+\frac{\sqrt{3}}{2}s+\frac{\sqrt{3}}{4}s^2 + \sqrt{3}s + \frac{3}{4}s^2}{s}$$

$$= \lim_{s \to 0}(\frac{1}{2}+\frac{\sqrt{3}}{2}+\frac{\sqrt{3}}{4}s + \sqrt{3} + \frac{3}{4}s)$$

$$= \frac{1}{2}+\frac{3\sqrt{3}}{2} \ .$$

由上述定義，亦可推得

$$\left(\frac{df}{ds}\right)_{\vec{u},P_0}$$

$$= \lim_{s \to 0} \frac{f(x_0+su_1, y_0+su_2) - f(x_0, y_0)}{s}$$

$$= \lim_{s \to 0} \frac{f(x_0+su_1, y_0+su_2) - f(x_0, y_0+su_2) + f(x_0, y_0+su_2) - f(x_0, y_0)}{s}$$

$$= \lim_{s \to 0} \frac{f(x_0+su_1, y_0+su_2) - f(x_0, y_0+su_2)}{su_1}u_1 + \frac{f(x_0, y_0+su_2) - f(x_0, y_0)}{su_2}u_2$$

$$= \frac{\partial f}{\partial x}\bigg|_{(x_0, y_0)} \cdot u_1 + \frac{\partial f}{\partial y}\bigg|_{(x_0, y_0)} \cdot u_2$$

定義

函數 $f(x, y)$ 在點 $P(x_0, y_0)$ 的**梯度向量** (gradient vector) 為

$$\nabla f(x_0, y_0) = \frac{\partial f}{\partial x}(x_0, y_0)\vec{i} + \frac{\partial f}{\partial y}(x_0, y_0)\vec{j} \ .$$

因此，函數 $z = f(x, y)$ 在點 $P(x_0, y_0)$ 沿著單位向量 $\vec{u} = (u_1, u_2)$ 的方向導數可表示為在 $P(x_0, y_0)$ 的梯度向量 $\nabla f(x_0, y_0)$ 與向量 $\vec{u} = (u_1, u_2)$ 的內積，即

$$\left(\frac{df}{ds}\right)_{\vec{u}, P_0} = \frac{\partial f}{\partial x}\bigg|_{(x_0, y_0)} \cdot u_1 + \frac{\partial f}{\partial y}\bigg|_{(x_0, y_0)} \cdot u_2 = \nabla f(x_0, y_0) \cdot \vec{u}$$

因此，在例 1 可先求函數 $f(x, y) = xy + y^2$ 在 $P_0(1, 1)$ 的梯度向量

$\nabla f(1, 1) = (y, x + 2y)\big|_{(1, 1)} = (1, 3)$ ，則

$$\left(\frac{df}{ds}\right)_{\vec{u}, P_0} = (1, 3) \cdot (\frac{1}{2}, \frac{\sqrt{3}}{2}) = \frac{1}{2} + \frac{3\sqrt{3}}{2}$$

例題 2

求函數 $f(x, y) = x^2 + 2y^2$ 在點 $P_0(1, -1)$ 沿著向量 $\vec{u} = (3, -4)$ 的方向導數 $\left(\dfrac{df}{ds}\right)_{\vec{u}, P_0}$．

解 函數 $f(x, y) = x^2 + 2y^2$, $\nabla f(x, y) = (2x, 4y)$

在點 $P_0(1, -1)$ 梯度向量 $\nabla f(1, -1) = (2x, 4y)\,|_{(1, -1)} = (2, -4)$ ，

沿著 $\vec{u} = (3, -4)$ 方向的單位向量為 $\dfrac{\vec{u}}{|\vec{u}|} = (\dfrac{3}{5}, \dfrac{-4}{5})$

所以，函數 f 在點 P_0 沿著向量 $\vec{u}$ 的方向導數為

$$\left(\frac{df}{ds}\right)_{\vec{u}, P_0} = \nabla f(1, -1) \cdot \frac{\vec{u}}{|\vec{u}|} = (2, -4) \cdot (\frac{3}{5}, \frac{-4}{5}) = \frac{22}{5} \ .$$

由內積的性質知，$\left(\dfrac{df}{ds}\right)_{\vec{u},\,P_0} = |\nabla f(x_0, y_0)||\vec{u}|\cos\theta = |\nabla f(x_0, y_0)|\cos\theta$，其中 θ

為 $\nabla f(x_0, y_0)$ 與 $\vec{u}$ 的夾角．因此，函數 f

1. 在 $\nabla f(x_0, y_0)$ 方向，$\theta = 0$，函數值增加最快．

2. 在 $-\nabla f(x_0, y_0)$ 方向，$\theta = \pi$，函數值減少最快．

3. 當 $\nabla f(x_0, y_0) \neq 0$，在與 $\nabla f(x_0, y_0)$ 垂直的方向，$\theta = \dfrac{\pi}{2}$，函數值沒有改變．

 例題 3

試找出函數 $f(x, y) = x^2 + y^2$ **在點** $(1, 1)$，**函數值**

(1) 增加最快的方向．

(2) 減少最快的方向．

(3) 沒有改變的方向．

解 函數在 $(1, 1)$ 的梯度為 $\nabla f(x, y)_{(1,1)} = (2x\vec{i} + 2y\vec{j})_{(1,1)} = 2\vec{i} + 2\vec{j}$．

(1) 函數值增加最快的方向為 $\vec{u} = \dfrac{1}{\sqrt{2}}\vec{i} + \dfrac{1}{\sqrt{2}}\vec{j}$．

(2) 函數值減少最快的方向為 $-\vec{u} = -\dfrac{1}{\sqrt{2}}\vec{i} - \dfrac{1}{\sqrt{2}}\vec{j}$．

(3) 函數值沒有改變的方向為 $\vec{n} = \dfrac{1}{\sqrt{2}}\vec{i} - \dfrac{1}{\sqrt{2}}\vec{j}$ 或 $-\vec{n} = -\dfrac{1}{\sqrt{2}}\vec{i} + \dfrac{1}{\sqrt{2}}\vec{j}$．

由於函數 f 在等高線 $\vec{r} = x(t)\vec{i} + y(t)\vec{j}$ 的函數值為一常數，即 $f(x(t), y(t)) = c$．由連鎖律知，$\dfrac{df}{dt} = \nabla f \cdot \left(\dfrac{dx}{dt}, \dfrac{dy}{dt}\right) = 0$，表梯度向量 ∇f 與等高線的切向量互相垂直，即梯度向量 ∇f 為等高線在該點的法向量．

例題 4

試找出橢圓 $\dfrac{x^2}{4} + \dfrac{y^2}{9} = 2$ 在 $(2, 3)$ 的切線方程式.

解 可將橢圓 $\dfrac{x^2}{4} + \dfrac{y^2}{9} = 2$ 視為函數

$z = f(x, y) = \dfrac{x^2}{4} + \dfrac{y^2}{9}$ 的等高線

$z = f(x, y) = 2$.

函數 f 在 $(2, 3)$ 的梯度向量為

$$\nabla f(x, y)\big|_{(2, 3)} = \left(\dfrac{x}{2}\vec{i} + \dfrac{2y}{9}\vec{j}\right)\bigg|_{(2, 3)} = \vec{i} + \dfrac{2}{3}\vec{j}$$

所以, 切線方程式為

$$(x - 2) + \dfrac{2}{3}(y - 3) = 0 \text{ 或 } 3x + 2y = 12.$$

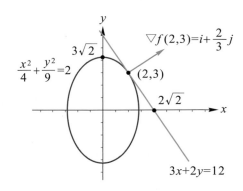

定理 9-11：梯度的一些性質

1. $\nabla(f + g) = \nabla f + \nabla g$.

2. $\nabla(f - g) = \nabla f - \nabla g$.

3. $\nabla(kf) = k\nabla f$, $k \in \mathbb{R}$.

4. $\nabla(fg) = f\nabla g + g\nabla f$.

5. $\nabla\left(\dfrac{f}{g}\right) = \dfrac{g\nabla f - f\nabla g}{g^2}$.

對於可微分的三變數函數 $f(x, y, z)$, 其梯度函數為

$$\nabla f(x, y, z) = \dfrac{\partial f}{\partial x}(x, y, z)\vec{i} + \dfrac{\partial f}{\partial y}(x, y, z)\vec{j} + \dfrac{\partial f}{\partial z}(x, y, z)\vec{k}$$

$\vec{u} = (u_1, u_2, u_3)$ 為一單位向量, 則 f 在 $P_0(x_0, y_0)$ 沿著 $\vec{u}$ 方向的**方向導數**為

$$\left(\dfrac{df}{ds}\right)_{\vec{u}, P_0} = \nabla f(x_0, y_0, z_0) \cdot \vec{u} = \dfrac{\partial f}{\partial x}u_1 + \dfrac{\partial f}{\partial y}u_2 + \dfrac{\partial f}{\partial z}u_3$$

一、基礎題：

1. 找出函數在所給點的梯度.

    (1) $f(x, y) = xy$, $(1, 3)$.

    (2) $f(x, y) = \ln(x^2 + y^2)$, $(1, 2)$.

    (3) $f(x, y) = e^{x^2+y^2}$, $(1, 1)$.

    (4) $f(x, y) = \sin(xy)$, $(2, \dfrac{\pi}{2})$.

    (5) $f(x, y, z) = e^{xy} \cos z + (y + 1) \sin^{-1} x$, $(0, 0, \dfrac{\pi}{3})$.

2. 求函數 $f(x, y) = x^2 - y^2$ 在點 $P_0(1, 1)$ 沿著向量 $\vec{u} = (3, 4)$ 的方向導數 $\left(\dfrac{df}{ds} \right)_{\vec{u}, P_0}$.

3. 求函數 $g(x, y, z) = e^x \sin(yz)$ 在 $P_0(0, 1, \dfrac{\pi}{2})$ 沿著向量 $\vec{u} = (2, 1, -2)$ 的方向導數.

4. 試找出雙曲線 $xy = -6$ 在 $(2, -3)$ 的切線方程式.

二、進階題：

1. 若函數 $f(x, y)$ 在點 $P_0(1, 1)$ 沿著方向 $\vec{u_1} = \vec{i} + \vec{j}$ 的方向導數為 $\sqrt{2}$，沿著方向 $\vec{u_2} = -2\vec{i}$ 的方向導數為 -2，試求沿著方向 $\vec{u_3} = -3\vec{i} - \vec{j}$ 的方向導數.

(Ans)

一、基礎題：

1. (1) $(3, 1)$.　　　　(2) $(\dfrac{2}{5}, \dfrac{4}{5})$.　　　　(3) $(2e^2, 2e^2)$.

    (4) $(-\dfrac{\pi}{2}, -2)$.　　(5) $(1, 0, -\dfrac{\sqrt{3}}{2})$.

2. $-\dfrac{2}{5}$.　　　　3. $\dfrac{2}{3}$.　　　　4. $3x - 2y = 12$.

二、進階題：

1. $-\dfrac{6}{\sqrt{10}}$.

9-6 切平面與法線 (Tangent Planes and Normal Line)

對於單變數函數 $y = f(x)$ 在某一點 $(a, f(a))$ 可微分,幾何上,即函數圖形:**曲線**,在該點可找到一直線:**切線**,使得曲線與直線在該點附近非常接近.

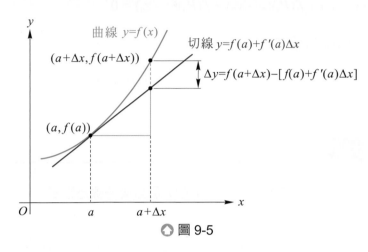

⬆ 圖 9-5

對於雙變數函數 $z = f(x, y)$,亦有類似的性質.首先,介紹空間等高面的法線與切平面.

設 $S = \{(x, y, z) \mid f(x, y, z) \mid f(x, y, z) = c\}$ 為可微分函數 f 的一**等高面** (level surface),$\vec{r}(t) = x(t)\vec{i} + y(t)\vec{j} + z(t)\vec{k}$ 為 S 上的任一平滑曲線,則 $f(x(t), y(t), z(t)) = c$ 且

$$\frac{d}{dt} f(x(t), y(t), z(t)) = \frac{\partial f}{\partial x}\frac{dx}{dt} + \frac{\partial f}{\partial y}\frac{dy}{dt} + \frac{\partial f}{\partial z}\frac{dz}{dt} = 0$$

或

$$\frac{\partial f}{\partial x}\frac{dx}{dt} + \frac{\partial f}{\partial y}\frac{dy}{dt} + \frac{\partial f}{\partial z}\frac{dz}{dt} = \nabla f \cdot \frac{d\vec{r}}{dt} = 0$$

上式表示梯度向量 ∇f 與等高面 S 上的任一平滑曲線的切向量垂直,或所有這些通過點 $P_0(x_0, y_0, z_0)$ 的平滑曲線,其切線都在與 $\nabla f|_{P_0}$ 垂直的平面上.因此,我們定義

定義

設 f 為一可微分函數,$S = \{(x, y, z) \mid f(x, y, z) = c\}$ 為一等高面且 $P_0(x_0, y_0, z_0)$ 為 S 上任一點,則 S 在 P_0 的**切平面** (tangent plane) 為通過 P_0 且與 $\nabla f|_{P_0}$ 垂直的平面. S 在 P_0 的**法線** (normal line) 為通過 P_0 且與 $\nabla f|_{P_0}$ 平行的直線.

根據上述定義，可得切平面與法線的方程式

定理 9-12：

設 f 為一可微分函數，等高面 $f(x, y, z) = c$ 在 $P_0(x_0, y_0, z_0)$ 的**切平面方程式**為

$$f_x(P_0)(x - x_0) + f_y(P_0)(y - y_0) + f_z(P_0)(z - z_0) = 0$$

在 $P_0(x_0, y_0, z_0)$ 的**法線方程式**為

$$x = x_0 + f_x(P_0)t, \ y = y_0 + f_y(P_0)t, \ z = z_0 + f_z(P_0)t, \ t \in \mathbb{R}$$

例題 1

試找出曲面 $x^2 + y^2 - z = 4$ 在點 $P_0(1, 2, 1)$ 的切平面與法線方程式 .

解 此曲面可視為函數 $f(x, y, z) = x^2 + y^2 - z$ 的等高面，且 $P_0(1, 2, 1)$ 在曲面上，
其在點 $P_0(1, 2, 1)$ 的梯度向量為

$$\nabla f \mid_{(1, 2, 1)} = (2x \vec{i} + 2y \vec{j} - 1\vec{k}) \mid_{(1, 2, 1)} = 2\vec{i} + 4\vec{j} - \vec{k}$$

切平面方程式為

$2(x - 1) + 4(y - 2) - (z - 1) = 0$ 或 $2x + 4y - z = 9$

法線方程式為

$x = 1 + 2t, \ y = 2 + 4t, \ z = 1 - t, \ t \in \mathbb{R}$.

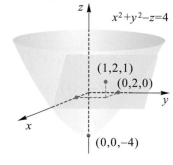

利用上述等高面求切平面的方法，可求雙變數函數 $z = f(x, y)$ 圖形上任一點 $P_0(x_0, y_0, z_0)$ 的切平面．即先將函數寫成 $F(x, y, z) = f(x, y) - z = 0$．因此，在 $P_0(x_0, y_0, z_0)$ 的切平面方程式為

$$F_x(P_0)(x - x_0) + F_y(P_0)(y - y_0) + F_z(P_0)(z - z_0) = 0$$

或

$$f_x(x_0, y_0)(x - x_0) + f_y(x_0, y_0)(y - y_0) - (z - z_0) = 0$$

定理 9-13：

設 $z = f(x, y)$ 為可微分函數，$P_0(x_0, y_0, z_0)$ 為其函數圖形上一點．則過 P_0 的切平面方程式為

$$f_x(x_0, y_0)(x - x_0) + f_y(x_0, y_0)(y - y_0) - (z - z_0) = 0$$

 例題 2

找出曲面 $z = x^2 + 3y^2$ 在點 $(1, 1, 4)$ 的切平面方程式．

解 設 $z = f(x, y) = x^2 + 3y^2$ 則 $f_x(x, y) = 2x$, $f_y(x, y) = 6y$

$f_x(x, y)\,|_{(1, 1)} = 2x\,|_{(1, 1)} = 2$

$f_y(x, y)\,|_{(1, 1)} = 6y\,|_{(1, 1)} = 6$

所以，在點 $(1, 1, 4)$ 切平面方程式為

$2(x - 1) + 6(y - 1) - (z - 4) = 0$ 或 $2x + 6y - z = 4$.

對於單變數可微分函數 $y = f(x)$, 其在點 $(a, f(a))$ 的切線

$$y = f(a) + f'(a)(x - a)$$

也稱為函數 f 在 a 的**線性化** (linearization) 部分, **全微分** (total differential) 為

$$df = f'(a)dx$$

對於多變數函數, 亦有類似的定義.

定義

可微分函數 $f(x, y)$ 在點 (x_0, y_0) 的**線性化** (linearization) 部分為

$$L(x, y) = f(x_0, y_0) + f_x(x_0, y_0)(x - x_0) + f_y(x_0, y_0)(y - y_0)$$

且稱函數

$$df = f_x(x_0, y_0)dx + f_y(x_0, y_0)dy$$

為函數 f 在點 (x_0, y_0) 的**全微分** (total differential).

註：(1) 可微分函數 $f(x, y)$ 在點 (x_0, y_0) 的**線性化部分**

$$L(x, y) = f(x_0, y_0) + f_x(x_0, y_0)(x - x_0) + f_y(x_0, y_0)(y - y_0)$$

其圖形 $z = L(x, y)$ 即為曲面 $z = f(x, y)$ 在點 $(x_0, y_0, f(x_0, y_0))$ 的切平面.

(2) 全微分 $df = f_x(x_0, y_0)dx + f_y(x_0, y_0)dy$ 的圖形為通過原點 $(0, 0, 0)$ 且與切平面

$z = f(x_0, y_0) + f_x(x_0, y_0)(x - x_0) + f_y(x_0, y_0)(y - y_0)$ 平行的平面.

 例題 3

求函數 $f(x, y) = x^2 - xy + y^2 + 3$ 在 $(2, 3)$ 的線性化部分.

解 因為 $f(x, y) = x^2 - xy + y^2 + 3$

所以 $f_x(x, y) = 2x - y$, $f_y(x, y) = -x + 2y$,

$f_x(2, 3) = 1$, $f_y(2, 3) = 4$,

因此函數 $f(x, y) = x^2 - xy + y^2 + 3$ 在 $(2, 3)$ 的線性化部分為

$$L(x, y) = f(2, 3) + f_x(2, 3)(x - 2) + f_y(2, 3)(y - 3)$$
$$= 10 + (x - 2) + 4(y - 3) = x + 4y - 4.$$

我們亦可利用函數的線性化來求近似值.

 例題 4

求 $\sqrt{(2.99)^2 + (4.01)^2}$ 的近似值.

解 令 $f(x, y) = \sqrt{x^2 + y^2}$ 則 $f_x(x, y) = \dfrac{x}{\sqrt{x^2 + y^2}}$, $f_y(x, y) = \dfrac{y}{\sqrt{x^2 + y^2}}$

取 $x_0 = 3$, $dx = -0.01$, $y_0 = 4$, $dy = 0.01$

$f(2.99, 4.01) = \sqrt{(2.99)^2 + (4.01)^2}$

$\approx f(3, 4) + f_x(3, 4)dx + f_y(3, 4)dy$

$= \sqrt{3^2 + 4^2} + \dfrac{3}{\sqrt{3^2 + 4^2}}(-0.01) + \dfrac{4}{\sqrt{3^2 + 4^2}}(0.01)$

$= 5 - \dfrac{0.03}{5} + \dfrac{0.04}{5} = 5.002$.

註：原值約為 5.00201959.

一、基礎題：

1. 找出下列曲面在所給點的切平面與法線方程式.

   (1) $x^2 + y^2 + z^2 = 6$ 在點 $P_0(1, 1, 2)$.

   (2) $x^2 - xy + y^2 + z = 0$ 在點 $P_0(1, 1, -1)$.

2. 找出下列曲面在所給點的切平面方程式.

   (1) $z = \ln(4x^2 + y^2)$ 在點 $(0, 1, 0)$.

   (2) $z = x^2 - y^2$ 在點 $(2, 1, 3)$.

3. 求下列函數在所給點的線性化部分.

   (1) $f(x, y) = 2x - 3y + 4, (1, 1)$.

   (2) $f(x, y) = \sin(xy), (0, 1)$.

4. 求 $\sqrt{(4.99)^2 - (3.01)^2}$ 的近似值.

二、進階題：

1. 設有一長方體, 其底為邊長為 x 的正方形, 高為 y. 現測量 x 與 y, 得底邊長度 x 的最大誤差百分比為 2%, 高 y 的最大誤差百分比為 1%. 試問其表面積與體積的最大誤差百分比為多少？

一、基礎題：

1. (1) 切平面方程式：$x + y + 2z = 6$

   　　法線方程式：$x = 1 + 2t,\ y = 1 + 2t,\ z = 2 + 4t,\ t \in \mathbb{R}$.

   (2) 切平面方程式：$x + y + z = +1$

   　　法線方程式：$x = 1 + t,\ y = 1 + t,\ z = -1 + t,\ t \in \mathbb{R}$.

2. (1) $2y - z - 2 = 0$.　　　　　(2) $4x - 2y - z - 3 = 0$.

3. (1) $L(x, y) = 2x - 3y + 4$.　　(2) $L(x, y) = x$.

4. 3.98.

二、進階題：

1. 表面積 4%, 體積 5%.

9-7 泰勒公式與極值
(Taylor Formula and Extreme Values)

本節將討論多變數函數的極值問題，很多定義、結果與單變數函數類似．

例如：對定義在有界閉區間 $[a, b]$ 上的單變數連續函數 f，則 f 有絕對極大值與絕對極小值。對於多變數函數則有下列結果．

定理 9-14：

　　在有界閉區域上的連續函數必有絕對極大值與絕對極小值．

 例題 1

設 $f(x, y) = x^2 + y^2 + 1$，$-1 \le x \le 1$，$-1 \le y \le 1$，試求函數的絕對極大值與絕對極小值．

解 因為區域 D：$-1 \le x \le 1$，$-1 \le y \le 1$ 為一有界閉區域，

且函數 $f(x, y) = x^2 + y^2 + 1$ 為連續函數，

所以 f 在 D 上有絕對極大值與絕對極小值．

$-1 \le x \le 1 \Rightarrow 0 \le x^2 \le 1$，

$-1 \le y \le 1 \Rightarrow 0 \le y^2 \le 1$，

$1 \le x^2 + y^2 + 1 \le 3$

$f(0, 0) = 1$，

$f(-1, -1) = f(-1, 1) = f(1, -1)$

$\qquad = f(1, 1) = 3$

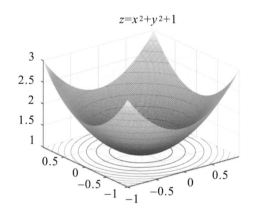

所以函數的

絕對極大值為 3，

絕對極小值為 1．

定義

設 $f(x, y)$ 為定義在平面區域 D 上的實函數且 (a, b) 為 D 上的任一點. 若存在以 (a, b) 為圓心的圓, 使得圓內任一點 (x, y) 且 (x, y) 亦在定義域 D 中, 恆有 $f(a, b) \geq f(x, y)$, 則稱 $f(a, b)$ 為**局部極大值**. 反之, 若恆有 $f(a, b) \leq f(x, y)$, 則稱 $f(a, b)$ 為**局部極小值**.

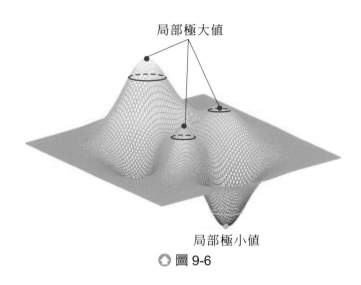

局部極大值

局部極小值

⬢ 圖 9-6

定理 9-15:

設 (a, b) 為函數 $f(x, y)$ 定義域的內點, 若 $f(a, b)$ 為局部極大值或局部極小值, 且函數 $f(x, y)$ 在 (a, b) 的一階偏導數存在, 則 $f_x(a, b) = f_y(a, b) = 0$.

證 若函數 f 在 (a, b) 有極值, 則函數 $g(x) = f(x, b)$ 在 $x = a$ 有極值, 所以 $g'(a) = 0$ 因此 $g'(a) = f_x(a, b) = 0$. 同理可證, 若令 $h(y) = f(a, y)$, 則 $h'(b) = f_y(a, b) = 0$.

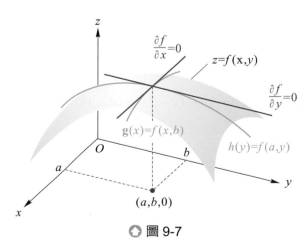

⬢ 圖 9-7

定義

設 (a, b) 為函數 $f(x, y)$ 定義域的內點, 若 $f_x(a, b) = f_y(a, b) = 0$ 或 $f_x(a, b)$, $f_y(a, b)$, 至少有一不存在, 則稱 (a, b) 為函數 f 的**臨界點** (critical point).

定義

設 $f(x, y)$ 為可微分函數, (a, b) 為臨界點. 若對每一個以 (a, b) 為圓心的圓, 都可在圓內找到一些點 (x_1, y_1) 且 (x_1, y_1) 亦在函數 f 的定義域中, 恆有 $f(a, b) > f(x_1, y_1)$, 且另有一些點 (x_2, y_2) 使得 $f(a, b) < f(x_2, y_2)$, 則稱 $(a, b, f(a, b))$ 為函數 f 圖形上的**鞍點** (saddle point).

 例題 2

設 $f(x, y) = x^2 - 4x + y^2 - 2y + 10$, 試求函數 f 的極值.

解 函數 f 為定義在整個 xy 平面上的一可微分函數,

且其偏導數 $f_x(x, y) = 2x - 4$

$\qquad\qquad f_y(x, y) = 2y - 2$

令 $f_x(x, y) = 2x - 4 = 0$,

$\quad f_y(x, y) = 2y - 2 = 0$

得 $x = 2, y = 1$

且 $f(2, 1) = 2^2 - 4 \cdot 2 + 1^2 - 2 \cdot 1 + 10 = 5$

另外因

$f(x, y) = x^2 - 4x + y^2 - 2y + 10 = (x - 2)^2 + (y - 1)^2 + 5 \geq 5$

所以 $f(2, 1) = 5$ 為極小值.

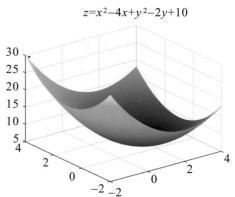

$z = x^2 - 4x + y^2 - 2y + 10$

設 $f(x, y) = x^2 - y^2$，試求函數 f 的極值．

解 函數 f 為定義在整個 xy 平面上的一可微分函數且其偏導數

$f_x(x, y) = 2x,\ f_y(x, y) = -2y$

令 $f_x(x, y) = 2x = 0,\ f_y(x, y) = -2y = 0$

得　$x = 0,\ y = 0$

且　$f(0, 0) = 0$

但當沿著 x 軸移動逼近 $(0, 0)$ 時，$f(x, 0) = x^2 > 0$

當沿著 y 軸移動逼近 $(0, 0)$ 時，$f(0, y) = -y^2 < 0$

因此，在以 $(0, 0)$ 為圓心的任一圓，其圓內必有點 (x, y) 使得 $f(x, y) > 0 = f(0, 0)$

亦有點 (x, y) 使得 $f(x, y) < 0 = f(0, 0)$．

因此，原點 $(0, 0, 0)$ 為函數 f 的鞍點．

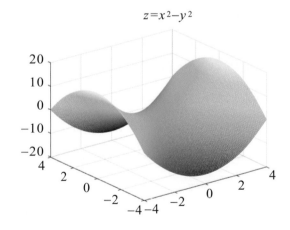

$z = x^2 - y^2$

對單變數函數，可透過泰勒多項式，利用其二階導數來判斷極大值或極小值，對於雙變數函數，可利用泰勒級數來討論，亦有類似的結果．現在，我們敘述極值的判別定理如下：(其證明見附錄三)

定理 9-16：

設 f 為平面上一任意可微分的函數 . $f_x(a, b) = f_y(a, b) = 0$ 則

當 $f_{xy}^2(a, b) - f_{xx}(a, b)f_{yy}(a, b) < 0$, $f_{xx}(a, b) > 0$ 時 , $f(a, b)$ **為極小值** .

當 $f_{xy}^2(a, b) - f_{xx}(a, b)f_{yy}(a, b) < 0$, $f_{xx}(a, b) < 0$ 時 , $f(a, b)$ **為極大值** .

當 $f_{xy}^2(a, b) - f_{xx}(a, b)f_{yy}(a, b) > 0$ 時 , $f(a, b, f(a, b))$ **為鞍點** .

當 $f_{xy}^2(a, b) - f_{xx}(a, b)f_{yy}(a, b) = 0$ 時 , **無法判斷** .

例題 4

試找出函數 $f(x, y) = x^2 + xy + y^2 - 4x - 5y + 6$ **的極值** .

解 因為 $f(x, y) = x^2 + xy + y^2 - 4x - 5y + 6$,

其中一階偏導數 $f_x = 2x + y - 4$, $f_y = x + 2y - 5$,

二階偏導數 $f_{xx} = 2$, $f_{xy} = f_{yx} = 1$, $f_{yy} = 2$

解 $f_x = f_y = 0$ 得臨界點為 $(x, y) = (1, 2)$.

由於 $f_{xx} = 2 > 0$, 且 $f_{xy}^2 - f_{xx}f_{yy} = 1 - 4 = -3 < 0$

所以 $f(1, 2) = 1 + 2 + 4 - 4 - 10 + 6 = -1$ 為極小值 .

 例題 5

試找出函數 $f(x, y) = x^3 - 2xy - y^3 + 1$ 的極值.

解 因為 $f(x, y) = x^3 - 2xy - y^3 + 1$,

其一階偏導數為 $f_x = 3x^2 - 2y$, $f_y = -2x - 3y^2$,

二階偏導數為 $f_{xx} = 6x$, $f_{xy} = f_{yx} = -2$, $f_{yy} = -6y$,

解 $f_x = 0$, $f_y = 0$, 得 $x = 0$, $x = -\dfrac{2}{3}$, 所以臨界點為 $(0, 0)$, $(-\dfrac{2}{3}, \dfrac{2}{3})$.

(1) 臨界點 $(0, 0)$.

$\quad f_{xx}(0, 0) = 0$, $f_{yy}(0, 0) = f_{yx}(0, 0) = -2$, $f_{yy}(0, 0) = 0$

$\quad f_{xy}^2 - f_{xx}f_{yy} = 4 - 0 = 4 > 0$, 所以 $(0, 0, f(0, 0)) = (0, 0, 1)$ 為鞍點

(2) 臨界點 $(-\dfrac{2}{3}, \dfrac{2}{3})$.

$\quad f_{xx}(-\dfrac{2}{3}, \dfrac{2}{3}) = -4 < 0$, $f_{xy}(-\dfrac{2}{3}, \dfrac{2}{3}) = f_{yx}(\dfrac{2}{3}, \dfrac{2}{3}) = -2$, $f_{yy}(-\dfrac{2}{3}, \dfrac{2}{3}) = -4$

$\quad f_{xy}^2 - f_{xx}f_{yy} = 4 - 16 = -12 < 0$, 所以 $f(-\dfrac{2}{3}, \dfrac{2}{3}) = \dfrac{35}{27}$ 為局部極大值 .

註：我們常需處理在某些條件下的極值 (見附錄四)

習 題

1. 試求函數 $f(x, y) = x^2 - 2x + y^2 - 4y + 1$ 在長方形區域 $0 \le x \le 2$, $0 \le y \le 3$, 的絕對極大值與絕對極小值.

2. 找出下列函數的極值或鞍點.

   (1) $f(x, y) = -x^2 + xy - y^2 + 4x + 4y - 5$.

   (2) $f(x, y) = x^2 - xy + y^2 + 4x + 4y - 5$.

   (3) $f(x, y) = x^2 + 3xy + y^2 + 2x - 2y + 4$.

   (4) $f(x, y) = 4xy - x^4 - y^4$.

   (5) $f(x, y) = x^4 + 4xy + y^4$.

3. 試寫出函數 $f(x, y) = ye^x$ 在原點 $(0, 0)$ 的二階泰勒多項式.

二、進階題：

1. 找出函數 $f(x, y) = 5 + 4x + 2y - x^2 - y^2$ 在由直線 $x = 0$, $y = 0$, $x + y = 5$ 所圍出三角形區域的絕對極大值與絕對極小值.

Ans

一、基礎題：

1. 絕對極大值 $= 1$, 絕對極小值 $= -4$.

2. (1) $f(x, y) = f(4, 4) = 11 \Rightarrow$ 極大值.

   (2) $f(-4, -4) = -21 \Rightarrow$ 極小值.

   (3) $(2, -2, 8) \Rightarrow$ 鞍點.

   (4) $(0, 0, 0)$：鞍點, $f(1, 1) = 2$ 局部極大值 $f(-1, -1) = 2$ 局部極大值.

   (5) $(0, 0, 0)$：鞍點, $f(1, -1) = -2$ 局部極小值 $f(-1, 1) = -2$ 局部極小值.

3. $f(x, y) \approx y + \dfrac{1}{2}xy$.

二、進階題：

1. 絕對極大值 $= 10$, 絕對極小值 $= -10$.

Chapter 10

重積分
MULTIPLE INTEGRALS

本 章 綱 要

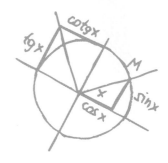

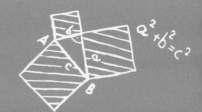

本章將介紹多變數函數的**重積分** (multiple integrals), 其定義方式與單變數函數的積分相同, 都是將定義域加以分割成許多小區域後, 在每一小區域上任取點, 計算其函數值, 再乘上該區域的面積或體積, 將這些結果加起來後再取極限. 計算上, 則透過富比尼定理 (Fubini Theorem), 以**疊積分** (iterated integrals) 的方式來進行. 現在, 我們來求二重積分及三重積分.

10-1 二重積分與疊積分 (Double Integrals and Iterated Integrals)

本節將仿照單變數函數定積分的定義方式, 討論定義在有界閉區域上函數 $f(x, y)$ 的定積分, 稱為**二重積分**. 將先討論長方形區域, 再討論一般的有界閉區域.

一、長方形區域 $R : [a, b] \times [c, d]$ 上函數 $f(x, y)$ 的二重積分

令 $f(x, y)$ 為定義在長方形區域 $R : [a, b] \times [c, d]$ 上的函數, 現利用分別與 x 軸, y 軸平行的兩組平行線, 將 R 分割成很多小的長方形區域 ΔR_k, 其面積為 $\Delta A_k = \Delta x_k \times \Delta y_k$, 如圖 10-1.

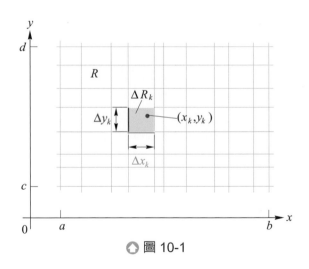

◆ 圖 10-1

對此一分割 $P = \{\Delta R_1, \Delta R_2, \cdots, \Delta R_n\}$, 我們稱所有這些小長方形中面積最大者為分割 P 的**範數** (norm) 記為 $\|P\|$, 即

$$\| P \| = \max_{1 \leq k \leq n} \Delta A_k$$

今在 ΔR_k 上任取一點 (x_k, y_k), 定義與分割 P 對應的**黎曼和**為

$$S_n(P, f) = \sum_{k=1}^{n} f(x_k, y_k)\Delta A_k$$

當 $\|P\|$ 趨近於零時, 小長方形的個數 n 會趨近於無限多, 此時若極限

$$\lim_{\|P\|\to 0} S_n(P, f) = \lim_{n\to\infty} S_n(P, f) = \lim_{n\to\infty} \sum_{k=1}^{n} f(x_k, y_k)\Delta A_k$$

存在, 則稱此極限值為函數 $f(x, y)$ 在長方形區域 $[a, b] \times [c, d]$ 上的**二重積分**, 並記為

$$\iint\limits_{R} f(x, y)dA \text{ 或 } \iint\limits_{[a, b]\times[c, d]} f(x, y)dxdy .$$

並稱函數 $f(x, y)$ 在區域 $[a, b] \times [c, d]$ 上**可積分** (integrable).

 例題 1

設 $f(x, y) = 2$ 為定義在閉區間 $[0, 1] \times [0, 2]$ 上的函數. 試求二重積分

$$\iint\limits_{[0, 1]\times[0, 1]} f(x, y)dxdy .$$

解 為方便計算, 將區間等分割.

將區間 $[0, 1]$ 等分為 n 等分 $P_1 = \left\{0, \dfrac{1}{n}, \dfrac{2}{n}, \cdots, \dfrac{n-1}{n}, \dfrac{n}{n} = 1\right\}$.

將區間 $[0, 2]$ 等分為 $2n$ 等分

$$P_2 = \left\{0, \dfrac{1}{n}, \dfrac{2}{n}, \cdots, \dfrac{n-1}{n}, \dfrac{n}{n}, \dfrac{n+1}{n}, \cdots, \dfrac{2n-1}{n}, \dfrac{2n}{n} = 2\right\} .$$

令 $R_{ij} = \left[\dfrac{i-1}{n}, \dfrac{i}{n}\right] \times \left[\dfrac{j-1}{n}, \dfrac{j}{n}\right]$, $i = 1, 2, \cdots, n$, $j = 1, 2, \cdots, 2n$

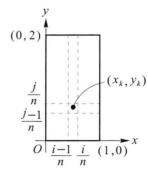

則分割 $P = \{P_{ij}\}_{1 \le i \le n, 1 \le j \le 2n}$, $\| P \| = \dfrac{1}{n^2}$, 其對應的黎曼和為

$$S_{2n^2}(P, f) = \sum_{k=1}^{2n^2} f(x_k, y_k)\Delta A_k = \sum_{k=1}^{2n^2} 2 \cdot \frac{1}{n^2} = 2 \cdot 2n^2 \cdot \frac{1}{n^2} = 4 \ ,$$

其中 $(x_k, y_k) \in R_{ij}$

所以二重積分為

$$\iint\limits_{[0,1]\times[0,1]} f(x, y)dxdy = \lim_{\|P\|\to 0} S_{2n^2}(P, f) = \lim_{n\to\infty} S_{2n^2}(P, f)$$

$$= \lim_{n\to\infty} \sum_{k=1}^{2n^2} f(x_k, y_k)\Delta A_k$$

$$= \lim_{n\to\infty} \sum_{k=1}^{2n^2} 2 \cdot \frac{1}{n^2}$$

$$= \lim_{n\to\infty} 2 \cdot 2n^2 \cdot \frac{1}{n^2}$$

$$= \lim_{n\to\infty} 4 = 4.$$

當 $f(x, y)$ 在區域 $[a, b] \times [c, d]$ 為一正數時，$\displaystyle\iint\limits_{[a, b]\times[c, d]} f(x, y)dxdy$ 可視為三維立體 (土司麵包) 的體積, 如圖 10-2.

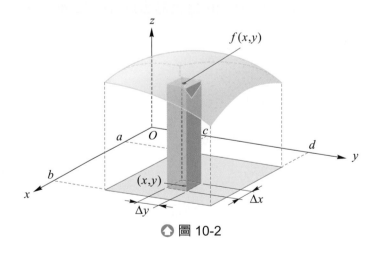

⬡ 圖 10-2

對於此一土司的體積計算, 二重積分是將土司切成很多**條**小長方體 (如圖 10-2), 再求這些小長方體的體積的和 (黎曼和). 但計算土司的體積時, 也可考慮是很多**片**小土司體積的和 (如圖 10-3), 此即**疊積分**或**逐次積分**的概念.

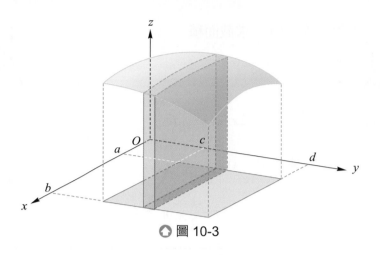

● 圖 10-3

定理 10-1：富比尼定理 (Fubini, 1879–1943)

設 $f(x, y)$ 爲定義在區域 $R:[a, b] \times [c, d]$ 上的連續函數，則 $\iint\limits_{R} f(x, y)dA$ 存在且

$$\iint\limits_{R} f(x, y)dA = \int_a^b \int_c^d f(x, y)dydx = \int_c^d \int_a^b f(x, y)dxdy .$$

 例題 **2**

求平面 $z = 4 - 2x - y$ 在區域 $R：0 \le x \le 1, 0 \le y \le 2$ 上方的體積.

解 方法一：先對一固定的 x, 求截面積

$$A(x) = \int_{y=0}^{y=2} (4 - 2x - y)dy$$

則體積爲

$$\int_{x=0}^{x=1} A(x)dx = \int_{x=0}^{x=1} \left(\int_{y=0}^{y=2} (4 - 2x - y)dy \right)dx$$

$$= \int_{x=0}^{x=1} \left(4y - 2xy - \frac{1}{2}y^2 \Big|_{y=0}^{y=2} \right)dx$$

$$= \int_{x=0}^{x=1} (6 - 4x)dx = (6x - 2x^2) \Big|_0^1 = 4.$$

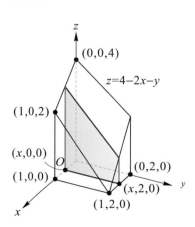

方法二：先對一固定的 y, 求截面積

$$A(y) = \int_{x=0}^{x=1}(4 - 2x - y)dx$$

則體積為

$$\int_{y=0}^{y=2} A(y)dy = \int_{y=0}^{y=2}\left(\int_{x=0}^{x=1}(4 - 2x - y)dx\right)dy$$

$$= \int_{y=0}^{y=2}\left(4x - x^2 - xy\Big|_{x=0}^{x=1}\right)dy$$

$$= \int_{y=0}^{y=2}(3 - y)dx = (3y - \frac{1}{2}y^2)\Big|_0^2 = 4 \ .$$

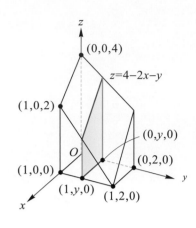

 例題 3

試求二重積分 $\displaystyle\iint_R \frac{2xy}{x^2+1}dA$ 其中區域 $R : 0 \le x \le 1,\ 0 \le y \le 2$.

解 根據富比尼定理

(1) $\displaystyle\iint_R \frac{2xy}{x^2+1}dA = \int_0^2\int_0^1 \frac{2xy}{x^2+1}dxdy = \int_0^2 y\ln(x^2+1)\Big|_0^1 dy$

$$= \int_0^2 y\ln 2 dy = \frac{1}{2}\ln 2 \cdot y^2\Big|_0^2 = 2\ln 2 \ .$$

(2) $\displaystyle\iint_R \frac{2xy}{x^2+1}dA = \int_0^1\int_0^2 \frac{2xy}{x^2+1}dydx = \int_0^1 \frac{2x}{x^2+1}\cdot\frac{1}{2}y^2\Big|_0^2 dx$

$$= 2\int_0^1 \frac{2x}{x^2+1}dx = 2\ln(x^2+1)\Big|_0^1 = 2\ln 2 \ .$$

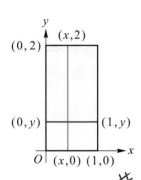

二、一般有界閉區域上函數 $f(x, y)$ 的二重積分

設 f 為定義在平面上的有界閉區域 R 的函數，仿照在長方形區域 $R : [a, b] \times [c, d]$ 上函數的二重積分，先將 R 分割成很多小的長方形區域 ΔR_k，其面積為 $\Delta A_k = \Delta x_k \times \Delta y_k$，$(x_k, y_k)$ 為 ΔR_k 上任一點，如圖 10-4.

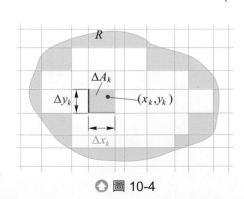

⬤ 圖 10-4

令分割 $P = \{\Delta R_1, \Delta R_2, \cdots, \Delta R_n\}$ 爲完全落在區域 R 內的小長方形 ΔR_k 所成的集合，$\|P\|$ 爲當中面積最大者．計算對應於分割 P 的**黎曼和**

$$S_n(P, f) = \sum_{k=1}^{n} f(x_k, y_k)\Delta A_k \quad , (x_k, y_k) \in \Delta R_k$$

當 $\|P\|$ 趨近於零時，小長方形的邊長會越來越小，完全落在區域內的小長方形的個數 n 會越來越多，此時若極限

$$\lim_{\|P\| \to 0} S_n(P, f) = \lim_{n \to \infty} S_n(P, f) = \lim_{n \to \infty} \sum_{k=1}^{n} f(x_k, y_k)\Delta A_k$$

存在，則稱此極限值爲函數 $f(x, y)$ 在區域 R 上的**二重積分**，並記爲 $\iint\limits_R f(x, y)dA$，稱函數 $f(x, y)$ 在區域 R 上**可積分** (integrable).

定理 10-2：富比尼定理

設 $f(x, y)$ 爲有界閉區域 R 上的連續函數，則 $\iint\limits_R f(x, y)dA$ 存在，且

1. 若區域 R 可表示爲 $a \le x \le b, g_1(x) \le y \le g_2(x)$, 其中 g_1, g_2 爲 $[a, b]$ 上的連續函數，則

$$\iint\limits_R f(x, y)dA = \int_a^b \int_{g_1(x)}^{g_2(x)} f(x, y)dydx$$

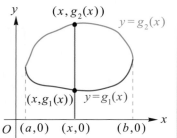

2. 若區域 R 可表示爲 $c \le y \le d, h_1(y) \le x \le h_2(y)$, 其中 h_1, h_2 爲 $[c, d]$ 上的連續函數，則

$$\iint\limits_R f(x, y)dA = \int_c^d \int_{h_1(y)}^{h_2(y)} f(x, y)dxdy \quad .$$

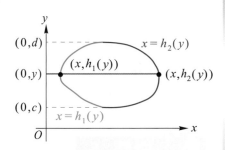

例題 **4**

試求函數 $f(x, y) = x + y$ 在頂點分別為 $(0, 0), (1, 0)$ 和 $(0, 1)$ 的三角形區域 R 上的積分 .

解 方法一：

$$\iint\limits_{R} f(x, y)dA = \int_a^b \int_{g_1(x)}^{g_2(x)} f(x, y)dydx$$

$$= \int_0^1 \int_0^{1-x} (x + y)dydx = \int_0^1 (xy + \frac{1}{2}y^2)\Big|_0^{1-x} dx$$

$$= \int_0^1 (x(1-x) + \frac{1}{2}(1-x)^2)dx = \int_0^1 \frac{1}{2}(1-x^2)dx$$

$$= \frac{1}{2}(x - \frac{1}{3}x^3)\Big|_0^1 = \frac{1}{3}.$$

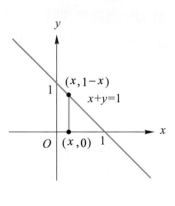

方法二：

$$\iint\limits_{R} f(x, y)dA = \int_c^d \int_{h_1(y)}^{h_2(y)} f(x, y)dxdy$$

$$= \int_0^1 \int_0^{1-y} (x + y)dxdy = \int_0^1 (\frac{1}{2}x^2 + xy)\Big|_0^{1-y} dy$$

$$= \int_0^1 (\frac{1}{2}(1-y)^2 + y(1-y))dy = \int_0^1 \frac{1}{2}(1-y^2)dy$$

$$= \frac{1}{2}(y - \frac{1}{3}y^3)\Big|_0^1 = \frac{1}{3} .$$

雖然 , 根據富比尼定理 , 我們可先對任一變數積分 . 但有時先對某一變數積分卻可能無法計算 .

 例題 **5**

試求函數 $f(x, y) = \dfrac{\sin x}{x}$ 在被 x 軸 , 直線 $y = x$ 與直線 $x = 1$ 所圍區域 R 上的積分 .

解 根據富比尼定理,我們可先對 x 變數積分,

$$\iint\limits_R f(x,y)dA = \int_c^d \int_{h_1(y)}^{h_2(y)} f(x,y)dxdy = \int_0^1 \int_y^1 (\frac{\sin x}{x})dxdy$$

但積分 $\int_y^1 (\frac{\sin x}{x})dx$ 卻不易用簡單的函數來表示.

因此,考慮先對 y 坐標積分,即

$$\iint\limits_R f(x,y)dA = \int_a^b \int_{g_1(x)}^{g_2(x)} \frac{\sin x}{x} dydx$$

$$= \int_0^1 \int_0^x \frac{\sin x}{x} dydx = \int_0^1 (\frac{\sin x}{x} y)\Big|_0^x dx$$

$$= \int_0^1 (\frac{\sin x}{x} \cdot x)dx = \int_0^1 \sin x dx$$

$$= -\cos x\Big|_0^1 = 1 - \cos 1 \ .$$

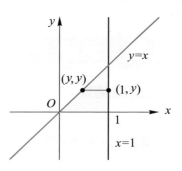

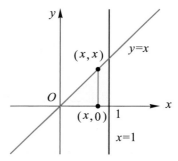

三、重積分的一些性質

設 $f(x,y)$ 與 $g(x,y)$ 為有界區域 R 上的連續函數,則下列性質成立.

1. $\displaystyle\iint\limits_R cf(x,y)dA = c\iint\limits_R f(x,y)dA$,c 為一常數.

2. $\displaystyle\iint\limits_R (f(x,y) \pm g(x,y))dA = \iint\limits_R f(x,y)dA \pm \iint\limits_R g(x,y)dA$.

3. (1) 在區域 R 上,如果 $f(x,y) \geq 0$,則 $\displaystyle\iint\limits_R f(x,y)dA \geq 0$.

   (2) 在區域 R 上,如果 $f(x,y) \geq g(x,y)$,則 $\displaystyle\iint\limits_R f(x,y)dA \geq \iint\limits_R g(x,y)dA$.

4. 若區域 R 為兩個相異區域 R_1 與 R_2 的聯集,且 R_1 與 R_2 的交集最多只是邊界部分,則

$$\iint\limits_R f(x,y)dA = \iint\limits_{R_1} f(x,y)dA + \iint\limits_{R_2} f(x,y)dA \ .$$

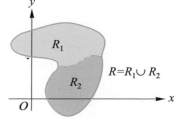

例題 6

試求由直線 $y = x$, $x + y = 1$, 與 $y = 0$ 所為區域的面積.

解 (1) 考慮重積分

$$\iint\limits_{R} 1 dA = \iint\limits_{R_1} 1 dxdy + \iint\limits_{R_2} 1 dxdy$$

$$= \int_0^{\frac{1}{2}} \int_0^x 1 dydx + \int_{\frac{1}{2}}^1 \int_0^{1-x} 1 dydx$$

$$= \int_0^{\frac{1}{2}} xdx + \int_{\frac{1}{2}}^1 (1-x)dx$$

$$= \frac{1}{2}x^2 \Big|_0^{\frac{1}{2}} + \left(x - \frac{1}{2}x^2\right)\Big|_{\frac{1}{2}}^1$$

$$= \frac{1}{8} + \frac{1}{8} = \frac{1}{4}$$

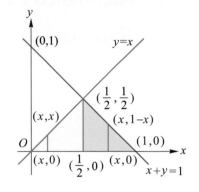

(2) 考慮重積分

$$\iint\limits_{R} 1 dA = \int_0^{\frac{1}{2}} \int_y^{1-y} 1 dxdy$$

$$= \int_0^{\frac{1}{2}} x \Big|_y^{1-y} dy = \int_0^{\frac{1}{2}} (1-2y)dy$$

$$= (y - y^2)\Big|_0^{\frac{1}{2}} = \frac{1}{4} \ .$$

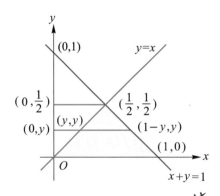

一、基礎題：

1. 計算下列疊積分

(1) $\int_1^3 \int_0^2 2xy\,dy\,dx$.

(2) $\int_0^2 \int_0^{\frac{\pi}{2}} x\cos y\,dy\,dx$.

(3) $\int_{-1}^1 \int_0^3 (xy^2 + 2xy)\,dx\,dy$.

(4) $\int_0^1 \int_0^2 xye^y\,dx\,dy$.

2. 計算下列二重積分在所給區域上的值 .

(1) $\iint_R 2xy\,dx\,dy$, $R: 1 \le x \le 3, 0 \le y \le 2$.

(2) $\iint_R x\cos y\,dx\,dy$, $R: 0 \le x \le 2, 0 \le y \le \frac{\pi}{2}$.

(3) $\iint_R (xy^2 + 2xy)\,dx\,dy$, $R: 0 \le x \le 3, -1 \le y \le 1$.

(4) $\iint_R xye^y\,dx\,dy$, $R: 0 \le x \le 2, 0 \le y \le 1$.

(5) $\iint_R \frac{x^3 y}{y^2 + 1}\,dx\,dy$, $R: 0 \le x \le 2, 0 \le y \le 1$.

3. 計算下列二重積分在所給區域上的值 .

(1) $\iint_R xy\,dx\,dy$, $R: x = 0, y = 0, x + y = 1$ 所圍區域 .

(2) $\iint_R x^2 \cos(xy)\,dx\,dy$, $R: x = 0, y = 2, y = x$ 所圍區域 .

(3) $\iint_R 3xy^2\,dx\,dy$, $R: y = x^2, y = 2x$ 所圍區域 .

(4) $\iint_R xe^y\,dx\,dy$, $R: y = 0, x = 2$ 與 $y = \ln x$ 所圍區域 .

(5) $\iint_R \frac{1}{y^3 + 1}\,dx\,dy$, $R: y = \sqrt{x}$, $x = 0, y = 2$ 所圍區域 .

4. 試求由拋物線 $y = x^2$ 與 $y = -x^2 + 8$ 所為區域的面積 .

二 、進階題：

1. 試求由直線 $y = -x$, $y = x - 2$ 與曲線 $y = \sqrt{x}$ 所為區域的面積.

Ans

一、基礎題：

1. (1) 16. (2) 2. (3) 3. (4) 2.

2. (1) 16. (2) 2. (3) 3. (4) 2. (5) $2 \ln 2$.

3. (1) $\dfrac{1}{24}$. (2) $-\dfrac{1}{2}\cos 4 + \dfrac{1}{4}\sin 4 - \dfrac{1}{2}$ (3) $\dfrac{96}{5}$. (4) $\dfrac{5}{6}$. (5) $\dfrac{2}{3}\ln 3$.

4. $\dfrac{64}{3}$.

二、進階題：

1. $\dfrac{13}{3}$.

10-2 直角坐標系下的三重積分 (Triple Integrals in Rectangular Coordinates)

本節將討論定義在三維空間 $\mathbb{R}^3$ 某個有界閉區域 D 上函數 $F(x, y, z)$ 的積分，稱為**三重積分**，其定義方式與二重積分類似．

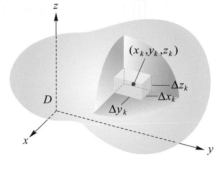

● 圖 10-5

首先，將 D 依 x, y, z 為常數的平面，分割成很多小長方體，其長寬高分別與坐標軸平行．考慮完全包含在 D 的小長方體，並加於編號得 $\Delta D_1, \Delta D_2, \cdots,$ ΔD_n.

設 ΔD_k 的長寬高分別為 $\Delta x_k, \Delta y_k$ 與 Δz_k，則其**體積** ΔV_k **為** $\Delta x_k \Delta y_k \Delta z_k$. 這些體積中最大者，稱為此一分割 P 的**範數**，記為 $\|P\|$. 即

$$\|P\| = \max_{1 \le k \le n} \Delta V_k$$

在小長方體 ΔD_k 中任找一點 (x_k, y_k, z_k) 並求其函數值 $F(x_k, y_k, z_k)$，得對應於分割 P 的黎曼和

$$S(P, F) = S_n = \sum_{k=1}^{n} F(x_k, y_k, z_k) \Delta V_k$$

當 $\|P\|$ 趨近於零時，在 D 的小長方體個數 n 會趨近於無限多，此時若極限

$$\lim_{\|P\| \to 0} S(P, F) = \lim_{n \to \infty} S_n = \lim_{n \to \infty} \sum_{k=1}^{n} F(x_k, y_k, z_k) \Delta V_k = \lim_{n \to \infty} \sum_{k=1}^{n} F(x_k, y_k, z_k) \Delta x_k \Delta y_k \Delta z_k$$

存在，則稱 $F(x, y, z)$ 在有界閉區域 D 上**可積分**，此極限值稱為函數 F 在 D 上的**三重積分**，記為 $\iiint\limits_{D} F(x, y, z) dV$ 或 $\iiint\limits_{D} F(x, y, z) dxdydz$ ．

當函數 $F(x, y, z)$ 在有界閉區域 D 上連續時，則三重積分會存在．特別，當函數 $F(x, y, z) = 1$ 時，

$$\lim_{\|P\| \to 0} S_n = \lim_{n \to \infty} \sum_{k=1}^{n} 1 \cdot \Delta V_k = \iiint\limits_{D} dV$$

為有界閉區域 D 的體積．

若 D 由上下曲面 $z = f_1(x, y), z = f_2(x, y) : R \to \mathbb{R}$ 所圍成，且 $R \subset \mathbb{R}^2$ 是由函數 $y = g_1(x), y = g_2(x) : [a, b] \to \mathbb{R}$ 所決定，如圖 10-6 所示，則

$$\iiint\limits_D F(x, y, z)dxdydz = \int_{x=a}^{x=b} \int_{y=g_1(x)}^{y=g_2(x)} \int_{z=f_1(x, y)}^{z=f_2(x, y)} F(x, y, z)dzdydx$$

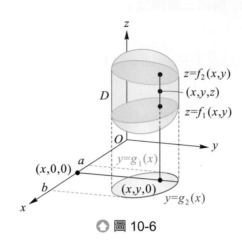

○ 圖 10-6

 例題 1

試求四面體，其四個頂點分別為 $(0, 0, 0), (1, 0, 0), (0, 1, 0)$ 與 $(0, 0, 1)$ 的體積.

解 四面體中，通過 $(1, 0, 0), (0, 1, 0)$ 與 $(0, 0, 1)$ 的平面為 $z = 1 - x - y$
四面體的體積為

方法一：(1) 對固定 x, y 由 0 到 $1 - x$, (2) x, y 固定時，z 由 0 到 $1 - x - y$.

因此，
$$\iiint\limits_D 1dxdydz = \int_{x=0}^{x=1} \int_{y=0}^{y=1-x} \int_{z=0}^{z=1-x-y} 1dzdydx$$

$$= \int_{x=0}^{x=1} \int_{y=0}^{y=1-x} z\Big|_0^{1-x-y} dydx$$

$$= \int_{x=0}^{x=1} \int_{y=0}^{y=1-x} (1 - x - y)dydx$$

$$= \int_{x=0}^{x=1} (y - xy - \frac{1}{2}y^2)\Big|_0^{1-x} dx$$

$$= \int_{x=0}^{x=1} (\frac{1}{2} - x + \frac{1}{2}x^2)dx$$

$$= (\frac{1}{2}x - \frac{1}{2}x^2 + \frac{1}{6}x^3)\Big|_0^1 = \frac{1}{6}$$

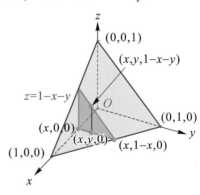

方法二：(1) 對固定 y, x 由 0 到 $1-y$，(2) x, y 固定時，z 由 0 到 $1-x-y$。

因此，$\displaystyle\iiint_D 1\,dxdydz = \int_{y=0}^{y=1}\int_{x=0}^{x=1-y}\int_{z=0}^{z=1-x-y} 1\,dzdxdy$

$\displaystyle\qquad\qquad\qquad = \int_{y=0}^{y=1}\int_{x=0}^{x=1-y} z\Big|_0^{1-x-y}\,dxdy$

$\displaystyle\qquad\qquad\qquad = \int_{y=0}^{y=1}\int_{x=0}^{x=1-y} (1-x-y)\,dxdy$

$\displaystyle\qquad\qquad\qquad = \int_{y=0}^{y=1} (x-\frac{1}{2}x^2-xy)\Big|_0^{1-y}\,dy$

$\displaystyle\qquad\qquad\qquad = \int_{y=0}^{y=1}(\frac{1}{2}-y+\frac{1}{2}y^2)\,dy = (\frac{1}{2}y-\frac{1}{2}y^2+\frac{1}{6}y^3)\Big|_0^1 = \frac{1}{6}.$

 例題 2

試求由曲面 $z = 8 - x^2 - y^2$ 與 $z = x^2 + y^2$ 所圍區域的體積．

解 兩曲面相交的部分為解

$z = 8 - x^2 - y^2, z = x^2 + y^2$ 得

$2z = 8$ 或 $z = 4$，

$x^2 + y^2 = 4 \Rightarrow 0 \leq x \leq 2, 0 \leq y \leq 2$

(1) 對固定 x, y 由 $-\sqrt{4-x^2}$ 到 $\sqrt{4-x^2}$，(2)x, y 固定時，z 由 $x^2 + y^2$ 到 $8 - x^2 - y^2$

因此，所圍區域的體積為

$\displaystyle\iiint_D F(x, y, z)\,dxdydz = \int_{x=-2}^{x=2}\int_{y=-\sqrt{4-x^2}}^{y=\sqrt{4-x^2}}\int_{z=x^2+y^2}^{z=8-x^2-y^2} 1\,dzdydx$

$\displaystyle\qquad\qquad\qquad = \int_{x=-2}^{x=2}\int_{y=-\sqrt{4-x^2}}^{y=\sqrt{4-x^2}} z\Big|_{x^2+y^2}^{8-x^2-y^2}\,dydx$

$\displaystyle\qquad\qquad\qquad = \int_{x=-2}^{x=2}\int_{y=-\sqrt{4-x^2}}^{y=\sqrt{4-x^2}} (8-2x^2-2y^2)\,dydx$

$\displaystyle\qquad\qquad\qquad = \int_{\theta=0}^{\theta=2\pi}\int_{r=0}^{r=2} (8-2r^2)r\,drd\theta \rightarrow$ 利用平面極坐標的積分

$\displaystyle\qquad\qquad\qquad = \int_{\theta=0}^{\theta=2\pi} (4r^2-\frac{1}{2}r^4)\Big|_0^2\,d\theta = \int_{\theta=0}^{\theta=2\pi} 8\,d\theta = 16\pi.$

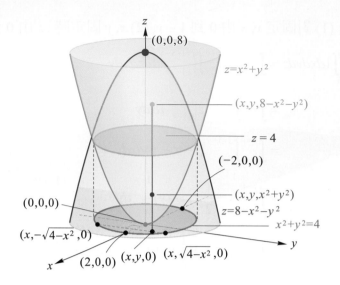

 例題 3

計算積分 $\int_0^1 \int_0^{1-x^2} \int_0^x \dfrac{\sin(\pi z)}{1-z} \, dy\,dz\,dx$.

解 根據積分順序，先對 y 積分得

$$\int_0^1 \int_0^{1-x^2} \int_0^x \frac{\sin(\pi z)}{1-z} \, dy\,dz\,dx = \int_0^1 \int_0^{1-x^2} \left[\frac{\sin(\pi z)}{1-z} y\right]\Bigg|_0^x dz\,dx = \int_0^1 \int_0^{1-x^2} \left[\frac{\sin(\pi z)}{1-z} x\right] dz\,dx .$$

但積分 $\int_0^1 \int_0^{1-x^2} \left[\dfrac{\sin(\pi z)}{1-z} x\right] dz\,dx$ 則無法對 z 積分，需改變積分的順序，由富比尼

定理知

$$\int_0^1 \int_0^{1-x^2} \left[\frac{\sin(\pi z)}{1-z} x\right] dz\,dx = \int_0^1 \int_0^{\sqrt{1-z}} \left[\frac{\sin(\pi z)}{1-z} x\right] dx\,dz$$

$$= \int_0^1 \left[\frac{1}{2} \frac{\sin(\pi z)}{1-z} x^2\right]\Bigg|_0^{\sqrt{1-z}} dz$$

$$= \int_0^1 \frac{1}{2} \frac{\sin(\pi z)}{1-z} (1-z)\,dz = \frac{1}{2} \int_0^1 \sin(\pi z)\,dz$$

$$= \frac{1}{2} \cdot \left[-\frac{1}{\pi}\cos(\pi z)\right]\Bigg|_0^1 = -\frac{1}{2\pi}(-1-1) = \frac{1}{\pi}$$

所以 $\int_0^1 \int_0^{1-x^2} \int_0^x \dfrac{\sin \pi z}{1-z} \, dy\,dz\,dx = \dfrac{1}{\pi}$.

習 題

一、基礎題：

1. 計算下列疊積分．

   (1) $\int_0^1 \int_0^1 \int_0^1 (x+y+z)\,dzdydx$ ．

   (2) $\int_0^2 \int_0^{\pi/2} \int_0^{1+x} x\cos y\,dzdydx$ ．

   (3) $\int_0^1 \int_0^{1+x^2} \int_1^{2+x^2-y} x\,dzdydx$ ．

2. 試求由平面 $x+3y+4z=12$ 與坐標平面 $x=0, y=0, z=0$ 所圍在第一卦限區域的體積．

3. 試求圓柱體 $x^2+y^2=1$，坐標平面 $z=0$ 與平面 $x+z=1$ 所圍區域的體積．

二、進階題：

1. 計算疊積分 $\int_0^1 \int_0^1 \int_{y^2}^1 4yze^{zx^2}\,dxdydz$ ．

Ans

一、基礎題：

1. (1) $\dfrac{3}{2}$ ． (2) $\dfrac{14}{3}$ ． (3) $\dfrac{7}{12}$ ．

2. 24.

3. π.

二、進階題：

1. $e-2$.

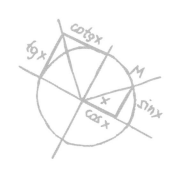

附錄

Chapter

本章綱要

附錄一　羅必達法則之證明

定理 1：廣義均值定理

若兩函數 f 與 g 在閉區間上 $[a, b]$ 連續，在開區間 (a, b) 上可微，且 $g'(x)$ 在 (a, b) 上都不為 0，則必有一點 c 在 (a, b) 中，滿足 $\dfrac{f'(c)}{g'(c)} = \dfrac{f(x) - f(a)}{g(x) - g(a)}$.

證 假若 $g(a) = g(b)$，由 Rolle 定理知存在 $x \in (a, b)$，使得 $g'(x) = 0$，此與已知 $g'(x)$ 在 (a, b) 上都不為 0 矛盾，故知 $g(a) \neq g(b)$.

令 $h(x) = f(x) - \dfrac{f(b) - f(a)}{g(b) - g(a)} \cdot g(x)$，則 h 閉區間上 $[a, b]$ 連續，在開區間 (a, b) 上可微，且 $h'(x) = f'(x) - \dfrac{f(b) - f(a)}{g(b) - g(a)} \cdot g'(x)$，

又 $h(a) = f(a) - \dfrac{f(b) - f(a)}{g(b) - g(a)} \cdot g(a) = \dfrac{f(a)g(b) - f(b)g(a)}{g(b) - g(a)}$，

且 $h(b) = f(b) - \dfrac{f(b) - f(a)}{g(b) - g(a)} \cdot g(b) = \dfrac{f(a)g(b) - f(b)g(a)}{g(b) - g(a)}$，

所以 $h(a) = h(b)$，由洛氏定理知存在 $c \in (a, b)$，

使得 $h'(c) = f'(c) - \dfrac{f(b) - f(a)}{g(b) - g(a)} \cdot g'(c) = 0$，故得 $\dfrac{f'(c)}{g'(c)} = \dfrac{f(x) - f(a)}{g(x) - g(a)}$.

定理 2：$\dfrac{0}{0}$ 型不定式極限

若一函數可寫成兩個函數 $f(x)$ 與 $g(x)$ 的比值 $\dfrac{f(x)}{g(x)}$，且滿足下述三條件：

1. $\lim\limits_{x \to c} f(x) = 0 = \lim\limits_{x \to c} g(x)$.

2. 存在包含 c 的開區間 (a, b) 使得 f 與 g 在 (a, c) 和 (c, b) 均可微，且 $g'(x)$ 在 (a, c) 和 (c, b) 上均不為 0（即在點 c 的某去心鄰域內，$f'(x)$ 及 $g'(x)$ 都存在，且 $g'(x) \neq 0$）.

3. $\lim\limits_{x \to c} \dfrac{f'(x)}{g'(x)}$ 存在或 $\lim\limits_{x \to c} \dfrac{f'(x)}{g'(x)} = \infty$ 或 $-\infty$，則 $\lim\limits_{x \to c} \dfrac{f(x)}{g(x)} = \lim\limits_{x \to c} \dfrac{f'(x)}{g'(x)}$.

證 定義兩新函數 $F(x)$ 及 $G(x)$ 如下：

$$F(x) = \begin{cases} f(x), & x \neq c \\ 0, & x = c \end{cases} \quad ; \quad G(x) = \begin{cases} g(x), & x \neq c \\ 0, & x = c \end{cases}.$$

則存在包含 c 的開區間 (a, b) 使得 F 與 G 在 (a, c) 和 (c, b) 上均可微，且 $G'(x)$ 在 (a, c) 和 (c, b) 上均不為 0；且 $F(x)$ 及 $G(x)$ 都在 c 點連續，且 $F(c) = 0$；$G(c) = 0.$ (事實上，對任意 $x, x \in (a, c) \cup (c, b), F' = f'(x) = f'(x)$ 且 $G'(x) = g'(x)$)

所以對任意 $x, c < x < b, F$ 與 G 都在 (c, x) 可微，且 F 與 G 都在 $[c, x]$ 連續，故由

廣義均值定理知存在一個 $\xi \in (c, x)$, 使得 $\dfrac{F'(\xi)}{G'(\xi)} = \dfrac{F(x) - F(c)}{G(x) - G(c)}$ ，於是得

$$\frac{f(x)}{g(x)} = \frac{F(x)}{G(x)} = \frac{F(x) - F(c)}{G(x) - G(c)} = \frac{F'(\xi)}{G'(\xi)} = \frac{f'(\xi)}{g'(\xi)}.$$

因為 $\xi \in (c, x)$, 所以當 $x \to c^+$, 則 $\xi \to c^+$,

故得 $\displaystyle\lim_{x \to c^+} \frac{f(x)}{g(x)} = \lim_{x \to c^+} \frac{f'(\xi)}{g'(\xi)} = \lim_{\xi \to c^+} \frac{f'(\xi)}{g'(\xi)} = \lim_{x \to c^+} \frac{f'(x)}{g'(x)}.$

同理可得 $\displaystyle\lim_{x \to c^-} \frac{f(x)}{g(x)} = \lim_{x \to c^-} \frac{f'(x)}{g'(x)}$ ，故得 $\displaystyle\lim_{x \to c} \frac{f(x)}{g(x)} = \lim_{x \to c} \frac{f'(x)}{g'(x)}.$

附錄二　數列、級數相關定理證明

> ### 定理 1：
>
> 　　若一數列 $\{a_n\}$ 為單調數列且有界，則 $\{a_n\}$ 收斂.

 (1) $\{a_n\}$ 為一不減數列，且有一上界 M

　　即 $a_1 \le a_2 \le \cdots \le a_n \le \cdots \le M$

　　由於實數的完備性，存在一最小上界 L,

　　使得 $a_1 \le a_2 \le \cdots \le a_n \le \cdots \le L$

　　對於任一 $\varepsilon > 0$，則 $L - \varepsilon$ 不為 $\{a_n\}$ 的上界

　　所以必有一數 N，且 $L - \varepsilon \le a_N$,

　　則對於 $n > N, L - \varepsilon \le a_N \le a_n \le L < L + \varepsilon$

　　因此 $|a_n - L| < \varepsilon, n > N$

　　即 $\lim_{n \to \infty} a_n = L$.

(2) 若 $\{a_n\}$ 為不增數列，亦同理證明.

　　由 (1)、(2) 本定理得證.

> ### 定理 2：積分檢驗法
>
> 　　若正值函數 $f(x)$ 是一連續且遞減的函數 $(x \ge 1)$，令 $a_n = f(n)$，則無窮級數 $\sum\limits_{n=1}^{\infty} a_n$ 與 $\int_1^{\infty} f(x)dx$ 同時收斂或同時發散.

證

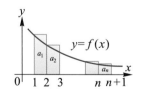 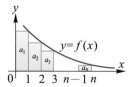

由上圖可得

$$\sum_{i=2}^{n} f(i) \le \int_1^n f(x)dx \le \sum_{i=1}^{n-1} f(i)$$

令 $S_n = \sum_{i=2}^{n} f(i) = f(1) + f(2) + \cdots + f(n)$

則 $S_n - f(1) \le \int_1^n f(x)dx \le S_{n-1}$

(1) 設 $\int_1^\infty f(x)dx = L$，收斂 $\Rightarrow S_n$ 有界，

因為 $\{S_n\}$ 不減且有界，所以 $\sum a_n$ 收斂．

(2) 設 $\int_1^\infty f(x)dx$ 發散 $\Rightarrow \{S_{n-1}\}$ 發散 $\Rightarrow \sum a_n$ 發散．

定理 3：極限比較檢驗法

設 $\sum_{n=1}^{\infty} a_n$ 與 $\sum_{n=1}^{\infty} b_n$ 為兩正項級數，且 $\lim_{n\to\infty} \dfrac{a_n}{b_n} = L$，則

1. 若 $0 < L < \infty$，則 $\sum a_n$ 與 $\sum b_n$ 同時收斂或同時發散．

2. 若 $L = 0$ 且 $\sum b_n$ 收斂，則 $\sum a_n$ 收斂．

3. 若 $L = \infty$，且 $\sum b_n$ 發散，則 $\sum a_n$ 發散．

證 (1) 設 $\lim_{n\to\infty} \dfrac{a_n}{b_n} = c$，則 $c > 0$

所以存在一正整數 N，使得

$$n > N \Rightarrow \left| \frac{a_n}{b_n} - c \right| < \frac{c}{2}$$

因此，對於 $n > N$，$-\dfrac{c}{2} < \dfrac{a_n}{b_n} - c < \dfrac{c}{2}$

$$\frac{c}{2} < \frac{a_n}{b_n} < \frac{3c}{2}$$

$$(\frac{c}{2})b_n < a_n < (\frac{3c}{2})b_n$$

故① 當 $\sum b_n$ 收斂 $\Rightarrow \sum (\frac{3c}{2})b_n$ 收斂 $\Rightarrow \sum a_n$ 收斂．

② 當 $\sum b_n$ 發散 $\Rightarrow \sum (\frac{c}{2})b_n$ 發散 $\Rightarrow \sum a_n$ 發散．

(2)(3) 由 (1) 之①、②即得．

定理 4：交錯級數檢驗法

設 $\displaystyle\sum_{n=1}^{\infty} a_n$ 為正項級數

若 (1) $a_n > a_{n+1}$, 任意 $n > M$ (M 為一整數).

(2) $\displaystyle\lim_{n\to\infty} a_n = 0$.

則 $\displaystyle\sum_{n=1}^{\infty}(-1)^{n+1} a_n$ 收斂 (或 $\displaystyle\sum_{n=1}^{\infty}(-1)a^n$ 收斂).

證 (1) 若 n 為偶數, 即 $n = 2m$ ($m \in \mathbb{N}$)

所以 $S_{2m} = (a_1 - a_2) + (a_3 - a_4) + \cdots + (a_{2m-1} - a_{2m})$

$\Rightarrow S_{2m} \geq 0,\ S_{2m}\uparrow,\ S_{2m} \leq a_1.\ (a_1 - (a_2 - a_3) - (a_4 - a_5)\cdots)$

$\Rightarrow S_{2m} \to L,\ m \to \infty$

$\Rightarrow \displaystyle\lim_{m\to\infty}\{S_{2m}\} = L$

(2) 若 n 為奇數, 即 $n = 2m - 1$ ($m \in \mathbb{N}$)

所以 $\displaystyle\lim_{m\to\infty} S_{2m-1} = \lim_{m\to\infty}(S_{2m} - a_{2m})$

$= \displaystyle\lim_{m\to\infty} S_{2m} - \lim_{m\to\infty} a_{2m} = \lim_{m\to\infty} S_{2m} = L$

由 (1) 、(2) $\displaystyle\sum_{n=1}^{\infty}(-1)^{n+1} a_n$ 收斂 .

定理 5：比值檢驗法

設 $\displaystyle\sum a_n (a_n \neq 0)$ 為一級數且 $\displaystyle\lim_{n\to\infty}\left|\frac{a_{n+1}}{a_n}\right| = L$, 則

1. 若 $L < 1$, 則 $\displaystyle\sum a_n$ 收斂 .

2. 若 $L > 1$, 則 $\displaystyle\sum a_n$ 發散 .

3. 若 $L = 1$, 本檢驗法失效 .

證 (1) 令 $\displaystyle\lim_{n\to\infty}\left|\frac{a_{n+1}}{a_n}\right| = r < 1$

選取一數 R, 且 $0 \leq r \leq R < 1$, 則存在一數 $N > 0$

使得 $\left| \dfrac{a_{n+1}}{a_n} \right| < R$, $n > N$

則　　$|a_{N+1}| < |a_N| R$

　　　$|a_{N+2}| < |a_{N+1}| R < |a_n| R^2$

　　　$|a_{N+3}| < |a_{N+2}| R < |a_n| R^3$

而　　$\sum |a_N| R^n$ 為一等比級數且公比 $R < 1$（收斂）

所以 $\displaystyle\sum_{n=1}^{\infty} |a_{N+n}| < \sum_{n=1}^{\infty} |a_N| R^n$ 為收斂

則　　$\displaystyle\sum_{n=1}^{\infty} |a_n| = \sum_{k=1}^{N} |a_k| + \sum_{n=1}^{\infty} |a_{N+n}|$ 為一收斂級數

又　　$-\displaystyle\sum_{k=1}^{N} |a_k|$ 為有限數

故　　$\displaystyle\sum_{n=1}^{\infty} a_n$ 為一收斂級數 .

(2) 仿 (1) 可證 .

(3) 設 $a_n = \dfrac{1}{n}$, $b_n = \dfrac{1}{n^2}$

則 $\displaystyle\lim_{n\to\infty} \left| \dfrac{a_{n+1}}{a_n} \right| = \lim_{n\to\infty} \left| \dfrac{b_{n+1}}{b_n} \right| = 1$,

但 $\{a_n\}$ 發散 , $\{b_n\}$ 收斂

故本檢驗法失效 .

附錄三　泰勒公式與極值的證明

對單變數函數，可透過泰勒多項式，利用其二階導數來判斷極大值或極小值，對於雙變數函數，可利用泰勒級數來討論. 亦有似的結果. 底下討論雙變數函數的泰勒公式.

設 f 爲平面上一任意可微分函數. 令

$$F(t) = f(a + th, b + tk), 0 \le t \le 1$$

則

$$F'(t) = f_x(a+th, b+tk)\frac{dx}{dt} + f_y(a+th, b+tk)\frac{dy}{dt}$$

$$= hf_x(a+th, b+tk) + kf_y(a+th, b+tk)$$

$$= [h\frac{\partial}{\partial x} + k\frac{\partial}{\partial y}]f\Big|_{(a+th,\, b+tk)},$$

$$F'(0) = hf_x(a, b) + kf_y(a, b)$$

$$F''(t) = \frac{\partial F'}{\partial x}\frac{dx}{dt} + \frac{\partial F'}{\partial y}\frac{dy}{dt} = [\frac{\partial}{\partial x}(hf_x + kf_y)\cdot h + \frac{\partial}{\partial y}(hf_x + kf_y)\cdot k]\Big|_{(a+th,\, b+tk)}$$

$$= [(hf_{xx} + kf_{yx})\cdot h + (hf_{xy} + kf_{yy})\cdot k]\big|_{(a+th,\, b+tk)}$$

$$= [h^2 f_{xx} + 2hkf_{xy} + k^2 f_{yy}]\big|_{(a+th,\, b+tk)}$$

$$= [h\frac{\partial}{\partial x} + k\frac{\partial}{\partial y}]^2 f\Big|_{(a+th,\, b+tk)}$$

$$F''(0) = h^2 f_{xx}(a, b) + 2hkf_{xy}(a, b) + k^2 f_{yy}(a, b)$$

$$F'''(t) = \frac{\partial F''}{\partial x}\frac{dx}{dt} + \frac{\partial F''}{\partial y}\frac{dy}{dt}$$

$$= [\frac{\partial}{\partial x}(h^2 f_{xx} + 2hkf_{xy} + k^2 f_{yy})\cdot h + \frac{\partial}{\partial y}(h^2 f_{xx} + 2hkf_{xy} + k^2 f_{yy})\cdot k]\Big|_{(a+th,\, b+tk)}$$

$$= [(h^2 f_{xxx} + 2hkf_{xyx} + k^2 f_{yyx})\cdot h + (h^2 f_{xxy} + 2hkf_{xyy} + k^2 f_{yyy})\cdot k]\big|_{(a+th,\, b+tk)}$$

$$= [h^3 f_{xxx} + 2h^2 kf_{xyx} + hk^2 f_{yyx} + h^2 kf_{xxy} + 2hk^2 f_{xyy} + k^3 f_{yyy}]\big|_{(a+th,\, b+tk)}$$

$$= [h^3 f_{xxx} + 3h^2 kf_{xxy} + 3hk^2 f_{xyy} + k^3 f_{yyy}]\big|_{(a+th,\, b+tk)}$$

$$= [h\frac{\partial}{\partial x} + k\frac{\partial}{\partial y}]^3 f\Big|_{(a+th,\, b+tk)}$$

一般

$$F^{(n)}(t) = [h\frac{\partial}{\partial x} + k\frac{\partial}{\partial y}]^n f \Big|_{(a+th,\, b+tk)}$$

由單變數函數的泰勒公式知

$$F(1) = F(0) + F'(0) + \frac{1}{2}F''(0) + \cdots + \frac{1}{n!}F^{(n)}(0) + \frac{1}{(n+1)!}F^{(n+1)}(c)\ ,\ 0 < c < 1$$

或

$$f(a+h, b+k)$$
$$= f(a,b) + [hf_x(a,b) + kf_y(a,b)] + \frac{1}{2}[h^2 f_{xx}(a,b) + 2hk f_{xy}(a,b) + k^2 f_{yy}(a,b)]$$
$$+ \cdots + \frac{1}{n!}[h\frac{\partial}{\partial x} + k\frac{\partial}{\partial y}]^n f \Big|_{(a,b)} + \frac{1}{(n+1)!}[h\frac{\partial}{\partial x} + k\frac{\partial}{\partial y}]^{(n+1)} f \Big|_{(a+ch,\, b+ck)}$$

因此，有下述定理．

定理 1：

若 f 在包含點 (a, b) 的開區域 D 上有 $n + 1$ 階的連續偏導數，則

$$f(a+h, b+k)$$
$$= f(a,b) + [(hf_x + kf_y)]\big|_{(a,b)} + \frac{1}{2!}[h^2 f_{xx} + 2hk f_{xy} + k^2 f_{yy}]\big|_{(a,b)}$$
$$+ \frac{1}{3!}[h^3 f_{xxx} + 3h^2 k f_{xxy} + 3hk^2 f_{xyy} + k^3 f_{yyy}]\big|_{(a,b)} + \cdots + \frac{1}{n!}(h\frac{\partial}{\partial x} + k\frac{\partial}{\partial y})^n f \Big|_{(a,b)}$$
$$+ \frac{1}{(n+1)!}(h\frac{\partial}{\partial x} + k\frac{\partial}{\partial y})^{n+1} f \Big|_{(a+ch,\, b+ck)}$$

現考慮三階泰勒公式，當 h, k 非常小時

$f(a+h, b+k)$

$\approx f(a,b) + hf_x(a,b) + kf_y(a,b) + \dfrac{1}{2!}[h^2 f_{xx}(a,b) + 2hk f_{xy}(a,b) + k^2 f_{yy}(a,b)]$

$\quad + \dfrac{1}{3!}[h^3 f_{xxx}(a,b) + 3h^2 k f_{xxy}(a,b) + 3hk^2 f_{xyy}(a,b) + k^3 f_{yyy}(a,b)]$

$\approx f(a,b) + hf_x(a,b) + kf_y(a,b) + \dfrac{1}{2}(h^2 f_{xx}(a,b) + 2hk f_{xy}(a,b) + k^2 f_{yy}(a,b))$

若 (a,b) 為臨界點，則 $f_x(a,b) = f_y(a,b) = 0$.

$$f(a+h, b+k) \approx f(a,b) + \frac{1}{2}\left[h^2 f_{xx}(a,b) + 2hk f_{xy}(a,b) + k^2 f_{yy}(a,b) \right]$$

$$= f(a,b) + \frac{k^2}{2}\left[\frac{h^2}{k^2} f_{xx}(a,b) + 2\frac{h}{k} f_{xy}(a,b) + f_{yy}(a,b) \right]$$

$$= f(a,b) + \frac{k^2}{2}(Az^2 + 2Bz + C)$$

$$= f(a,b) + \frac{k^2}{2} g(z)$$

其中，$A = f_{xx}(a,b), B = f_{xy}(a,b), C = f_{yy}(a,b), z = \dfrac{h}{k}, g(z) = Az^2 + 2Bz + C,$

由二次多項式函數性質知

當 $B^2 - AC < 0, A > 0$ 時，$g(z)$ 恆為正

當 $B^2 - AC < 0, A < 0$ 時，$g(z)$ 恆為負

當 $B^2 - AC > 0$ 時，$g(z)$ 可正可負

或

當 $f_{xy}^2(a,b) - f_{xx}(a,b) f_{yy}(a,b) < 0, f_{xx}(a,b) > 0$ 時，
$f(a+h, b+k) \geq f(a,b)$，所以 $f(a,b)$ 為極小值.

當 $f_{xy}^2(a,b) - f_{xx}(a,b) f_{yy}(a,b) < 0, f_{xx}(a,b) < 0$ 時，
$f(a+h, b+k) \leq f(a,b)$，所以 $f(a,b)$ 為極大值.

當 $f_{xy}^2(a,b) - f_{xx}(a,b) f_{yy}(a,b) > 0$ 時，
$f(a+h, b+k)$ 可大於或小於 $f(a,b)$，所以 $(a, b, f(a,b))$ 為鞍點.

因此，可得以下定理.

定理 2：

若 f 在包含點 (a, b) 的開區域 D 上有 $n+1$ 階的連續偏導數，則

$$f(a+h, b+k)$$

$$= f(a, b) + [(hf_x + kf_y)]|_{(a, b)} + \frac{1}{2!}[h^2 f_{xx} + 2hk f_{xy} + k^2 f_{yy}]|_{(a, b)}$$

$$+ \frac{1}{3!}[h^3 f_{xxx} + 3h^2 k f_{xxy} + 3hk^2 f_{xyy} + k^3 f_{yyy}]|_{(a, b)} + \cdots + \frac{1}{n!}(h\frac{\partial}{\partial x} + k\frac{\partial}{\partial y})^n f\Big|_{(a, b)}$$

$$+ \frac{1}{(n+1)!}(h\frac{\partial}{\partial x} + k\frac{\partial}{\partial y})^{n+1} f\Big|_{(a+ch, b+ck)}$$

附錄四　拉格蘭日乘子法 (Lagrange Multiplers)

在 9-7 節, 介紹在無條件限制下, 如何求函數的極大與極小值, 但有時, 我們則需處理在某些條件下函數的極值. 拉格蘭吉乘數即提供了這樣的方法.

試在平面 $x + y - z - 4 = 0$ **找出最接近原點的點**.

解　對空間中任一點 $P(x, y, z)$, 其與原點的距離為
$$|\overrightarrow{OP}| = \sqrt{x^2 + y^2 + z^2} \, ,$$
現要在平面 $x + y - 4 = 0$ 找出與原點最近的點,

即考慮函數 $f(x, y, z) = |\overrightarrow{OP}|^2 = x^2 + y^2 + z^2$ 在條件 $x + y - z - 4 = 0$ 下的最小值.
若令 $z = x + y - 4$ 代入函數 f 得

$$h(x, y) = f(x, y, x + y - 4) = x^2 + y^2 + (x + y - 4)^2$$

則原來的問題可視為求函數 h 的極小值, 此時函數 h 是定義在整個 xy 平面上.
因此, 可利用前面介紹的方法求極值, 即令

$$h_x = 2x + 2(x + y - 4) = 4x + 2y - 8 = 0$$
$$h_y = 2y + 2(x + y - 4) = 2x + 4y - 8 = 0$$

解之得 $x = \dfrac{4}{3}$, $x = \dfrac{4}{3}$

此時 , $z = -\dfrac{4}{3}$.

另　$h_{xx} = 4, h_{xy} = 2, h_{yy} = 4$

　　$h_{xx} = 4 > 0, h_{xy}{}^2 - h_{xx}h_{yy} = 4 - 16 < 0$

所以 $h(\dfrac{4}{3}, \dfrac{4}{3}) = \dfrac{16}{9} + \dfrac{16}{9} + (\dfrac{4}{3} + \dfrac{4}{3} - 4)^2 = \dfrac{32}{9} + \dfrac{16}{9} = \dfrac{16}{3}$ 為極小值

因此 , 在平面 $x + y - z - 4 = 0$ 上與原點最近的點為 $P(\dfrac{4}{3}, \dfrac{4}{3}, -\dfrac{4}{3})$

距離為 $\dfrac{4\sqrt{3}}{3}$.

定理 1：

設函數 $f(x, y, z)$ 在區域 D 上的可微分，$C : \vec{r}(t) = g(t)\,\vec{i} + h(t)\,\vec{j} + k(t)\,\vec{k}$ 為 D 中的平滑曲線，P_0 為曲線 C 的點．若函數 f 在 P_0 有極大或極小值，則 ∇f 與曲線 C 在 P_0 互相垂直．

證 函數 f 在曲線 C 的值為合成函數 $f(g(t), h(t), k(t))$，則

$$\frac{df}{dt} = \frac{\partial f}{\partial x}\frac{dg}{dt} + \frac{\partial f}{\partial y}\frac{dh}{dt} + \frac{\partial f}{\partial z}\frac{dk}{dt} = \nabla f \cdot \vec{v}$$

其中，$\vec{v} = (\dfrac{dg}{dt}, \dfrac{dh}{dt}, \dfrac{dk}{dt}) = \dfrac{d\vec{r}}{dt}$

若函數 f 在 P_0 有極大或極小值，則 $\left.\dfrac{df}{dt}\right|_{P_0} = \nabla f \cdot \vec{v} = 0$．

所以 ∇f 與曲線 C 在 P_0 互相垂直．

定理 2：

設函數 $f(x, y, z)$ 與 $g(x, y, z)$ 為可微分函數且當 $g(x, y, z) = 0$ 時，$\nabla g \neq 0$．若 $P_0(x_0, y_0, z_0)$ 在等值曲面 $g(x, y, z)$ 上，且函數 f 在 $P_0(x_0, y_0, z_0)$ 有極大或極小值，則存在 λ 使得 $\nabla f|_{P_0} = \lambda \nabla g|_{P_0}$．

證 設 $C : \vec{r}(t) = x(t)\,\vec{i} + y(t)\,\vec{j} + z(t)\,\vec{k}$ 為曲面 $g(x, y, z) = 0$ 的平滑曲線，P_0 在 C 上，且函數 f 在 P_0 有極值，則由定理 10-18 知，∇f 與曲線 C 在 P_0 互相垂直．

另 ∇g 亦垂直等值曲面 $g(x, y, z) = 0$，所以存在 λ 使得 $\nabla f|_{P_0} = \lambda \nabla g|_{P_0}$．

例題 2

試在雙曲面 $y^2 - z^2 - 1 = 0$ 找出最接近原點的點.

解 將與原點的距離為 a 的點 $P(x, y, z)$ 視為在球面 $x^2 + y^2 + z^2 = a^2$ 上的點, 隨著 a 的變化, 所欲求的點即為球面與雙曲面接觸的點. 因此, 當將球面與雙曲面分別視為函數 $f(x, y, z) = x^2 + y^2 + z^2 - a^2$ 與 $g(x, y, z) = y^2 - z^2 - 1$ 的等值曲面時, 在他們碰觸的點, 其梯度向量成比例, 即

$\nabla f = \lambda \nabla g$ 或 $2x \vec{i} + 2y \vec{j} + 2z \vec{k} = \lambda(2y \vec{j} - 2z \vec{k})$

得 $2x = 0, 2y = 2\lambda y, 2z = -2\lambda z$.

由於雙曲面上的點其 y 坐標恆不為零 (因為 $y^2 = z^2 + 1$), 所以 $\lambda = 1, z = 0$

因此將 $z = 0, x = 0$ 代入雙曲面得 $y^2 = 1$ 或 $y = \pm 1$,

則在雙曲面上與原點最近的點為 $(0, 1, 0)$ 與 $(0, -1, 0)$.

中英對照表

十八劃

十九劃

二十二劃

二十三劃

國家圖書館出版品預行編目資料

微積分 / 楊壬孝，蔡天鉞，張毓麟，李善文，蔡杰，蕭
育玲著. -- 四版. -- 新北市 : 全華圖書股份有限公
司，2024.05
　　面； 公分
ISBN 978-626-328-967-3(平裝)
　　　1.CST: 微積分
　　314.1　　　　　　　　　　　　　　113006592

微積分(第四版)

作者 / 楊壬孝、蔡天鉞、張毓麟、李善文、蔡杰、蕭育玲

發行人 / 陳本源

執行編輯 / 李劭勉

封面設計 / 楊昭琅

出版者 / 全華圖書股份有限公司

郵政帳號 / 0100836-1 號

圖書編號 / 0630303

四版一刷 / 2024 年 05 月

定價 / 新台幣 700 元

ISBN / 978-626-328-967-3 (平裝)

ISBN / 978-626-328-979-6 (PDF)

全華圖書 / www.chwa.com.tw

全華網路書店 Open Tech / www.opentech.com.tw

若您對本書有任何問題，歡迎來信指導 book@chwa.com.tw

臺北總公司(北區營業處)
地址：23671 新北市土城區忠義路 21 號
電話：(02) 2262-5666
傳真：(02) 6637-3695、6637-3696

南區營業處
地址：80769 高雄市三民區應安街 12 號
電話：(07) 381-1377
傳真：(07) 862-5562

中區營業處
地址：40256 臺中市南區樹義一巷 26 號
電話：(04) 2261-8485
傳真：(04) 3600-9806(高中職)
　　　(04) 3601-8600(大專)

✂（請由此線剪下）

歡迎加入 全華會員

● 會員獨享

會員享購書折扣、紅利積點、生日禮金、不定期優惠活動…等。

● 如何加入會員

掃 QRcode 或填交讀者回函卡直接傳真 (02) 2262-0900 或寄回，將由專人協助登入會員資料，待收到 E-MAIL 通知後即可成為會員。

如何購買 全華書籍

1. 網路購書

全華網路書店「http://www.opentech.com.tw」，加入會員購書更便利，並享有紅利積點回饋等各式優惠。

2. 實體門市

歡迎至全華門市（新北市土城區忠義路 21 號）或各大書局選購。

3. 來電訂購

(1) 訂購專線：(02) 2262-5666 轉 321-324
(2) 傳真專線：(02) 6637-3696
(3) 郵局劃撥（帳號：0100836-1　戶名：全華圖書股份有限公司）

※ 購書未滿 990 元者，酌收運費 80 元。

OpenTech.com.tw 全華網路書店

全華網路書店 www.opentech.com.tw
E-mail: service@chwa.com.tw

※ 本會員制如有變更則以最新修訂制度為準，造成不便請見諒。